工 程 数 学

（线性代数　概率论　复变函数　积分变换）

周忠荣　等编著

化学工业出版社
·北京·

本书是为电子、通信、信号处理、电气、自动化等专业开设“工程数学”课程编写的。本书根据电类各专业和其他相近专业的需要选择内容、把握尺度，尽可能将工程数学知识和相关学科中的实际问题相结合，尤其适合较少学时的教学需要。

本书包括线性代数、概率论、复变函数、积分变换等方面的基本知识。书末列有附录：标准正态分布表、傅里叶变换简表、拉普拉斯变换简表、拉普拉斯变换性质、综合题的答案与提示。本书突出数学概念的准确，运用典型实例和例题说明数学概念和解题方法，尽可能联系工程数学知识在相关学科中的实际应用。

本书既可作为应用型本科和高职高专院校电类各专业和其他相近专业的教材，也可作为工程技术人员的参考书。

图书在版编目（CIP）数据

工程数学（线性代数　概率论　复变函数　积分变换）/周忠荣等编著. —北京：化学工业出版社，2009.1（2024.7重印）
ISBN 978-7-122-04071-8

Ⅰ.工…　Ⅱ.周…　Ⅲ.工程数学　Ⅳ.TB11

中国版本图书馆CIP数据核字（2008）第176805号

责任编辑：王听讲　　文字编辑：鲍晓娟
责任校对：宋　玮　　装帧设计：周　遥

出版发行：化学工业出版社（北京市东城区青年湖南街13号　邮政编码100011）
印　　装：北京科印技术咨询服务有限公司数码印刷分部
787mm×1092mm　1/16　印张16¼　字数403千字　2024年7月北京第1版第11次印刷

购书咨询：010-64518888　　售后服务：010-64518899
网　　址：http://www.cip.com.cn
凡购买本书，如有缺损质量问题，本社销售中心负责调换。

定　　价：36.00元

前　言

应用型本科和高职高专教育着重培养学生解决实际问题的能力，它们在我国的高等教育中占有非常重要的地位。然而，应用型本科和高职高专在我国发展的历史都还不长，有许多问题还在探索之中，课程的优化整合就是其中之一。

应用型本科和高职高专电类各专业培养有关工程技术方面的应用型高级技术人才。这种类型的人才既需要懂得工程数学的基本概念和基本理论，更需要掌握工程数学的基本方法和实际应用。

应用型本科和高职高专电类各专业需要的数学知识比较多，除高等数学外，还需要线性代数、概率论、复变函数、积分变换等内容。但是，不可能安排较多的数学课程的课时。因此，许多学校将这些数学知识整合为一门课程——工程数学。

本书是一本将线性代数、概率论、复变函数、积分变换等内容整合到一起的工程数学教材。不同院校相关专业培养目标不尽相同，对工程数学知识也有不同的要求，为此本书尽可能照顾到各院校的需求选编内容。

本书编者都是长期从事数学课程教学的教师，比较了解电类相关专业对数学知识的要求，还有在企业从事技术工作的经历，这些都是编写本书的基础。为了编写出版有特色的高质量教材，编者多次向电类相关专业方面的专家、学者请教，深入了解电类相关专业所需的工程数学知识。在此基础上确定了本书的下列编写原则。

（1）根据电类相关专业对数学知识的基本要求确定内容以及广度和深度

本书包括线性代数、概率论、复变函数、积分变换四部分。每个部分都严格把握其广度和深度。凡是重要的基本概念、基本方法不惜篇幅讲透彻。为满足部分学生对数学知识的较高要求，本书对绝大部分定理都给出了严格的证明。

丰富的联系实际的实例和例题是本书的最大特色之一。这些内容对学生掌握基本概念和基本方法很有帮助。每章的习题包括单项选择题、填空题、计算题和应用题。针对应用型教育的要求和这类学生的特点，本书习题与例题紧密对应，突出数学概念、计算方法方面的习题，仅选编了难度不大的少量理论证明题。

为了满足不同专业学生的需要，本书涵盖了电类相关专业所需工程数学的多个分支。每个分支都包括其主要内容。不同的专业可能有不同的要求，可以根据实际需要选讲内容。

（2）便于学生阅读理解

针对应用型本科和高职高专学生的实际水平和认知能力，本书力求做到：深入浅出、概念准确、知识结构完整。本书在编写方式上采取了以下一些措施，期望有助于读者阅读理解：①尽可能先通过实例提出问题，再介绍有关定义、定理和概念；或者随后补充实例对有关概念的各个方面进行补充说明。②对较难理解的概念，充分利用图形、图像和通俗的文字予以说明。③基本概念、重要定理、重要公式、解题方法，不惜篇幅，叙述清楚。

（3）与专业知识相结合

各章节都编写了工程数学在有关学科中实际应用的例子，突出培养学生运用工程数学知识解决相关专业实际问题的能力。

为了便于读者阅读理解，本书还使用了一些特殊的表达方式：

（1）重要数学名词都在第一次出现时以黑体字标出，如：**矩阵**。

（2）重要的论点以**【说明】**的方式给出。

（3）定理、推论、说明和重要结论都用楷体字表述。如：*行列式中如果有两行（或两列）的对应元素成比例，则这个行列式等于0。*

为了方便教学，本书还免费提供电子课件，需要者可以到化学工业出版社网站（www.cip.com.cn）下载。

本书由周忠荣主编并统稿，周溱、华敬周参与了本书内容的讨论，并编写了第7、8、9三章，其余由周忠荣编写。莫辉检查了各章初稿并演算了各章例题和习题。

本书采用了周忠荣编著的《计算机数学》中的有关内容，特此说明。本书还采用了部分参考文献中的一些例题和习题，在此向这些编者表示感谢。本书的编写得到了广州大学华软软件学院及教务处、基础部和电子系等各级领导的大力支持和帮助。在此对他们表示感谢。

本书虽经多次修改，但因编写时间紧迫、编者水平有限，书中如有疏漏和差错，恳请读者批评指正。编者将衷心感谢，并在再版时采纳改正。编者的E-mail地址是：zzr@tsinghua.org.cn，也可向编者索取或更新电子课件。

编　者

于广州大学华软软件学院

2008年10月

目录

第1章 行 列 式

本章主要介绍以下内容。

(1) 行列式的概念和特殊的行列式。

(2) 行列式的性质和证明。

(3) 行列式的计算方法。

(4) 解方程组的克拉默法则。

行列式是线性代数中最基本的工具之一。本章首先介绍行列式的概念和性质，再介绍计算阶行列式的几种方法和一些技巧，最后介绍以行列式为基础的求解线性方程组的克拉默法则。

1.1 行列式的概念

初等数学中，在求二元和三元线性方程组的解时引进了二阶和三阶行列式。为了研究一般的 n 元线性方程组，需要把二、三阶行列式加以推广。

1.1.1 二阶和三阶行列式

对于二元线性方程组

$$\begin{cases} a_{11}x_1+a_{12}x_2=b_1 \\ a_{21}x_1+a_{22}x_2=b_2 \end{cases} \tag{1-1}$$

通常用消元法求解。在方程组（1-1）中消去 x_2 得

$$(a_{11}a_{22}-a_{12}a_{21})x_1=b_1a_{22}-a_{12}b_2$$

同样，在方程组（1-1）中消去 x_1 得

$$(a_{11}a_{22}-a_{12}a_{21})x_2=a_{11}b_2-b_1a_{21}$$

若引用记号

$$\Delta=\begin{vmatrix} a_{11} & a_{12} \\ a_{21} & a_{22} \end{vmatrix}=a_{11}a_{22}-a_{12}a_{21}$$

$$\Delta_1=\begin{vmatrix} b_1 & a_{12} \\ b_2 & a_{22} \end{vmatrix}=b_1a_{22}-a_{12}b_2$$

$$\Delta_2=\begin{vmatrix} a_{11} & b_1 \\ a_{21} & b_2 \end{vmatrix}=a_{11}b_2-b_1a_{21}$$

则当 $\Delta\neq 0$ 时，线性方程组（1-1）的解是

$$x_1=\frac{\Delta_1}{\Delta}=\frac{b_1a_{22}-a_{12}b_2}{a_{11}a_{22}-a_{12}a_{21}},x_2=\frac{\Delta_2}{\Delta}=\frac{a_{11}b_2-b_1a_{21}}{a_{11}a_{22}-a_{12}a_{21}} \tag{1-2}$$

记号

$$\begin{vmatrix} a_{11} & a_{12} \\ a_{21} & a_{22} \end{vmatrix}$$

叫做**二阶行列式**。而 $a_{11}a_{22}-a_{12}a_{21}$ 是二阶行列式的**展开式**，Δ、Δ_1 等是本书在解方程组时用来表示行列式的专用记号。二阶行列式中的数 a_{ij}（$i=1,2$；$j=1,2$）称为行列式的**元素**，每个横排称为行列式的**行**，每个竖排称为行列式的**列**。a_{ij} 的第一个下标 i 表示它位于自上而下的第 i 行，第二个下标 j 表示它位于自左到右的第 j 列。

二阶行列式的展开式表明了它是 4 个元素间按上述约定运算得到的数值。

对于三元线性方程组

$$\begin{cases} a_{11}x_1+a_{12}x_2+a_{13}x_3=b_1 \\ a_{21}x_1+a_{22}x_2+a_{23}x_3=b_2 \\ a_{31}x_1+a_{32}x_2+a_{33}x_3=b_3 \end{cases} \tag{1-3}$$

同样可以用消去法求它的解。为了简单地表达它的解，需要引进三阶行列式的概念。三阶行列式的展开式规定为

$$\begin{aligned} \Delta &= \begin{vmatrix} a_{11} & a_{12} & a_{13} \\ a_{21} & a_{22} & a_{23} \\ a_{31} & a_{32} & a_{33} \end{vmatrix} \\ &= (-1)^{1+1}a_{11}\begin{vmatrix} a_{22} & a_{23} \\ a_{32} & a_{33} \end{vmatrix} + (-1)^{1+2}a_{12}\begin{vmatrix} a_{21} & a_{23} \\ a_{31} & a_{33} \end{vmatrix} + (-1)^{1+3}a_{13}\begin{vmatrix} a_{21} & a_{22} \\ a_{31} & a_{32} \end{vmatrix} \\ &= a_{11}(a_{22}a_{33}-a_{23}a_{32})-a_{12}(a_{21}a_{33}-a_{23}a_{31})+a_{13}(a_{21}a_{32}-a_{22}a_{31}) \\ &= a_{11}a_{22}a_{33}+a_{12}a_{23}a_{31}+a_{13}a_{21}a_{32}-a_{13}a_{22}a_{31}-a_{11}a_{23}a_{32}-a_{12}a_{21}a_{33} \end{aligned}$$

所以，三阶行列式也是一个数值，它可以通过转化为二阶行列式的计算得到。

三阶行列式可以用来解三元一次方程组。若分别记

$$\Delta=\begin{vmatrix} a_{11} & a_{12} & a_{13} \\ a_{21} & a_{22} & a_{23} \\ a_{31} & a_{32} & a_{33} \end{vmatrix},\ \Delta_1=\begin{vmatrix} b_1 & a_{12} & a_{13} \\ b_2 & a_{22} & a_{23} \\ b_3 & a_{32} & a_{33} \end{vmatrix},$$

$$\Delta_2=\begin{vmatrix} a_{11} & b_1 & a_{13} \\ a_{21} & b_2 & a_{23} \\ a_{31} & b_3 & a_{33} \end{vmatrix},\ \Delta_3=\begin{vmatrix} a_{11} & a_{12} & b_1 \\ a_{21} & a_{22} & b_2 \\ a_{31} & a_{32} & b_3 \end{vmatrix}$$

则当 $\Delta\neq0$ 时，线性方程组（1-3）的解是

$$x_1=\frac{\Delta_1}{\Delta},x_2=\frac{\Delta_2}{\Delta},x_3=\frac{\Delta_3}{\Delta} \tag{1-4}$$

引入行列式的记号，可以简洁地表达二元或三元线性方程组的解。更重要的是：引进行列式的概念可以对 n 元线性方程组进行深入的研究。

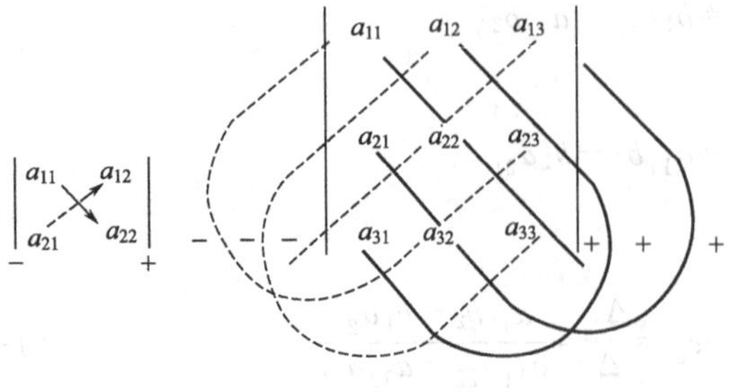

图 1-1

二、三阶行列式的计算满足图 1-1 所示的对角线法则：实线上的数相乘之和减去虚线上的数相乘之和。

例 1-1　计算行列式

$$\begin{vmatrix} 2 & 1 & 2 \\ -4 & 3 & 1 \\ 2 & 3 & 5 \end{vmatrix}$$

解　根据三阶行列式的展开式计算，得

$$\begin{aligned} 原式 &= 2\times3\times5+1\times1\times2+2\times(-4)\times3-2\times1\times3-1\times(-4)\times5-2\times3\times2 \\ &= 30+2-24-6+20-12=10 \end{aligned}$$

例 1-2　解方程组

$$\begin{cases} 2x_1-x_2+x_3=-1 \\ 3x_1+2x_2+5x_3=2 \\ x_1+3x_2-2x_3=9 \end{cases}$$

解　利用三阶行列式，有

$$\Delta=\begin{vmatrix} 2 & -1 & 1 \\ 3 & 2 & 5 \\ 1 & 3 & -2 \end{vmatrix}=-42，\Delta_1=\begin{vmatrix} -1 & -1 & 1 \\ 2 & 2 & 5 \\ 9 & 3 & -2 \end{vmatrix}=-42，$$

$$\Delta_2=\begin{vmatrix} 2 & -1 & 1 \\ 3 & 2 & 5 \\ 1 & 9 & -2 \end{vmatrix}=-84，\Delta_3=\begin{vmatrix} 2 & -1 & -1 \\ 3 & 2 & 2 \\ 1 & 3 & 9 \end{vmatrix}=42$$

再根据公式(1-4)，得该方程组的解为

$$x_1=\frac{\Delta_1}{\Delta}=\frac{-42}{-42}=1，x_2=\frac{\Delta_2}{\Delta}=\frac{-84}{-42}=2，x_3=\frac{\Delta_3}{\Delta}=\frac{42}{-42}=-1$$

例 1-3　求下列方程的根

$$f(x)=\begin{vmatrix} x & 0 & -1 \\ 1 & x-1 & -1 \\ 0 & 3 & 1 \end{vmatrix}=0$$

解　按对角线法则将三阶行列式展开，有

$$\begin{aligned} f(x) &= x(x-1)+0+(-3)-0-0-(-3x) \\ &= x^2+2x-3=0 \end{aligned}$$

因此，$f(x)=0$ 的根为 $x_1=-3$ 和 $x_2=1$。

1.1.2　*n* 阶行列式

为了把二阶和三阶行列式的概念推广到 n 阶，需要先介绍 n 阶排列和排列的逆序数的概念。

1. *n* 元排列的逆序数

定义 1-1　将 n 个自然数 $1,2,\cdots,n$ 按任意次序排成的一个有序组 $i_1,i_2,\cdots,i_n$ 称为一个 ***n* 元排列**。

根据全排列的公式知，n 个自然数 $1,2,\cdots,n$ 总共有 $n!$ 个 n 元排列。例如，1,2,3,4 这 4 个自然数可以构成 4！=24 个 4 元排列，4,2,3,1 就是其中之一。显然，$1,2,\cdots,n$ 也是一个 n 元排列，并且是惟一一个完全按从小到大的次序排成的有序组，一般称它为 ***n* 元标准排列**。

定义 1-2　一个 n 元排列 $i_1,i_2,\cdots,i_n$ 中的任意两个数 $i_j,i_k(1\leqslant j<k\leqslant n)$ 都构成一个数

对，记作 (i_j,i_k)；在一个数对中，如果左边的数大于右边的数，即对于数对 (i_j,i_k)，若 $i_j>i_k$，则称 (i_j,i_k) 为该排列的一个**逆序**。排列 $i_1,i_2,\cdots,i_n$ 中逆序的总数称为该排列的**逆序数**，记为

$$J=J(i_1,i_2,\cdots,i_n)$$

若 J 为偶数，称 i_1，i_2，…，i_n 为**偶排列**，否则称其为**奇排列**。

为了以后叙述方便，若 $i_j<i_k(j<k)$，则称 (i_j,i_k) 为该排列的一个**顺序**。

例 1-4 指出以下排列的逆序数并判断它们的奇偶性：

(1) 3,4,6,2,1,5 (2) 1,2,…,199,200 (3) $n,n-1,\cdots,2,1$

解 (1) 根据定义 1-2 知，从左边第一个数开始，其右边每一个比它小的数都与它构成一个逆序。显然，该排列中构成逆序的数对有以下 8 个：

$$(3,2),\ (3,1),\ (4,2),\ (4,1),\ (6,2),\ (6,1),\ (6,5),\ (2,1)$$

所以 $J(3,4,6,2,1,5)=8$，该排列是偶排列。

(2) 在排列 1,2,…,199,200 中的任意两个数都不构成逆序，所以 $J(1,2,\cdots,199,200)=0$，该排列是偶排列。

(3) 在排列 $n,n-1,\cdots,2,1$ 中的任意两个数都构成逆序，故

$$J(n,n-1,\cdots,2,1)=C_n^2=\frac{1}{2}n(n-1)$$

易知，当 $n=4k$ 或 $n=4k+1(k\in\mathbf{N})$ 时，$\frac{1}{2}n(n-1)$ 是偶数，$n,n-1,\cdots,2,1$ 是偶排列；否则，$n,n-1,\cdots,2,1$ 是奇排列。

2. *n* 阶行列式的概念

定义 1-3 由 n^2 个数 $a_{ij}(i,j=1,2,\cdots,n)$ 构成的 ***n* 阶行列式**为

$$D_n=\begin{vmatrix} a_{11} & a_{12} & \cdots & a_{1n} \\ a_{21} & a_{22} & \cdots & a_{2n} \\ \vdots & \vdots & & \vdots \\ a_{n1} & a_{n2} & \cdots & a_{nn} \end{vmatrix}=\sum_{j_1,j_2,\cdots,j_n}(-1)^{J(j_1,j_2,\cdots,j_n)}a_{1j_1}a_{2j_2}\cdots a_{nj_n} \tag{1-5}$$

其中，数 $a_{ij}(i,j=1,2,\cdots,n)$ 称为第 i 行第 j 列的**元素**（或**元**），而 $j_1,j_2,\cdots,j_n$ 是 $1,2,\cdots,n$ 的任一全排列，$\sum\limits_{j_1,j_2,\cdots,j_n}$ 是对所有不同 $j_1,j_2,\cdots,j_n$ 的 n 元排列求和。一般情况下，n 阶行列式用 D 或 D_n 表示，也可以用其他大写英文字母。

由定义 1-3 知，n 阶行列式的展开式共有 $n!$ 项，其中每一项都是由取自不同行、不同列的 n 个元素相乘所得，每一项前的正负号由该项各元素第二个下标构成的 n 元排列的奇偶性确定，而每项各元素第一个下标构成的排列都是 n 元标准排列 $1,2,\cdots,n$。

【说明】 当 $n>3$ 时，行列式 D_n 不能按对角线法则将其展开。

在行列式 D_n 中，从 a_{11} 经 a_{22}、a_{33}，…，直到 a_{nn} 称为行列式的**主对角线**，元素 $a_{ii}(i=1,2,\cdots,n)$ 称为行列式的**主对角线元素**。

通常将 n 阶行列式简记为 $D=|a_{ij}|$。通常约定，一阶行列式 $|a_{11}|$ 就是数 a_{11}，即 $|a_{11}|=a_{11}$，不要与绝对值符号相混淆。

3. 两种特殊的行列式

主对角线外所有元素都是 0 的行列式称为**主对角行列式**。

主对角线以上（下）的元素都为 0 的行列式称为**下（上）三角形行列式**。

下面利用行列式的定义 1-3 计算这两种特殊的 n 阶行列式。

例 1-5　证明主对角行列式

$$\begin{vmatrix} a_{11} & 0 & \cdots & 0 \\ 0 & a_{22} & \cdots & 0 \\ \vdots & \vdots & & \vdots \\ 0 & 0 & \cdots & a_{nn} \end{vmatrix} = a_{11}a_{22}\cdots a_{nn} \tag{1-6}$$

证明　由行列式的定义 1-3 知，若式(1-5) 右边各项中某个元素为 0，则该项为 0。因此，式(1-5) 右边肯定为 0 的那些项都不必计及。对行列式(1-6)，第 1 行只有 a_{11} 可能不等于 0，只需取 a_{11}。第 2 行只有 a_{22} 可能不等于 0，且与 a_{11} 不同列，只需取 a_{22}。余类推。因此，行列式(1-6) 按定义 1-3 展开只有 $a_{11}a_{22}\cdots a_{nn}$ 这一项可能不等于 0，并且 $a_{11},a_{22},\cdots,a_{nn}$ 中第二个下标的排列的逆序数为 0。命题得证。

例 1-6　证明下三角形行列式

$$\begin{vmatrix} a_{11} & 0 & \cdots & 0 \\ a_{21} & a_{22} & \cdots & 0 \\ \vdots & \vdots & & \vdots \\ a_{n1} & a_{n2} & \cdots & a_{nn} \end{vmatrix} = a_{11}a_{22}\cdots a_{nn} \tag{1-7}$$

证明　由行列式的定义 1-3 知，若式(1-5) 右边各项中某个元素为 0，则该项为 0。因此，式(1-5) 右边肯定为 0 的那些项都不必计及。对行列式(1-7)，第 1 行只有 a_{11} 可能不等于 0，只需取 a_{11}。第 2 行与 a_{11} 不同列的元素只有 a_{22} 可能不等于 0，只需取 a_{22}。余类推。因此，行列式(1-7) 按定义 1-3 展开只有 $a_{11}a_{22}\cdots a_{nn}$ 这一项可能不等于 0，并且 $a_{11},a_{22},\cdots,a_{nn}$ 中第二个下标的排列的逆序数为 0。命题得证。

一般的行列式用定义 1-3 计算特别麻烦，需要有比较简便的方法，这将在 1.3 节介绍。

1.2　行列式的性质

对于 4 阶或更高阶的行列式，必须寻找比较简便的计算方法。为此，本节介绍行列式的几个概念和几个基本性质。

定义 1-4　在行列式 D_n 中，去掉第 i 行和第 j 列后余下的元素按原来的相对位置构成的 $n-1$ 阶行列式 M_{ij}，即

$$M_{ij} = \begin{vmatrix} a_{11} & \cdots & a_{1,j-1} & a_{1,j+1} & \cdots & a_{1n} \\ \vdots & & \vdots & \vdots & & \vdots \\ a_{i-1,1} & \cdots & a_{i-1,j-1} & a_{i-1,j+1} & \cdots & a_{i-1,n} \\ a_{i+1,1} & \cdots & a_{i+1,j-1} & a_{i+1,j+1} & \cdots & a_{i+1,n} \\ \vdots & & \vdots & \vdots & & \vdots \\ a_{n1} & \cdots & a_{n,j-1} & a_{n,j+1} & \cdots & a_{nn} \end{vmatrix}$$

称为行列式 D_n 中 a_{ij} 的**余子式**，而

$$A_{ij} = (-1)^{i+j}M_{ij}$$

称为 a_{ij} 的**代数余子式**。

例如，对于行列式 $\begin{vmatrix} 1 & -1 & 2 \\ 0 & 3 & 1 \\ 2 & 1 & 3 \end{vmatrix}$ 有 $M_{11}=\begin{vmatrix} 3 & 1 \\ 1 & 3 \end{vmatrix}=8$，$A_{11}=(-1)^{1+1}\begin{vmatrix} 3 & 1 \\ 1 & 3 \end{vmatrix}=8$，$M_{12}=\begin{vmatrix} 0 & 1 \\ 2 & 3 \end{vmatrix}=-2$ 和 $A_{12}=(-1)^{1+2}\begin{vmatrix} 0 & 1 \\ 2 & 3 \end{vmatrix}=2$。

将行列式 D_n 的行、列互换得到的新行列式 D_n^{T} 称为 D_n 的**转置行列式**。对于行列式(1-5)，其转置行列式是

$$D_n^{\mathrm{T}}=\begin{vmatrix} a_{11} & a_{21} & \cdots & a_{n1} \\ a_{12} & a_{22} & \cdots & a_{n2} \\ \vdots & \vdots & & \vdots \\ a_{1n} & a_{2n} & \cdots & a_{nn} \end{vmatrix}$$

为了介绍行列式的基本性质，并对它们进行证明，需要先引入以下两个结论并予以证明。

(1) n 元排列中，任意调换其中两个数的位置，则排列改变其奇偶性。

证明 设 a 和 b 是参与调换的两个数。下面分两种情况进行证明：①a 和 b 相邻；②a 和 b 不相邻。

① 如果 a 和 b 相邻，可以把这个 n 元排列记为 $PabQ$，其中 P 表示在 a 左边的那些数的全体，Q 表示在 b 右边的那些数的全体。

显然，调换 a 与 b 的位置仅改变这两个数之间序的性质（顺序变逆序或逆序变顺序），并不改变 a 和 b 与 P 和 Q 中那些数之间序的性质；并且，当 $a<b$ 时，$J(PbaQ)=J(PabQ)+1$，当 $a>b$ 时，$J(PbaQ)=J(PabQ)-1$。此时结论成立。

② 如果 a 和 b 不相邻，可以把这个 n 元排列记为 $PaRbQ$，其中 P 表示在 a 左边的那些数的全体，Q 表示在 b 右边的那些数的全体，R 表示在 a 和 b 之间的那些数（共 r 个）的全体。

现在用下面的方法实现这样的调换：先将 a 与其右边相邻的数调换 $(r+1)$ 次，使排列成为 $PRbaQ$；然后将 b 与其左边相邻的数调换 r 次，使排列成为 $PbRaQ$。这样共进行了 $(2r+1)$ 相邻两数的调换，所以 $PbRaQ$ 与 $PaRbQ$ 的奇偶性不同。此时结论成立。

综上所述，结论得证。

(2) n 阶行列式的一般项可表示为

$$(-1)^{J(i_1,i_2,\cdots,i_n)+J(j_1,j_2,\cdots,j_n)}a_{i_1j_1}a_{i_2j_2}\cdots a_{i_nj_n}$$

证明 记 $s=J(i_1,i_2,\cdots,i_n)$，$t=J(j_1,j_2,\cdots,j_n)$，将 $a_{i_1j_1}a_{i_2j_2}\cdots a_{i_nj_n}$ 中任意两个数调换位置时，s 和 t 同时改变奇偶性，于是 $s+t$ 不改变奇偶性。

显然，经过有限次两数调换，可以将 $i_1,i_2,\cdots,i_n$ 换成 $1,2,\cdots,n$，同时 $j_1,j_2,\cdots,j_n$ 换成了 $k_1,k_2,\cdots,k_n$。根据前面的证明，有

$$(-1)^{J(i_1,i_2,\cdots,i_n)+J(j_1,j_2,\cdots,j_n)}a_{i_1j_1}a_{i_2j_2}\cdots a_{i_nj_n}=(-1)^{J(k_1,k_2,\cdots,k_n)}a_{1k_1}a_{2k_2}\cdots a_{nk_n}$$

上式等号右边恰是式(1-5)中的一般项，故结论成立。

性质 1-1 行列式与它的转置行列式相等，即 $D_n^{\mathrm{T}}=D_n$。

证明 记 $D=|a_{ij}|_n$，则 $D^{\mathrm{T}}=|b_{ij}|_n$，且 $b_{ij}=a_{ji}(i,j=1,2,\cdots,n)$。对于 D 的展开式

中的每一项

$$(-1)^{J(j_1,j_2,\cdots,j_n)}a_{1j_1}a_{2j_2}\cdots a_{nj_n}$$

在 D^T 的展开式中都有且仅有一项

$$(-1)^{J(j_1,j_2,\cdots,j_n)}b_{j_1 1}b_{j_2 2}\cdots b_{j_n n}$$

与之对应，并且它们的绝对值与所带的符号都相同。所以，$D^T=D$。

性质 1-1 表明：行列式中行和列的地位是对称的，凡是对行成立的性质对列也成立。

例 1-7　证明上三角形行列式

$$D_n=\begin{vmatrix} a_{11} & a_{12} & \cdots & a_{1n} \\ 0 & a_{22} & \cdots & a_{2n} \\ \vdots & \vdots & & \vdots \\ 0 & 0 & \cdots & a_{nn} \end{vmatrix}=a_{11}a_{22}\cdots a_{nn} \tag{1-8}$$

证明　由性质 1-1 和例 1-6 的结果，得

$$D_n=D_n^T=\begin{vmatrix} a_{11} & 0 & \cdots & 0 \\ a_{12} & a_{22} & \cdots & 0 \\ \vdots & \vdots & & \vdots \\ a_{1n} & a_{2n} & \cdots & a_{nn} \end{vmatrix}=a_{11}a_{22}\cdots a_{nn}$$

式(1-7) 和式(1-8) 表明，上、下三角形行列式都等于主对角线元素的乘积。

性质 1-2　互换行列式的任意两行，行列式仅改变符号。

证明　记 $D=|a_{ij}|_n$，交换 D 中第 s 行与第 t 行（$s<t$）得到 D_1。对于 D 的展开式中的每一项

$$(-1)^{J(j_1,j_2,\cdots j_s,\cdots j_t,\cdots,j_n)}a_{1j_1}a_{2j_2}\cdots a_{sj_s}\cdots a_{tj_t}\cdots a_{nj_n}$$

在 D_1 的展开式中都有且仅有一项

$$(-1)^{J(j_1,j_2,\cdots j_t,\cdots j_s,\cdots,j_n)}a_{1j_1}a_{2j_2}\cdots a_{sj_t}\cdots a_{tj_s}\cdots a_{nj_n}$$

与之对应，并且它们的绝对值相等，所带的符号相反。所以，$D_1=-D$。

推论　如果行列式有两行（或两列）的对应元素相等，则这个行列式等于 0。

性质 1-3　将行列式某一行（列）所有元素都乘以相同的数 k，其结果就等于用 k 乘这个行列式。换句话说，可以将行列式的某一行（列）中所有各元素有的公因数 k 提到行列式符号前面，即

$$\begin{vmatrix} a_{11} & a_{12} & \cdots & a_{1n} \\ \vdots & \vdots & & \vdots \\ ka_{i1} & ka_{i2} & \cdots & ka_{in} \\ \vdots & \vdots & & \vdots \\ a_{n1} & a_{n2} & \cdots & a_{nn} \end{vmatrix}=k\begin{vmatrix} a_{11} & a_{12} & \cdots & a_{1n} \\ \vdots & \vdots & & \vdots \\ a_{i1} & a_{i2} & \cdots & a_{in} \\ \vdots & \vdots & & \vdots \\ a_{n1} & a_{n2} & \cdots & a_{nn} \end{vmatrix}$$

证明　记 $D=|a_{ij}|_n$，将 D 中第 i 行所有元素都乘以相同的数 k 得到 kD。对于 D 的展开式中的每一项

$$(-1)^{J(j_1,j_2,\cdots j_i,\cdots,j_n)}a_{1j_1}a_{2j_2}\cdots a_{ij_i}\cdots a_{nj_n} \tag{a}$$

在 kD 的展开式中都有且仅有一项

$$(-1)^{J(j_1,j_2,\cdots j_i,\cdots,j_n)}a_{1j_1}a_{2j_2}\cdots ka_{ij_i}\cdots a_{nj_n} \tag{b}$$

与之对应，并且式(b) 恰是式(a) 的 k 倍。所以，原命题得证。

推论 1 行列式中如果有一行（列）的所有元素都是 0，则这个行列式等于 0。

由性质 1-2 的推论和性质 1-3 可以得到如下的推论。

推论 2 行列式中如果有两行（或两列）的对应元素成比例，则这个行列式等于 0。

性质 1-4 如果行列式的某行（列），例如第 i 行中各元素都可以写成两数之和

$$a_{ij}=b_j+c_j\,(j=1,2,\cdots,n)$$

那么这个行列式等于两个行列式之和，这两个行列式的第 i 行，一个是 $b_1,b_2,\cdots,b_n$，另一个是 c_1，c_2，…，c_n，其他各行都和原来的行列式一样，即

$$\begin{vmatrix} a_{11} & a_{12} & \cdots & a_{1n} \\ \vdots & \vdots & & \vdots \\ b_1+c_1 & b_2+c_2 & \cdots & b_n+c_n \\ \vdots & \vdots & & \vdots \\ a_{n1} & a_{n2} & \cdots & a_{nn} \end{vmatrix} = \begin{vmatrix} a_{11} & a_{12} & \cdots & a_{1n} \\ \vdots & \vdots & & \vdots \\ b_1 & b_2 & \cdots & b_n \\ \vdots & \vdots & & \vdots \\ a_{n1} & a_{n2} & \cdots & a_{nn} \end{vmatrix} + \begin{vmatrix} a_{11} & a_{12} & \cdots & a_{1n} \\ \vdots & \vdots & & \vdots \\ c_1 & c_2 & \cdots & c_n \\ \vdots & \vdots & & \vdots \\ a_{n1} & a_{n2} & \cdots & a_{nn} \end{vmatrix}$$

证明 若将上式左右的三个行列式分别记为 D、D_1 和 D_2，对于 D 的展开式中的每一项

$$(-1)^{J(j_1,j_2,\cdots j_i,\cdots,j_n)}a_{1j_1}a_{2j_2}\cdots a_{ij_i}\cdots a_{nj_n} \tag{a}$$

其中 $a_{ij_i}=b_{j_i}+c_{j_i}$。在 D_1 和 D_2 的展开式中都各有且仅有一项

$$(-1)^{J(j_1,j_2,\cdots j_i,\cdots,j_n)}a_{1j_1}a_{2j_2}\cdots b_{j_i}\cdots a_{nj_n} \tag{b}$$

和

$$(-1)^{J(j_1,j_2,\cdots j_i,\cdots,j_n)}a_{1j_1}a_{2j_2}\cdots c_{j_i}\cdots a_{nj_n} \tag{c}$$

与式(a) 对应，并且式(b) 与式(c) 之和恰等于式(a)。所以，原命题得证。

性质 1-5 将行列式某一行（列）所有元素都乘以相同的数 k，再加到另一行（列）的对应元素上，得到的新行列式与原行列式相等，即

$$\begin{vmatrix} a_{11} & a_{12} & \cdots & a_{1n} \\ \vdots & \vdots & & \vdots \\ a_{i1} & a_{i2} & \cdots & a_{in} \\ \vdots & \vdots & & \vdots \\ a_{j1}+ka_{i1} & a_{j2}+ka_{i2} & \cdots & a_{jn}+ka_{in} \\ \vdots & \vdots & & \vdots \\ a_{n1} & a_{n2} & \cdots & a_{nn} \end{vmatrix} = \begin{vmatrix} a_{11} & a_{12} & \cdots & a_{1n} \\ \vdots & \vdots & & \vdots \\ a_{i1} & a_{i2} & \cdots & a_{in} \\ \vdots & \vdots & & \vdots \\ a_{j1} & a_{j2} & \cdots & a_{jn} \\ \vdots & \vdots & & \vdots \\ a_{n1} & a_{n2} & \cdots & a_{nn} \end{vmatrix}$$

证明 根据性质 1-4 和性质 1-3 的推论 2，有

$$\begin{vmatrix} a_{11} & a_{12} & \cdots & a_{1n} \\ \vdots & \vdots & & \vdots \\ a_{i1} & a_{i2} & \cdots & a_{in} \\ \vdots & \vdots & & \vdots \\ a_{j1}+ka_{i1} & a_{j2}+ka_{i2} & \cdots & a_{jn}+ka_{in} \\ \vdots & \vdots & & \vdots \\ a_{n1} & a_{n2} & \cdots & a_{nn} \end{vmatrix} = \begin{vmatrix} a_{11} & a_{12} & \cdots & a_{1n} \\ \vdots & \vdots & & \vdots \\ a_{i1} & a_{i2} & \cdots & a_{in} \\ \vdots & \vdots & & \vdots \\ a_{j1} & a_{j2} & \cdots & a_{jn} \\ \vdots & \vdots & & \vdots \\ a_{n1} & a_{n2} & \cdots & a_{nn} \end{vmatrix} + \begin{vmatrix} a_{11} & a_{12} & \cdots & a_{1n} \\ \vdots & \vdots & & \vdots \\ a_{i1} & a_{i2} & \cdots & a_{in} \\ \vdots & \vdots & & \vdots \\ ka_{i1} & ka_{i2} & \cdots & ka_{in} \\ \vdots & \vdots & & \vdots \\ a_{n1} & a_{n2} & \cdots & a_{nn} \end{vmatrix}$$

$$=\begin{vmatrix} a_{11} & a_{12} & \cdots & a_{1n} \\ \vdots & \vdots & & \vdots \\ a_{i1} & a_{i2} & \cdots & a_{in} \\ \vdots & \vdots & & \vdots \\ a_{j1} & a_{j2} & \cdots & a_{jn} \\ \vdots & \vdots & & \vdots \\ a_{n1} & a_{n2} & \cdots & a_{nn} \end{vmatrix}$$

性质 1-6　n 阶行列式等于任意一行（列）所有元素与其对应的代数余子式的乘积之和，即

$$D_n=a_{i1}A_{i1}+a_{i2}A_{i2}+\cdots+a_{in}A_{in}=\sum_{k=1}^{n}a_{ik}A_{ik}\,(i=1,2,\cdots,n) \tag{1-9}$$

$$D_n=a_{1j}A_{1j}+a_{2j}A_{2j}+\cdots+a_{nj}A_{nj}=\sum_{k=1}^{n}a_{kj}A_{kj}\,(j=1,2,\cdots,n) \tag{1-10}$$

证明　该性质的证明分以下三步进行。

（1）证明当行列式 D_n 第 1 行元素为 $1,0,0,\cdots,0,0$ 时（并记该行列式为 D_{11}），有

$$D_{11}=\begin{vmatrix} 1 & 0 & \cdots & 0 \\ a_{21} & a_{22} & \cdots & a_{2n} \\ a_{31} & a_{32} & & a_{3n} \\ \vdots & \vdots & & \vdots \\ a_{n1} & a_{n2} & \cdots & a_{nn} \end{vmatrix}=\begin{vmatrix} a_{22} & a_{23} & \cdots & a_{2n} \\ a_{32} & a_{33} & \cdots & a_{3n} \\ \vdots & \vdots & & \vdots \\ a_{n2} & a_{n3} & \cdots & a_{nn} \end{vmatrix} \tag{a}$$

因为 D_{11} 中第 1 行的元素只有 $a_{11}=1$，其他元素均为 0，故对于式(a) 有

$$\begin{aligned}\text{左边}&=\sum_{j_2,j_3,\cdots,j_n}(-1)^{J(1,j_2,j_3,\cdots,j_n)}a_{11}a_{2j_2}a_{3j_3}\cdots a_{nj_n}\\&=\sum_{j_2,j_3,\cdots,j_n}(-1)^{J(j_2,j_3,\cdots,j_n)}a_{2j_2}a_{3j_3}\cdots a_{nj_n}=\text{右边}\end{aligned}$$

实际上，式(a) 可以表示成

$$D_{11}=\begin{vmatrix} 1 & 0 & \cdots & 0 \\ a_{21} & a_{22} & \cdots & a_{2n} \\ a_{31} & a_{32} & & a_{3n} \\ \vdots & \vdots & & \vdots \\ a_{n1} & a_{n2} & \cdots & a_{nn} \end{vmatrix}=A_{11} \tag{b}$$

其中，A_{11} 是 D_{11} 中 a_{11} 的代数余子式。

（2）证明当行列式 D_n 第 i 行元素仅 $a_{ij}=1$，其他元素均为 0 时（并记该行列式为 D_{ij}），有

$$D_{ij}=\begin{vmatrix} a_{11} & \cdots & a_{1j} & \cdots & a_{1n} \\ \vdots & & \vdots & & \vdots \\ 0 & \cdots & 1 & \cdots & 0 \\ \vdots & & \vdots & & \vdots \\ a_{n1} & \cdots & a_{nj} & \cdots & a_{nn} \end{vmatrix}=A_{ij} \tag{c}$$

其中 A_{ij} 是 D_{ij} 中元素 a_{ij} 的代数余子式。

先将 D_{ij} 的第 i 行逐次与其上面相邻的行交换，共进行（$i-1$）次行交换；再将第 j 列逐次与其左面相邻的列交换，共进行（$j-1$）次列交换。这时，矩阵变成了 D_{11} 的形式，这里将其记为 B_{11}。由前面的交换过程知，B_{11} 中 $b_{11}=1$ 的余子式就是 D_{ij} 中 $a_{ij}=1$ 的余子式 M_{ij}。因此，根据（1）的结果有

$$D_{ij}=(-1)^{(i-1)+(j-1)}M_{ij}=(-1)^{i+j}M_{ij}=A_{ij}$$

（3）将行列式 D 的第 i 行表示为如下形式

$$a_{i1}+0+\cdots+0,0+a_{i2}+\cdots+0,\cdots,0+\cdots+a_{ij}+\cdots+0,\cdots,0+0+\cdots+a_{in}$$

利用性质 1-4，将 D 写成 n 个行列式的和，其中第 j 个行列式为

$$\begin{vmatrix} a_{11} & \cdots & a_{1j} & \cdots & a_{1n} \\ \vdots & & \vdots & & \vdots \\ 0 & \cdots & a_{ij} & \cdots & 0 \\ \vdots & & \vdots & & \vdots \\ a_{n1} & \cdots & a_{nj} & \cdots & a_{nn} \end{vmatrix}$$

再由上面证明了的式(c)，得

$$\begin{aligned} D_n &= a_{i1}D_{i1}+a_{i2}D_{i2}+\cdots+a_{in}D_{in} \\ &= a_{i1}A_{i1}+a_{i2}A_{i2}+\cdots+a_{in}A_{in}=\sum_{k=1}^{n}a_{ik}A_{ik}\ (i=1,2,\cdots,n) \end{aligned}$$

证毕

同理可证式(1-10)。

性质 1-6 表明行列式可按任意一行（列）展开。

性质 1-7 n 阶行列式中任意一行（列）的元素与另一行（列）的相应元素代数余子式的乘积之和等于 0，即

$$a_{j1}A_{i1}+a_{j2}A_{i2}+\cdots+a_{jn}A_{in}=0\ (i\neq j)$$

证明 将 n 阶行列式

$$D=\begin{vmatrix} a_{11} & a_{12} & \cdots & a_{1n} \\ \vdots & \vdots & & \vdots \\ a_{i1} & a_{i2} & \cdots & a_{in} \\ \vdots & \vdots & & \vdots \\ a_{j1} & a_{j2} & \cdots & a_{jn} \\ \vdots & \vdots & & \vdots \\ a_{n1} & a_{n2} & \cdots & a_{nn} \end{vmatrix} \begin{matrix} \\ \\ \leftarrow \text{第 } i \text{ 行} \\ \\ \leftarrow \text{第 } j \text{ 行} \\ \\ \\ \end{matrix}$$

中第 i 行的元素都换成第 j ($i\neq j$) 行的元素，得到另一个行列式

$$D_0=\begin{vmatrix} a_{11} & a_{12} & \cdots & a_{1n} \\ \vdots & \vdots & & \vdots \\ a_{j1} & a_{j2} & \cdots & a_{jn} \\ \vdots & \vdots & & \vdots \\ a_{j1} & a_{j2} & \cdots & a_{jn} \\ \vdots & \vdots & & \vdots \\ a_{n1} & a_{n2} & \cdots & a_{nn} \end{vmatrix} \begin{matrix} \\ \\ \leftarrow \text{第 } i \text{ 行} \\ \\ \leftarrow \text{第 } j \text{ 行} \\ \\ \\ \end{matrix}$$

显然，D_0的第 i 行的代数余子式与 D 的第 i 行的代数余子式是完全一样的。将 D_0按第 i 行展开，得

$$D_0=a_{j1}A_{i1}+a_{j2}A_{i2}+\cdots+a_{jn}A_{in}$$

因为 D_0中有两行元素相同，所以 $D_0=0$。因此

$$a_{j1}A_{i1}+a_{j2}A_{i2}+\cdots+a_{jn}A_{in}=0\ (i\neq j)$$

由性质 1-6 和性质 1-7 可以得到如下结论：

$$a_{j1}A_{i1}+a_{j2}A_{i2}+\cdots+a_{jn}A_{in}=\begin{cases}D_n & (i=j)\\ 0 & (i\neq j)\end{cases} \tag{1-11}$$

1.3　行列式的计算

行列式的计算方法有多种，主要有：(1) 按行（列）展开法；(2) 三角形行列式法（主要用上三角行列式）；(3) 造零降阶法；(4) 递推法；(5) 加边法。

无论哪种方法都需要灵活利用 1.2 节介绍的行列式的各个性质和推论。下面通过例题予以介绍。

例 1-8　计算 4 阶行列式

$$D=\begin{vmatrix}0 & 2 & 0 & -1\\ 1 & 0 & 2 & 0\\ 0 & -2 & 2 & 0\\ 2 & 3 & 0 & 3\end{vmatrix}$$

解　根据性质 1-6，按第一行展开，有

$$\begin{aligned}D&=(-1)^{1+2}\times 2\times\begin{vmatrix}1 & 2 & 0\\ 0 & 2 & 0\\ 2 & 0 & 3\end{vmatrix}+(-1)^{1+4}\times(-1)\times\begin{vmatrix}1 & 0 & 2\\ 0 & -2 & 2\\ 2 & 3 & 0\end{vmatrix}\\ &=-2\times\left[(-1)^{1+1}\times 1\times\begin{vmatrix}2 & 0\\ 0 & 3\end{vmatrix}+(-1)^{1+2}\times 2\times\begin{vmatrix}0 & 0\\ 2 & 3\end{vmatrix}\right]\\ &\quad+1\times\left[(-1)^{1+1}\times 1\times\begin{vmatrix}-2 & 2\\ 3 & 0\end{vmatrix}+(-1)^{1+3}\times 2\times\begin{vmatrix}0 & -2\\ 2 & 3\end{vmatrix}\right]\\ &=-2\times(6-0)+1\times(-6+8)=-10\end{aligned}$$

例 1-8 就是用按行展开法解答的。当行列式的某行（或列）有多个 0 时，用按行（列）展开法可以一定程度地简化计算过程。但是，对于 4 阶以上的行列式，如果绝大多数元素不为 0，用按行（列）展开法就非常麻烦了。因此，按行（列）展开法不常用。

例 1-9　计算 4 阶行列式

$$\begin{vmatrix}2 & -5 & 1 & 2\\ -3 & 7 & -1 & 4\\ 5 & -9 & 2 & 7\\ 4 & -6 & 1 & 2\end{vmatrix}$$

解

$$\begin{vmatrix} 2 & -5 & 1 & 2 \\ -3 & 7 & -1 & 4 \\ 5 & -9 & 2 & 7 \\ 4 & -6 & 1 & 2 \end{vmatrix} \xlongequal{c_1 \leftrightarrow c_3,\text{使 } a_{11}=1} - \begin{vmatrix} 1 & -5 & 2 & 2 \\ -1 & 7 & -3 & 4 \\ 2 & -9 & 5 & 7 \\ 1 & -6 & 4 & 2 \end{vmatrix}$$

$$\xlongequal{r_2+r_1,r_3-2r_1,r_4-r_1} - \begin{vmatrix} 1 & -5 & 2 & 2 \\ 0 & 2 & -1 & 6 \\ 0 & 1 & 1 & 3 \\ 0 & -1 & 2 & 0 \end{vmatrix}$$

$$\xlongequal{r_2 \leftrightarrow r_3,\text{使 } a_{22}=1} \begin{vmatrix} 1 & -5 & 2 & 2 \\ 0 & 1 & 1 & 3 \\ 0 & 2 & -1 & 6 \\ 0 & -1 & 2 & 0 \end{vmatrix}$$

$$\xlongequal{r_3-2r_2,r_4+r_2} \begin{vmatrix} 1 & -5 & 2 & 2 \\ 0 & 1 & 1 & 3 \\ 0 & 0 & -3 & 0 \\ 0 & 0 & 3 & 3 \end{vmatrix}$$

$$\xlongequal{r_4+r_3} \begin{vmatrix} 1 & -5 & 2 & 2 \\ 0 & 1 & 1 & 3 \\ 0 & 0 & -3 & 0 \\ 0 & 0 & 0 & 3 \end{vmatrix} = 1\times 1\times(-3)\times 3 = -9$$

例 1-9 就是用三角形行列式法解答的。实际上，对于许多行列式而言，化为三角形行列式并不是最好的方法。因此，三角形行列式法也不常用。

造零降阶法是计算行列式的主要方法。递推法和加边法适用于一些特殊的行列式。例 1-8 和例 1-9 用造零降阶法解答更简便。

行列式的计算步骤没有一定之规。对于不同的行列式，要仔细观察它的特点，然后决定选用恰当的步骤。一般地说，尽快将行列式降阶是比较好的方法。当然，也有一些行列式需要特殊的方法（例如递推法和加边法等）来解答。下面是计算行列式的一些比较常用的技巧。

（1）如果某行（列）有公因数，应提取公因数。如果行列式中有分数，可通过提取公因数消除。这样做可以使以后的计算和书写都比较简单。

（2）选择数字比较简单的行或列，设法仅保留该行（列）有一个元素不为 0，将其他元素都变为 0，再利用公式(1-9）或（1-10）将行列式降阶。如果某行（列）有多个 0，选该行（列）更为简捷。

（3）技巧（2）中那个不为 0 的元素最好是 1，因为 1 可以使以后的计算过程中把该元素所在列（行）的其他各个元素化为 0 时最为简便，并且不出现分数。

（4）对于某些元素是字母的行列式，利用该行列式具有的特点恰当运用各种性质，可以使计算过程比较简便。

后面的各个例题具体介绍了这些技巧。

例 1-10 计算行列式

$$\begin{vmatrix} -2 & 1 & 2 & 1 \\ 1 & 0 & -1 & 2 \\ -1 & -3 & 2 & 2 \\ 0 & 1 & 0 & -1 \end{vmatrix}$$

解　因这个行列式最后一行有两个 0，所以先用造零降阶法。

$$\begin{vmatrix} -2 & 1 & 2 & 1 \\ 1 & 0 & -1 & 2 \\ -1 & -3 & 2 & 2 \\ 0 & 1 & 0 & -1 \end{vmatrix} \xlongequal{c_4+c_2} \begin{vmatrix} -2 & 1 & 2 & 2 \\ 1 & 0 & -1 & 2 \\ -1 & -3 & 2 & -1 \\ 0 & 1 & 0 & 0 \end{vmatrix}$$

$$\xlongequal{(\text{按第 4 行展开})} (-1)^{4+2} \times 1 \times \begin{vmatrix} -2 & 2 & 2 \\ 1 & -1 & 2 \\ -1 & 2 & -1 \end{vmatrix}$$

$$\xlongequal{(\text{第 1 行提取}-2)} -2 \times \begin{vmatrix} 1 & -1 & -1 \\ 1 & -1 & 2 \\ -1 & 2 & -1 \end{vmatrix}$$

$$\xlongequal{(\text{逐步化为三角行列式})} -2 \times \begin{vmatrix} 1 & -1 & -1 \\ 0 & 0 & 3 \\ 0 & 1 & -2 \end{vmatrix} = 2 \times \begin{vmatrix} 1 & -1 & -1 \\ 0 & 1 & -2 \\ 0 & 0 & 3 \end{vmatrix}$$

$$= 2 \times 1 \times 1 \times 3 = 6$$

例 1-11　计算行列式

$$\begin{vmatrix} a & b & b & b \\ b & a & b & b \\ b & b & a & b \\ b & b & b & a \end{vmatrix}$$

解　这个行列式的特点是所有列的元素之和都是 $a+3b$，所以有下面的简单计算过程：

$$\begin{vmatrix} a & b & b & b \\ b & a & b & b \\ b & b & a & b \\ b & b & b & a \end{vmatrix} \xlongequal{r_1+r_2+r_3+r_4} \begin{vmatrix} a+3b & a+3b & a+3b & a+3b \\ b & a & b & b \\ b & b & a & b \\ b & b & b & a \end{vmatrix}$$

$$= (a+3b) \begin{vmatrix} 1 & 1 & 1 & 1 \\ b & a & b & b \\ b & b & a & b \\ b & b & b & a \end{vmatrix}$$

$$\xlongequal{c_2-c_1, c_3-c_1, c_4-c_1} (a+3b) \begin{vmatrix} 1 & 0 & 0 & 0 \\ b & a-b & 0 & 0 \\ b & 0 & a-b & 0 \\ b & 0 & 0 & a-b \end{vmatrix}$$

$$= (a+3b)(a-b)^3$$

例 1-12　计算行列式

$$\begin{vmatrix} a & -a & 0 & 0 \\ 0 & b & -b & 0 \\ 0 & 0 & c & -c \\ 1 & 1 & 1 & 1 \end{vmatrix}$$

解 这个行列式的特点是前 3 行所有元素之和都是 0，所以有下面的简单计算过程：

$$\begin{vmatrix} a & -a & 0 & 0 \\ 0 & b & -b & 0 \\ 0 & 0 & c & -c \\ 1 & 1 & 1 & 1 \end{vmatrix} \xlongequal{c_1+c_2+c_3+c_4} \begin{vmatrix} 0 & -a & 0 & 0 \\ 0 & b & -b & 0 \\ 0 & 0 & c & -c \\ 4 & 1 & 1 & 1 \end{vmatrix}$$

$$=-4\begin{vmatrix} -a & 0 & 0 \\ b & -b & 0 \\ 0 & c & -c \end{vmatrix}=4abc$$

例 1-13 计算行列式

$$\begin{vmatrix} x^2+1 & xy & xz \\ xy & y^2+1 & yz \\ xz & yz & z^2+1 \end{vmatrix}$$

解 这个行列式中那些 1 比较“别扭”，所以利用行列式的性质 1-4 进行计算：

$$\begin{vmatrix} x^2+1 & xy & xz \\ xy & y^2+1 & yz \\ xz & yz & z^2+1 \end{vmatrix} = \begin{vmatrix} x^2 & xy & xz \\ xy & y^2+1 & yz \\ xz & yz & z^2+1 \end{vmatrix} + \begin{vmatrix} 1 & xy & xz \\ 0 & y^2+1 & yz \\ 0 & yz & z^2+1 \end{vmatrix}$$

$$=x^2\begin{vmatrix} 1 & y & z \\ y & y^2+1 & yz \\ z & yz & z^2+1 \end{vmatrix} + \begin{vmatrix} y^2+1 & yz \\ yz & z^2+1 \end{vmatrix}$$

$$=x^2\begin{vmatrix} 1 & 0 & 0 \\ y & 1 & 0 \\ z & 0 & 1 \end{vmatrix} + (y^2+1)(z^2+1)-y^2z^2$$

$$=x^2+y^2+z^2+1$$

例 1-14 计算行列式

$$D_5=\begin{vmatrix} 2 & 1 & 0 & 0 & 0 \\ 1 & 2 & 1 & 0 & 0 \\ 0 & 1 & 2 & 1 & 0 \\ 0 & 0 & 1 & 2 & 1 \\ 0 & 0 & 0 & 1 & 2 \end{vmatrix}$$

解 这个行列式具有某种“对称性”，可以用递推公式求解：

$$D_5=\begin{vmatrix} 2 & 1 & 0 & 0 & 0 \\ 1 & 2 & 1 & 0 & 0 \\ 0 & 1 & 2 & 1 & 0 \\ 0 & 0 & 1 & 2 & 1 \\ 0 & 0 & 0 & 1 & 2 \end{vmatrix}$$

$$\xlongequal{\text{(按第1列展开)}} 2\times\begin{vmatrix}2&1&0&0\\1&2&1&0\\0&1&2&1\\0&0&1&2\end{vmatrix}-\begin{vmatrix}1&0&0&0\\1&2&1&0\\0&1&2&1\\0&0&1&2\end{vmatrix}$$

$$=2\times\begin{vmatrix}2&1&0&0\\1&2&1&0\\0&1&2&1\\0&0&1&2\end{vmatrix}-\begin{vmatrix}2&1&0\\1&2&1\\0&1&2\end{vmatrix}$$

因而得到如下递推公式

$$D_5=2D_4-D_3$$

若记

$$D_2=\begin{vmatrix}2&1\\1&2\end{vmatrix},D_1=|2|$$

则有

$$D_4=2D_3-D_2,\qquad D_3=2D_2-D_1$$

反复运用上述递推公式，得

$$\begin{aligned}D_5&=2D_4-D_3=2(2D_3-D_2)-D_3\\&=3D_3-2D_2=3(2D_2-D_1)-2D_2\\&=4D_2-3D_1\\&=4\times\begin{vmatrix}2&1\\1&2\end{vmatrix}-3\times|2|=6\end{aligned}$$

一般地，有

$$D_n=\begin{vmatrix}2&1&0&\cdots&0&0\\1&2&1&\cdots&0&0\\0&1&2&\cdots&0&0\\\vdots&\vdots&\vdots&&\vdots&\vdots\\0&0&0&\cdots&2&1\\0&0&0&\cdots&1&2\end{vmatrix}=n+1$$

例 1-15　计算行列式

$$\begin{vmatrix}a_1+1&1&1&1\\1&a_2+1&1&1\\1&1&a_3+1&1\\1&1&1&a_4+1\end{vmatrix}$$

解　这个行列式用加边法比较好，因此

$$\begin{vmatrix}a_1+1&1&1&1\\1&a_2+1&1&1\\1&1&a_3+1&1\\1&1&1&a_4+1\end{vmatrix}=\begin{vmatrix}1&1&1&1&1\\0&a_1+1&1&1&1\\0&1&a_2+1&1&1\\0&1&1&a_3+1&1\\0&1&1&1&a_4+1\end{vmatrix}$$

$$=\begin{vmatrix} 1 & 1 & 1 & 1 & 1 \\ -1 & a_1 & 0 & 0 & 0 \\ -1 & 0 & a_2 & 0 & 0 \\ -1 & 0 & 0 & a_3 & 0 \\ -1 & 0 & 0 & 0 & a_4 \end{vmatrix}=a_1a_2a_3a_4\begin{vmatrix} 1 & 1 & 1 & 1 & 1 \\ -a_1^{-1} & 1 & 0 & 0 & 0 \\ -a_2^{-1} & 0 & 1 & 0 & 0 \\ -a_3^{-1} & 0 & 0 & 1 & 0 \\ -a_4^{-1} & 0 & 0 & 0 & 1 \end{vmatrix}$$

$$=a_1a_2a_3a_4\begin{vmatrix} 1+\sum_{i=1}^{4}a_i^{-1} & 0 & 0 & 0 & 0 \\ -a_1^{-1} & 1 & 0 & 0 & 0 \\ -a_2^{-1} & 0 & 1 & 0 & 0 \\ -a_3^{-1} & 0 & 0 & 1 & 0 \\ -a_4^{-1} & 0 & 0 & 0 & 1 \end{vmatrix}$$

$$=a_1a_2a_3a_4(1+\sum_{i=1}^{4}\frac{1}{a_i})$$

一般地，有

$$\begin{vmatrix} a_1+1 & 1 & \cdots & 1 & 1 \\ 1 & a_2+1 & \cdots & 1 & 1 \\ \vdots & \vdots & & \vdots & \vdots \\ 1 & 1 & \cdots & a_{n-1}+1 & 1 \\ 1 & 1 & \cdots & 1 & a_n+1 \end{vmatrix}=a_1a_2\cdots a_n\left(1+\sum_{i=1}^{n}\frac{1}{a_i}\right)$$

本题的解答过程要求 $a_i\neq0(i=1,2,\cdots,n)$。对于 $a_i(i=1,2,\cdots,n)$ 有 0 的情形，留给读者自己讨论。

例 1-16 证明范德蒙（Vandermonde）行列式

$$D_n=\begin{vmatrix} 1 & 1 & 1 & \cdots & 1 \\ x_1 & x_2 & x_3 & \cdots & x_n \\ x_1^2 & x_2^2 & x_3^2 & \cdots & x_n^2 \\ \vdots & \vdots & \vdots & & \vdots \\ x_1^{n-1} & x_2^{n-1} & x_3^{n-1} & \cdots & x_n^{n-1} \end{vmatrix}=\prod_{1\leqslant j<i\leqslant n}(x_i-x_j) \tag{a}$$

证明 本题的证明需要用数学归纳法。因为

$$D_2=\begin{vmatrix} 1 & 1 \\ x_1 & x_2 \end{vmatrix}=x_2-x_1=\prod_{1\leqslant j<i\leqslant 2}(x_i-x_j)$$

所以，$n=2$ 时式(a) 成立。现在假设对于 $k-1$ 阶范德蒙行列式(a) 式成立，即

$$D_{k-1}=\begin{vmatrix} 1 & 1 & 1 & \cdots & 1 \\ x_1 & x_2 & x_3 & \cdots & x_{k-1} \\ x_1^2 & x_2^2 & x_3^2 & \cdots & x_{k-1}^2 \\ \vdots & \vdots & \vdots & & \vdots \\ x_1^{k-2} & x_2^{k-2} & x_3^{k-2} & \cdots & x_{k-1}^{k-2} \end{vmatrix}=\prod_{1\leqslant j<i\leqslant k-1}(x_i-x_j) \tag{b}$$

则对于 k 阶范德蒙行列式，有

$$D_k=\begin{vmatrix}1&1&1&\cdots&1\\x_1&x_2&x_3&\cdots&x_k\\x_1^2&x_2^2&x_3^2&\cdots&x_k^2\\\vdots&\vdots&\vdots&&\vdots\\x_1^{k-1}&x_2^{k-1}&x_3^{k-1}&\cdots&x_k^{k-1}\end{vmatrix}\xlongequal{r_k-x_1r_{k-1},r_{k-1}-x_1r_{k-2},\cdots,r_3-x_1r_2,r_2-x_1r_1}$$

$$\begin{vmatrix}1&1&1&\cdots&1\\0&x_2-x_1&x_3-x_1&\cdots&x_k-x_1\\0&x_2(x_2-x_1)&x_3(x_3-x_1)&\cdots&x_k(x_k-x_1)\\\vdots&\vdots&\vdots&&\vdots\\0&x_2^{k-2}(x_2-x_1)&x_3^{k-2}(x_3-x_1)&\cdots&x_k^{k-2}(x_k-x_1)\end{vmatrix}$$

$$\xlongequal{\text{按第 1 列展开,并提取各列的公因数}}$$

$$(x_2-x_1)(x_3-x_1)\cdots(x_k-x_1)\begin{vmatrix}1&1&\cdots&1\\x_2&x_3&\cdots&x_k\\\vdots&\vdots&&\vdots\\x_2^{k-2}&x_3^{k-2}&\cdots&x_k^{k-2}\end{vmatrix}$$

上式右边是 $k-1$ 阶范德蒙行列式。再由前面的假设知，它应该等于所有 x_i-x_j 的乘积，其中 $2\leqslant j<i\leqslant k$。因此

$$\begin{aligned}D&=(x_2-x_1)(x_3-x_1)\cdots(x_k-x_1)\prod_{2\leqslant j<i\leqslant k}(x_i-x_j)\\&=\prod_{1\leqslant j<i\leqslant k}(x_i-x_j)\end{aligned}$$

由归纳法原理知，命题对大于等于 2 的任意正整数 n 都成立。

1.4　克拉默法则

n 阶行列式的概念是二、三阶行列式的推广。既然二、三阶行列式来源于解线性方程组，那么 n 阶行列式可否用来解 n 个未知量和 n 个方程构成的线性方程组呢？本小节讨论这个问题。

含有 n 个方程、n 个未知量 $x_1,x_2,\cdots,x_n$ 的线性方程组

$$\begin{cases}a_{11}x_1+a_{12}x_2+\cdots+a_{1n}x_n=b_1\\a_{21}x_1+a_{22}x_2+\cdots+a_{2n}x_n=b_2\\\cdots\cdots\cdots\cdots\cdots\cdots\cdots\cdots\cdots\cdots\\a_{n1}x_1+a_{n2}x_2+\cdots+a_{nn}x_n=b_n\end{cases}\tag{1-12}$$

是否有解，如何求解有下面的定理 1-1。

定理 1-1　（克拉默（Cramer）法则） 如果线性方程组（1-12）的系数行列式

$$\Delta=\begin{vmatrix}a_{11}&a_{12}&\cdots&a_{1n}\\a_{21}&a_{22}&\cdots&a_{2n}\\\vdots&\vdots&&\vdots\\a_{n1}&a_{n2}&\cdots&a_{nn}\end{vmatrix}\neq0$$

那么线性方程组（1-12）有惟一解，其解为

$$x_1=\frac{\Delta_1}{\Delta},x_2=\frac{\Delta_2}{\Delta},\cdots,x_n=\frac{\Delta_n}{\Delta} \tag{1-13}$$

其中 $\Delta_j(j=1,2,\cdots,n)$ 是把系数行列式 Δ 中第 j 列用方程组的常数列 $b_1,b_2,\cdots,b_n$ 来代替，而其余各列不变所得到的 n 阶行列式，即

$$\Delta_j=\begin{vmatrix} a_{11} & \cdots & a_{1,j-1} & b_1 & a_{1,j+1} & \cdots & a_{1n} \\ a_{21} & \cdots & a_{2,j-1} & b_2 & a_{2,j+1} & \cdots & a_{2n} \\ \vdots & & \vdots & \vdots & \vdots & & \vdots \\ a_{n1} & \cdots & a_{n,j-1} & b_n & a_{n,j+1} & \cdots & a_{nn} \end{vmatrix} \tag{1-14}$$

证明 用 Δ 中第 j 列的各元素的代数余子式 $A_{1j},A_{2j},\cdots,A_{nj}$ 依次乘方程组（1-12）的第1、第2、…、第 n 个方程，再将等式两端分别相加，整理，得

$$(a_{11}A_{1j}+a_{21}A_{2j}+\cdots+a_{n1}A_{nj})x_1+\cdots+(a_{1j}A_{1j}+a_{2j}A_{2j}+\cdots+a_{nj}A_{nj})x_j$$
$$+\cdots+(a_{1n}A_{1j}+a_{2n}A_{2j}+\cdots+a_{nn}A_{nj})x_n=b_1A_{1j}+b_2A_{2j}+\cdots+b_nA_{nj}$$

根据式(1-11) 有

$$0\cdot x_1+\cdots+\Delta\cdot x_j+\cdots+0\cdot x_n=\Delta_j$$

所以

$$x_j=\frac{\Delta_j}{\Delta}$$

由于上面的证明过程中 j 可以任取 $1,2,\cdots,n$ 中任一个值，从而式(1-13) 得证。

例 1-17 解线性方程组

$$\begin{cases} 2x_1+x_2-5x_3+x_4=8 \\ x_1-3x_2-6x_4=9 \\ 2x_2-x_3+2x_4=-5 \\ x_1+4x_2-7x_3+6x_4=0 \end{cases}$$

解 对于本题，有

$$\Delta=\begin{vmatrix} 2 & 1 & -5 & 1 \\ 1 & -3 & 0 & -6 \\ 0 & 2 & -1 & 2 \\ 1 & 4 & -7 & 6 \end{vmatrix}=-\begin{vmatrix} 1 & -3 & 0 & -6 \\ 2 & 1 & -5 & 1 \\ 0 & 2 & -1 & 2 \\ 1 & 4 & -7 & 6 \end{vmatrix}$$

$$=-\begin{vmatrix} 1 & -3 & 0 & -6 \\ 0 & 7 & -5 & 13 \\ 0 & 2 & -1 & 2 \\ 0 & 7 & -7 & 12 \end{vmatrix}=-\begin{vmatrix} 7 & -5 & 13 \\ 2 & -1 & 2 \\ 7 & -7 & 12 \end{vmatrix}$$

$$=-\begin{vmatrix} 7 & -5 & 13 \\ 2 & -1 & 2 \\ 0 & -2 & -1 \end{vmatrix}=\begin{vmatrix} 1 & -2 & 7 \\ 2 & -1 & 2 \\ 0 & 2 & 1 \end{vmatrix}=\begin{vmatrix} 1 & -2 & 7 \\ 0 & 3 & -12 \\ 0 & 2 & 1 \end{vmatrix}$$

$$=\begin{vmatrix} 3 & -12 \\ 2 & 1 \end{vmatrix}=3\times1-(-12)\times2=27$$

同理，有

$$\Delta_1=\begin{vmatrix} 8 & 1 & -5 & 1 \\ 9 & -3 & 0 & -6 \\ -5 & 2 & -1 & 2 \\ 0 & 4 & -7 & 6 \end{vmatrix}=81,\quad \Delta_2=\begin{vmatrix} 2 & 8 & -5 & 1 \\ 1 & 9 & 0 & -6 \\ 0 & -5 & -1 & 2 \\ 1 & 0 & -7 & 6 \end{vmatrix}=-108,$$

$$\Delta_3=\begin{vmatrix}2&1&8&1\\1&-3&9&-6\\0&2&-5&2\\1&4&0&6\end{vmatrix}=-27,\quad \Delta_4=\begin{vmatrix}2&1&-5&8\\1&-3&0&9\\0&2&-1&-5\\1&4&-7&0\end{vmatrix}=27$$

于是，原方程组的解是

$$x_1=\frac{\Delta_1}{\Delta}=\frac{81}{27}=3,\qquad x_2=\frac{\Delta_2}{\Delta}=-\frac{108}{27}=-4,$$

$$x_3=\frac{\Delta_3}{\Delta}=-\frac{27}{27}=-1,\quad x_4=\frac{\Delta_4}{\Delta}=\frac{27}{27}=1$$

上面的解题过程中，计算 Δ 的步骤比较详细是为了读者阅读理解的方便，而计算 Δ_1、Δ_2、Δ_3和 Δ_4省略中间步骤是为了节省篇幅。

从例 1-17 可以看出，用克拉默法则解多元线性方程组需要计算多个高阶行列式，计算量很大。所以，一般情况下不用克拉默法则解多元线性方程组。但是，克拉默法则在理论上很有价值，下面是其中的两点。

(1) 当含有 n 个方程、n 个未知量的线性方程组的系数行列式不等于 0 时，该方程组有惟一解。

(2) 当线性方程组的系数行列式不等于 0 时，该方程组的惟一解可以用公式(1-13)表示。

当线性方程组 (1-12) 的常数项 b_1，b_2，…，b_n全为 0 时，方程组为如下形式

$$\begin{cases}a_{11}x_1+a_{12}x_2+\cdots+a_{1n}x_n=0\\a_{21}x_1+a_{22}x_2+\cdots+a_{2n}x_n=0\\\cdots\cdots\cdots\cdots\cdots\cdots\cdots\cdots\cdots\cdots\cdots\cdots\\a_{n1}x_1+a_{n2}x_2+\cdots+a_{nn}x_n=0\end{cases}\tag{1-15}$$

方程组 (1-15) 称为**齐次线性方程组**。相应地，方程组 (1-12) 称为**非齐次线性方程组**。

显然，

$$x_j=0\quad (j=1,2,\cdots,n)$$

肯定是齐次线性方程组 (1-15) 的解。未知量全部为 0 的解称为齐次线性方程组的**零解**或**平凡解**。另一方面，当齐次线性方程组 (1-15) 的系数行列式 $\Delta\neq0$ 时，根据克拉默法则，它有惟一解。于是有下面的推论。

如果齐次线性方程组 (1-15) 有未知量不全为 0 的解，这样的解称为**非零解**或**非平凡解**。

推论　如果齐次线性方程组 (1-15) 的系数行列式不等于 0，那么它只有零解，否则它有非零解。

齐次线性方程组 (1-15) 和非齐次线性方程组 (1-12) 解的全面讨论将在第 4 章进行。

例 1-18　k 取何值时，齐次线性方程组

$$\begin{cases}kx_1+x_2+x_3=0\\x_1+kx_2+x_3=0\\x_1+x_2+kx_3=0\end{cases}$$

有非零解？

解

$$D=\begin{vmatrix}k&1&1\\1&k&1\\1&1&k\end{vmatrix}\xlongequal{r_1+r_2+r_3}\begin{vmatrix}k+2&k+2&k+2\\1&k&1\\1&1&k\end{vmatrix}$$

$$=(k+2)\begin{vmatrix}1&1&1\\1&k&1\\1&1&k\end{vmatrix}=(k+2)\begin{vmatrix}1&1&1\\0&k-1&0\\0&0&k-1\end{vmatrix}=(k+2)(k-1)^2$$

根据定理 1-1 的推论知，只有当 $D=0$ 时，齐次方程组才有非零解。令 $D=(k+2)(k-1)^2=0$，解得 $k=-2$ 或 $k=1$。此时，该方程组有非零解。

1.5 本章小结

本章介绍了行列式的基本知识。重点是行列式的性质及其推论。下面是本章的知识要点以及对它们的要求。

◇ 理解 n 元排列的逆序数和 n 阶行列式的概念；知道两个特殊的行列式。

◇ 熟悉行列式的性质及其推论；了解这些性质的证明方法。

◇ 会利用行列式的性质计算行列式，并掌握一定的技巧。

◇ 知道克拉默法则；会用克拉默法则解线性方程组。

习　　题

一、单项选择题

1-1　排列 1，6，5，3，4，2 的逆序数是________。

(A) 8　　(B) 9　　(C) 7　　(D) 6

1-2　$\begin{vmatrix}2&1&2\\-4&3&1\\2&3&5\end{vmatrix}$ 的代数余子式 A_{12} 是________。

(A) $-\begin{vmatrix}2&1\\-4&3\end{vmatrix}$　　(B) $\begin{vmatrix}2&1\\-4&3\end{vmatrix}$　　(C) $-\begin{vmatrix}-4&1\\2&5\end{vmatrix}$　　(D) $\begin{vmatrix}-4&1\\2&5\end{vmatrix}$

1-3　关于行列式，下列各命题中错误的是________。

(A) 行列式的第一列乘 2，同时第二列除 2，行列式的值不变

(B) 互换行列式的第一行和第三行，行列式的值不变

(C) 互换行列式的任意两列，行列式仅改变符号

(D) 行列式可以按任意一行展开

1-4　关于行列式，下列命题正确的是________。

(A) 任何一个行列式都与它的转置行列式相等

(B) 互换行列式的任意两行所得到的行列式一定与原行列式相等

(C) 如果行列式有一行的所有元素都是 1，则这个行列式等于 0

(D) 以上命题都不对

1-5　下列命题错误的是________。

(A) 如果线性方程组的系数行列式不等于零，则该方程组有惟一解

(B) 如果线性方程组的系数行列式不等于零，则该方程组无解

(C) 如果齐次线性方程组的系数行列式等于零，则该方程组有非零解

(D) 如果齐次线性方程组的系数行列式不等于零，则该方程组只有零解

二、填空题

1-1 $\begin{vmatrix} 1 & -2 \\ 2 & 1 \end{vmatrix}=$____。

1-2 $\begin{vmatrix} 1 & 2 & 3 \\ 0 & 4 & 5 \\ 0 & 0 & 6 \end{vmatrix}=$____。

1-3 若$\begin{vmatrix} 3 & 2 \\ 4 & 5 \end{vmatrix}=\begin{vmatrix} k & 5 \\ 7 & 6 \end{vmatrix}$，则 $k=$____。

1-4 $\begin{vmatrix} 2 & 1 & 2 \\ -4 & 3 & 1 \\ 2 & 3 & 5 \end{vmatrix}$的余子式 $M_{32}=\begin{vmatrix} \quad & \quad \\ \quad & \quad \end{vmatrix}$，代数余子式 $A_{12}=\begin{vmatrix} \quad & \quad \\ \quad & \quad \end{vmatrix}$。

1-5 若$\begin{vmatrix} a & b \\ c & d \end{vmatrix}=-12$，则$\begin{vmatrix} c & d \\ a & b \end{vmatrix}=$____。

1-6 若$\begin{vmatrix} a & c \\ b & d \end{vmatrix}=3$，则$\begin{vmatrix} 2a & -2c \\ 2b & -2d \end{vmatrix}=$____，$\begin{vmatrix} -a & -2c \\ -b & -2d \end{vmatrix}=$____，$\begin{vmatrix} 2a & 2c \\ -b & -d \end{vmatrix}=$____。

三、综合题

1-1 计算下列行列式：

(1) $\begin{vmatrix} -2 & -4 & 1 \\ 3 & 0 & 3 \\ 5 & 4 & -2 \end{vmatrix}$　　(2) $\begin{vmatrix} 1 & 2 & 3 & 4 \\ 2 & 3 & 4 & 1 \\ 3 & 4 & 1 & 2 \\ 4 & 1 & 2 & 3 \end{vmatrix}$

1-2 利用 3 阶行列式解方程组

$$\begin{cases} x_1-2x_2+x_3=1 \\ 4x_1-3x_2+x_3=3 \\ 2x_1-5x_2-3x_3=-9 \end{cases}$$

1-3 求下列方程的根

$$f(x)=\begin{vmatrix} x+1 & 0 & 0 \\ -1 & x & -3 \\ 0 & -1 & 1 \end{vmatrix}=0$$

1-4 求下列各个排列的逆序数：

(1) 4 2 3 1 6 5　　(2) 6 3 4 9 8 7 5 1 2

1-5 在四阶行列式中，确定下列各项的符号：

(1) $a_{13}a_{24}a_{31}a_{42}$　　(2) $a_{34}a_{23}a_{41}a_{12}$

1-6 计算下列行列式：

(1) $\begin{vmatrix} 1 & 2 & 0 & 1 \\ 1 & 3 & 5 & 0 \\ 0 & 1 & 5 & 6 \\ 1 & 2 & 3 & 4 \end{vmatrix}$　　(2) $\begin{vmatrix} 5 & 0 & 4 & 2 \\ 1 & 1 & 1 & 1 \\ 4 & 1 & 2 & 0 \\ 1 & 1 & 2 & 1 \end{vmatrix}$

(3) $\begin{vmatrix} 2 & 3 & 1 & -5 \\ 1 & -1 & 2 & 0 \\ 4 & 2 & 3 & -6 \\ -1 & -1 & -2 & 2 \end{vmatrix}$　　(4) $\begin{vmatrix} 1 & 2 & 3 & 4 \\ 2 & 3 & 4 & 1 \\ 3 & 4 & 1 & 2 \\ 4 & 1 & 2 & 3 \end{vmatrix}$

1-7 计算下列行列式：

(1) $\begin{vmatrix} 0 & a & b & a \\ a & 0 & a & b \\ b & a & 0 & a \\ a & b & a & 0 \end{vmatrix}$　　(2) $\begin{vmatrix} 1 & 1 & 1 & 1 \\ b & a & c & c \\ c & c & a & d \\ d & d & d & a \end{vmatrix}$

(3) $\begin{vmatrix} x+y & y & x \\ x & x+y & y \\ y & x & x+y \end{vmatrix}$　　(4) $\begin{vmatrix} 0 & x & y & z \\ x & 0 & z & y \\ y & z & 0 & x \\ z & y & x & 0 \end{vmatrix}$

(5) $\begin{vmatrix} 1+x & 1 & 1 & 1 \\ 1 & 1-x & 1 & 1 \\ 1 & 1 & 1+y & 1 \\ 1 & 1 & 1 & 1-y \end{vmatrix}$　　(6) $\begin{vmatrix} x_1 & a_2 & a_3 & a_4 \\ a_1 & x_2 & a_3 & a_4 \\ a_1 & a_2 & x_3 & a_4 \\ a_1 & a_2 & a_3 & x_4 \end{vmatrix}$

1-8 计算下列行列式：

(1) $\begin{vmatrix} 1 & 2 & 2 & \cdots & 2 \\ 2 & 2 & 2 & \cdots & 2 \\ 2 & 2 & 3 & \cdots & 2 \\ \vdots & \vdots & \vdots & & \vdots \\ 2 & 2 & 2 & \cdots\cdots & n \end{vmatrix}$　　(2) $\begin{vmatrix} a & b & 0 & \cdots & 0 & 0 \\ 0 & a & b & \cdots & 0 & 0 \\ \vdots & \vdots & \vdots & & \vdots & \vdots \\ 0 & 0 & 0 & \cdots & a & b \\ b & 0 & 0 & \cdots & 0 & a \end{vmatrix}$

1-9 证明下列各等式：

(1) $\begin{vmatrix} a_1+b_1x & a_1x+b_1 & c_1 \\ a_2+b_2x & a_2x+b_2 & c_2 \\ a_3+b_3x & a_3x+b_3 & c_3 \end{vmatrix} = (1-x^2)\begin{vmatrix} a_1 & b_1 & c_1 \\ a_2 & b_2 & c_2 \\ a_3 & b_3 & c_3 \end{vmatrix}$

(2) $\begin{vmatrix} b+c & c+a & a+b \\ q+r & r+p & p+q \\ y+z & z+x & x+y \end{vmatrix} = 2\begin{vmatrix} a & b & c \\ p & q & r \\ x & y & z \end{vmatrix}$

1-10 用数学归纳法证明（下列 n 阶行列式中未标出的元素皆为 0）

$$\begin{vmatrix} \cos\alpha & 1 & & & & \\ 1 & 2\cos\alpha & 1 & & & \\ & 1 & 2\cos\alpha & 1 & & \\ & & 1 & \ddots & \ddots & \\ & & & \ddots & \ddots & 1 \\ & & & & 1 & 2\cos\alpha \end{vmatrix} = \cos n\alpha$$

1-11 用克拉默法则解方程组

$$\begin{cases} x_1-x_2+x_3-x_4=2 \\ 2x_1-x_3+2x_4=4 \\ 3x_1+2x_2+x_3=-1 \\ -x_1+2x_2-x_3+x_4=-4 \end{cases}$$

1-12 当 a 取何值时，线性方程组

$$\begin{cases} ax_1-x_2-x_3=1 \\ x_1+ax_2+x_3=1 \\ -x_1+x_2+ax_3=1 \end{cases}$$

有惟一一组解？

1-13　当 k 取何值时，齐次线性方程组

$$\begin{cases}(1-k)x_1 - 2x_2 + 2x_3 = 0 \\ -2x_1 - (2+k)x_2 + 4x_3 = 0 \\ 2x_1 + 4x_2 - (2+k)x_3 = 0\end{cases}$$

有非零解？

第2章 矩　　阵

本章主要介绍以下内容。

(1) 矩阵、可逆矩阵、伴随矩阵、分块矩阵、准对角矩阵、阶梯形矩阵、矩阵的初等行变换、初等矩阵、矩阵的秩等概念。

(2) 矩阵的运算及其性质、分块矩阵的运算、逆矩阵和矩阵的秩的求法。

(3) 矩阵的实际应用。

第1章介绍的克拉默法则指出：只有当线性方程组中未知量的个数和方程的个数相同，并且系数行列式不等于零时，线性方程组有惟一解。对一般线性方程组解的讨论（包括系数行列式等于零的情况和方程组中未知量的个数和方程的个数不相同的情况），需要借助于矩阵这一重要工具。

矩阵是线性代数中最基础的概念之一，也是一种重要的数学工具，在各个领域都有广泛的应用。

本章将介绍关于矩阵的基本知识。

2.1 矩阵的概念

在工程技术和经济领域中，常常要用到一些矩形数表。例如，表2-1列出了某校机电系各专业2004年在校学生人数。

表 2-1

	2002级	2003级	2004级		2002级	2003级	2004级
制冷工程	96	98	98	数控与模具	56	52	92
机电设备维修	52	55	64	汽车维修	64	92	99

利用矩形数表可以将它简洁地表示为

$$\begin{pmatrix} 96 & 98 & 98 \\ 52 & 55 & 64 \\ 56 & 52 & 92 \\ 64 & 92 & 99 \end{pmatrix}$$

这类矩形数表在数学上就是下面定义的矩阵。

定义 2-1 由 $m\times n$ 个数 $a_{ij}(i=1,2,\cdots,m;j=1,2,\cdots,n)$ 排成如下的 m 行 n 列矩形数表

$$\boldsymbol{A}=\begin{pmatrix} a_{11} & a_{12} & \cdots & a_{1n} \\ a_{21} & a_{22} & \cdots & a_{2n} \\ \vdots & \vdots & & \vdots \\ a_{m1} & a_{m2} & \cdots & a_{mn} \end{pmatrix}$$

称为 ***m* 行 *n* 列矩阵**，简称 **$m\times n$ 矩阵**。a_{ij} 称为矩阵 $\boldsymbol{A}$ 的第 i 行 j 列的元素。i 称为矩阵的行

标，j 称为矩阵的**列标**。矩阵通常用大写字母 $\boldsymbol{A}$、$\boldsymbol{B}$、$\boldsymbol{C}$…或小写字母加行标和列标（a_{ij}）、（b_{ij}）…表示。有时为了标明一个矩阵的行数和列数，也用 $\boldsymbol{A}_{m\times n}$ 或（a_{ij}）$_{m\times n}$ 表示一个 m 行 n 列矩阵。

所有元素都是实数的矩阵称为**实矩阵**，部分元素是复数的矩阵称为**复矩阵**。

下面介绍几种特殊矩阵。

（1）当 $m=n$ 时，矩阵 $\boldsymbol{A}$ 称为 **n 阶方阵**或 **n 阶矩阵**；在方阵中，从 a_{11} 经 a_{22}、a_{33}，…，直到 a_{nn} 的连线称为方阵的**主对角线**，元素 $a_{ii}(i=1,2,\cdots,n)$ 称为方阵的**主对角线元素**。

（2）当 $m=1$ 时，矩阵 $\boldsymbol{A}$ 称为**行矩阵**，又称为**行向量**，此时

$$\boldsymbol{A}=(a_{11}\quad a_{12}\quad\cdots\quad a_{1n})$$

（3）当 $n=1$ 时，矩阵 $\boldsymbol{A}$ 称为**列矩阵**，又称为**列向量**，此时

$$\boldsymbol{A}=\begin{pmatrix}a_{11}\\a_{21}\\\vdots\\a_{m1}\end{pmatrix}$$

（4）当 $a_{ij}=0(i=1,2,\cdots,m;j=1,2,\cdots,n)$ 时，称 $\boldsymbol{A}$ 为**零矩阵**，记为 $\boldsymbol{O}_{m\times n}$ 或 $\boldsymbol{O}$。

（5）如果 n 阶方阵 $\boldsymbol{A}$ 的主对角线以外所有元素都是 0，则称 $\boldsymbol{A}$ 为 **n 阶对角矩阵**。

（6）如果 n 阶对角矩阵 $\boldsymbol{A}$ 的主对角线上的元素全为 1，则称 $\boldsymbol{A}$ 为 **n 阶单位矩阵**，记为 $\boldsymbol{E}_n$ 或 $\boldsymbol{E}$，即

$$\boldsymbol{E}_n=\begin{pmatrix}1&0&0&\cdots&0\\0&1&0&\cdots&0\\\vdots&\vdots&\vdots&&\vdots\\0&0&0&\cdots&1\end{pmatrix}$$

（7）如果 n 阶对角矩阵 $\boldsymbol{A}$ 的主对角线上的元素全为同一个常数 a，则称 $\boldsymbol{A}$ 为 **n 阶数量矩阵**。

（8）如果 n 阶对角矩阵 $\boldsymbol{A}$ 的主对角线以上（下）的元素都为 0，则称 $\boldsymbol{A}$ 为 **n 阶下（上）三角形矩阵**。下面的矩阵是上三角形矩阵。

$$\begin{pmatrix}a_{11}&a_{12}&\cdots&a_{1n}\\0&a_{22}&\cdots&a_{2n}\\\vdots&\vdots&&\vdots\\0&0&\cdots&a_{nn}\end{pmatrix}$$

2.2　矩阵的运算及其性质

2.2.1　矩阵的加法与数乘

定义 2-2　若矩阵 $\boldsymbol{A}$ 和矩阵 $\boldsymbol{B}$ 的行数和列数分别相等，则称 $\boldsymbol{A}$、$\boldsymbol{B}$ 为**同型矩阵**。

定义 2-3　若矩阵 $\boldsymbol{A}$ 和矩阵 $\boldsymbol{B}$ 为同型矩阵，即

$$\boldsymbol{A}=\begin{pmatrix}a_{11}&a_{12}&\cdots&a_{1n}\\a_{21}&a_{22}&\cdots&a_{2n}\\\vdots&\vdots&&\vdots\\a_{m1}&a_{m2}&\cdots&a_{mn}\end{pmatrix},\ \boldsymbol{B}=\begin{pmatrix}b_{11}&b_{12}&\cdots&b_{1n}\\b_{21}&b_{22}&\cdots&b_{2n}\\\vdots&\vdots&&\vdots\\b_{m1}&b_{m2}&\cdots&b_{mn}\end{pmatrix}$$

并且对应的元素相等：$a_{ij}=b_{ij}(i=1,2,\cdots,m;j=1,2,\cdots,n)$，则称矩阵 $\boldsymbol{A}$ 和矩阵 $\boldsymbol{B}$ **相等**，记为

$$\boldsymbol{A}=\boldsymbol{B}$$

定义 2-4 将两个同型矩阵 $\boldsymbol{A}$ 和 $\boldsymbol{B}$ 的对应元素相加得到的矩阵 $\boldsymbol{C}$，称为矩阵 $\boldsymbol{A}$ 和 $\boldsymbol{B}$ 的**和**，记为

$$\boldsymbol{C}=\boldsymbol{A}+\boldsymbol{B}$$

其中

$$c_{ij}=a_{ij}+b_{ij}(i=1,2,\cdots,m;j=1,2,\cdots,n)$$

定义 2-5 以常数 k 乘矩阵 $\boldsymbol{A}$ 的每一个元素所得到的矩阵 $\boldsymbol{C}$

$$\boldsymbol{C}=\begin{pmatrix} c_{11} & c_{12} & \cdots & c_{1n} \\ c_{21} & c_{22} & \cdots & c_{2n} \\ \vdots & \vdots & & \vdots \\ c_{m1} & c_{m2} & \cdots & c_{mn} \end{pmatrix}$$

称为**数 k 与矩阵 $\boldsymbol{A}$ 的乘积**，简称**数乘**，记为

$$\boldsymbol{C}=k\boldsymbol{A}$$

其中

$$c_{ij}=ka_{ij}(i=1,2,\cdots,m;j=1,2,\cdots,n)$$

$(-1)\boldsymbol{A}$ 称为 $\boldsymbol{A}$ 的**负矩阵**，记为 $-\boldsymbol{A}$。规定

$$\boldsymbol{A}-\boldsymbol{B}=\boldsymbol{A}+(-\boldsymbol{B})$$

矩阵的加法与数乘统称为矩阵的**线性运算**。矩阵的线性运算满足以下运算法则（假定下列矩阵都是 $m\times n$ 矩阵）：

(1) $\boldsymbol{A}+\boldsymbol{B}=\boldsymbol{B}+\boldsymbol{A}$

(2) $\boldsymbol{A}+(\boldsymbol{B}+\boldsymbol{C})=(\boldsymbol{A}+\boldsymbol{B})+\boldsymbol{C}$

(3) $\boldsymbol{A}+\boldsymbol{O}=\boldsymbol{O}+\boldsymbol{A}=\boldsymbol{A}$

(4) $\boldsymbol{A}+(-\boldsymbol{A})=\boldsymbol{O}$

(5) $1\boldsymbol{A}=\boldsymbol{A}$

(6) $k(\boldsymbol{A}+\boldsymbol{B})=k\boldsymbol{A}+k\boldsymbol{B}$

(7) $(k+l)\boldsymbol{A}=k\boldsymbol{A}+l\boldsymbol{A}$

(8) $(kl)\boldsymbol{A}=k(l\boldsymbol{A})$

【说明】 只有两个同型矩阵才有相等或不相等关系（没有大小关系）；也只有两个同型矩阵才能相加或相减。两个不同型矩阵不能进行比较。

例 2-1 设

$$\boldsymbol{A}=\begin{pmatrix} 3 & 2 & -2 \\ -1 & 3 & 1 \end{pmatrix},\ \boldsymbol{B}=\begin{pmatrix} 2 & -1 & 3 \\ 1 & -2 & 2 \end{pmatrix}$$

求：(1) $\boldsymbol{A}+2\boldsymbol{B}$　(2) $\boldsymbol{B}-3\boldsymbol{A}$

解 (1) $\boldsymbol{A}+2\boldsymbol{B}=\begin{pmatrix} 3 & 2 & -2 \\ -1 & 3 & 1 \end{pmatrix}+2\begin{pmatrix} 2 & -1 & 3 \\ 1 & -2 & 2 \end{pmatrix}$

$$=\begin{pmatrix} 3+2\times2 & 2+2\times(-1) & -2+2\times3 \\ -1+2\times1 & 3+2\times(-2) & 1+2\times2 \end{pmatrix}=\begin{pmatrix} 7 & 0 & 4 \\ 1 & -1 & 5 \end{pmatrix}$$

(2) $\boldsymbol{B}-3\boldsymbol{A}=\begin{pmatrix}2&-1&3\\1&-2&2\end{pmatrix}-3\begin{pmatrix}3&2&-2\\-1&3&1\end{pmatrix}$

$$=\begin{pmatrix}2-3\times3&-1-3\times2&3-3\times(-2)\\1-3\times(-1)&-2-3\times3&2-3\times1\end{pmatrix}=\begin{pmatrix}-7&-7&9\\4&-11&-1\end{pmatrix}$$

含有未知矩阵的方程称为**矩阵方程**。解矩阵方程是矩阵的一个重要内容。本书从现在开始陆续介绍一些简单的矩阵方程。

例 2-2　解矩阵方程 $3\boldsymbol{A}+2\boldsymbol{X}=\boldsymbol{B}$，其中

$$\boldsymbol{A}=\begin{pmatrix}3&1&0&2\\-1&2&1&4\\1&4&3&2\end{pmatrix},\ \boldsymbol{B}=\begin{pmatrix}1&0&2&0\\2&-1&0&1\\0&-2&1&1\end{pmatrix}$$

解　由 $3\boldsymbol{A}+2\boldsymbol{X}=\boldsymbol{B}$ 得

$$\boldsymbol{X}=\frac{1}{2}(\boldsymbol{B}-3\boldsymbol{A})$$

将 $\boldsymbol{A}$、$\boldsymbol{B}$ 代入上式，得

$$\boldsymbol{X}=\frac{1}{2}\left[\begin{pmatrix}1&0&2&0\\2&-1&0&1\\0&-2&1&1\end{pmatrix}-3\begin{pmatrix}3&1&0&2\\-1&2&1&4\\1&4&3&2\end{pmatrix}\right]$$

$$=\frac{1}{2}\begin{pmatrix}-8&-3&2&-6\\5&-7&-3&-11\\-3&-14&-8&-5\end{pmatrix}=\begin{pmatrix}-4&-\frac{3}{2}&1&-3\\\frac{5}{2}&-\frac{7}{2}&-\frac{3}{2}&-\frac{11}{2}\\-\frac{3}{2}&-7&-4&-\frac{5}{2}\end{pmatrix}$$

2.2.2　矩阵的乘法

在引进矩阵乘法的概念以前，先看一个实例。本节一开始就介绍了某校机电系各专业2004年在校学生人数。如果给出2004～2005学年不同年级学生应交学费和书费，则可以计算各专业学生应交学费和书费的总额。下面用矩阵表示学生人数和每人应交费额。

$$\begin{matrix} & 2002 & 2003 & 2004 & \\ & \downarrow & \downarrow & \downarrow & \\ \boldsymbol{A}= & \begin{pmatrix}96&98&98\\52&55&64\\56&52&92\\64&92&99\end{pmatrix} & & & \begin{matrix}\leftarrow\text{制冷工程}\\\leftarrow\text{机电设备维修}\\\leftarrow\text{数控与模具}\\\leftarrow\text{汽车维修}\end{matrix}\end{matrix}\qquad \begin{matrix} & \text{学费} & \text{书费} & \\ & \downarrow & \downarrow & \\ \boldsymbol{B}= & \begin{pmatrix}3800&500\\3900&550\\3950&450\end{pmatrix} & & \begin{matrix}\leftarrow 2002\text{级}\\\leftarrow 2003\text{级}\\\leftarrow 2004\text{级}\end{matrix}\end{matrix}$$

各专业学生应交费用总额是这样计算的：用各年级人数乘相应的个人费用，然后再相加。例如，机电设备维修专业应交学费总额这样计算：

$$52\times3800+55\times3900+64\times3950=664900\ (\text{元})$$

从给出的矩阵看，上面的计算恰好是矩阵 $\boldsymbol{A}$ 中的第2行各个元素，与矩阵 $\boldsymbol{B}$ 第1列各个对应元素相乘，然后再求和。实际上，其他专业应交学费（或书费）的总额也是用类似方法计算的。许多实际问题都有类似的计算。从这类实际问题抽象出来就得到关于矩阵的乘法的定义。

定义 2-6 设 $\boldsymbol{A}$ 为 $m\times s$ 矩阵，$\boldsymbol{B}$ 为 $s\times n$ 矩阵，即

$$\boldsymbol{A}=\begin{pmatrix} a_{11} & a_{12} & \cdots & a_{1s} \\ a_{21} & a_{22} & \cdots & a_{2s} \\ \vdots & \vdots & & \vdots \\ a_{m1} & a_{m2} & \cdots & a_{ms} \end{pmatrix},\ \boldsymbol{B}=\begin{pmatrix} b_{11} & b_{12} & \cdots & b_{1n} \\ b_{21} & b_{22} & \cdots & b_{2n} \\ \vdots & \vdots & & \vdots \\ b_{s1} & b_{s2} & \cdots & b_{sn} \end{pmatrix}$$

由元素

$$c_{ij}=a_{i1}b_{1j}+a_{i2}b_{2j}+\cdots+a_{is}b_{sj}=\sum_{k=1}^{s}a_{ik}b_{kj}\ (i=1,2,\cdots,m;j=1,2,\cdots,n)$$

构成的 m 行 n 列矩阵 $\boldsymbol{C}$，称为矩阵 $\boldsymbol{A}$ 与矩阵 $\boldsymbol{B}$ 的**乘积**，记为

$$\boldsymbol{C}=\boldsymbol{AB}$$

为了帮助理解和记忆，矩阵乘法可形象地表示如下。

$$\begin{pmatrix} \cdots & \cdots & \cdots \\ \cdots & c_{ij} & \cdots \\ \cdots & \cdots & \cdots \end{pmatrix}_{m\times n}=\begin{pmatrix} \cdots & \cdots & \cdots & \cdots \\ a_{i1} & a_{i2} & \cdots & a_{is} \\ \cdots & \cdots & \cdots & \cdots \end{pmatrix}_{m\times s}\times\begin{pmatrix} \cdots & b_{1j} & \cdots \\ \cdots & b_{2j} & \cdots \\ \vdots & \vdots & \vdots \\ \cdots & b_{sj} & \cdots \end{pmatrix}_{s\times n}$$

例 2-3 利用矩阵乘法计算前面所举实例中各专业学生应交学费和书费的总额。

解

$$\boldsymbol{AB}=\begin{pmatrix} 96 & 98 & 98 \\ 52 & 55 & 64 \\ 56 & 52 & 92 \\ 64 & 92 & 99 \end{pmatrix}\begin{pmatrix} 3800 & 500 \\ 3900 & 550 \\ 3950 & 450 \end{pmatrix}$$

$$=\begin{pmatrix} 96\times3800+98\times3900+98\times3950 & 96\times500+98\times550+98\times450 \\ 52\times3800+55\times3900+64\times3950 & 52\times500+55\times550+64\times450 \\ 56\times3800+52\times3900+92\times3950 & 56\times500+52\times550+92\times450 \\ 64\times3800+92\times3900+99\times3950 & 64\times500+92\times550+99\times450 \end{pmatrix}$$

$$=\begin{pmatrix} 1134100 & 146000 \\ 664900 & 85050 \\ 779000 & 98000 \\ 993050 & 127150 \end{pmatrix}$$

从本例可以看出，利用矩阵乘法进行相关计算很有规律、非常方便，更有利于使用计算机进行计算。但是，与矩阵的加法和数乘相比，矩阵乘法要复杂得多。为了对矩阵乘法有更深刻的了解，请再看下面几个例题。

例 2-4 设

$$\boldsymbol{A}=\begin{pmatrix} 3 & 2 & -2 \\ -1 & 3 & 1 \end{pmatrix},\ \boldsymbol{B}=\begin{pmatrix} -1 & 2 \\ 2 & 0 \\ 3 & -2 \end{pmatrix}$$

求：(1) $\boldsymbol{AB}$；(2) $\boldsymbol{BA}$。

解 (1) $\boldsymbol{AB}=\begin{pmatrix} 3 & 2 & -2 \\ -1 & 3 & 1 \end{pmatrix}\begin{pmatrix} -1 & 2 \\ 2 & 0 \\ 3 & -2 \end{pmatrix}$

$$=\begin{pmatrix}3\times(-1)+2\times2+(-2)\times3 & 3\times2+2\times0+(-2)\times(-2)\\(-1)\times(-1)+3\times2+1\times3 & (-1)\times2+3\times0+1\times(-2)\end{pmatrix}=\begin{pmatrix}-5 & 10\\10 & -4\end{pmatrix}$$

(2) $\boldsymbol{BA}=\begin{pmatrix}-1 & 2\\2 & 0\\3 & -2\end{pmatrix}\begin{pmatrix}3 & 2 & -2\\-1 & 3 & 1\end{pmatrix}$

$$=\begin{pmatrix}(-1)\times3+2\times(-1) & (-1)\times2+2\times3 & (-1)\times(-2)+2\times1\\2\times3+0\times(-1) & 2\times2+0\times3 & 2\times(-2)+0\times1\\3\times3+(-2)\times(-1) & 3\times2+(-2)\times3 & 3\times(-2)+(-2)\times1\end{pmatrix}$$

$$=\begin{pmatrix}-5 & 4 & 4\\6 & 4 & -4\\11 & 0 & -8\end{pmatrix}$$

例 2-5　设

$$\boldsymbol{A}=\begin{pmatrix}2 & -1\\1 & 2\end{pmatrix},\ \boldsymbol{B}=\begin{pmatrix}3 & 4\\2 & -1\end{pmatrix}$$

求：(1) $\boldsymbol{AB}$；(2) $\boldsymbol{BA}$。

解　(1) $\boldsymbol{AB}=\begin{pmatrix}2 & -1\\1 & 2\end{pmatrix}\begin{pmatrix}3 & 4\\2 & -1\end{pmatrix}$

$$=\begin{pmatrix}2\times3+(-1)\times2 & 2\times4+(-1)\times(-1)\\1\times3+2\times2 & 1\times4+2\times(-1)\end{pmatrix}=\begin{pmatrix}4 & 9\\7 & 2\end{pmatrix}$$

(2)　$\boldsymbol{BA}=\begin{pmatrix}3 & 4\\2 & -1\end{pmatrix}\begin{pmatrix}2 & -1\\1 & 2\end{pmatrix}$

$$=\begin{pmatrix}3\times2+4\times1 & 3\times(-1)+4\times2\\2\times2+(-1)\times1 & 2\times(-1)+(-1)\times2\end{pmatrix}=\begin{pmatrix}10 & 5\\3 & -4\end{pmatrix}$$

例 2-6　设

$$\boldsymbol{A}=\begin{pmatrix}1 & 1\\0 & 1\end{pmatrix},\ \boldsymbol{B}=\begin{pmatrix}2 & 3\\0 & 2\end{pmatrix}$$

求：(1) $\boldsymbol{AB}$；(2) $\boldsymbol{BA}$。

解　(1) $\boldsymbol{AB}=\begin{pmatrix}1 & 1\\0 & 1\end{pmatrix}\begin{pmatrix}2 & 3\\0 & 2\end{pmatrix}=\begin{pmatrix}2 & 5\\0 & 2\end{pmatrix}$

(2)　$\boldsymbol{BA}=\begin{pmatrix}2 & 3\\0 & 2\end{pmatrix}\begin{pmatrix}1 & 1\\0 & 1\end{pmatrix}=\begin{pmatrix}2 & 5\\0 & 2\end{pmatrix}$

例 2-7　设

$$\boldsymbol{A}=\begin{pmatrix}1 & 1\\-1 & -1\end{pmatrix},\ \boldsymbol{B}=\begin{pmatrix}1 & -1\\-1 & 1\end{pmatrix},\ \boldsymbol{C}=\begin{pmatrix}-1 & 1\\1 & -1\end{pmatrix}$$

求：(1) $\boldsymbol{AB}$；(2) $\boldsymbol{AC}$。

解　(1) $\boldsymbol{AB}=\begin{pmatrix}1 & 1\\-1 & -1\end{pmatrix}\begin{pmatrix}1 & -1\\-1 & 1\end{pmatrix}=\begin{pmatrix}0 & 0\\0 & 0\end{pmatrix}$

(2)　$\boldsymbol{AC}=\begin{pmatrix}1 & 1\\-1 & -1\end{pmatrix}\begin{pmatrix}-1 & 1\\1 & -1\end{pmatrix}=\begin{pmatrix}0 & 0\\0 & 0\end{pmatrix}$

通过以上几个例题可知，关于矩阵乘法有以下几点值得注意。

(1) 只有左边矩阵 $\boldsymbol{A}$ 的列数与右边矩阵 $\boldsymbol{B}$ 的行数相等时，$\boldsymbol{A}$ 与 $\boldsymbol{B}$ 才能相乘，称为**行乘列规则**。通常称 $\boldsymbol{AB}$ 为 $\boldsymbol{A}$ **左乘** $\boldsymbol{B}$(或 $\boldsymbol{B}$ **右乘** $\boldsymbol{A}$)。

(2) 如果 $\boldsymbol{A}$ 能左乘 $\boldsymbol{B}$，并不保证 $\boldsymbol{B}$ 一定能左乘 $\boldsymbol{A}$(如例 2-3)。

(3) 如果 $\boldsymbol{AB}$ 和 $\boldsymbol{BA}$ 都存在，它们可能不是同型矩阵（如例 2-4)，也可能是同型矩阵(如例 2-5、例 2-6)。

(4) 如果 $\boldsymbol{AB}$ 和 $\boldsymbol{BA}$ 是同型矩阵，一般情况下 $\boldsymbol{AB}$ 和 $\boldsymbol{BA}$ 不相等（如例 2-5)，只有在很特殊的情况下才有 $\boldsymbol{AB}=\boldsymbol{BA}$(如例 2-6)。

(5) 矩阵 $\boldsymbol{A}$ 和矩阵 $\boldsymbol{B}$ 都是非零矩阵，但 $\boldsymbol{AB}$ 可能是零矩阵（如例 2-7)。这种情况在数的乘法中不存在。

(6) 一般地，不能由 $\boldsymbol{AB}=\boldsymbol{AC}$，且 $\boldsymbol{A}\neq\boldsymbol{O}$ 推出 $\boldsymbol{B}=\boldsymbol{C}$（如例 2-7)。

综上所述，进行矩阵乘法时，不能随意改变乘的次序，即矩阵乘法不满足交换律。并且，矩阵乘法不满足消去律。

若 $\boldsymbol{AB}=\boldsymbol{BA}$，称 $\boldsymbol{A}$、$\boldsymbol{B}$ **可交换**。可以证明，对角矩阵、数量矩阵、单位矩阵与同阶方阵可交换。

为简便起见，对于方阵 $\boldsymbol{A}$，通常将 $\boldsymbol{AA}$、$\boldsymbol{AAA}$ 分别记为 $\boldsymbol{A}^2$、$\boldsymbol{A}^3$，余类推。称 $\boldsymbol{A}^k$ 为 $\boldsymbol{A}$ 的 k **次幂**。为了扩展方阵的幂的运算范围，补充定义 $\boldsymbol{A}^0=\boldsymbol{E}$。

矩阵乘法运算满足下列性质（假定所有的矩阵乘法都能进行)：

(1) $(\boldsymbol{AB})\boldsymbol{C}=\boldsymbol{A}(\boldsymbol{BC})$

(2) $k(\boldsymbol{AB})=(k\boldsymbol{A})\boldsymbol{B}=\boldsymbol{A}(k\boldsymbol{B})$

(3) $(\boldsymbol{A}+\boldsymbol{B})\boldsymbol{C}=\boldsymbol{AC}+\boldsymbol{BC}$

(4) $\boldsymbol{A}(\boldsymbol{B}+\boldsymbol{C})=\boldsymbol{AB}+\boldsymbol{AC}$

(5) $\boldsymbol{E}_m\boldsymbol{A}_{m\times n}=\boldsymbol{A}_{m\times n}$；$\boldsymbol{A}_{m\times n}\boldsymbol{E}_n=\boldsymbol{A}_{m\times n}$

(6) 当 $\boldsymbol{A}$ 是 n 阶方阵时，$\boldsymbol{E}_n\boldsymbol{A}=\boldsymbol{AE}_n=\boldsymbol{A}$

(7) $\boldsymbol{A}^k\boldsymbol{A}^l=\boldsymbol{A}^{k+l}$，$(\boldsymbol{A}^k)^l=\boldsymbol{A}^{kl}$

性质 (5) 指出，一个矩阵与单位矩阵相乘的结果仍然是这个矩阵。这表明，单位矩阵在矩阵乘法中的作用与数 1 在数的乘法中的作用类似。

例 2-8 设

$$\boldsymbol{A}=\begin{pmatrix}0&1&0&0\\0&0&1&0\\1&0&0&0\\0&0&0&1\end{pmatrix}$$

求 $\boldsymbol{A}^k(k=2,3,\cdots)$。

解 由于

$$\boldsymbol{A}^2=\begin{pmatrix}0&1&0&0\\0&0&1&0\\1&0&0&0\\0&0&0&1\end{pmatrix}\begin{pmatrix}0&1&0&0\\0&0&1&0\\1&0&0&0\\0&0&0&1\end{pmatrix}=\begin{pmatrix}0&0&1&0\\1&0&0&0\\0&1&0&0\\0&0&0&1\end{pmatrix}$$

$$\boldsymbol{A}^3=\boldsymbol{A}^2\boldsymbol{A}=\begin{pmatrix}0&0&1&0\\1&0&0&0\\0&1&0&0\\0&0&0&1\end{pmatrix}\begin{pmatrix}0&1&0&0\\0&0&1&0\\1&0&0&0\\0&0&0&1\end{pmatrix}=\begin{pmatrix}1&0&0&0\\0&1&0&0\\0&0&1&0\\0&0&0&1\end{pmatrix}=\boldsymbol{E}$$

所以，当 $k=3m(m=1,2,\cdots)$ 时，有

$$\begin{aligned}\boldsymbol{A}^k&=\boldsymbol{A}^{3m}=(\boldsymbol{A}^3)^m\\&=\boldsymbol{E}^m=\boldsymbol{E}\end{aligned}$$

当 $k=3m+1(m=1,2,\cdots)$ 时，有

$$\begin{aligned}\boldsymbol{A}^k&=\boldsymbol{A}^{3m+1}=\boldsymbol{A}^{3m}\boldsymbol{A}\\&=\boldsymbol{E}\boldsymbol{A}=\boldsymbol{A}\end{aligned}$$

当 $k=3m+2(m=0,1,\cdots)$ 时，有

$$\begin{aligned}\boldsymbol{A}^k&=\boldsymbol{A}^{3m+2}=\boldsymbol{A}^{3m}\boldsymbol{A}^2\\&=\boldsymbol{E}\boldsymbol{A}^2=\boldsymbol{A}^2\\&=\begin{pmatrix}0&0&1&0\\1&0&0&0\\0&1&0&0\\0&0&0&1\end{pmatrix}\end{aligned}$$

例 2-9　证明当 n 为正整数时

$$\begin{pmatrix}\cos\theta&-\sin\theta\\\sin\theta&\cos\theta\end{pmatrix}^n=\begin{pmatrix}\cos n\theta&-\sin n\theta\\\sin n\theta&\cos n\theta\end{pmatrix}$$

证明　用数学归纳法。当 $n=1$ 时，等式显然成立。设 $n=k$ 时等式成立，即

$$\begin{pmatrix}\cos\theta&-\sin\theta\\\sin\theta&\cos\theta\end{pmatrix}^k=\begin{pmatrix}\cos k\theta&-\sin k\theta\\\sin k\theta&\cos k\theta\end{pmatrix}$$

对 $n=k+1$，有

$$\begin{aligned}\begin{pmatrix}\cos\theta&-\sin\theta\\\sin\theta&\cos\theta\end{pmatrix}^{k+1}&=\begin{pmatrix}\cos\theta&-\sin\theta\\\sin\theta&\cos\theta\end{pmatrix}^k\begin{pmatrix}\cos\theta&-\sin\theta\\\sin\theta&\cos\theta\end{pmatrix}\\&=\begin{pmatrix}\cos k\theta&-\sin k\theta\\\sin k\theta&\cos k\theta\end{pmatrix}\begin{pmatrix}\cos\theta&-\sin\theta\\\sin\theta&\cos\theta\end{pmatrix}\\&=\begin{pmatrix}\cos k\theta\cos\theta-\sin k\theta\sin\theta&-\cos k\theta\sin\theta-\sin k\theta\cos\theta\\\sin k\theta\cos\theta+\cos k\theta\sin\theta&-\sin k\theta\sin\theta+\cos k\theta\cos\theta\end{pmatrix}\\&=\begin{pmatrix}\cos(k+1)\theta&-\sin(k+1)\theta\\\sin(k+1)\theta&\cos(k+1)\theta\end{pmatrix}\end{aligned}$$

因此，命题得证。

例 2-9 有下面的几何意义。

将平面直角坐标系 XOY 顺时针旋转 θ 角得到新坐标系 $X'OY'$。则任一点在这两个坐标系中的坐标 (x,y) 和 (x',y') 满足下面的旋转变换

$$\begin{pmatrix}x'\\y'\end{pmatrix}=\begin{pmatrix}\cos\theta&-\sin\theta\\\sin\theta&\cos\theta\end{pmatrix}\begin{pmatrix}x\\y\end{pmatrix}$$

例 2-9 的等式左边为平面直角坐标系连续旋转 n 次 θ 角，等式右边为一次旋转 $n\theta$ 角，显然，左右两边应该相等。

2.2.3　矩阵的转置

定义 2-7　把 $m\times n$ 矩阵

$$A=\begin{pmatrix} a_{11} & a_{12} & \cdots & a_{1n} \\ a_{21} & a_{22} & \cdots & a_{2n} \\ \vdots & \vdots & & \vdots \\ a_{m1} & a_{m2} & \cdots & a_{mn} \end{pmatrix}$$

的行、列互换得到的 $n\times m$ 矩阵称为 $\boldsymbol{A}$ 的**转置矩阵**，简记为 $\boldsymbol{A}^{\mathrm{T}}$，即

$$A^{\mathrm{T}}=\begin{pmatrix} a_{11} & a_{21} & \cdots & a_{m1} \\ a_{12} & a_{22} & \cdots & a_{m2} \\ \vdots & \vdots & & \vdots \\ a_{1n} & a_{2n} & \cdots & a_{mn} \end{pmatrix}$$

矩阵的转置也是一种运算，它满足下列性质：

(1) $(\boldsymbol{A}^{\mathrm{T}})^{\mathrm{T}}=\boldsymbol{A}$

(2) $(\boldsymbol{A}+\boldsymbol{B})^{\mathrm{T}}=\boldsymbol{A}^{\mathrm{T}}+\boldsymbol{B}^{\mathrm{T}}$

(3) $(k\boldsymbol{A})^{\mathrm{T}}=k\boldsymbol{A}^{\mathrm{T}}$

(4) $(\boldsymbol{AB})^{\mathrm{T}}=\boldsymbol{B}^{\mathrm{T}}\boldsymbol{A}^{\mathrm{T}}$

性质 (4) 可以推广到多个矩阵的情形，即

$$(\boldsymbol{A}_1\boldsymbol{A}_2\cdots\boldsymbol{A}_{n-1}\boldsymbol{A}_n)^{\mathrm{T}}=\boldsymbol{A}_n^{\mathrm{T}}\boldsymbol{A}_{n-1}^{\mathrm{T}}\cdots\boldsymbol{A}_2^{\mathrm{T}}\boldsymbol{A}_1^{\mathrm{T}}$$

性质 (1)～(3) 很容易证明，留给读者完成。下面对性质 (4) 进行证明。

不失一般性，设 $\boldsymbol{A}$ 为 $m\times s$ 矩阵，$\boldsymbol{B}$ 为 $s\times n$ 矩阵；则 $\boldsymbol{AB}$ 为 $m\times n$ 矩阵，$(\boldsymbol{AB})^{\mathrm{T}}$ 为 $n\times m$ 矩阵，$\boldsymbol{B}^{\mathrm{T}}$ 为 $n\times s$ 矩阵，$\boldsymbol{A}^{\mathrm{T}}$ 为 $s\times m$ 矩阵，$\boldsymbol{B}^{\mathrm{T}}\boldsymbol{A}^{\mathrm{T}}$ 为 $n\times m$ 矩阵。这表明，$\boldsymbol{B}^{\mathrm{T}}\boldsymbol{A}^{\mathrm{T}}$ 和 $(\boldsymbol{AB})^{\mathrm{T}}$ 是同型矩阵。

为了叙述方便，引用记号 $\boldsymbol{P}=(\boldsymbol{AB})^{\mathrm{T}}=(p_{ij})_{n\times m}$，$\boldsymbol{Q}=\boldsymbol{B}^{\mathrm{T}}\boldsymbol{A}^{\mathrm{T}}=(q_{ij})_{n\times m}$；则

$$p_{ij}=a_{j1}b_{1i}+a_{j2}b_{2i}+\cdots+a_{js}b_{si}\,(i=1,2,\cdots,n;j=1,2,\cdots,m)$$

$$q_{ij}=b_{1i}a_{j1}+b_{2i}a_{j2}+\cdots+b_{si}a_{js}\,(i=1,2,\cdots,n;j=1,2,\cdots,m)$$

因而有

$$q_{ij}=p_{ij}\,(i=1,2,\cdots,n;j=1,2,\cdots,m)$$

上式表明，$\boldsymbol{P}$ 与 $\boldsymbol{Q}$ 的所有对应元素都相等。所以 $(\boldsymbol{AB})^{\mathrm{T}}=\boldsymbol{B}^{\mathrm{T}}\boldsymbol{A}^{\mathrm{T}}$。 证毕

例 2-10 设

$$A=\begin{pmatrix} 1 & 1 & 0 \\ -1 & 2 & 3 \\ 0 & 3 & 2 \end{pmatrix},\ B=\begin{pmatrix} 1 & 2 \\ 3 & 2 \\ 1 & -1 \end{pmatrix}$$

计算 $(\boldsymbol{AB})^{\mathrm{T}}$ 和 $\boldsymbol{B}^{\mathrm{T}}\boldsymbol{A}^{\mathrm{T}}$。

解 由于

$$AB=\begin{pmatrix} 1 & 1 & 0 \\ -1 & 2 & 3 \\ 0 & 3 & 2 \end{pmatrix}\begin{pmatrix} 1 & 2 \\ 3 & 2 \\ 1 & -1 \end{pmatrix}=\begin{pmatrix} 4 & 4 \\ 8 & -1 \\ 11 & 4 \end{pmatrix}$$

所以

$$(AB)^{\mathrm{T}}=\begin{pmatrix} 4 & 8 & 11 \\ 4 & -1 & 4 \end{pmatrix}$$

又因为

$$\boldsymbol{A}^{\mathrm{T}}=\begin{pmatrix}1 & -1 & 0\\1 & 2 & 3\\0 & 3 & 2\end{pmatrix},\ \boldsymbol{B}^{\mathrm{T}}=\begin{pmatrix}1 & 3 & 1\\2 & 2 & -1\end{pmatrix}$$

所以

$$\boldsymbol{B}^{\mathrm{T}}\boldsymbol{A}^{\mathrm{T}}=\begin{pmatrix}1 & 3 & 1\\2 & 2 & -1\end{pmatrix}\begin{pmatrix}1 & -1 & 0\\1 & 2 & 3\\0 & 3 & 2\end{pmatrix}=\begin{pmatrix}4 & 8 & 11\\4 & -1 & 4\end{pmatrix}$$

定义 2-8　设 $\boldsymbol{A}=(a_{ij})_{n\times n}$ 为 n 阶方阵，若 $\boldsymbol{A}$ 中的元素满足

$$a_{ji}=a_{ij}\ (i,j=1,2,\cdots,n)$$

则称 $\boldsymbol{A}$ 为**对称矩阵**；若 $\boldsymbol{A}$ 中的元素满足

$$a_{ji}=-a_{ij}\ (i,j=1,2,\cdots,n)$$

则称 $\boldsymbol{A}$ 为**反对称矩阵**。

例如，$\begin{pmatrix}2 & -1 & 2\\-1 & -1 & -3\\2 & -3 & 5\end{pmatrix}$ 为对称矩阵，$\begin{pmatrix}0 & -1 & 2\\1 & 0 & -3\\-2 & 3 & 0\end{pmatrix}$ 为反对称矩阵。

显然，方阵 $\boldsymbol{A}$ 为对称矩阵的充分必要条件是 $\boldsymbol{A}^{\mathrm{T}}=\boldsymbol{A}$，方阵 $\boldsymbol{A}$ 为反对称矩阵的充分必要条件是 $\boldsymbol{A}^{\mathrm{T}}=-\boldsymbol{A}$；并且，反对称矩阵的主对角元素都是 0。

例 2-11　证明：对于任一矩阵 $\boldsymbol{A}$，$\boldsymbol{A}\boldsymbol{A}^{\mathrm{T}}$ 与 $\boldsymbol{A}^{\mathrm{T}}\boldsymbol{A}$ 都是对称矩阵。

证明　下面对 $\boldsymbol{A}^{\mathrm{T}}\boldsymbol{A}$ 进行证明。$\boldsymbol{A}\boldsymbol{A}^{\mathrm{T}}$ 的证明留给读者完成。不失一般性，设 $\boldsymbol{A}=(a_{ij})_{n\times m}$，则有 $\boldsymbol{P}=\boldsymbol{A}^{\mathrm{T}}\boldsymbol{A}=(p_{ij})_{m\times m}$，并且

$$p_{ij}=a_{1i}a_{1j}+a_{2i}a_{2j}+\cdots+a_{ni}a_{nj}\ (i,j=1,2,\cdots,m)$$

$$p_{ji}=a_{1j}a_{1i}+a_{2j}a_{2i}+\cdots+a_{nj}a_{ni}\ (i,j=1,2,\cdots,m)$$

因而有

$$p_{ji}=p_{ij}\ (i,j=1,2,\cdots,m)$$

所以，$\boldsymbol{A}^{\mathrm{T}}\boldsymbol{A}$ 是对称矩阵。

例 2-12　证明下列命题：

(1) 对于任一方阵 $\boldsymbol{A}$，$\boldsymbol{A}+\boldsymbol{A}^{\mathrm{T}}$ 是对称矩阵，$\boldsymbol{A}-\boldsymbol{A}^{\mathrm{T}}$ 是反对称矩阵；

(2) 任一方阵都可以表示成一个对称矩阵与一个反对称矩阵之和。

证明　(1) 留给读者自己完成。下面证明 (2)。

设 $\boldsymbol{A}$ 为任一方阵。若命题成立，即存在与 $\boldsymbol{A}$ 同阶的对称矩阵 $\boldsymbol{B}$ 和反对称矩阵 $\boldsymbol{C}$，使得

$$\boldsymbol{A}=\boldsymbol{B}+\boldsymbol{C} \tag{a}$$

将式(a) 两边转置，得 $\boldsymbol{A}^{\mathrm{T}}=\boldsymbol{B}^{\mathrm{T}}+\boldsymbol{C}^{\mathrm{T}}$，由对称矩阵和反对称矩阵的定义，可得

$$\boldsymbol{A}^{\mathrm{T}}=\boldsymbol{B}-\boldsymbol{C} \tag{b}$$

由式(a) 和式(b) 可解得

$$\boldsymbol{B}=\frac{1}{2}(\boldsymbol{A}+\boldsymbol{A}^{\mathrm{T}}),\ \boldsymbol{C}=\frac{1}{2}(\boldsymbol{A}-\boldsymbol{A}^{\mathrm{T}})$$

由 (1) 知，$\boldsymbol{B}$ 是对称矩阵，$\boldsymbol{C}$ 是反对称矩阵。　　证毕

2.2.4　方阵的行列式

定义 2-9　设 n 阶方阵

$$A=\begin{pmatrix} a_{11} & a_{12} & \cdots & a_{1n} \\ a_{21} & a_{22} & \cdots & a_{2n} \\ \vdots & \vdots & & \vdots \\ a_{n1} & a_{n2} & \cdots & a_{nn} \end{pmatrix}$$

则称对应的行列式

$$\begin{vmatrix} a_{11} & a_{12} & \cdots & a_{1n} \\ a_{21} & a_{22} & \cdots & a_{2n} \\ \vdots & \vdots & & \vdots \\ a_{n1} & a_{n2} & \cdots & a_{nn} \end{vmatrix}$$

为方阵 $\boldsymbol{A}$ 的行列式，记为 $\det\boldsymbol{A}$ 或 $|\boldsymbol{A}|$。

对于单位阵 $\boldsymbol{E}_n$，显然有 $\det(\boldsymbol{E}_n)=1$。

n 阶方阵的行列式有下列性质：

(1) $\det(\boldsymbol{A}^{\mathrm{T}})=\det\boldsymbol{A}$

(2) $\det(k\boldsymbol{A})=k^n\det\boldsymbol{A}$

(3) $\det(\boldsymbol{AB})=\det\boldsymbol{A}\det\boldsymbol{B}$

例 2-13 证明：若 $\boldsymbol{A}$ 为奇数阶反对称矩阵，必定 $\det\boldsymbol{A}=0$。

证明 由于 $\boldsymbol{A}$ 为反对称矩阵，即 $\boldsymbol{A}^{\mathrm{T}}=-\boldsymbol{A}$，从而有

$$\det(\boldsymbol{A}^{\mathrm{T}})=\det(-\boldsymbol{A}) \tag{a}$$

由 n 阶方阵的行列式的性质（1）知

$$\det(\boldsymbol{A}^{\mathrm{T}})=\det\boldsymbol{A} \tag{b}$$

又因为 $\boldsymbol{A}$ 的阶数 n 为奇数，由 n 阶方阵的行列式的性质（2）知

$$\det(-\boldsymbol{A})=(-1)^n\det\boldsymbol{A}=-\det\boldsymbol{A} \tag{c}$$

将式(b) 和式(c) 代入式(a)，得

$$\det\boldsymbol{A}=-\det\boldsymbol{A}$$

所以 $\det\boldsymbol{A}=0$，进而 $\det(\boldsymbol{A}^{\mathrm{T}})=0$。 证毕

例 2-14 设

$$\boldsymbol{A}=\begin{pmatrix} 1 & 3 \\ -2 & 1 \end{pmatrix},\ \boldsymbol{B}=\begin{pmatrix} 2 & 3 \\ 4 & 1 \end{pmatrix}$$

验证 $\det(\boldsymbol{AB})=\det\boldsymbol{A}\det\boldsymbol{B}$。

解 因为

$$\boldsymbol{AB}=\begin{pmatrix} 1 & 3 \\ -2 & 1 \end{pmatrix}\begin{pmatrix} 2 & 3 \\ 4 & 1 \end{pmatrix}=\begin{pmatrix} 14 & 6 \\ 0 & -5 \end{pmatrix}$$

所以，

$$\det(\boldsymbol{AB})=\begin{vmatrix} 14 & 6 \\ 0 & -5 \end{vmatrix}=-70$$

又因为

$$\det\boldsymbol{A}=\begin{vmatrix} 1 & 3 \\ -2 & 1 \end{vmatrix}=7,\ \det\boldsymbol{B}=\begin{vmatrix} 2 & 3 \\ 4 & 1 \end{vmatrix}=-10$$

所以

$$\det\boldsymbol{A}\det\boldsymbol{B}=7\times(-10)=-70=\det(\boldsymbol{AB})$$

例 2-15　设

$$A=\begin{pmatrix}2&1&3\\0&1&2\\0&0&-3\end{pmatrix},\ B=\begin{pmatrix}1&2&-2\\0&1&3\\0&0&5\end{pmatrix}$$

求：$\det(\boldsymbol{A}+\boldsymbol{B})$ 和 $\det\boldsymbol{A}+\det\boldsymbol{B}$。

解　由于

$$\boldsymbol{A}+\boldsymbol{B}=\begin{pmatrix}2&1&3\\0&1&2\\0&0&-3\end{pmatrix}+\begin{pmatrix}1&2&-2\\0&1&3\\0&0&5\end{pmatrix}=\begin{pmatrix}3&3&1\\0&2&5\\0&0&2\end{pmatrix}$$

从而

$$\det(\boldsymbol{A}+\boldsymbol{B})=\begin{vmatrix}3&3&1\\0&2&5\\0&0&2\end{vmatrix}=12$$

因为

$$\det\boldsymbol{A}=\begin{vmatrix}2&1&3\\0&1&2\\0&0&-3\end{vmatrix}=-6,\ \det\boldsymbol{B}=\begin{vmatrix}1&2&-2\\0&1&3\\0&0&5\end{vmatrix}=5$$

所以，

$$\det\boldsymbol{A}+\det\boldsymbol{B}=-6+5=-1$$

例 2-15 表明，一般地 $\det(\boldsymbol{A}+\boldsymbol{B})\neq\det\boldsymbol{A}+\det\boldsymbol{B}$，希望读者牢记。

2.3　可逆矩阵

可逆矩阵是一种重要的方阵，有着广泛的应用。本节介绍可逆矩阵的概念和性质以及求逆矩阵的伴随矩阵法。

2.3.1　可逆矩阵的概念和性质

利用矩阵，可以把线性方程组（1-12）表示为

$$\boldsymbol{AX}=\boldsymbol{b} \tag{2-1}$$

其中，

$$\boldsymbol{A}=\begin{pmatrix}a_{11}&a_{12}&\cdots&a_{1n}\\a_{21}&a_{22}&\cdots&a_{2n}\\\vdots&\vdots&&\vdots\\a_{n1}&a_{n2}&\cdots&a_{nn}\end{pmatrix},\ \boldsymbol{X}=\begin{pmatrix}x_1\\x_2\\\vdots\\x_n\end{pmatrix},\ \boldsymbol{b}=\begin{pmatrix}b_1\\b_2\\\vdots\\b_n\end{pmatrix}$$

这样，对线性方程组（1-12）解的讨论就转化为对矩阵方程（2-1）的讨论。但是，矩阵不能进行除法运算，所以要寻求别的途径。为此，先介绍可逆矩阵及其逆矩阵的概念。

定义 2-10　设 $\boldsymbol{A}$ 为 n 阶方阵，如果存在 n 阶方阵 $\boldsymbol{B}$，使得

$$\boldsymbol{AB}=\boldsymbol{BA}=\boldsymbol{E}$$

则称方阵 $\boldsymbol{A}$ 是**可逆矩阵**（简称 $\boldsymbol{A}$ **可逆**），并把方阵 $\boldsymbol{B}$ 称为 $\boldsymbol{A}$ 的**逆矩阵**（简称为 $\boldsymbol{A}$ 的**逆阵**或 $\boldsymbol{A}$ 的**逆**）。

一般地，$\boldsymbol{A}$ 的逆矩阵记为 $\boldsymbol{A}^{-1}$（读做“$\boldsymbol{A}$ 的逆”），即若 $\boldsymbol{AB}=\boldsymbol{BA}=\boldsymbol{E}$，则 $\boldsymbol{B}=\boldsymbol{A}^{-1}$。

于是，若矩阵 $\boldsymbol{A}$ 是可逆矩阵，则存在矩阵 $\boldsymbol{A}^{-1}$，满足

$$\boldsymbol{AA}^{-1}=\boldsymbol{A}^{-1}\boldsymbol{A}=\boldsymbol{E}$$

例 2-16 设

$$\boldsymbol{A}=\begin{pmatrix}-1 & 2\\ 2 & -3\end{pmatrix},\ \boldsymbol{B}=\begin{pmatrix}3 & 2\\ 2 & 1\end{pmatrix}$$

验证 $\boldsymbol{B}$ 是 $\boldsymbol{A}$ 的逆矩阵。

解 因为

$$\boldsymbol{AB}=\begin{pmatrix}-1 & 2\\ 2 & -3\end{pmatrix}\begin{pmatrix}3 & 2\\ 2 & 1\end{pmatrix}=\begin{pmatrix}1 & 0\\ 0 & 1\end{pmatrix},\boldsymbol{BA}=\begin{pmatrix}3 & 2\\ 2 & 1\end{pmatrix}\begin{pmatrix}-1 & 2\\ 2 & -3\end{pmatrix}=\begin{pmatrix}1 & 0\\ 0 & 1\end{pmatrix}$$

所以，$\boldsymbol{B}$ 确是 $\boldsymbol{A}$ 的逆矩阵。

定理 2-1 设 $\boldsymbol{A}$ 是 n 阶可逆矩阵，则它的逆矩阵是惟一的。

证明 设 $\boldsymbol{B}$ 和 $\boldsymbol{C}$ 都是 $\boldsymbol{A}$ 的逆矩阵，则由定义 2-10 知

$$\boldsymbol{AB}=\boldsymbol{BA}=\boldsymbol{E}$$

$$\boldsymbol{AC}=\boldsymbol{CA}=\boldsymbol{E}$$

故

$$\boldsymbol{B}=\boldsymbol{BE}=\boldsymbol{B}(\boldsymbol{AC})=(\boldsymbol{BA})\boldsymbol{C}=\boldsymbol{EC}=\boldsymbol{C}$$

证毕

至此，矩阵方程（2-1）的解有了明确的结论：当矩阵 $\boldsymbol{A}$ 可逆时 $\boldsymbol{AX}=\boldsymbol{b}$ 有惟一解，其解为 $\boldsymbol{X}=\boldsymbol{A}^{-1}\boldsymbol{b}$。这实际上就是第 1 章介绍的克拉默法则。

可逆矩阵的有关运算满足下列性质（以下各式中 $\boldsymbol{A}$、$\boldsymbol{B}$ 都是可逆矩阵）：

(1) $(\boldsymbol{A}^{-1})^{-1}=\boldsymbol{A}$

(2) $(k\boldsymbol{A})^{-1}=\dfrac{1}{k}\boldsymbol{A}^{-1}$

(3) $(\boldsymbol{AB})^{-1}=\boldsymbol{B}^{-1}\boldsymbol{A}^{-1}$

(4) $(\boldsymbol{A}^{\mathrm{T}})^{-1}=(\boldsymbol{A}^{-1})^{\mathrm{T}}$

(5) $\det(\boldsymbol{A}^{-1})=(\det\boldsymbol{A})^{-1}$

(6) 若 $\boldsymbol{AC}=\boldsymbol{O}$（或 $\boldsymbol{CA}=\boldsymbol{O}$），则 $\boldsymbol{C}=\boldsymbol{O}$

(7) 若 $\boldsymbol{AC}=\boldsymbol{AD}$（或 $\boldsymbol{CA}=\boldsymbol{DA}$），则 $\boldsymbol{C}=\boldsymbol{D}$

其中，性质（3）可以推广到多个可逆矩阵的情形，即

$$(\boldsymbol{A}_1\boldsymbol{A}_2\cdots\boldsymbol{A}_{n-1}\boldsymbol{A}_n)^{-1}=\boldsymbol{A}_n^{-1}\boldsymbol{A}_{n-1}^{-1}\cdots\boldsymbol{A}_2^{-1}\boldsymbol{A}_1^{-1}$$

这些性质不难根据定义 2-10 证明。下面证明性质（3），其余的留给读者自己完成。

因为

$$(\boldsymbol{AB})(\boldsymbol{B}^{-1}\boldsymbol{A}^{-1})=\boldsymbol{A}(\boldsymbol{BB}^{-1})\boldsymbol{A}^{-1}=\boldsymbol{AEA}^{-1}$$

$$=\boldsymbol{AA}^{-1}=\boldsymbol{E}$$

$$(\boldsymbol{B}^{-1}\boldsymbol{A}^{-1})(\boldsymbol{AB})=\boldsymbol{B}^{-1}(\boldsymbol{A}^{-1}\boldsymbol{A})\boldsymbol{B}=\boldsymbol{B}^{-1}\boldsymbol{EB}$$

$$=\boldsymbol{B}^{-1}\boldsymbol{B}=\boldsymbol{E}$$

所以，根据定义 2-10 知，$(\boldsymbol{AB})^{-1}=\boldsymbol{B}^{-1}\boldsymbol{A}^{-1}$。

例 2-17 已知 $\boldsymbol{A}$、$\boldsymbol{B}$ 及 $\boldsymbol{A}+\boldsymbol{B}$ 都是可逆矩阵，试证明 $\boldsymbol{A}^{-1}+\boldsymbol{B}^{-1}$ 也是可逆矩阵，并求出其逆矩阵。

证明 由逆矩阵的定义、矩阵乘法的分配律和矩阵加法的交换律，可得

$$A^{-1}+B^{-1}=A^{-1}E+EB^{-1}=A^{-1}BB^{-1}+A^{-1}AB^{-1}$$
$$=A^{-1}(B+A)B^{-1}=A^{-1}(A+B)B^{-1}$$

再由可逆矩阵的性质（3）的推广知，$A^{-1}+B^{-1}$是可逆矩阵，并且有

$$(A^{-1}+B^{-1})^{-1}=B(A+B)^{-1}A$$

例 2-17 也可以由 $A^{-1}+B^{-1}=B^{-1}+A^{-1}=B^{-1}E+EA^{-1}=B^{-1}AA^{-1}+B^{-1}BA^{-1}=B^{-1}(A+B)A^{-1}$得到

$$(A^{-1}+B^{-1})^{-1}=A(A+B)^{-1}B$$

前面得到的两个结果都是正确的。这是特殊问题依据矩阵加法的交换律得到的特殊结果，并不表示矩阵乘法满足交换律。

像例 2-17 这样，在解题过程中适当引入单位阵 E，并将 E 换成某可逆矩阵与其逆矩阵乘积的方法通常叫做**单位阵技巧**。

2.3.2　用伴随矩阵求逆矩阵

矩阵在什么条件下是可逆矩阵？当它可逆时怎样求它的逆矩阵？下面的定理 2-2 和定理 2-3 将做出明确回答。

定理 2-2　如果矩阵 A 可逆，则有 $\det A\neq 0$。

证明　因为 A 可逆，所以存在 A^{-1}，使 $AA^{-1}=E$，由于

$$\det(AA^{-1})=\det E=1\neq 0 \tag{a}$$

另一方面

$$\det(AA^{-1})=\det A\det(A^{-1}) \tag{b}$$

由式(a) 和式(b) 得

$$\det A\det(A^{-1})=1\neq 0$$

所以

$$\det A\neq 0$$

实际上，同时也得到 $\det(A^{-1})\neq 0$。

定义 2-11　设有 n 阶方阵

$$A=\begin{pmatrix} a_{11} & a_{12} & \cdots & a_{1n} \\ a_{21} & a_{22} & \cdots & a_{2n} \\ \vdots & \vdots & & \vdots \\ a_{n1} & a_{n2} & \cdots & a_{nn} \end{pmatrix}$$

则由 A 的行列式 $\det A$ 中元素 a_{ij} 的代数余子式 A_{ij} 所构成的 n 阶方阵称为 A 的**伴随矩阵**，记为 A^*，即

$$A^*=\begin{pmatrix} A_{11} & A_{21} & \cdots & A_{n1} \\ A_{12} & A_{22} & \cdots & A_{n2} \\ \vdots & \vdots & & \vdots \\ A_{1n} & A_{2n} & \cdots & A_{nn} \end{pmatrix}$$

定理 2-3　如果矩阵 A 为 n 阶方阵，且 $\det A\neq 0$，则它的逆矩阵 A^{-1} 为

$$A^{-1}=\frac{1}{\det A}A^* \tag{2-2}$$

证明　设

$$A=\begin{pmatrix} a_{11} & a_{12} & \cdots & a_{1n} \\ a_{21} & a_{22} & \cdots & a_{2n} \\ \vdots & \vdots & & \vdots \\ a_{n1} & a_{n2} & \cdots & a_{nn} \end{pmatrix}$$

并记 $AA^*=(c_{ij})_{n\times n}$。由行列式的性质 1-7 知

$$c_{ij}=a_{i1}A_{j1}+a_{i2}A_{j2}+\cdots+a_{in}A_{jn}=\begin{cases}\det A & (i=j)\\ 0 & (i\neq j)\end{cases}$$

因而

$$AA^*=\begin{pmatrix} a_{11} & a_{12} & \cdots & a_{1n} \\ a_{21} & a_{22} & \cdots & a_{2n} \\ \vdots & \vdots & & \vdots \\ a_{n1} & a_{n2} & \cdots & a_{nn} \end{pmatrix}\begin{pmatrix} A_{11} & A_{21} & \cdots & A_{n1} \\ A_{12} & A_{22} & \cdots & A_{n2} \\ \vdots & \vdots & & \vdots \\ A_{1n} & A_{2n} & \cdots & A_{nn} \end{pmatrix}$$

$$=\begin{pmatrix} \det A & 0 & \cdots & 0 \\ 0 & \det A & \cdots & 0 \\ \vdots & \vdots & & \vdots \\ 0 & 0 & \cdots & \det A \end{pmatrix}=(\det A)E$$

同理可证得

$$A^*A=(\det A)E$$

即有

$$AA^*=A^*A=(\det A)E$$

因 $\det A\neq 0$，从上式得

$$A\left(\frac{1}{\det A}A^*\right)=\left(\frac{1}{\det A}A^*\right)A=E$$

所以按定义 2-10，有

$$A^{-1}=\frac{1}{\det A}A^*$$

推论 *设 A 为 n 阶方阵，若存在 n 阶方阵 B，使*

$$AB=E(\text{或 } BA=E)$$

则 A 可逆，且 $B=A^{-1}$。

证明 对 $AB=E$ 两端取行列式，得

$$\det(AB)=\det A\det B=1$$

由此可知 $\det A\neq 0$，由定理 2-3 知可逆，即 A^{-1} 存在，且

$$AA^{-1}=A^{-1}A=E$$

所以

$$B=EB=(A^{-1}A)B=A^{-1}(AB)=A^{-1}E=A^{-1}$$

对于 $BA=E$，用类似的方法亦可证得同样的结论。　证毕

根据定理 2-3 的推论，要判断 B 是否为 A 的逆矩阵，只要验证 $AB=E$ 或 $BA=E$ 中的一个是否成立即可。这比用定义 2-10 判断节省一半计算量。例如，例 2-16 只要验证 $AB=E$ 就行了。

定义 2-12 设 A 为 n 阶方阵，若 $\det A\neq 0$，则称方阵 A 为**非奇异矩阵**，否则称 A 为**奇异**

矩阵。

由定理 2-2 和定义 2-12 知，n 阶方阵 $\boldsymbol{A}$ 为可逆矩阵与 $\boldsymbol{A}$ 为非奇异矩阵是等价概念。

例 2-18 求矩阵

$$\boldsymbol{A}=\begin{pmatrix}1 & 1 & 2\\ -1 & 2 & 0\\ 2 & 1 & 3\end{pmatrix}$$

的逆矩阵。

解 因为

$$\det\boldsymbol{A}=\begin{vmatrix}1 & 1 & 2\\ -1 & 2 & 0\\ 2 & 1 & 3\end{vmatrix}=-1\neq 0$$

所以，$\boldsymbol{A}$ 可逆。又因为

$$A_{11}=(-1)^{1+1}\begin{vmatrix}2 & 0\\ 1 & 3\end{vmatrix}=6, A_{12}=(-1)^{1+2}\begin{vmatrix}-1 & 0\\ 2 & 3\end{vmatrix}=3, A_{13}=(-1)^{1+3}\begin{vmatrix}-1 & 2\\ 2 & 1\end{vmatrix}=-5,$$

$$A_{21}=(-1)^{2+1}\begin{vmatrix}1 & 2\\ 1 & 3\end{vmatrix}=-1, A_{22}=(-1)^{2+2}\begin{vmatrix}1 & 2\\ 2 & 3\end{vmatrix}=-1, A_{23}=(-1)^{2+3}\begin{vmatrix}1 & 1\\ 2 & 1\end{vmatrix}=1,$$

$$A_{31}=(-1)^{3+1}\begin{vmatrix}1 & 2\\ 2 & 0\end{vmatrix}=-4, A_{32}=(-1)^{3+2}\begin{vmatrix}1 & 2\\ -1 & 0\end{vmatrix}=-2, A_{33}=(-1)^{3+3}\begin{vmatrix}1 & 1\\ -1 & 2\end{vmatrix}=3$$

所以

$$\boldsymbol{A}^{-1}=\frac{1}{\det\boldsymbol{A}}\boldsymbol{A}^{*}=\frac{1}{-1}\begin{pmatrix}6 & -1 & -4\\ 3 & -1 & -2\\ -5 & 1 & 3\end{pmatrix}=\begin{pmatrix}-6 & 1 & 4\\ -3 & 1 & 2\\ 5 & -1 & -3\end{pmatrix}$$

克拉默法则可以推广到更复杂的情形，下面是其中之一。

设有矩阵方程

$$\boldsymbol{AXC}=\boldsymbol{B}$$

其中 $\boldsymbol{A}$ 为 m 阶已知矩阵，$\boldsymbol{C}$ 为 n 阶已知矩阵，$\boldsymbol{B}$ 为 $m\times n$ 阶已知矩阵，$\boldsymbol{X}$ 为 $m\times n$ 阶未知矩阵。若矩阵 $\boldsymbol{A}$ 和矩阵 $\boldsymbol{C}$ 都可逆，则矩阵方程 $\boldsymbol{AXC}=\boldsymbol{B}$ 有惟一解

$$\boldsymbol{X}=\boldsymbol{A}^{-1}\boldsymbol{BC}^{-1}$$

例 2-19 已知

$$\boldsymbol{A}=\begin{pmatrix}0 & 0 & 1\\ 1 & 0 & 1\\ 0 & 1 & 0\end{pmatrix}$$

且 $\boldsymbol{A}^{-1}\boldsymbol{XA}=3\boldsymbol{A}+\boldsymbol{XA}$，求矩阵 $\boldsymbol{X}$。

解 需要通过恒等变形将原矩阵方程变为简单形式。先用 $\boldsymbol{A}$ 左乘，$\boldsymbol{A}^{-1}$ 右乘原方程两端，得

$$\boldsymbol{X}=3\boldsymbol{A}+\boldsymbol{AX}$$

因而

$$(\boldsymbol{E}-\boldsymbol{A})\boldsymbol{X}=3\boldsymbol{A} \tag{a}$$

由于

$$\boldsymbol{E}-\boldsymbol{A}=\begin{pmatrix}1 & 0 & -1\\-1 & 1 & -1\\0 & -1 & 1\end{pmatrix}$$

$$\det(\boldsymbol{E}-\boldsymbol{A})=\begin{vmatrix}1 & 0 & -1\\-1 & 1 & -1\\0 & -1 & 1\end{vmatrix}=-1\neq 0$$

从而 $\boldsymbol{E}-\boldsymbol{A}$ 可逆。这样，由式(a) 得

$$\boldsymbol{X}=3(\boldsymbol{E}-\boldsymbol{A})^{-1}\boldsymbol{A} \tag{b}$$

因为

$$(\boldsymbol{E}-\boldsymbol{A})^{-1}=\begin{pmatrix}0 & -1 & -1\\-1 & -1 & -2\\-1 & -1 & -1\end{pmatrix} \tag{c}$$

将已知条件和式(c) 代入式(b)，得

$$\boldsymbol{X}=3\begin{pmatrix}0 & -1 & -1\\-1 & -1 & -2\\-1 & -1 & -1\end{pmatrix}\begin{pmatrix}0 & 0 & 1\\1 & 0 & 1\\0 & 1 & 0\end{pmatrix}=3\begin{pmatrix}-1 & -1 & -1\\-1 & -2 & -2\\-1 & -1 & -2\end{pmatrix}$$

$$=\begin{pmatrix}-3 & -3 & -3\\-3 & -6 & -6\\-3 & -3 & -6\end{pmatrix}$$

例 2-18 和例 2-19 的解答表明，求逆矩阵可以用伴随矩阵法。但是，用伴随矩阵法求 4 阶或更高阶可逆矩阵的逆矩阵计算量很大。2.5.3 节将介绍更好的求逆矩阵的方法。定理 2-3 的价值主要体现在理论上。

2.4 分块矩阵

2.4.1 分块矩阵的概念

用横线和竖线将一个矩阵分成若干部分，每一部分称为原矩阵的**子块**，以所有子块为元素的矩阵称为**分块矩阵**。

例如，对于矩阵

$$\boldsymbol{A}=\begin{pmatrix}a_{11} & a_{12} & a_{13} & a_{14}\\a_{21} & a_{22} & a_{23} & a_{24}\\a_{31} & a_{32} & a_{33} & a_{34}\end{pmatrix}$$

可以有多种方式将它分块，下面是其中的几种：

(1) $\left(\begin{array}{cc|cc}a_{11} & a_{12} & a_{13} & a_{14}\\\hline a_{21} & a_{22} & a_{23} & a_{24}\\a_{31} & a_{32} & a_{33} & a_{34}\end{array}\right)$　　(2) $\left(\begin{array}{cc|c|c}a_{11} & a_{12} & a_{13} & a_{14}\\a_{21} & a_{22} & a_{23} & a_{24}\\a_{31} & a_{32} & a_{33} & a_{34}\end{array}\right)$

(3) $\left(\begin{array}{c|ccc}a_{11} & a_{12} & a_{13} & a_{14}\\a_{21} & a_{22} & a_{23} & a_{24}\\\hline a_{31} & a_{32} & a_{33} & a_{34}\end{array}\right)$　　(4) $\left(\begin{array}{c|cc|c}a_{11} & a_{12} & a_{13} & a_{14}\\a_{21} & a_{22} & a_{23} & a_{24}\\\hline a_{31} & a_{32} & a_{33} & a_{34}\end{array}\right)$

对于分块方式(1)，可将矩阵 $\boldsymbol{A}$ 记为

$$\boldsymbol{A}=\begin{pmatrix}\boldsymbol{A}_{11} & \boldsymbol{A}_{12}\\ \boldsymbol{A}_{21} & \boldsymbol{A}_{22}\end{pmatrix}$$

其中

$$\boldsymbol{A}_{11}=(a_{11} \quad a_{12}),\quad \boldsymbol{A}_{12}=(a_{13} \quad a_{14}),$$

$$\boldsymbol{A}_{21}=\begin{pmatrix}a_{21} & a_{22}\\ a_{31} & a_{32}\end{pmatrix},\quad \boldsymbol{A}_{22}=\begin{pmatrix}a_{23} & a_{24}\\ a_{33} & a_{34}\end{pmatrix}$$

都是 $\boldsymbol{A}$ 的子块。

2.4.2 分块矩阵的运算

有时候，用适当的方式将矩阵分块可以使矩阵的运算比较简单。实际上，对分块矩阵进行运算就是把子块看成元素，直接按矩阵运算的有关法则进行运算。但是，对矩阵的分块应满足一定的条件才能进行相应的运算。

(1) 对分块矩阵作加（减）运算时，对应的子块必须具有相同的行数和列数，即两个同型矩阵应该按相同的方式分块。

设 $\boldsymbol{A}$、$\boldsymbol{B}$ 均为 $m\times n$ 矩阵，把 $\boldsymbol{A}$ 和 $\boldsymbol{B}$ 按同样的方式分块：

$$\boldsymbol{A}=\begin{pmatrix}\boldsymbol{A}_{11} & \boldsymbol{A}_{12} & \cdots & \boldsymbol{A}_{1t}\\ \boldsymbol{A}_{21} & \boldsymbol{A}_{22} & \cdots & \boldsymbol{A}_{2t}\\ \vdots & \vdots & & \vdots\\ \boldsymbol{A}_{s1} & \boldsymbol{A}_{s2} & \cdots & \boldsymbol{A}_{st}\end{pmatrix},\quad \boldsymbol{B}=\begin{pmatrix}\boldsymbol{B}_{11} & \boldsymbol{B}_{12} & \cdots & \boldsymbol{B}_{1t}\\ \boldsymbol{B}_{21} & \boldsymbol{B}_{22} & \cdots & \boldsymbol{B}_{2t}\\ \vdots & \vdots & & \vdots\\ \boldsymbol{B}_{s1} & \boldsymbol{B}_{s2} & \cdots & \boldsymbol{B}_{st}\end{pmatrix}$$

则

$$\boldsymbol{A}+\boldsymbol{B}=\begin{pmatrix}\boldsymbol{A}_{11}+\boldsymbol{B}_{11} & \boldsymbol{A}_{12}+\boldsymbol{B}_{12} & \cdots & \boldsymbol{A}_{1t}+\boldsymbol{B}_{1t}\\ \boldsymbol{A}_{21}+\boldsymbol{B}_{21} & \boldsymbol{A}_{22}+\boldsymbol{B}_{22} & \cdots & \boldsymbol{A}_{2t}+\boldsymbol{B}_{2t}\\ \vdots & \vdots & & \vdots\\ \boldsymbol{A}_{s1}+\boldsymbol{B}_{s1} & \boldsymbol{A}_{s2}+\boldsymbol{B}_{s2} & \cdots & \boldsymbol{A}_{st}+\boldsymbol{B}_{st}\end{pmatrix}$$

(2) 数 k 与分块矩阵相乘时，数 k 应与每个子块相乘。

设矩阵 $\boldsymbol{A}$ 的分块为

$$\boldsymbol{A}=\begin{pmatrix}\boldsymbol{A}_{11} & \boldsymbol{A}_{12} & \cdots & \boldsymbol{A}_{1t}\\ \boldsymbol{A}_{21} & \boldsymbol{A}_{22} & \cdots & \boldsymbol{A}_{2t}\\ \vdots & \vdots & & \vdots\\ \boldsymbol{A}_{s1} & \boldsymbol{A}_{s2} & \cdots & \boldsymbol{A}_{st}\end{pmatrix},$$

则

$$k\boldsymbol{A}=\begin{pmatrix}k\boldsymbol{A}_{11} & k\boldsymbol{A}_{12} & \cdots & k\boldsymbol{A}_{1t}\\ k\boldsymbol{A}_{21} & k\boldsymbol{A}_{22} & \cdots & k\boldsymbol{A}_{2t}\\ \vdots & \vdots & & \vdots\\ k\boldsymbol{A}_{s1} & k\boldsymbol{A}_{s2} & \cdots & k\boldsymbol{A}_{st}\end{pmatrix}$$

(3) 利用分块矩阵计算 $\boldsymbol{A}_{m\times s}$ 与 $\boldsymbol{B}_{s\times n}$ 的乘积，应使 $\boldsymbol{A}$ 的列的分法与 $\boldsymbol{B}$ 的行的分法相同，即保证参与相乘的两子块应满足矩阵的行乘列规则。

设 $\boldsymbol{A}$ 是 $m\times s$ 矩阵，$\boldsymbol{B}$ 是 $s\times n$ 矩阵，它们的分块分别为

$$A=\begin{pmatrix} A_{11} & A_{12} & \cdots & A_{1p} \\ A_{21} & A_{22} & \cdots & A_{2p} \\ \vdots & \vdots & & \vdots \\ A_{r1} & A_{r2} & \cdots & A_{rp} \end{pmatrix},\quad B=\begin{pmatrix} B_{11} & B_{12} & \cdots & B_{1t} \\ B_{21} & B_{22} & \cdots & B_{2t} \\ \vdots & \vdots & & \vdots \\ B_{p1} & B_{p2} & \cdots & B_{pt} \end{pmatrix}$$

其中 $A_{i1},A_{i2},\cdots,A_{is}(i=1,2,\cdots,r)$ 的列数分别等于 $B_{1j},B_{2j},\cdots,B_{sj}(j=1,2,\cdots,t)$ 的行数，则有

$$C=AB=\begin{pmatrix} C_{11} & C_{12} & \cdots & C_{1t} \\ C_{21} & C_{22} & \cdots & C_{2t} \\ \vdots & \vdots & & \vdots \\ C_{r1} & C_{r2} & \cdots & C_{rt} \end{pmatrix}$$

其中 $C_{ij}=\sum\limits_{k=1}^{p}A_{ik}B_{kj}(i=1,2,\cdots,r;j=1,2,\cdots,t)$。

(4) 将分块矩阵转置，不但要将每一个子块转置，还要将行列互换。

设矩阵 A 的分块为

$$A=\begin{pmatrix} A_{11} & A_{12} & \cdots & A_{1t} \\ A_{21} & A_{22} & \cdots & A_{2t} \\ \vdots & \vdots & & \vdots \\ A_{s1} & A_{s2} & \cdots & A_{st} \end{pmatrix},$$

则它的转置矩阵为

$$A^{T}=\begin{pmatrix} A_{11}^{T} & A_{21}^{T} & \cdots & A_{s1}^{T} \\ A_{12}^{T} & A_{22}^{T} & \cdots & A_{s2}^{T} \\ \vdots & \vdots & & \vdots \\ A_{1t}^{T} & A_{2t}^{T} & \cdots & A_{st}^{T} \end{pmatrix}$$

原则上，对矩阵进行满足上述条件的分块就能进行相应的运算。但是，只有具有某些特点的矩阵，才能利用分块矩阵简化计算，并且只有对矩阵进行恰当的分块才能达到简化计算的目的。

例 2-20 设

$$A=\begin{pmatrix} 1 & 0 & -2 & 0 \\ 0 & 1 & 0 & -2 \\ 0 & 0 & 5 & 3 \end{pmatrix},\quad B=\begin{pmatrix} 3 & 0 & -2 \\ 1 & 2 & 0 \\ 0 & 1 & 0 \\ 0 & 0 & 1 \end{pmatrix},$$

用分块矩阵求 AB。

解 将 A、B 按如下方式分块

$$A=\begin{pmatrix} E & -2E \\ O_{1\times 2} & A_{22} \end{pmatrix},\quad B=\begin{pmatrix} B_{11} & B_{12} \\ O_{2\times 1} & E \end{pmatrix}$$

其中，E 为 2 阶单位阵，$A_{22}=(5\quad 3)$，$B_{11}=\begin{pmatrix} 3 \\ 1 \end{pmatrix}$，$B_{12}=\begin{pmatrix} 0 & -2 \\ 2 & 0 \end{pmatrix}$；因此有

$$AB=\begin{pmatrix} E & -2E \\ O_{1\times 2} & A_{22} \end{pmatrix}\begin{pmatrix} B_{11} & B_{12} \\ O_{2\times 1} & E \end{pmatrix}=\begin{pmatrix} B_{11} & B_{12}-2E \\ O_{1\times 1} & A_{22} \end{pmatrix}$$

由于

$$\boldsymbol{B}_{12}-2\boldsymbol{E}=\begin{pmatrix}0 & -2\\2 & 0\end{pmatrix}-2\begin{pmatrix}1 & 0\\0 & 1\end{pmatrix}=\begin{pmatrix}-2 & -2\\2 & -2\end{pmatrix}$$

所以

$$\boldsymbol{AB}=\begin{pmatrix}3 & -2 & -2\\1 & 2 & -2\\0 & 5 & 3\end{pmatrix}$$

当然，这与不用分块矩阵的结果是相同的。

2.4.3 准对角矩阵

定义 2-13 若方阵 $\boldsymbol{A}$ 可以有如下形式的分块方式

$$\boldsymbol{A}=\begin{pmatrix}\boldsymbol{A}_1 & & & \\ & \boldsymbol{A}_2 & & \\ & & \ddots & \\ & & & \boldsymbol{A}_t\end{pmatrix}$$

其中，对角线上的子块 $\boldsymbol{A}_i(i=1,2,\cdots,t)$ 都是方阵，其余的子块均为零子块（为清晰起见，零子块都不写出，下同），则称 $\boldsymbol{A}$ 为**准对角矩阵**或**分块对角矩阵**。

准对角矩阵是一种重要的分块矩阵。前面介绍的分块矩阵的运算用于准对角矩阵的运算既特别简单又有重要的性质。

准对角矩阵的运算满足下列性质。

(1) $\det\boldsymbol{A}=\det\boldsymbol{A}_1\det\boldsymbol{A}_2\cdots\det\boldsymbol{A}_t$

(2) 如果 $\det\boldsymbol{A}_i\neq0(i=1,2,\cdots,t)$，则 $\det\boldsymbol{A}\neq0$，从而 $\boldsymbol{A}$ 可逆，且有

$$\boldsymbol{A}^{-1}=\begin{pmatrix}\boldsymbol{A}_1^{-1} & & & \\ & \boldsymbol{A}_2^{-1} & & \\ & & \ddots & \\ & & & \boldsymbol{A}_t^{-1}\end{pmatrix}$$

(3)如果

$$\boldsymbol{A}=\begin{pmatrix}\boldsymbol{A}_1 & & & \\ & \boldsymbol{A}_2 & & \\ & & \ddots & \\ & & & \boldsymbol{A}_t\end{pmatrix},\quad \boldsymbol{B}=\begin{pmatrix}\boldsymbol{B}_1 & & & \\ & \boldsymbol{B}_2 & & \\ & & \ddots & \\ & & & \boldsymbol{B}_t\end{pmatrix}$$

是两个同阶对角方阵，且分块方式相同，则有

$$\boldsymbol{A}+\boldsymbol{B}=\begin{pmatrix}\boldsymbol{A}_1+\boldsymbol{B}_1 & & & \\ & \boldsymbol{A}_2+\boldsymbol{B}_2 & & \\ & & \ddots & \\ & & & \boldsymbol{A}_t+\boldsymbol{B}_t\end{pmatrix},\quad \boldsymbol{AB}=\begin{pmatrix}\boldsymbol{A}_1\boldsymbol{B}_1 & & & \\ & \boldsymbol{A}_2\boldsymbol{B}_2 & & \\ & & \ddots & \\ & & & \boldsymbol{A}_t\boldsymbol{B}_t\end{pmatrix}$$

例 2-21 已知

$$\boldsymbol{A}=\begin{pmatrix}2 & 1 & 0\\3 & 1 & 0\\0 & 0 & -1\end{pmatrix},\quad \boldsymbol{B}=\begin{pmatrix}1 & 1 & 0\\-1 & 2 & 0\\0 & 0 & 3\end{pmatrix},$$

用分块矩阵求：(1) $\boldsymbol{A}-\boldsymbol{B}$；(2) $\boldsymbol{AB}$；(3) $\boldsymbol{A}^{-1}$。

解 将矩阵 $\boldsymbol{A}$、$\boldsymbol{B}$ 分块为如下准对角矩阵

$$\boldsymbol{A}=\begin{pmatrix}\boldsymbol{A}_1 & \boldsymbol{O}_{2\times1}\\ \boldsymbol{O}_{1\times2} & \boldsymbol{A}_2\end{pmatrix},\quad \boldsymbol{B}=\begin{pmatrix}\boldsymbol{B}_1 & \boldsymbol{O}_{2\times1}\\ \boldsymbol{O}_{1\times2} & \boldsymbol{B}_2\end{pmatrix},$$

其中，$\boldsymbol{A}_1=\begin{pmatrix}2 & 1\\ 3 & 1\end{pmatrix}$，$\boldsymbol{A}_2=(-1)$，$\boldsymbol{B}_1=\begin{pmatrix}1 & 1\\ -1 & 2\end{pmatrix}$，$\boldsymbol{B}_2=(3)$。

由于

$$\boldsymbol{A}_1-\boldsymbol{B}_1=\begin{pmatrix}2 & 1\\ 3 & 1\end{pmatrix}-\begin{pmatrix}1 & 1\\ -1 & 2\end{pmatrix}=\begin{pmatrix}1 & 0\\ 4 & -1\end{pmatrix}$$

$$\boldsymbol{A}_2-\boldsymbol{B}_2=(-1)-(3)=(-4)$$

$$\boldsymbol{A}_1\boldsymbol{B}_1=\begin{pmatrix}2 & 1\\ 3 & 1\end{pmatrix}\begin{pmatrix}1 & 1\\ -1 & 2\end{pmatrix}=\begin{pmatrix}1 & 4\\ 2 & 5\end{pmatrix}$$

$$\boldsymbol{A}_2\boldsymbol{B}_2=(-1)(3)=(-3)$$

$$\boldsymbol{A}_1^{-1}=\begin{pmatrix}-1 & 1\\ 3 & -2\end{pmatrix}$$

$$\boldsymbol{A}_2^{-1}=(-1)$$

所以，

(1) $$\boldsymbol{A}-\boldsymbol{B}=\begin{pmatrix}\boldsymbol{A}_1-\boldsymbol{B}_1 & \boldsymbol{O}\\ \boldsymbol{O} & \boldsymbol{A}_2-\boldsymbol{B}_2\end{pmatrix}=\begin{pmatrix}1 & 0 & 0\\ 4 & -1 & 0\\ 0 & 0 & -4\end{pmatrix}$$

(2) $$\boldsymbol{AB}=\begin{pmatrix}\boldsymbol{A}_1\boldsymbol{B}_1 & \boldsymbol{O}\\ \boldsymbol{O} & \boldsymbol{A}_2\boldsymbol{B}_2\end{pmatrix}=\begin{pmatrix}1 & 4 & 0\\ 2 & 5 & 0\\ 0 & 0 & -3\end{pmatrix}$$

(3) $$\boldsymbol{A}^{-1}=\begin{pmatrix}\boldsymbol{A}_1^{-1} & \boldsymbol{O}\\ \boldsymbol{O} & \boldsymbol{A}_2^{-1}\end{pmatrix}=\begin{pmatrix}-1 & 1 & 0\\ 3 & -2 & 0\\ 0 & 0 & -1\end{pmatrix}$$

例 2-21 是一个简单的例题。现代的许多工程实际问题需要用大型矩阵表示，并且有大量的元素是 0。这样的大型矩阵通常称为**稀疏矩阵**。将稀疏矩阵进行适当的初等变换（2.5 节介绍），可以变为大型准对角矩阵。有了电子计算机，解大型矩阵方程并不困难，而解大型准对角矩阵方程更为快捷。

2.5 矩阵的初等变换

2.3.2 小节介绍的用伴随矩阵求逆矩阵比较麻烦。本节将介绍矩阵的一种变换方式，它在求逆矩阵和解线性方程组时很有用。

2.5.1 矩阵的初等行变换

用消元法解线性方程组时，经常进行以下三种变换：

(1) 互换两个方程的位置；

(2) 将一个方程乘以一个非零常数 k；

(3) 将一个方程乘以一个非零常数 k 后加到另一个方程上去。

这 3 种变换称为线性方程组的**初等变换**。线性方程组经过初等变换不改变它的解。也就是说，线性方程组的初等变换是**同解变换**。

从矩阵的角度看方程组的初等变换，就得到矩阵的初等行变换的概念。

定义 2-14 矩阵的**初等行变换**是指：

(1) **互换变换**，互换矩阵中任意两行的位置；

(2) **倍乘变换**，将矩阵的某一行的所有元素都乘以一个非零常数 k；

(3) **倍加变换**，将矩阵的某一行的所有元素都乘以一个非零常数 k 后加到另一行的对应元素上。

如果把定义 2-14 中对矩阵进行“行”的变换改为对“列”的变换，则称为矩阵的**初等列变换**。矩阵的初等行变换和矩阵的初等列变换统称为矩阵的**初等变换**。本书主要介绍矩阵的初等行变换。

后面的例题解答中将对上述三种行变换采用如下的表示方式：

(1) 互换第 i、j 两行用记号 $r_i \longleftrightarrow r_j$ 表示；

(2) 将第 i 行的所有元素都乘以 k 用记号 kr_i 表示；

(3) 将第 i 行的所有元素都乘以 k 加到第 j 行的对应元素上用记号 $r_j + kr_i$ 表示。

如果矩阵 $\boldsymbol{A}$ 经有限次初等变换可以变成矩阵 $\boldsymbol{B}$，则称矩阵 $\boldsymbol{A}$ 与矩阵 $\boldsymbol{B}$ 等价，记作 $\boldsymbol{A} \sim \boldsymbol{B}$。为后续内容的需要，有必要在这里介绍阶梯形矩阵的概念和有关定理。

定义 2-15 满足下列两个条件的矩阵称为**阶梯形矩阵**：

(1) 如果该矩阵有零行，则它们位于矩阵的最下方；

(2) 如果有多个非零行，自第二个非零行起，每个非零行的第一个非零元素都在上一行的第一个非零元素的右边。

定义 2-16 满足下列两个条件的阶梯形矩阵称为**简化的阶梯形矩阵**：

(1) 每个非零行的第一个不为零的元素都是 1；

(2) 每个非零行的第一个不为零的元素所在列的其他元素都是 0。

显然，下列矩阵

$$\boldsymbol{A} = \begin{pmatrix} 1 & 0 & 2 & -2 & 5 \\ 0 & -2 & 3 & 0 & 1 \\ 0 & 0 & 0 & 2 & -3 \\ 0 & 0 & 0 & 0 & 0 \end{pmatrix}, \quad \boldsymbol{B} = \begin{pmatrix} 1 & -2 & 0 & 0 \\ 0 & 0 & 1 & 0 \\ 0 & 0 & 0 & 1 \end{pmatrix}$$

都是阶梯形矩阵，并且 $\boldsymbol{B}$ 还是简化的阶梯形矩阵；而矩阵

$$\boldsymbol{C} = \begin{pmatrix} 1 & -1 & 0 & 2 \\ 0 & 0 & 3 & 1 \\ 0 & 0 & 2 & 5 \end{pmatrix}, \quad \boldsymbol{D} = \begin{pmatrix} 2 & 3 & 0 \\ 0 & 0 & 0 \\ 0 & 1 & 0 \end{pmatrix}$$

都不是阶梯形矩阵。

定义 2-17 利用分块矩阵的记法，下面几种形式的简化的阶梯形矩阵称为**标准形矩阵**：

$$\begin{pmatrix} \boldsymbol{E}_r & \boldsymbol{O} \\ \boldsymbol{O} & \boldsymbol{O} \end{pmatrix}, \begin{pmatrix} \boldsymbol{E}_r \\ \boldsymbol{O} \end{pmatrix}, (\boldsymbol{E}_r \ \boldsymbol{O}), \boldsymbol{E}_r, \boldsymbol{O}_{m \times n}$$

换句话说，左上角部分是单位阵，其余部分的元素都是 0 的矩阵和零矩阵是标准形矩阵。

定理 2-4 任意一个矩阵 $\boldsymbol{A}=(a_{ij})_{m\times n}$ 经有限次初等行变换都可以变为阶梯形矩阵和简化的阶梯形矩阵；再经有限次初等列变换还可以变为标准形矩阵。

证明 不失一般性，设 $\boldsymbol{A}$ 是 $m\times n$ 矩阵。如果 $\boldsymbol{A}$ 是零矩阵，命题已经得证。下面针对 $\boldsymbol{A}$ 不是零矩阵的情形进行证明。

(1) 在矩阵 $\boldsymbol{A}$ 中找出最靠左边的非零列，并记该列号为 j。在该列自上而下找出第 1 个非零元素，将其记为 a_{ij}；如果 $j>1$，则第 1 列至第 $j-1$ 列的所有元素都是 0；

(2) 如果 $i>1$，则互换第 1 行和第 i 行，使 $a_{1j}\neq 0$；用适当的初等行变换使第 j 列除 a_{1j} 外的所有元素都变为 0；记目前的矩阵为 $\boldsymbol{A}_1$：

$$\boldsymbol{A}_1=\begin{pmatrix}\boldsymbol{O} & a_{1j} & \boldsymbol{O}\\ \boldsymbol{O} & \boldsymbol{O} & \boldsymbol{B}_1\end{pmatrix}$$

其中第 2 行、第 $j+1$ 列起的右下角子块为 $\boldsymbol{B}_1$；在矩阵 $\boldsymbol{A}_1$ 中，除元素 a_{1j} 和子块 $\boldsymbol{B}_1$ 中的元素外，其余元素都是 0；注意到：矩阵 $\boldsymbol{A}_1$ 的第 1 行以下各行的第 1 个非零元素（如果有的话）都在 a_{1j} 的右边，并且子块 $\boldsymbol{B}_1$ 的行数为 $m-1$；

(3) 如果子块为 $\boldsymbol{B}_1$ 的所有元素都是 0，命题已经得证；否则，对 $\boldsymbol{B}_1$ 再进行 (1)、(2) 两步。

因为矩阵 $\boldsymbol{A}$ 的行数是有限的，所以，经过若干次初等行变换后必然变为阶梯形矩阵。

如果在步骤 (2) 中增加变换"将第 1 行的所有元素除以 a_{1j}，使 a_{1j} 变为 1"，就可以将矩阵 $\boldsymbol{A}$ 变为简化的阶梯形矩阵。

如果得到的简化的阶梯形矩阵还不是标准形矩阵，再经过几次初等列变换就能变为标准形矩阵。

例 2-22 用初等行变换将下列矩阵变为阶梯形矩阵：

$$\begin{pmatrix}1 & -1 & 0 & -3 & 2\\ 1 & -1 & 2 & -5 & 2\\ 2 & -2 & 2 & -7 & 4\\ 3 & -3 & 4 & -10 & 6\end{pmatrix}$$

解
$$\begin{pmatrix}1 & -1 & 0 & -3 & 2\\ 1 & -1 & 2 & -5 & 2\\ 2 & -2 & 2 & -7 & 4\\ 3 & -3 & 4 & -10 & 6\end{pmatrix}\xrightarrow{r_2-r_1,r_3-2r_1,r_4-3r_1}\begin{pmatrix}1 & -1 & 0 & -3 & 2\\ 0 & 0 & 2 & -2 & 0\\ 0 & 0 & 2 & -1 & 0\\ 0 & 0 & 4 & -1 & 0\end{pmatrix}$$

$$\xrightarrow{r_3-r_2,r_4-2r_2}\begin{pmatrix}1 & -1 & 0 & -3 & 2\\ 0 & 0 & 2 & -2 & 0\\ 0 & 0 & 0 & 1 & 0\\ 0 & 0 & 0 & 3 & 0\end{pmatrix}\xrightarrow{r_4-3r_3}\begin{pmatrix}1 & -1 & 0 & -3 & 2\\ 0 & 0 & 2 & -2 & 0\\ 0 & 0 & 0 & 1 & 0\\ 0 & 0 & 0 & 0 & 0\end{pmatrix}$$

继续对上面的阶梯形矩阵进行初等行变换可以将它变为简化的阶梯形矩阵。如果再进行初等列变换还可以将它变为标准形矩阵。如果读者完成这样的变换可以加深对定理 2-4 的理解。

需要指出：将一个矩阵变为阶梯形矩阵的具体变换步骤可以不同，得到的阶梯形矩阵和简化的阶梯形矩阵也不惟一，但标准形矩阵是惟一的。

2.5.2　初等矩阵

定义 2-18　对单位矩阵进行一次初等变换所得到的矩阵称为**初等矩阵**。

对应三种初等行变换，有以下三种初等矩阵。

(1) 交换单位矩阵的第 i 行（列）和第 j 行（列）得到的矩阵称为**初等互换矩阵**，记为 $\boldsymbol{R}_{i,j}$ 或 $\boldsymbol{C}_{i,j}$，即

$$\boldsymbol{R}_{i,j}=\boldsymbol{C}_{i,j}=\begin{pmatrix}1 &&&&&&&&& \\ &\ddots&&&&&&&& \\ &&1&&&&&&& \\ &&&0&\cdots&\cdots&\cdots&1&& \\ &&&\vdots&1&&&\vdots&& \\ &&&\vdots&&\ddots&&\vdots&& \\ &&&\vdots&&&1&\vdots&& \\ &&&1&\cdots&\cdots&\cdots&0&& \\ &&&&&&&&1& \\ &&&&&&&&&\ddots \\ &&&&&&&&&&1\end{pmatrix}\begin{matrix} \\ \\ \\ \text{第 } i \text{ 行} \\ \\ \\ \\ \text{第 } j \text{ 行} \\ \\ \\ \\ \end{matrix}$$

下面是一个具体的 4 阶初等互换矩阵：

$$\boldsymbol{R}_{2,4}=\boldsymbol{C}_{2,4}=\begin{pmatrix}1&0&0&0\\0&0&0&1\\0&0&1&0\\0&1&0&0\end{pmatrix}$$

(2) 单位矩阵的第 i 行（列）乘以非零常数 k 得到的矩阵称为**初等倍乘矩阵**，记为 $\boldsymbol{R}_{i(k)}$ 或 $\boldsymbol{C}_{i(k)}$，即

$$\boldsymbol{R}_{i(k)}=\boldsymbol{C}_{i(k)}=\begin{pmatrix}1&&&&&& \\ &\ddots&&&&& \\ &&1&&&& \\ &&&k&\cdots&\cdots&\cdots \\ &&&&1&& \\ &&&&&\ddots& \\ &&&&&&1\end{pmatrix}\begin{matrix} \\ \\ \\ \text{第 } i \text{ 行} \\ \\ \\ \\ \end{matrix}$$

下面是一个具体的 4 阶初等倍乘矩阵：

$$\boldsymbol{R}_{2(-3)}=\boldsymbol{C}_{2(-3)}=\begin{pmatrix}1&0&0&0\\0&-3&0&0\\0&0&1&0\\0&0&0&1\end{pmatrix}$$

(3) 单位矩阵的第 j 行（第 i 列）乘以非零常数 k 加到第 i 行（第 j 列）得到的矩阵称为**初等倍加矩阵**，记为 $\boldsymbol{R}_{i+j(k)}$ 或 $\boldsymbol{C}_{j+i(k)}$，即

$$R_{i+j(k)}=C_{j+i(k)}=\begin{pmatrix}1 & & & & & \\ & \ddots & & & & \\ & & 1 & \cdots & k & \\ & & \vdots & \ddots & \vdots & \\ & & 0 & & 1 & \\ & & & & & \ddots & \\ & & & & & & 1\end{pmatrix}\begin{matrix} \\ \\ 第\ i\ 行 \\ \\ 第\ j\ 行 \\ \\ \\ \end{matrix}$$

下面是一个具体的 4 阶初等倍加矩阵：

$$R_{2+4(-3)}=C_{4+2(-3)}=\begin{pmatrix}1 & 0 & 0 & 0 \\ 0 & 1 & 0 & -3 \\ 0 & 0 & 1 & 0 \\ 0 & 0 & 0 & 1\end{pmatrix}$$

容易证明，$\det R_{i,j}=\det C_{i,j}=-1$，$\det R_{i(k)}=\det C_{i(k)}=k$，$\det R_{i+j(k)}=\det C_{j+i(k)}=1$。所以，$R_{ij}$，$R_{i(k)}$，$R_{i+j(k)}$ 等都是可逆矩阵。还可以证明，它们的逆矩阵如下：

$$R_{i,j}^{-1}=R_{i,j}, \qquad R_{i(k)}^{-1}=R_{i(\frac{1}{k})}, \qquad R_{i+j(k)}^{-1}=R_{i+j(-k)}$$

显然，$R_{i,j}^{-1}$，$R_{i(k)}^{-1}$，$R_{i+j(k)}^{-1}$ 也都是初等矩阵。

定理 2-5 对 $m\times n$ 矩阵 A 进行一次初等行（列）变换相当于用一个相应的 m 阶（或 n 阶）初等矩阵左（右）乘 A，即

(1) A 的第 i 行（列）与第 j 行（列）互换相当于 $R_{i,j}A$ 或 $AC_{i,j}$；

(2) A 的第 i 行（列）遍乘 k 相当于 $R_{i(k)}A$ 或 $AC_{i(k)}$；

(3) A 的第 j 行（列）乘 k 加到第 i 行（列）相当于 $R_{i+j(k)}A$ 或 $AC_{i+j(k)}$。

这里对“A 的第 j 行乘 k 加到第 i 行相当于 $R_{i+j(k)}A$”进行证明，其余的留给读者自己完成。

证明 引入行矩阵 $e_i\,(i=1,2,\cdots,m)$：

$$e_i=(0\ 0\cdots 010\cdots 0)_{1\times m}$$

（↑ 第 i 列）

则有

$$R_{i+j(k)}=\begin{pmatrix}e_1 \\ \vdots \\ e_i+ke_j \\ \vdots \\ e_j \\ \vdots \\ e_m\end{pmatrix}\begin{matrix} \\ \\ 第\ i\ 行 \\ \\ 第\ j\ 行 \\ \\ \\ \end{matrix} \tag{a}$$

再设

$$A=(a_{ij})_{m\times n}=\begin{pmatrix}A_1 \\ A_2 \\ \vdots \\ A_m\end{pmatrix} \tag{b}$$

显然
$$e_iA = A_i (i=1,2,\cdots,m) \tag{c}$$
即 e_iA 为矩阵 A 的第 i 行。

由式(a)、式(b) 和式(c) 得

$$R_{i+j(k)}A = \begin{pmatrix} e_1 \\ \vdots \\ e_i + ke_j \\ \vdots \\ e_j \\ \vdots \\ e_m \end{pmatrix} A = \begin{pmatrix} e_1A \\ \vdots \\ (e_i + ke_j)A \\ \vdots \\ e_jA \\ \vdots \\ e_mA \end{pmatrix} = \begin{pmatrix} A_1 \\ \vdots \\ A_i + kA_j \\ \vdots \\ A_j \\ \vdots \\ A_m \end{pmatrix} \tag{d}$$

式(d) 表明，$R_{i+j(k)}A$ 的结果就是将矩阵 A 的第 j 行的 k 倍加到了第 i 行，其余的行不变。　　证毕

有了初等矩阵的知识，定理 2-4 就可以用另一种方式表述，这就是下面的定理 2-6。

定理 2-6　设 A 为 $m\times n$ 矩阵，则存在 m 阶初等矩阵 R_1，R_2，…，R_s，使

$$R_sR_{s-1}\cdots R_2R_1A$$

为阶梯形矩阵（或简化的阶梯形矩阵）；存在 m 阶初等矩阵 R_1，R_2，…，R_s 与 n 阶初等矩阵 C_1，C_2，…，C_t，使

$$R_sR_{s-1}\cdots R_2R_1AC_1C_2\cdots C_{t-1}C_t$$

为标准形矩阵。

定理 2-7　可逆矩阵 A 的标准形矩阵为同阶的单位矩阵。

证明　由定理 2-6 知，对于 n 阶可逆矩阵 A，存在 n 阶初等矩阵 $R_1,R_2,\cdots,R_s,C_1,C_2,\cdots,C_t$，使

$$R_sR_{s-1}\cdots R_2R_1AC_1C_2\cdots C_{t-1}C_t = B$$

其中 B 为标准形矩阵。由于 A，$R_1,R_2,\cdots,R_s,C_1,C_2,\cdots,C_t$ 都是可逆矩阵，所以 B 为 n 阶可逆标准形矩阵。因此，$B=E_n$，即

$$R_sR_{s-1}\cdots R_2R_1AC_1C_2\cdots C_{t-1}C_t = E \tag{2-3}$$

定理 2-8　可逆矩阵 A 可以表示成有限个初等矩阵的乘积。

证明　因为初等矩阵都是可逆矩阵，因此式(2-3) 可变为

$$A = R_1^{-1}R_2^{-1}\cdots R_s^{-1}C_t^{-1}\cdots C_2^{-1}C_1^{-1}$$

由于初等矩阵的逆矩阵也是初等矩阵，所以 $R_1^{-1},R_2^{-1},\cdots,R_s^{-1},C_t^{-1},\cdots,C_2^{-1},C_1^{-1}$ 也是初等矩阵，将它们统一记为 P_1,P_2，…，P_{s+t}，则得

$$A = P_1P_2\cdots P_{s+t} \tag{2-4}$$

2.5.3　用初等行变换求逆矩阵

定理 2-9　可逆矩阵 A 经有限次初等行变换可以变为单位矩阵 E。

证明　式(2-4) 可改写为

$$A = P_1P_2\cdots P_{s+t}E$$

从而有

$$P_{s+t}^{-1}\cdots P_2^{-1}P_1^{-1}A = E$$

其中 $P_1^{-1},P_2^{-1},\cdots,P_{s+t}^{-1}$ 也是初等矩阵，将它们记为 Q_1，Q_2，…，Q_{s+t}，则得

$$Q_{s+t}\cdots Q_2Q_1A=E \tag{2-5}$$

有一种求逆矩阵的较为简便的方法是以定理 2-9 为依据的，下面予以介绍。

式(2-5) 说明

$$A^{-1}=Q_{s+t}\cdots Q_2Q_1$$

由此得

$$Q_{s+t}\cdots Q_2Q_1E=A^{-1} \tag{2-6}$$

比较式(2-5) 和式(2-6) 可知，对 A 进行一系列初等行变换可以将它变为 E，对 E 同样进行这一系列初等行变换可以将它变为 A^{-1}。因此就有了另一种求逆矩阵的方法：**初等行变换法**。初等行变换法求逆矩阵的具体做法是：在可逆矩阵 A 的右边放置一个同阶单位矩阵 E，写成一个长方形矩阵 $(A \mid E)$。对 $(A \mid E)$ 进行若干次初等行变换，当左边的 A 变成 E 时，右边的 E 就变成了 A^{-1}，即

$$(A \mid E)\xrightarrow{\text{经初等行变换}}(E \mid A^{-1}) \tag{2-7}$$

例 2-23 用初等行变换法求矩阵

$$A=\begin{pmatrix} 1 & 1 & 2 \\ -1 & 2 & 0 \\ 2 & 1 & 3 \end{pmatrix}$$

的逆矩阵。

解 由于

$$(A \mid E)=\left(\begin{array}{ccc:ccc} 1 & 1 & 2 & 1 & 0 & 0 \\ -1 & 2 & 0 & 0 & 1 & 0 \\ 2 & 1 & 3 & 0 & 0 & 1 \end{array}\right)\xrightarrow{r_2+r_1,r_3-2r_1}\left(\begin{array}{ccc:ccc} 1 & 1 & 2 & 1 & 0 & 0 \\ 0 & 3 & 2 & 1 & 1 & 0 \\ 0 & -1 & -1 & -2 & 0 & 1 \end{array}\right)$$

$$\xrightarrow{r_2\leftrightarrow r_3}\left(\begin{array}{ccc:ccc} 1 & 1 & 2 & 1 & 0 & 0 \\ 0 & -1 & -1 & -2 & 0 & 1 \\ 0 & 3 & 2 & 1 & 1 & 0 \end{array}\right)\xrightarrow{r_3+3r_2}\left(\begin{array}{ccc:ccc} 1 & 1 & 2 & 1 & 0 & 0 \\ 0 & -1 & -1 & -2 & 0 & 1 \\ 0 & 0 & -1 & -5 & 1 & 3 \end{array}\right)$$

$$\xrightarrow{-1\times r_2,-1\times r_3}\left(\begin{array}{ccc:ccc} 1 & 1 & 2 & 1 & 0 & 0 \\ 0 & 1 & 1 & 2 & 0 & -1 \\ 0 & 0 & 1 & 5 & -1 & -3 \end{array}\right)$$

$$\xrightarrow{r_1-r_2-r_3,r_2-r_3}\left(\begin{array}{ccc:ccc} 1 & 0 & 0 & -6 & 1 & 4 \\ 0 & 1 & 0 & -3 & 1 & 2 \\ 0 & 0 & 1 & 5 & -1 & -3 \end{array}\right)$$

因此，所求的逆矩阵是

$$A^{-1}=\begin{pmatrix} -6 & 1 & 4 \\ -3 & 1 & 2 \\ 5 & -1 & -3 \end{pmatrix}$$

例 2-23 与例 2-18 用不同的方法求同一个可逆矩阵的逆矩阵，结果相同。

用初等行变换还可以解形如 $AX=B$ 的矩阵方程。

构造矩阵 $(A \mid B)$，

$$(A \mid B)\xrightarrow{\text{经初等行变换}}(E \mid A^{-1}B) \tag{2-8}$$

即对矩阵 $(A \mid B)$ 进行初等行变换，一旦 A 变为单位矩阵 E，则 B 即变为 $A^{-1}B$，从而得到

矩阵方程的解。

对于形如 $XA=B$ 的矩阵方程，如果 A 可逆，也可以用初等行变换求解。具体方法是先用初等行变换求得矩阵方程 $A^TX^T=B^T$ 的解 X^T，再求出 X。

例 2-24　用初等行变换解例 2-19 的矩阵方程

$$A^{-1}XA=3A+XA$$

其中

$$A=\begin{pmatrix}0&0&1\\1&0&1\\0&1&0\end{pmatrix}$$

解　为节省篇幅，这里利用例 2-19 解答的中间结果：

$$(E-A)X=3A$$

和

$$E-A=\begin{pmatrix}1&0&-1\\-1&1&-1\\0&-1&1\end{pmatrix}$$

下面对矩阵 $((E-A)\mid 3A)$ 进行初等行变换：

$$((E-A)\mid 3A)=\left(\begin{array}{ccc|ccc}1&0&-1&0&0&3\\-1&1&-1&3&0&3\\0&-1&1&0&3&0\end{array}\right)\xrightarrow{r_2+r_1}\left(\begin{array}{ccc|ccc}1&0&-1&0&0&3\\0&1&-2&3&0&6\\0&-1&1&0&3&0\end{array}\right)$$

$$\xrightarrow{r_3+r_2}\left(\begin{array}{ccc|ccc}1&0&-1&0&0&3\\0&1&-2&3&0&6\\0&0&-1&3&3&6\end{array}\right)\xrightarrow{r_1-r_3,r_2-2r_3}\left(\begin{array}{ccc|ccc}1&0&0&-3&-3&-3\\0&1&0&-3&-6&-6\\0&0&-1&3&3&6\end{array}\right)$$

$$\xrightarrow{-r_3}\left(\begin{array}{ccc|ccc}1&0&0&-3&-3&-3\\0&1&0&-3&-6&-6\\0&0&1&-3&-3&-6\end{array}\right)$$

所以

$$X=\begin{pmatrix}-3&-3&-3\\-3&-6&-6\\-3&-3&-6\end{pmatrix}$$

2.6　矩阵的秩

本章开头就指出，矩阵是对线性方程组解的全面讨论的重要工具。那么，究竟如何运用矩阵来深入讨论线性方程组解的问题呢？这需要了解矩阵的秩以及其他相关概念。

2.6.1　矩阵的秩的概念和性质

为了建立矩阵的秩的概念，需要先介绍矩阵的子式。

定义 2-19　设 A 是 $m\times n$ 矩阵，在 A 中任取 k 行、k 列，位于这些行列相交处的 k^2 个元素，保持它们原来的相对位置不变，组成一个 k 阶行列式，称为矩阵 A 的一个 **k 阶子行列式**（或 **k 阶子式**）。

例如，矩阵

$$\begin{pmatrix} 1 & 1 & -1 & 2 \\ 2 & -2 & 1 & -3 \\ 3 & -1 & 0 & -1 \end{pmatrix}$$

中，位于第1、2行和第1、3列相交处的4个元素组成的二阶子式是

$$\begin{vmatrix} 1 & -1 \\ 2 & 1 \end{vmatrix}$$

而位于第1、2、3行和第1、3、4列相交处的9个元素组成的三阶子式是

$$\begin{vmatrix} 1 & -1 & 2 \\ 2 & 1 & -3 \\ 3 & 0 & 1 \end{vmatrix}$$

n阶方阵$\boldsymbol{A}$的n阶子式就是方阵$\boldsymbol{A}$的行列式$\det\boldsymbol{A}$。

定义 2-20 设$\boldsymbol{A}$是$m\times n$矩阵，若$\boldsymbol{A}$中至少有一个r阶子式不为零，而所有$r+1$阶子式（如果有的话）都为零，则称r为矩阵$\boldsymbol{A}$的**秩**，记作$r(\boldsymbol{A})=r$。

因为零矩阵的所有子式均为0，故规定：零矩阵的秩为0。

由定义2-20知，矩阵$\boldsymbol{A}$的任意一个子式的秩都不可能大于$r(\boldsymbol{A})$。

定义 2-21 设$\boldsymbol{A}$为$m\times n$矩阵，若$r(\boldsymbol{A})=m$，则称$\boldsymbol{A}$为**行满秩矩阵**，若$r(\boldsymbol{A})=n$，则称$\boldsymbol{A}$为**列满秩矩阵**。行满秩矩阵和列满秩矩阵统称为**满秩矩阵**。

例 2-25 求矩阵

$$\boldsymbol{A}=\begin{pmatrix} 1 & 1 & -1 & 2 \\ 2 & -2 & 1 & -3 \\ 3 & -1 & 0 & -1 \end{pmatrix}$$

的秩。

解 因为

$$\begin{vmatrix} 1 & 1 \\ 2 & -2 \end{vmatrix}=-4\neq 0$$

所以，矩阵$\boldsymbol{A}$不为零子式的最高阶数至少是2。而$\boldsymbol{A}$的所有4个三阶子式均为零，即

$$\begin{vmatrix} 1 & 1 & -1 \\ 2 & -2 & 1 \\ 3 & -1 & 0 \end{vmatrix}=0,\quad \begin{vmatrix} 1 & 1 & 2 \\ 2 & -2 & -3 \\ 3 & -1 & -1 \end{vmatrix}=0,\quad \begin{vmatrix} 1 & -1 & 2 \\ 2 & 1 & -3 \\ 3 & 0 & -1 \end{vmatrix}=0,\quad \begin{vmatrix} 1 & -1 & 2 \\ -2 & 1 & -3 \\ -1 & 0 & -1 \end{vmatrix}=0$$

于是，$r(\boldsymbol{A})=2$。

由矩阵的秩的定义知，矩阵的秩有下列性质：

(1) 设$\boldsymbol{A}$为$m\times n$矩阵，则$r(\boldsymbol{A})\leqslant\min(m, n)$；

(2) 若矩阵$\boldsymbol{A}$中有一个r阶子式不为0，则$r(\boldsymbol{A})\geqslant r$；若矩阵$\boldsymbol{A}$中所有$r$阶子式全为0，则$r(\boldsymbol{A})<r$；

(3) $r(\boldsymbol{A}^{\mathrm{T}})=r(\boldsymbol{A})$；

(4) 若$\boldsymbol{A}$为n阶可逆矩阵，则$r(\boldsymbol{A})=n$；

(5) 阶梯形矩阵的秩等于它的非零行的行数。

由性质(4)知，下述3个命题等价：

(1) 矩阵$\boldsymbol{A}$为n阶可逆矩阵；

（2）矩阵 $\boldsymbol{A}$ 为 n 阶满秩矩阵；

（3）矩阵 $\boldsymbol{A}$ 为 n 阶非奇异矩阵。

由性质（5）可推知，去掉矩阵中可能存在的零行所得的矩阵与原矩阵有相同的秩。

2.6.2 用初等行变换求矩阵的秩

由例 2-25 的解答知，用定义 2-20 求矩阵的秩，对于低阶矩阵计算量不算大，但对于高阶矩阵来说计算量很大，非常麻烦。所幸的是，有更好的方法求矩阵的秩，这就是本小节将要介绍的初等行变换法。

定理 2-10 初等行变换不改变矩阵的秩。

证明 设原矩阵为 $\boldsymbol{A}$，经过一次初等行变换变为矩阵 $\boldsymbol{B}$，则只要证明 $r(\boldsymbol{B})=r(\boldsymbol{A})$ 即可。

这里只针对经过一次初等倍加变换，即

$$\boldsymbol{A}\xrightarrow{\boldsymbol{R}_{i+j(k)}}\boldsymbol{B}$$

进行证明，其他情形留给读者自己完成。

此时，矩阵 $\boldsymbol{B}$ 第 i 行以外各行的所有元素与矩阵 $\boldsymbol{A}$ 中相应元素相同，而第 i 行的每个元素都等于 $\boldsymbol{A}$ 的第 i 行的相应元素加同列第 j 行的元素乘以常数 k。

再设 $r(\boldsymbol{A})=r$，则 $\boldsymbol{A}$ 的所有 $r+1$ 阶子式都等于 0；再用记号 $\boldsymbol{D}$ 泛指 $\boldsymbol{B}$ 的任意一个 $r+1$ 阶子式。

这样，$\boldsymbol{D}$ 分三种情况。

① $\boldsymbol{D}$ 不含 $\boldsymbol{B}$ 的第 i 行元素。

这时，$\boldsymbol{D}$ 恰是 $\boldsymbol{A}$ 的某个 $r+1$ 阶子式，显然 $\boldsymbol{D}=0$。

② $\boldsymbol{D}$ 同时含有 $\boldsymbol{B}$ 的第 i 行和第 j 行元素。

不失一般性，这时设 $\boldsymbol{D}$ 的第 s 行的每个元素分别是 $\boldsymbol{B}$ 的第 i 行中的某个元素，第 t 行的每个元素分别是 $\boldsymbol{B}$ 的第 j 行中的某个元素。显然，$\boldsymbol{D}$ 的第 s 行的每个元素分别等于 $\boldsymbol{A}$ 的第 i 行的某个元素加同列第 j 行的元素乘以常数 k。因此，可以将行列式 $\boldsymbol{D}$ 按第 s 行元素构成的方式拆分成以下两个行列式的和：

$$\boldsymbol{D}=\boldsymbol{D}_1+k\boldsymbol{D}_2$$

其中，$\boldsymbol{D}_1$ 的第 s 行的每个元素分别等于 $\boldsymbol{A}$ 的第 i 行的某个元素，而 $\boldsymbol{D}_2$ 的第 s 行和第 t 行的对应元素相等。

由于 $\boldsymbol{D}_1$ 恰是 $\boldsymbol{A}$ 的某个 $r+1$ 阶子式，$\boldsymbol{D}_2$ 中有两行的对应元素相等，故 $\boldsymbol{D}_1=0$，$\boldsymbol{D}_2=0$。因此 $\boldsymbol{D}=\boldsymbol{D}_1+k\boldsymbol{D}_2=0$。

③ $\boldsymbol{D}$ 仅含有 $\boldsymbol{B}$ 的第 i 行元素，不含第 j 行元素。

不失一般性，这时设 $\boldsymbol{D}$ 的第 s 行的每个元素分别是 $\boldsymbol{B}$ 的第 i 行中的某个元素，并且这些元素分别等于 $\boldsymbol{A}$ 的第 i 行的某个元素加同列第 j 行的元素乘以常数 k。因此，可以将行列式 $\boldsymbol{D}$ 按第 s 行元素构成的方式拆分成以下两个行列式的和：

$$\boldsymbol{D}=\boldsymbol{D}_1+k\boldsymbol{D}_2$$

其中，$\boldsymbol{D}_1$ 的第 s 行的每个元素分别等于 $\boldsymbol{A}$ 的第 i 行的某个元素，而 $\boldsymbol{D}_2$ 的第 s 行的每个元素分别等于 $\boldsymbol{A}$ 的第 j 行的某个元素。

由于 $\boldsymbol{D}_1$ 恰是 $\boldsymbol{A}$ 的某个 $r+1$ 阶子式，$\boldsymbol{D}_2$ 或是 $\boldsymbol{A}$ 的某个 $r+1$ 阶子式或是 $\boldsymbol{A}$ 的某个 $r+1$ 阶子式换行而成，故 $\boldsymbol{D}_1=0$，$\boldsymbol{D}_2=0$。因此 $\boldsymbol{D}=\boldsymbol{D}_1+k\boldsymbol{D}_2=0$。

综上所述，$\boldsymbol{B}$ 的任意一个 $r+1$ 阶子式 $\boldsymbol{D}=0$。因此

$$r(\boldsymbol{B})\leqslant r(\boldsymbol{A}) \tag{a}$$

由于初等倍加变换的逆变换也是初等倍加变换，故 $\boldsymbol{B}$ 可以经过一次初等倍加变换变为 $\boldsymbol{A}$。用同样的方法可以证明

$$r(\boldsymbol{A})\leqslant r(\boldsymbol{B}) \tag{b}$$

由式(a) 和式(b) 得

$$r(\boldsymbol{B})=r(\boldsymbol{A})$$

证毕

用类似的方法可以证明，初等列变换也不改变矩阵的秩。

推论 设 $\boldsymbol{A}$ 为 $m\times n$ 矩阵，$\boldsymbol{P}$ 为 m 阶可逆矩阵，$\boldsymbol{Q}$ 为 n 阶可逆矩阵，则

$$r(\boldsymbol{A})=r(\boldsymbol{PA})=r(\boldsymbol{AQ})=r(\boldsymbol{PAQ})$$

证明 由定理 2-8 知，对于可逆矩阵 $\boldsymbol{P}$，存在若干个初等矩阵 $\boldsymbol{P}_1,\boldsymbol{P}_2,\cdots,\boldsymbol{P}_s$ 使得

$$\boldsymbol{P}=\boldsymbol{P}_1\boldsymbol{P}_2\cdots\boldsymbol{P}_s$$

因此

$$\boldsymbol{PA}=\boldsymbol{P}_1\boldsymbol{P}_2\cdots\boldsymbol{P}_s\boldsymbol{A}$$

这表明，$\boldsymbol{PA}$ 相当于对 $\boldsymbol{A}$ 进行了若干次初等行变换。由定理 2-10 知

$$r(\boldsymbol{A})=r(\boldsymbol{PA})$$

用类似的方法可以证明其他等式。

证毕

定理 2-4 指出，任意一个矩阵经有限次初等行变换都可以变为阶梯形矩阵；定理 2-10 指出，初等行变换不改变矩阵的秩；而阶梯形矩阵的秩等于它的非零行的行数。因此，就得到下面用初等行变换求矩阵的秩的方法。

对所给矩阵进行若干次初等行变换，使它变为阶梯形矩阵；这个阶梯形矩阵的非零行的行数就是所给矩阵的秩。

例 2-26 求矩阵

$$\boldsymbol{A}=\begin{pmatrix}1 & 2 & -1 & 4\\ 2 & 4 & 3 & 5\\ -1 & -2 & 6 & -7\end{pmatrix}$$

的秩。

解 因为

$$\boldsymbol{A}=\begin{pmatrix}1 & 2 & -1 & 4\\ 2 & 4 & 3 & 5\\ -1 & -2 & 6 & -7\end{pmatrix}\xrightarrow{r_2-2r_1,\,r_3+r_1}\begin{pmatrix}1 & 2 & -1 & 4\\ 0 & 0 & 5 & -3\\ 0 & 0 & 5 & -3\end{pmatrix}\xrightarrow{r_3-r_2}\begin{pmatrix}1 & 2 & -1 & 4\\ 0 & 0 & 5 & -3\\ 0 & 0 & 0 & 0\end{pmatrix}$$

所以，$r(\boldsymbol{A})=2$。

例 2-27 设

$$\boldsymbol{A}=\begin{pmatrix}1 & 0 & 1\\ 2 & 1 & a\\ 3 & -2 & b+9\end{pmatrix},\ \boldsymbol{B}=\begin{pmatrix}1 & -1 & 1\\ 2 & 1 & b\\ -1 & 0 & a\end{pmatrix}$$

且 $r(\boldsymbol{AB})<r(\boldsymbol{A})$，$r(\boldsymbol{AB})<r(\boldsymbol{B})$，求 a，b 和 $r(\boldsymbol{AB})$。

解 定理 2-10 的推论指出：若 $\boldsymbol{B}$ 可逆，必定 $r(\boldsymbol{AB})=r(\boldsymbol{A})$。但本题 $r(\boldsymbol{AB})<r(\boldsymbol{A})$，从而 $\boldsymbol{B}$ 不可逆。同理，$\boldsymbol{A}$ 不可逆。所以，$\det\boldsymbol{A}=0$，$\det\boldsymbol{B}=0$，即

$$\det\boldsymbol{A}=\begin{vmatrix}1 & 0 & 1\\ 2 & 1 & a\\ 3 & -2 & b+9\end{vmatrix}=2a+b+2=0 \tag{a}$$

$$\det\boldsymbol{B}=\begin{vmatrix}1 & -1 & 1\\ 2 & 1 & b\\ -1 & 0 & a\end{vmatrix}=3a+b+1=0 \tag{b}$$

由式(a) 和式(b) 解得：$a=1$，$b=-4$。

这时

$$\boldsymbol{AB}=\begin{pmatrix}1 & 0 & 1\\ 2 & 1 & 1\\ 3 & -2 & 5\end{pmatrix}\begin{pmatrix}1 & -1 & 1\\ 2 & 1 & -4\\ -1 & 0 & 1\end{pmatrix}=\begin{pmatrix}0 & -1 & 2\\ 3 & -1 & -1\\ -6 & -5 & 16\end{pmatrix}\longrightarrow\begin{pmatrix}1 & 0 & 2\\ 1 & 3 & -1\\ 5 & -6 & 16\end{pmatrix}$$

$$\longrightarrow\begin{pmatrix}1 & 0 & 2\\ 0 & 3 & -3\\ 0 & -6 & 6\end{pmatrix}\longrightarrow\begin{pmatrix}1 & 0 & 2\\ 0 & 1 & -1\\ 0 & 0 & 0\end{pmatrix}$$

所以，$r(\boldsymbol{AB})=2$。

2.7 矩阵的实际应用

本章 2.1 节就是从一个实际问题引入矩阵的概念的。应该说，矩阵在许多工程技术和经济管理领域都有广泛的应用。一方面是有些问题需要有专门知识，另一方面是限于篇幅，这里仅介绍矩阵在两个方面的应用。

2.7.1 密码问题

进入现代社会，大量的信息传输和存储都需要保密。随着计算机技术的发展，不但扩大了保密的范围，还促进了保密技术自身的发展。这里先介绍最常用的密码本加密法。

远古时代的希腊人发明了不同数字与字母一一对应的密码本。然后把由字母组成的信息转换成一串数字。这样，信息就不容易被没有该密码本的人识破。这种方法一直延续到现代。为了说明问题，下面举一个简单例子。

表 2-2

A	B	C	D	…	X	Y	Z
1	2	3	4	…	24	25	26

如表 2-2 所示，把 26 个英文大写字母与 26 个不同数字一一对应。这就是一个简单的密码本。如果要把信息“NO SLEEPPING”发给朋友，又不想让其他人看懂，可以将信息中的每一个字母改用对应的数字发出去。即实际发出去的信息是：14，15，19，12，5，5，16，16，9，14，7。收到信息的人按表 2-2 所示编码转换成字母就懂了。这类编码容易编制，但也容易被人识破。

下面介绍利用矩阵设置密码的一种方法。

(1) 预先设定一个 n 阶可逆矩阵 $\boldsymbol{A}$ 作为密码。

(2) 将已经得到的数字信息分为若干含有 n 个元素的列矩阵 $\boldsymbol{X}_1,\boldsymbol{X}_2,\cdots$，若不够分加 0 补足。

(3) 进行矩阵运算：$\boldsymbol{Y}_1=\boldsymbol{AX}_1$，$\boldsymbol{Y}_2=\boldsymbol{AX}_2$，…。

这样得到的 $\boldsymbol{Y}_1$，$\boldsymbol{Y}_2$，…就是加密了的新码，外人看不懂。

知道密码的人只要进行运算 $\boldsymbol{X}_1=\boldsymbol{A}^{-1}\boldsymbol{Y}_1$，$\boldsymbol{X}_2=\boldsymbol{A}^{-1}\boldsymbol{Y}_2$，…，就能获取原来的信息编码。现在把上面的例子做实际的解答。

（1）预先设定一个 3 阶可逆矩阵 $\boldsymbol{A}=\begin{pmatrix}1&1&2\\-1&2&0\\2&1&3\end{pmatrix}$作为密码。

（2）将已经得到的数字信息分为 4 个列矩阵 $\boldsymbol{X}_1=\begin{pmatrix}14\\15\\19\end{pmatrix}$，$\boldsymbol{X}_2=\begin{pmatrix}12\\5\\5\end{pmatrix}$，$\boldsymbol{X}_3=\begin{pmatrix}16\\16\\9\end{pmatrix}$，$\boldsymbol{X}_4=\begin{pmatrix}14\\7\\0\end{pmatrix}$。

（3）进行矩阵运算：

$$\boldsymbol{Y}_1=\boldsymbol{A}\boldsymbol{X}_1=\begin{pmatrix}1&1&2\\-1&2&0\\2&1&3\end{pmatrix}\begin{pmatrix}14\\15\\19\end{pmatrix}=\begin{pmatrix}67\\16\\100\end{pmatrix}$$

同样的计算可得：$\boldsymbol{Y}_2=\begin{pmatrix}27\\-2\\44\end{pmatrix}$，$\boldsymbol{Y}_3=\begin{pmatrix}50\\16\\75\end{pmatrix}$，$\boldsymbol{Y}_4=\begin{pmatrix}21\\0\\35\end{pmatrix}$。加密了的新码为 67，16，100，27，−2，44，50，16，75，21，0。35 是多余信息，但在获取原来的信息编码时需要它参与计算。获取原来的信息编码留给读者自己做。

2.7.2 人口流动问题

人口流动是一个重要的社会问题和经济问题。准确掌握一个地区乃至一个国家在一定时期的人口流动数据是至关重要的。矩阵是解答人口流动问题的有力工具。

某中等城市（包括郊区）共有 50 万人从事农、工、商工作，并假定这个总人数在若干年内保持不变。经社会调查得如下数据：

（1）在这 50 万就业人员中，目前大约有 30 万人务农，12 万人务工，8 万人经商；

（2）在务农人员中，每年约有 20%改为务工，10%改为经商；

（3）在务工人员中，每年约有 10%改为务农，15%改为经商；

（4）在经商人员中，每年约有 10%改为务工，10%改为务农。

根据以上数据，可以预测一年、两年和更多年后从事各业人员的人数。

如果用 x_i、y_i、z_i 分别表示第 i 年后务农、务工和经商的人数，则问题变为已知 x_0、y_0、z_0，求 x_1、y_1、z_1 和 x_2、y_2、z_2 等。

根据调查的数据，一年后从事农、工、商工作的人数应满足下列方程组：

$$\begin{cases}x_1=0.7x_0+0.1y_0+0.1z_0\\y_1=0.2x_0+0.75y_0+0.1z_0\\z_1=0.1x_0+0.15y_0+0.8z_0\end{cases}$$

利用矩阵，上述方程组可以表示为

$$\boldsymbol{X}_1=\boldsymbol{A}\boldsymbol{X}_0 \qquad (a)$$

其中，

$$\boldsymbol{A}=\begin{pmatrix}0.7 & 0.1 & 0.1\\ 0.2 & 0.75 & 0.1\\ 0.1 & 0.15 & 0.8\end{pmatrix},\ \boldsymbol{X}_1=\begin{pmatrix}x_1\\ y_1\\ z_1\end{pmatrix},\ \boldsymbol{X}_0=\begin{pmatrix}x_0\\ y_0\\ z_0\end{pmatrix}$$

将 $\boldsymbol{X}_0=(x_0,y_0,z_0)^{\mathrm{T}}=(30,12,8)^{\mathrm{T}}$ 代入式(a) 可求得：$\boldsymbol{X}_1=(x_1,y_1,z_1)^{\mathrm{T}}=(23,15.8,11.2)^{\mathrm{T}}$，即一年后务农、务工和经商的人数分别为 23 万人、15.8 万人和 11.2 万人。

这个问题还有如下关系

$$\boldsymbol{X}_2=\boldsymbol{A}\boldsymbol{X}_1=\boldsymbol{A}^2\boldsymbol{X}_0$$

推广到一般，有

$$\boldsymbol{X}_n=\boldsymbol{A}^n\boldsymbol{X}_0 \qquad \text{(b)}$$

利用式(b) 可以算出若干年后务农、务工和经商的人数。例如，两年后务农、务工和经商的人数分别为 18.8 万人、17.57 万人和 13.63 万人。

2.8 本章小结

本章介绍了矩阵的基本知识。重点是：(1) 矩阵、可逆矩阵、阶梯形矩阵、矩阵的初等行变换、矩阵的秩等概念；(2) 矩阵的运行及其性质；(3) 矩阵的初等行变换。下面是本章的知识要点以及对它们的要求。

◇ 理解矩阵、可逆矩阵、伴随矩阵、分块矩阵、准对角矩阵、阶梯形矩阵、矩阵的初等行变换、初等矩阵、矩阵的秩等概念。

◇ 熟悉矩阵的运算及其性质、知道分块矩阵的运算及其性质、矩阵的初等行变换。

◇ 掌握求逆矩阵和矩阵的秩的方法。

◇ 知道矩阵的实际应用。

习　　题

一、单项选择题

2-1　下列各命题中正确的是________。

(A) 行矩阵不可能是列矩阵　　(B) 上三角矩阵可以是下三角矩阵

(C) 数量矩阵不可能是零矩阵　　(D) 单位矩阵不一定是方阵

2-2　下列命题正确的是________。

(A) 只有同型矩阵才能相乘　　(B) 任何矩阵 $\boldsymbol{A}$ 与单位矩阵相加还是 $\boldsymbol{A}$

(C) 任何矩阵与它的负矩阵相加是零矩阵　　(D) 任何矩阵与它的负矩阵相乘是零矩阵

2-3　下列各命题中错误的是________。

(A) 对称矩阵可以是反对称矩阵　　(B) 零矩阵一定是对称矩阵

(C) 数量矩阵一定是对称矩阵　　(D) 对称矩阵可以是单位矩阵

2-4　设 $\boldsymbol{A}$ 是 3 阶方阵，k 为实数，下列各式成立的是________。

(A) $\det(k\boldsymbol{A})=k\det\boldsymbol{A}$　　(B) $\det(k\boldsymbol{A})=|k|\det\boldsymbol{A}$

(C) $\det(k\boldsymbol{A})=|k^3|\det\boldsymbol{A}$　　(D) $\det(k\boldsymbol{A})=k^3\det\boldsymbol{A}$

2-5　下列各命题中正确的是________。

(A) 单位矩阵没有逆矩阵　　(B) 任何一个方阵都有逆矩阵

(C) 只有单位矩阵才有逆矩阵　　(D) 只有满秩矩阵才有逆矩阵

2-6　以下不属于矩阵初等行变换的是________。

(A) 把矩阵的第 2 行乘以 5 加到第 3 行　　(B) 将矩阵转置

(C) 互换矩阵的第 2 行和第 3 行　　(D) 将矩阵第 2 行除以 5

2-7　如果矩阵 $\boldsymbol{A}$ 的秩是 3，则下列各命题中正确的是________。

(A) 矩阵 $\boldsymbol{A}$ 所有 3 阶子式都不等于 0

(B) 矩阵 $\boldsymbol{A}$ 至少有一个 4 阶子式不等于 0

(C) 矩阵 $\boldsymbol{A}$ 所有 2 阶子式都等于 0

(D) 矩阵 $\boldsymbol{A}$ 至少有一个 3 阶子式不等于 0

2-8　下列各命题中错误的是________。

(A) 初等行变换不改变矩阵的秩

(B) 任何一个满秩矩阵经初等行变换都可以变为单位矩阵

(C) 阶梯型矩阵的秩等于其非零行的行数

(D) 任何一个可逆矩阵经初等行变换都可以变为单位矩阵

二、填空题

2-1　矩阵 $\boldsymbol{A}$ 和矩阵 $\boldsymbol{B}$ 可以相加的条件为：矩阵 $\boldsymbol{A}$ 和矩阵 $\boldsymbol{B}$ 是______________。

2-2　矩阵 $\boldsymbol{A}$ 可以左乘矩阵 $\boldsymbol{B}$ 的条件为：矩阵 $\boldsymbol{A}$ 的______等于矩阵 $\boldsymbol{B}$ 的______。

2-3　$\begin{pmatrix} 1 & 2 \\ -1 & 3 \end{pmatrix}+2\begin{pmatrix} -2 & -1 \\ 2 & 0 \end{pmatrix}=\begin{pmatrix} & \\ & \end{pmatrix}$。

2-4　设矩阵 $\boldsymbol{A}=\begin{pmatrix} 2 & 3 \\ -1 & 0 \end{pmatrix}$，$\boldsymbol{B}=\begin{pmatrix} -2 & 3 \\ 0 & -1 \end{pmatrix}$，则 $3\boldsymbol{A}-\boldsymbol{B}=\begin{pmatrix} & \\ & \end{pmatrix}$。

2-5　设矩阵 $\boldsymbol{A}=\begin{pmatrix} -2 & -1 \\ 3 & -2 \end{pmatrix}$，$\boldsymbol{B}=\begin{pmatrix} 3 & 2 \\ -2 & 5 \end{pmatrix}$，则 $\boldsymbol{BA}=\begin{pmatrix} & \\ & \end{pmatrix}$。

2-6　如果 $\det(\boldsymbol{A})=3$，$\det(\boldsymbol{B})=-2$，则 $\det(\boldsymbol{AB})=$________。

2-7　方阵 $\boldsymbol{A}$ 存在逆矩阵的充分必要条件为：______________。

2-8　矩阵的初等行变换是指：互换变换、倍乘变换和________变换。

三、综合题

2-1　已知

$$\boldsymbol{A}=\begin{pmatrix} 1 & 2 & 3 & 4 \\ 0 & -1 & 5 & 2 \\ 2 & 3 & 1 & 0 \end{pmatrix},\quad \boldsymbol{B}=\begin{pmatrix} 0 & 2 & 1 & 3 \\ 4 & 1 & 0 & 2 \\ 0 & -3 & 2 & 5 \end{pmatrix}$$

求 $\boldsymbol{A}+\boldsymbol{B}$，$2\boldsymbol{A}+3\boldsymbol{B}$。

2-2　已知

$$\boldsymbol{A}=\begin{pmatrix} 3 & 2 & -1 \\ 2 & -3 & 5 \end{pmatrix},\quad \boldsymbol{B}=\begin{pmatrix} 1 & 3 \\ -5 & 4 \\ 3 & 6 \end{pmatrix}$$

求 $\boldsymbol{AB}$ 及 $\boldsymbol{BA}$。

2-3　已知

$$\boldsymbol{A}=(1 \quad -1 \quad 2),\quad \boldsymbol{B}=\begin{pmatrix} 3 \\ 1 \\ -2 \end{pmatrix}$$

求 $\boldsymbol{AB}$ 及 $\boldsymbol{BA}$。

2-4　已知

$$\boldsymbol{A}=\begin{pmatrix} 1 & 2 \\ 5 & 3 \end{pmatrix},\boldsymbol{B}=\begin{pmatrix} 2 & -1 \\ -3 & 5 \end{pmatrix}$$

求：(1) $\boldsymbol{AB}-3\boldsymbol{B}$；

(2) $\boldsymbol{A}^2-\boldsymbol{B}^2$；

(3) $(\boldsymbol{A}+\boldsymbol{B})(\boldsymbol{A}-\boldsymbol{B})$；

(4) $\boldsymbol{AB}-\boldsymbol{BA}$。

2-5 如果 $\boldsymbol{AB}=\boldsymbol{BA}$，$\boldsymbol{AC}=\boldsymbol{CA}$，证明：

(1) $\boldsymbol{A}(\boldsymbol{B}+\boldsymbol{C})=(\boldsymbol{B}+\boldsymbol{C})\boldsymbol{A}$；

(2) $\boldsymbol{A}(\boldsymbol{BC})=(\boldsymbol{BC})\boldsymbol{A}$。

2-6 已知

$$\boldsymbol{A}=\begin{pmatrix}2&1\\-4&-2\end{pmatrix},\quad \boldsymbol{B}=\begin{pmatrix}3&-1\\1&2\end{pmatrix}$$

求 $\boldsymbol{A}^2$ 及 $\boldsymbol{B}^{\mathrm{T}}\boldsymbol{A}$。

2-7 设

$$\boldsymbol{A}=\begin{pmatrix}0&1&0&0\\0&0&1&0\\0&0&0&1\\0&0&0&0\end{pmatrix}$$

求 $\boldsymbol{A}^k(k=2,3,\cdots)$。

2-8 已知

$$\boldsymbol{A}=\begin{pmatrix}1&3\\-2&2\\-1&-5\end{pmatrix},\quad \boldsymbol{B}=\begin{pmatrix}1&2&-1\\-1&-3&2\end{pmatrix}$$

验证：$(\boldsymbol{AB})^{\mathrm{T}}=\boldsymbol{B}^{\mathrm{T}}\boldsymbol{A}^{\mathrm{T}}$。

2-9 解矩阵方程 $2\boldsymbol{A}+3\boldsymbol{X}=\boldsymbol{B}$，其中

$$\boldsymbol{A}=\begin{pmatrix}0&-1\\1&2\end{pmatrix},\quad \boldsymbol{B}=\begin{pmatrix}3&4\\2&1\end{pmatrix}$$

2-10 设 $\boldsymbol{A}$ 是 n 阶对称矩阵，$\boldsymbol{B}$ 是 n 阶反对称矩阵，试证：

(1) $\boldsymbol{A}^2$ 是对称矩阵；

(2) $\boldsymbol{AB}-\boldsymbol{BA}$ 是对称矩阵；

(3) $\boldsymbol{AB}$ 是反对称矩阵的充分必要条件是 $\boldsymbol{AB}=\boldsymbol{BA}$。

2-11 已知

$$\boldsymbol{A}=\begin{pmatrix}-2&1\\3&2\end{pmatrix},\quad \boldsymbol{B}=\begin{pmatrix}2&4\\-5&1\end{pmatrix}$$

验证：$\det(\boldsymbol{AB})=\det\boldsymbol{A}\det\boldsymbol{B}$。

2-12 用伴随矩阵和初等行变换两种方法求下列各矩阵的逆矩阵：

$$(1)\ \boldsymbol{A}=\begin{pmatrix}1&0&1\\-1&1&1\\-2&-1&1\end{pmatrix}\qquad (2)\ \boldsymbol{B}=\begin{pmatrix}1&1&2\\-1&2&0\\2&1&3\end{pmatrix}$$

2-13 用初等行变换求矩阵 $\boldsymbol{A}=\begin{pmatrix}1&0&0&0\\1&2&0&0\\2&4&3&0\\1&-2&6&4\end{pmatrix}$ 的逆矩阵。

2-14 证明下列各小题：

(1) 若 $\boldsymbol{A}$，$\boldsymbol{B}$，$\boldsymbol{C}$ 为同阶可逆矩阵，则 $\boldsymbol{ABC}$ 也可逆，且

$$(\boldsymbol{ABC})^{-1}=\boldsymbol{C}^{-1}\boldsymbol{B}^{-1}\boldsymbol{A}^{-1}$$

(2) 若 $\boldsymbol{AB}=\boldsymbol{AC}$，且 $\boldsymbol{A}$ 为可逆矩阵，则 $\boldsymbol{B}=\boldsymbol{C}$；

(3) 若 $\boldsymbol{AB}=\boldsymbol{O}$，且 $\boldsymbol{A}$ 为可逆矩阵，则 $\boldsymbol{B}=\boldsymbol{O}$；

(4) 若 $\boldsymbol{A}$ 为可逆矩阵，则其伴随矩阵 $(\boldsymbol{A}^*)^{-1}$ 也可逆，且

$$(\boldsymbol{A}^*)^{-1}=\frac{1}{\det\boldsymbol{A}}\boldsymbol{A}$$

2-15　解下列矩阵方程：

(1) $\begin{pmatrix}2 & 1\\1 & 2\end{pmatrix}\boldsymbol{X}=\begin{pmatrix}1 & 2\\-1 & 4\end{pmatrix}$

(2) $\boldsymbol{X}\begin{pmatrix}1 & 3 & 2\\2 & 2 & -1\\-3 & -4 & 0\end{pmatrix}=\begin{pmatrix}1 & 2 & 2\\-3 & 2 & 6\\0 & 4 & 3\end{pmatrix}$

2-16　用准对角矩阵的性质求下列矩阵的逆矩阵：

$$\boldsymbol{A}=\begin{pmatrix}2 & 5 & 0 & 0 & 0\\1 & 3 & 0 & 0 & 0\\0 & 0 & -1 & 0 & 0\\0 & 0 & 0 & -2 & -1\\0 & 0 & 0 & 3 & 2\end{pmatrix}$$

2-17　求下列各矩阵的秩：

(1) $\boldsymbol{A}=\begin{pmatrix}1 & -1 & 2 & -1\\3 & 1 & 0 & 2\\1 & 3 & -4 & 4\end{pmatrix}$　　(2) $\boldsymbol{B}=\begin{pmatrix}1 & 4 & -1 & 2 & 2\\-2 & -1 & 3 & 2 & 0\\2 & -2 & 1 & 1 & 0\end{pmatrix}$

(3) $\boldsymbol{C}=\begin{pmatrix}1 & 1 & 2 & 2 & 1\\0 & 2 & 1 & 5 & -1\\2 & 0 & 3 & -1 & 3\\1 & 1 & 0 & 4 & -1\end{pmatrix}$　　(4) $\boldsymbol{D}=\begin{pmatrix}1 & 2 & -1 & 0 & 3\\0 & -5 & 2 & 1 & -7\\2 & -1 & 0 & 1 & -1\\3 & 1 & -1 & 1 & 2\end{pmatrix}$

2-18　同学们两人一组，利用矩阵作密码互相发送和接收一条加密的信息。

第3章　线性方程组

本章主要介绍以下内容。

(1) 解方程组的高斯—约当消元法；线性方程组的相容性定理。

(2) n 维向量的概念与线性运算；向量组的线性相关性；向量组的秩。

(3) 齐次线性方程组的解的性质和结构；非齐次线性方程组的解的性质和结构。

1.4 节用克拉默法则给出了含有 n 个方程、n 个未知量的线性方程组，并且其系数行列式不等于零时的解。本章以矩阵为工具讨论一般线性方程组的解的情况（包括系数行列式等于零的情况和方程组中未知量的个数与方程的个数不相同的情况），并回答以下 3 个问题。

(1) 用什么方法判定线性方程组是否有解？

(2) 在有解的情况下，解是否惟一？

(3) 在解不惟一时，解的结构如何？

非齐次线性方程组的一般形式是

$$\begin{cases} a_{11}x_1+a_{12}x_2+\cdots+a_{1n}x_n=b_1 \\ a_{21}x_2+a_{22}x_2+\cdots+a_{2n}x_n=b_2 \\ \cdots\cdots\cdots\cdots\cdots\cdots\cdots\cdots \\ a_{m1}x_1+a_{m2}x_2+\cdots+a_{mn}x_n=b_m \end{cases} \tag{3-1}$$

齐次线性方程组的一般形式是

$$\begin{cases} a_{11}x_1+a_{12}x_2+\cdots+a_{1n}x_n=0 \\ a_{21}x_1+a_{22}x_2+\cdots+a_{2n}x_n=0 \\ \cdots\cdots\cdots\cdots\cdots\cdots\cdots\cdots \\ a_{m1}x_1+a_{m2}x_2+\cdots+a_{mn}x_n=0 \end{cases} \tag{3-2}$$

利用矩阵，可以把线性方程组（3-1）和（3-2）分别表示为

$$\boldsymbol{AX}=\boldsymbol{b} \tag{3-3}$$

和

$$\boldsymbol{AX}=\boldsymbol{O} \tag{3-4}$$

式(3-3) 和式(3-4) 中的

$$\boldsymbol{A}=\begin{pmatrix} a_{11} & a_{12} & \cdots & a_{1n} \\ a_{21} & a_{22} & \cdots & a_{2n} \\ \vdots & \vdots & & \vdots \\ a_{m1} & a_{m2} & \cdots & a_{mn} \end{pmatrix}, \boldsymbol{X}=\begin{pmatrix} x_1 \\ x_2 \\ \vdots \\ x_n \end{pmatrix}, \boldsymbol{b}=\begin{pmatrix} b_1 \\ b_2 \\ \vdots \\ b_m \end{pmatrix}$$

分别为线性方程组（3-1）和（3-2）的**系数矩阵**、**未知量矩阵**和**常数矩阵**。

矩阵$\bar{\boldsymbol{A}}=(\boldsymbol{A} \mid \boldsymbol{b})$，即

$$\bar{A}=\begin{pmatrix} a_{11} & a_{12} & \cdots & a_{1n} & b_1 \\ a_{21} & a_{22} & \cdots & a_{2n} & b_2 \\ \vdots & \vdots & & \vdots & \vdots \\ a_{m1} & a_{m2} & \cdots & a_{mn} & b_m \end{pmatrix}$$

称为线性方程组（3-1）的**增广矩阵**。

显然，线性方程组（3-1）完全由它的增广矩阵$\bar{A}$决定。所以，可以通过研究增广矩阵来研究线性方程组（3-1）的解的情况。为了简洁，本书经常把线性方程组简称为**方程组**。

方程组（3-3）与方程组（3-1）等价。方程组（3-4）与方程组（3-2）等价。以后为了叙述的方便，可能采用方程组的不同表示方式。

如果方程组（3-4）与方程组（3-3）的系数矩阵相同，则称方程组（3-4）是方程组（3-3）对应的**齐次方程组**。

后面将说明，系数矩阵和增广矩阵在判定线性方程组解的情况时起决定性作用。

3.1　高斯—约当消元法

高斯—约当消元法是解线性方程组的最常用的方法。本节将针对不同类型的线性方程组具体介绍高斯—约当消元法。

定义 3-1　若两个线性方程组解的集合相同，则称这两个方程组为**同解方程组**。

定理 3-1　对线性方程组（3-3）进行初等行变换得到的新方程组与方程组（3-3）同解。

证明　显然，只要对方程组（3-3）作一次初等行变换的情况进行证明就可以了。

对方程组（3-3）作一次初等行变换相当于用相应的初等矩阵 $\boldsymbol{R}$ 左乘方程组的两端，即

$$\boldsymbol{RAX}=\boldsymbol{Rb} \tag{a}$$

若 $\boldsymbol{X}_0$ 是方程组（3-3）的解，则 $\boldsymbol{AX}_0=\boldsymbol{b}$。据此得

$$\boldsymbol{RAX}_0=\boldsymbol{Rb}$$

即 $\boldsymbol{X}_0$ 也是方程组（a）的解。

若 $\boldsymbol{X}_0$ 是方程组（a）的解，则 $\boldsymbol{RAX}_0=\boldsymbol{Rb}$。又因为初等矩阵 $\boldsymbol{R}$ 是可逆矩阵，则有

$$\boldsymbol{R}^{-1}\boldsymbol{RAX}_0=\boldsymbol{R}^{-1}\boldsymbol{Rb}$$

即 $\boldsymbol{AX}_0=\boldsymbol{b}$，从而 $\boldsymbol{X}_0$ 也是方程组（3-3）的解。

综上所述，定理 3-1 得证。

为了对一般线性方程组解的情况有具体的了解，本节用初等行变换解几个有代表性的方程组。这个方法称为**高斯—约当消元法**。

例 3-1　解线性方程组

$$\begin{cases} 3x_1+2x_2+6x_3=6 \\ 3x_1+5x_2+9x_3=9 \\ 6x_1+4x_2+15x_3=6 \end{cases}$$

解　对该方程组的增广矩阵进行初等行变换，将其化成简化的阶梯形矩阵，即

$$\begin{pmatrix} 3 & 2 & 6 & 6 \\ 3 & 5 & 9 & 9 \\ 6 & 4 & 15 & 6 \end{pmatrix} \xrightarrow{r_2-r_1,r_3-2r_1} \begin{pmatrix} 3 & 2 & 6 & 6 \\ 0 & 3 & 3 & 3 \\ 0 & 0 & 3 & -6 \end{pmatrix} \xrightarrow{r_1-2r_3,r_2-r_3} \begin{pmatrix} 3 & 2 & 0 & 18 \\ 0 & 3 & 0 & 9 \\ 0 & 0 & 3 & -6 \end{pmatrix}$$

$$\xrightarrow{r_1-\frac{2}{3}r_2}\begin{pmatrix}3&0&0&12\\0&3&0&9\\0&0&3&-6\end{pmatrix}\xrightarrow{\frac{1}{3}\times r_1,\frac{1}{3}\times r_2,\frac{1}{3}\times r_3}\begin{pmatrix}1&0&0&4\\0&1&0&3\\0&0&1&-2\end{pmatrix}$$

于是，原方程组的解是：$x_1=4$，$x_2=3$，$x_3=-2$。

例 3-2　解线性方程组

$$\begin{cases}x_1+x_2-2x_3=5\\2x_1+3x_2-7x_3=13\\x_1+2x_2-5x_3=10\end{cases}$$

解　对该方程组的增广矩阵进行初等行变换，将其化成阶梯形矩阵，即

$$\begin{pmatrix}1&1&-2&5\\2&3&-7&13\\1&2&-5&10\end{pmatrix}\xrightarrow{r_2-2r_1,r_3-r_1}\begin{pmatrix}1&1&-2&5\\0&1&-3&3\\0&1&-3&5\end{pmatrix}\xrightarrow{r_3-r_2}\begin{pmatrix}1&1&-2&5\\0&1&-3&3\\0&0&0&2\end{pmatrix}$$

与最后得到的阶梯形矩阵所对应的方程组为

$$\begin{cases}x_1+x_2-2x_3=5\\\qquad x_2-3x_3=3\\\qquad\qquad 0=2\end{cases}\tag{a}$$

显然，无论 x_1，x_2，x_3 取什么值都不可能使方程组（a）中的 $0=2$ 成立，因此原方程组无解。

例 3-3　解线性方程组

$$\begin{cases}x_1+x_2-2x_3=-1\\2x_1+3x_2-5x_3=-4\\x_1+3x_2-4x_3=-5\end{cases}$$

解　对该方程组的增广矩阵进行初等行变换，将其化成阶梯形矩阵，即

$$\begin{pmatrix}1&1&-2&-1\\2&3&-5&-4\\1&3&-4&-5\end{pmatrix}\xrightarrow{r_2-2r_1,r_3-r_1}\begin{pmatrix}1&1&-2&-1\\0&1&-1&-2\\0&2&-2&-4\end{pmatrix}\xrightarrow{r_3-2r_2}\begin{pmatrix}1&1&-2&-1\\0&1&-1&-2\\0&0&0&0\end{pmatrix}$$

与最后得到的阶梯形矩阵所对应的方程组为

$$\begin{cases}x_1+x_2-2x_3=-1\\\qquad x_2-x_3=-2\\\qquad\qquad 0=0\end{cases}\tag{a}$$

方程组（a）与原方程组是同解方程组。将方程组（a）中的 x_3 移到等号右边解得

$$\begin{cases}x_1=x_3+1\\x_2=x_3-2\end{cases}\tag{b}$$

显然，未知量 x_3 任意取一个值，代入表达式（b）就可以求得相应的 x_1，x_2 的值。这样得到的 x_1，x_2，x_3 的一组值就是原方程组的一组解。由于 x_3 可以任意取值，故原方程组有无穷多组解。表达式（b）右端的未知量 x_3 称为**自由未知量**。

实际上，本题也可以选 x_2(或 x_1）做自由未知量。

在方程组有无穷多组解时，用自由未知量表达的解通常称为该方程组的**一般解**。

前面介绍的三个例题分别代表了线性方程组有惟一一组解、无解和有无穷多组解三种

情况。

例 3-2 是这样一类方程组的代表：方程组中存在与其他方程矛盾的方程。具体到例 3-2，其中的任何一个方程都与其余两个方程矛盾。去掉其中任何一个方程所得到的方程组都有解。在解答中得到的阶梯形矩阵中最后一个非零行的第一个元素在最后一列就是矛盾方程的反映。需要指出的是，在有矛盾方程的方程组中，去掉不同的方程以后所得的方程组的解不同。

例 3-3 是这样一类方程组的代表：方程组中没有矛盾方程，但可能存在多余的方程，且独立的方程个数小于未知量的个数。具体到例 3-3，其中第三个方程是多余的。在解答中得到的阶梯形矩阵中最后一行是零行就是多余方程的反映。对例 3-3 而言，其中的任何一个方程都可以当作多余方程，去掉它以后所得的方程组的解都是原方程组的解。

在某些方程组中，可能同时存在矛盾方程和多余方程。

从以上三个例题的解答过程可以得到高斯—约当消元法解线性方程组的具体步骤如下。

(1) 用初等行变换将由所有系数和常数组成的增广矩阵变为阶梯形矩阵（或简化的阶梯形矩阵）。

(2) 写出阶梯形矩阵对应的线性方程组。

(3) 如果该阶梯形矩阵对应的线性方程组有惟一一组解，则从最后一个方程开始求解(对例 3-1 而言，就是从解答的第 2 个矩阵开始写出对应的线性方程组求解)，或者对该阶梯形矩阵继续进行初等行变换，将其化成简化的阶梯形矩阵，然后直接写出该方程组的解（如例 3-1 的解答)；如果该阶梯形矩阵对应的线性方程组无解（如例 3-2)，则到此结束；如果该阶梯形矩阵对应的线性方程组有无穷多组解（如例 3-3)，则将选定自由未知量移到等号的右边，然后求解。

方程组有惟一一组解或无解时，情况比较简单。方程组有无穷多组解时，情况比较复杂。下面再举两个例题。

例 3-4 解线性方程组

$$\begin{cases} x_1+x_2-x_3+x_4=1 \\ 2x_1+x_2-x_3-x_4=1 \\ 4x_1+2x_2-2x_3-x_4=1 \\ 3x_1+x_2-x_3-3x_4=1 \end{cases}$$

解 对该方程组的增广矩阵进行初等行变换，将其化成简化的阶梯形矩阵（为节省篇幅，省略中间过程，下同)，即

$$\begin{pmatrix} 1 & 1 & -1 & 1 & 1 \\ 2 & 1 & -1 & -1 & 1 \\ 4 & 2 & -2 & -1 & 1 \\ 3 & 1 & -1 & -3 & 1 \end{pmatrix} \xrightarrow{\text{进行若干次初等行变换}} \begin{pmatrix} 1 & 0 & 0 & 0 & -2 \\ 0 & 1 & -1 & 0 & 4 \\ 0 & 0 & 0 & 1 & -1 \\ 0 & 0 & 0 & 0 & 0 \end{pmatrix}$$

与最后得到的阶梯形矩阵所对应的方程组为

$$\begin{cases} x_1 \qquad\qquad\quad =-2 \\ \quad x_2-x_3 \qquad =4 \\ \qquad\qquad x_4 =-1 \end{cases} \tag{a}$$

方程组（a）与原方程组是同解方程组。将方程组（a）中的 x_3 移到等号右边解得

$$\begin{cases}x_1=-2\\x_2=x_3+4\\x_4=-1\end{cases}$$

实际上，本题也可以选 x_2 做自由未知量，但不能选 x_1 或 x_4 做自由未知量。

例 3-5　解线性方程组

$$\begin{cases}x_1-2x_2+3x_3-4x_4=0\\x_2-x_3+x_4=0\\x_1+3x_2-3x_4=0\\x_1-4x_2+3x_3-2x_4=0\end{cases}$$

解　对该方程组的系数矩阵进行初等行变换，将其化成简化的阶梯形矩阵，即

$$\begin{pmatrix}1&-2&3&-4\\0&1&-1&1\\1&3&0&-3\\1&-4&3&-2\end{pmatrix}\xrightarrow{\text{进行若干次初等行变换}}\begin{pmatrix}1&0&0&0\\0&1&0&-1\\0&0&1&-2\\0&0&0&0\end{pmatrix}$$

由上述简化的阶梯形矩阵得到方程组的解为

$$\begin{cases}x_1=0\\x_2=x_4\\x_3=2x_4\end{cases}$$

实际上，本题也可以选 x_2 或 x_3 做自由未知量，但不能选 x_1 做自由未知量。

关于自由未知量，需要作两点说明。

(1) 自由未知量可能只有一个（如例 3-3），也可能有多个（如本章综合题的第（1）、(2) 小题）。

(2) 一般情况下，自由未知量可以任取，特殊情况下，某些未知量不能选作自由未知量（如例 3-4 的 x_1 和 x_4 与例 3-5 的 x_1）。按这样的方法选择自由未知量肯定是对的：选最后的阶梯形矩阵中各个非零行的第一个非零元素以外的列对应的未知量作为自由未知量。

从本节的几个例题可知，一般的线性方程组可能有惟一一组解，也可能有无穷多组解，也可能无解。并且还知道，线性方程组有没有解、解的多少不是简单地取决于方程的个数和未知量的个数。那么，线性方程组解的情况究竟取决于什么呢？3.2 节将给出完整的结论。

3.2　线性方程组解的判定

3.1 节介绍的例 3-1、例 3-2 和例 3-3 分别代表了线性方程组有惟一一组解、有无穷多组解和无解三种情况。无论哪种情况，都可以用高斯—约当消元法解答，都是把方程组的增广矩阵用初等行变换将其变为阶梯形矩阵（或简化的阶梯形矩阵，下同）。因此，方程组的解的不同情况恰好在对应的阶梯形矩阵中反映出来。从以上几个例题的解答过程可以得到以下结论。

(1) 不必考虑阶梯形矩阵中可能存在的零行，因为零行不提供解的任何信息（对应多余方程）；

(2) 如果阶梯形矩阵最后一个非零行的第一个非零元素在最后一列，则对应的线性方程组无解（反映该方程是矛盾方程）;

(3) 如果阶梯形矩阵最后一个非零行的第一个非零元素不在最后一列，且非零行的行数与方程的未知量的个数相等，则对应的线性方程组有惟一一组解;

(4) 如果阶梯形矩阵最后一个非零行的第一个非零元素不在最后一列，且非零行的行数小于方程的未知量的个数，则对应的线性方程组有无穷多组解。

下面介绍线性方程组的相容性概念和线性方程组解的相容性定理。

定义 3-2 若线性方程组（3-1）有解，称此方程组为**相容的**，否则称此方程组为**不相容的**。

如何判断一个方程组是相容的还是不相容的呢?

显然，阶梯形矩阵最后一个非零行的第一个非零元素是否在最后一列的本质就是对应方程组的系数矩阵的秩与增广矩阵的秩是否相等；而非零行的行数与方程的未知量的个数是否相等的本质就是对应方程组的增广矩阵的秩与方程的未知量的个数是否相等。因此，系数矩阵的秩与增广矩阵的秩可以用来判断一个方程组是否相容，并进而反映线性方程组解的情况。

定理 3-2 线性方程组（3-3）相容的充分必要条件是 $r(\boldsymbol{A})=r(\bar{\boldsymbol{A}})$。

证明 必要性 设方程组（3-3）相容，并令 $(k_1, k_2, \cdots, k_n)^{\mathrm{T}}$ 为方程组（3-3）的一个解，则有

$$\bar{\boldsymbol{A}}=\begin{pmatrix} a_{11} & a_{12} & \cdots & a_{1n} & b_1 \\ a_{21} & a_{22} & \cdots & a_{2n} & b_2 \\ \vdots & \vdots & & \vdots & \vdots \\ a_{m1} & a_{m2} & \cdots & a_{mn} & b_m \end{pmatrix} \xrightarrow{c_{n+1}-\sum\limits_{i=1}^{n}k_ic_i} \begin{pmatrix} a_{11} & a_{12} & \cdots & a_{1n} & 0 \\ a_{21} & a_{22} & \cdots & a_{2n} & 0 \\ \vdots & \vdots & & \vdots & \vdots \\ a_{m1} & a_{m2} & \cdots & a_{mn} & 0 \end{pmatrix}$$

即矩阵 $(\boldsymbol{A}, \boldsymbol{O})$ 可由矩阵 $\bar{\boldsymbol{A}}$ 经初等行变换得到，从而

$$r(\bar{\boldsymbol{A}})=r(\boldsymbol{A},\boldsymbol{O}) \tag{a}$$

另一方面，零列的存在与否不影响矩阵的秩，从而

$$r(\boldsymbol{A})=r(\boldsymbol{A},\boldsymbol{O}) \tag{b}$$

由式(a) 和式(b) 得

$$r(\boldsymbol{A})=r(\bar{\boldsymbol{A}})$$

充分性 首先，若 $r(\boldsymbol{A})=r(\bar{\boldsymbol{A}})=n$，则 $\bar{\boldsymbol{A}}$ 在中至少有一个 n 阶子式不等于零，而所有 $n+1$ 阶子式都等于零。所以方程组（3-3）的增广矩阵 $\bar{\boldsymbol{A}}$ 经有限次初等行变换得到的标准形矩阵一定具有如下形式：

$$\bar{\boldsymbol{A}}\xrightarrow{\text{经若干次初等行变换}}\begin{pmatrix} 1 & 0 & \cdots & 0 & d_1 \\ 0 & 1 & \cdots & 0 & d_2 \\ \vdots & \vdots & & \vdots & \vdots \\ 0 & 0 & \cdots & 1 & d_n \\ 0 & 0 & \cdots & 0 & 0 \\ \vdots & \vdots & & \vdots & \vdots \\ 0 & 0 & \cdots & 0 & 0 \end{pmatrix} \tag{c}$$

这表明，方程组（c）有惟一一组解：

$$x_1=d_1,x_2=d_2,\cdots,x_n=d_n \tag{d}$$

又因为方程组（c）与方程组（3-3）同解，所以方程组（3-3）有惟一一组解（d）。

其次，若 $r(\mathbf{A})=r(\bar{\mathbf{A}})=r<n$，则在$\bar{\mathbf{A}}$中至少有一个 r 阶子式不等于零，而所有 $r+1$ 阶子式都等于零。所以方程组（3-3）的增广矩阵$\bar{\mathbf{A}}$经有限次初等行变换得到一个简化的阶梯形矩阵。如果这个简化的阶梯形矩阵还不是的标准形矩阵，则再经过若干次初等列变换（相当于适当调整未知量的标号）得到如下形式的标准形矩阵：

$$\bar{\mathbf{A}}\xrightarrow{\text{经若干次初等变换}}\begin{pmatrix}1&0&\cdots&0&c_{1,r+1}&\cdots&c_{1n}&d_1\\0&1&\cdots&0&c_{2,r+1}&\cdots&c_{2n}&d_2\\\vdots&\vdots&\vdots&\vdots&\vdots&&\vdots&\vdots\\0&0&\cdots&1&c_{r,r+1}&\cdots&c_{rn}&d_r\\0&0&\cdots&0&0&\cdots&0&0\\\vdots&\vdots&\vdots&\vdots&\vdots&&\vdots&\vdots\\0&0&\cdots&0&0&\cdots&0&0\end{pmatrix} \tag{e}$$

显然，方程组（e）有无穷多组解：

$$\begin{cases}x_1=d_1-(c_{1,r+1}x_{r+1}+\cdots+c_{1n}x_n)\\x_2=d_2-(c_{2,r+1}x_{r+1}+\cdots+c_{2n}x_n)\\\cdots\cdots\cdots\cdots\cdots\cdots\cdots\cdots\cdots\cdots\\x_r=d_r-(c_{r,r+1}x_{r+1}+\cdots+c_{rn}x_n)\end{cases} \tag{f}$$

又因为方程组（e）与方程组（3-3）同解，所以方程组（3-3）有无穷多组解（f）。

综上所述，命题得证。

由于方程组（3-3）的 $r(\mathbf{A})$ 不可能大于 $r(\bar{\mathbf{A}})$，所以从上面定理 3-2 的证明可以得到进一步的结论。这就是下面的定理 3-3。

定理 3-3 对非齐次线性方程组（3-3），有

（1）若 $r(\mathbf{A})=r(\bar{\mathbf{A}})=n$(未知量的个数)，则方程组（3-3）有惟一一组解；

（2）若 $r(\mathbf{A})=r(\bar{\mathbf{A}})<n$，则方程组（3-3）有无穷多组解；

（3）若 $r(\mathbf{A})<r(\bar{\mathbf{A}})$，则方程组（3-3）无解。

例 3-6 判断下列各方程组是否有解，如果有解，其解是否惟一：

（1）$\begin{cases}x_1-x_2+3x_3=8\\3x_1+2x_2-x_3=-1\\4x_1-3x_2+2x_3=11\end{cases}$ （2）$\begin{cases}2x_1+x_2+3x_3=6\\3x_1+2x_2+x_3=1\\5x_1+3x_2+4x_3=13\end{cases}$ （3）$\begin{cases}2x_1+x_2+3x_3=6\\3x_1+2x_2+x_3=1\\5x_1+3x_2+4x_3=7\end{cases}$

解 （1）$\begin{pmatrix}1&-1&3&8\\3&2&-1&-1\\4&-3&2&11\end{pmatrix}\xrightarrow{r_2-3r_1,\ r_3-4r_1}\begin{pmatrix}1&-1&3&8\\0&5&-10&-25\\0&1&-10&-21\end{pmatrix}$

$$\xrightarrow{\frac{1}{5}\times r_2}\begin{pmatrix}1&-1&3&8\\0&1&-2&-5\\0&1&-10&-21\end{pmatrix}$$

$$\xrightarrow{r_3-r_2}\begin{pmatrix}1&-1&3&8\\0&1&-2&-5\\0&0&-8&-16\end{pmatrix}$$

由于 $r(\mathbf{A})=r(\bar{\mathbf{A}})=3$(未知量的个数)，所以原方程组有惟一一组解。

(2) $$\begin{pmatrix}2&1&3&6\\3&2&1&1\\5&3&4&13\end{pmatrix}\xrightarrow{r_1-r_2}\begin{pmatrix}-1&-1&2&5\\3&2&1&1\\5&3&4&13\end{pmatrix}$$

$$\xrightarrow{r_3+5r_1,r_2+3r_1}\begin{pmatrix}-1&-1&2&5\\0&-1&7&16\\0&-2&14&38\end{pmatrix}$$

$$\xrightarrow{r_3-2r_2}\begin{pmatrix}-1&-1&2&5\\0&-1&7&16\\0&0&0&6\end{pmatrix}$$

由于 $r(\mathbf{A})=2<r(\bar{\mathbf{A}})=3$，两者不相等，故原方程组无解。

(3) $$\begin{pmatrix}2&1&3&6\\3&2&1&1\\5&3&4&7\end{pmatrix}\xrightarrow{r_3-r_1-r_2}\begin{pmatrix}2&1&3&6\\3&2&1&1\\0&0&0&0\end{pmatrix}$$

$$\xrightarrow{r_1-r_2}\begin{pmatrix}-1&-1&2&5\\3&2&1&1\\0&0&0&0\end{pmatrix}\xrightarrow{r_2+3r_1}\begin{pmatrix}-1&-1&2&5\\0&-1&7&16\\0&0&0&0\end{pmatrix}$$

由于 $r(\mathbf{A})=r(\bar{\mathbf{A}})=2<3$(未知量的个数)，所以原方程组有无穷多组解。

例 3-7 a、b 为何值时方程组

$$\begin{cases}x_1+2x_2+3x_3=6\\x_1-x_2+6x_3=0\\3x_1-2x_2+ax_3=b\end{cases}$$

无解？有惟一一组解？有无穷多组解？

解

$$\begin{pmatrix}1&2&3&6\\1&-1&6&0\\3&-2&a&b\end{pmatrix}\xrightarrow{r_2-r_1,r_3-3r_1}\begin{pmatrix}1&2&3&6\\0&-3&3&-6\\0&-8&a-9&b-18\end{pmatrix}$$

$$\xrightarrow{\frac{1}{3}\times r_2}\begin{pmatrix}1&2&3&6\\0&-1&1&-2\\0&-8&a-9&b-18\end{pmatrix}$$

$$\xrightarrow{r_3-8r_2}\begin{pmatrix}1&2&3&6\\0&-1&1&-2\\0&0&a-17&b-2\end{pmatrix}$$

根据最后的阶梯形矩阵，得出如下结论：

(1) 当 $a-17\neq0$，即 $a\neq17$ 时，$r(\mathbf{A})=r(\bar{\mathbf{A}})=3$，方程组有惟一一组解；

(2) 当 $a-17=0$，且 $b-2\neq0$，即 $a=17$，且 $b\neq2$ 时，$r(\mathbf{A})=2<r(\bar{\mathbf{A}})=3$，方程组无解；

(3) 当 $a-17=0$，且 $b-2=0$，即 $a=17$，且 $b=2$ 时，$r(\mathbf{A})=r(\bar{\mathbf{A}})=2<3$，方程组有

无穷多组解。

对于齐次线性方程组（3-4），总是有 $r(\boldsymbol{A})=r(\bar{\boldsymbol{A}})$。所以，齐次线性方程组肯定有解。这就是下面的定理 3-4。

定理 3-4　对齐次线性方程组（3-4），有

（1）若 $r(\boldsymbol{A})=r(\bar{\boldsymbol{A}})=n$（未知量的个数），则方程组（3-4）有惟一一组解，即只有零解；

（2）若 $r(\boldsymbol{A})=r(\bar{\boldsymbol{A}})<n$，则方程组（3-4）有无穷多组解，或者说有非零解。

由定理 3-4 的（2）可知，如果齐次线性方程组中方程的个数少于未知量的个数，这个方程一定有非零解。

例 3-8　a 为何值时齐次线性方程组

$$\begin{cases} ax_1+bx_2+bx_3+bx_4=0 \\ bx_1+ax_2+bx_3+bx_4=0 \\ bx_1+bx_2+ax_3+bx_4=0 \\ bx_1+bx_2+bx_3+ax_4=0 \end{cases}$$

有非零解？

解　为节省篇幅，利用第 1 章例 1-11 的结果。由于

$$\det\boldsymbol{A}=\begin{vmatrix} a & b & b & b \\ b & a & b & b \\ b & b & a & b \\ b & b & b & a \end{vmatrix}=(a+3b)(a-b)^3$$

所以，当 $\det\boldsymbol{A}=(a+3b)(a-b)^3=0$ 时，即 $a=-3b$ 或 $a=b$ 时，该齐次线性方程组有非零解。

3.3　n 维向量的概念与线性运算

n 维向量的概念与线性运算，n 维向量的线性组合与线性表示，n 维向量的线性相关或无关以及向量组的秩在讨论线性方程组的解时起着重要作用。深刻理解这些概念，掌握判别 n 维向量是否线性相关的方法，是学习后续知识的基础。

本节将把 2 维向量和 3 维向量的概念及其运算推广到 n 维向量。

3.3.1　n 维向量的概念

在平面直角坐标系中，点与二元有序数组一一对应。在空间直角坐标系中，点与三元有序数组一一对应。这里的二元有序数组 (x,y) 和三元有序数组 (x,y,z) 可以看成 2 维向量和 3 维向量。

现实世界有许多量需要用 4 维或更多维向量表示。

实例 3-1　描述一个在空间运动的质点需要 4 维向量，其中 3 个分量表示质点的空间位置，1 个分量表示时间。

实例 3-2　描述一个卫星在空中的瞬间位置和姿态需要 6 维向量，其中 3 个分量表示卫星质心的空间位置，2 个分量表示卫星的姿态，1 个分量表示时间。

因此，有必要将向量的概念推广。

定义 3-3 由 n 个数组成的有序数组$(a_1,a_2,\cdots,a_n)$称为 **n 维向量**，简称**向量**，其中的 a_i $(i=1,2,\cdots,n)$称为向量的第 i 个**分量**。

向量通常用加粗小写希腊字母 $\boldsymbol{\alpha}$，$\boldsymbol{\beta}$，$\boldsymbol{\gamma}$，…表示，分量通常用小写英文字母 a，b，c，…表示。

向量是和线性方程组、矩阵密切相关的。对于线性方程组（3-1），每一个方程的未知量的系数组成的有序数组可以看成一个 n 维向量；或者说，线性方程组（3-1）的系数矩阵 $\mathbf{A}$ 的每一行都是一个 n 维向量：

$$\boldsymbol{\gamma}_i=(a_{i1},a_{i2},\cdots,a_{in})(i=1,2,\cdots,m)$$

这样的向量称为**行向量**。因此，线性方程组（3-1）的系数矩阵 $\mathbf{A}$ 共有 m 个 n 维行向量。

同样，线性方程组（3-1）的系数矩阵 $\mathbf{A}$ 的每一列都是一个 m 维向量：

$$\boldsymbol{\alpha}_j=\begin{pmatrix}a_{1j}\\a_{2j}\\\vdots\\a_{mj}\end{pmatrix}(j=1,2,\cdots,n)$$

这样的向量称为**列向量**。因此，线性方程组（3-1）的系数矩阵 $\mathbf{A}$ 共有 n 个 m 维列向量。

相应地，线性方程组（3-1）的常数项构成一个 m 维向量：

$$\boldsymbol{\beta}=\begin{pmatrix}b_1\\b_2\\\vdots\\b_m\end{pmatrix}$$

可见，线性方程组（3-1）与 $n+1$ 个 m 维列向量组 $\boldsymbol{\alpha}_1$，$\boldsymbol{\alpha}_2$，…，$\boldsymbol{\alpha}_n$，$\boldsymbol{\beta}$ 是一一对应的。因此，可以用向量组来研究方程组。

向量通常是指列向量。向量 $\boldsymbol{\alpha}=\begin{pmatrix}a_1\\a_2\\\vdots\\a_n\end{pmatrix}$ 的转置向量为 $\boldsymbol{\beta}=(a_1,\ a_2,\ \cdots,\ a_n)$，记为 $\boldsymbol{\alpha}^{\mathrm{T}}$，即

$$\begin{pmatrix}a_1\\a_2\\\vdots\\a_n\end{pmatrix}^{\mathrm{T}}=(a_1,a_2,\cdots,a_n)$$

显然，$(\boldsymbol{\alpha}^{\mathrm{T}})^{\mathrm{T}}=\boldsymbol{\alpha}$。为了书写方便，常用转置向量的形式表示列向量，例如：$(1,\ 2,\ 3)^{\mathrm{T}}$。

所有分量都为零的向量称为**零向量**，记为 $\mathbf{0}$。

3.3.2 n 维向量的线性运算

行向量与行矩阵（还有列向量与列矩阵）本质上是一样的，只是从不同的角度看问题。由于向量的相等、运算和性质与矩阵的相应内容一致，下面仅做扼要介绍。

两个 n 维向量 $\boldsymbol{\alpha}=(a_1,a_2,\cdots,a_n)$，$\boldsymbol{\beta}=(b_1,b_2,\cdots,b_n)$对应的分量相等，即 $a_i=b_i(i=1,2,\cdots,n)$，则称 $\boldsymbol{\alpha}$ 与 $\boldsymbol{\beta}$ **相等**，记为

$$\boldsymbol{\alpha}=\boldsymbol{\beta}$$

将两个 n 维向量 $\boldsymbol{\alpha}$ 与 $\boldsymbol{\beta}$ 的对应分量相加得到的 n 维向量 $\boldsymbol{\gamma}=(c_1,c_2,\cdots,c_n)$，称为向量 $\boldsymbol{\alpha}$ 与 $\boldsymbol{\beta}$ 的**和**，记为

$$\boldsymbol{\gamma}=\boldsymbol{\alpha}+\boldsymbol{\beta}$$

其中

$$c_i=a_i+b_i \quad (i=1,2,\cdots,n)$$

将两个 n 维向量 $\boldsymbol{\alpha}$ 与 $\boldsymbol{\beta}$ 的对应分量相减得到的 n 维向量 $\boldsymbol{\gamma}=(c_1,c_2,\cdots,c_n)$，称为向量 $\boldsymbol{\alpha}$ 与 $\boldsymbol{\beta}$ 的**差**，记为

$$\boldsymbol{\gamma}=\boldsymbol{\alpha}-\boldsymbol{\beta}$$

其中

$$c_i=a_i-b_i \quad (i=1,2,\cdots,n)$$

以常数 k 乘 n 维向量 $\boldsymbol{\alpha}=(a_1,a_2,\cdots,a_n)$ 的每一个分量所得到的 n 维向量 $(ka_1,ka_2,\cdots,ka_n)$ 称为**数 k 与向量 $\boldsymbol{\alpha}$ 的乘积**，简称**数乘**，记为 $k\boldsymbol{\alpha}$。

在向量中，负向量非常重要，这里予以介绍。用 -1 乘 n 维向量 $\boldsymbol{\alpha}=(a_1,a_2,\cdots,a_n)$ 的每一个分量所得到的 n 维向量 $(-a_1,-a_2,\cdots,-a_n)$ 称为向量 $\boldsymbol{\alpha}$ 的**负向量**，记为 $-\boldsymbol{\alpha}$。

向量的加法、减法与数乘统称为向量的**线性运算**。向量的线性运算满足以下运算法则（假定下列各向量都是 n 维向量）：

(1) $\boldsymbol{\alpha}+\boldsymbol{\beta}=\boldsymbol{\beta}+\boldsymbol{\alpha}$

(2) $(\boldsymbol{\alpha}+\boldsymbol{\beta})+\boldsymbol{\gamma}=\boldsymbol{\alpha}+(\boldsymbol{\beta}+\boldsymbol{\gamma})$

(3) $\boldsymbol{\alpha}+\mathbf{0}=\boldsymbol{\alpha}$

(4) $\boldsymbol{\alpha}+(-\boldsymbol{\alpha})=\mathbf{0}$

(5) $k(\boldsymbol{\alpha}\pm\boldsymbol{\beta})=k\,\boldsymbol{\alpha}\pm k\,\boldsymbol{\beta}$

(6) $(kl)\boldsymbol{\alpha}=k(l\boldsymbol{\alpha})$

(7) $k\boldsymbol{\alpha}=\mathbf{0}\Leftrightarrow k=0 \vee \boldsymbol{\alpha}=\mathbf{0}$

【说明】只有两个同维向量才有相等或不等关系（没有大小关系）；也只有两个同维向量才能相加减。两个不同维的向量不能进行比较。

3.4　向量组的线性相关性

3.4.1　线性组合与线性表示

设有 m 个向量 $\boldsymbol{\alpha}_1,\boldsymbol{\alpha}_2,\cdots,\boldsymbol{\alpha}_m$ 及 m 个实数 $k_1,k_2,\cdots,k_m$，则称向量 $k_1\boldsymbol{\alpha}_1+k_2\boldsymbol{\alpha}_2+\cdots+k_m\boldsymbol{\alpha}_m$ 是向量 $\boldsymbol{\alpha}_1,\boldsymbol{\alpha}_2,\cdots,\boldsymbol{\alpha}_m$ 的一个**线性组合**。

实际上，更多的是从另一个角度研究线性组合，这就是下面的定义 3-4。

定义 3-4　设 $\boldsymbol{\alpha}_1,\boldsymbol{\alpha}_2,\cdots,\boldsymbol{\alpha}_m,\boldsymbol{\beta}$ 都是 n 维向量，若存在 m 个实数 $k_1,k_2,\cdots,k_m$，使

$$\boldsymbol{\beta}=k_1\boldsymbol{\alpha}_1+k_2\boldsymbol{\alpha}_2+\cdots+k_m\boldsymbol{\alpha}_m$$

则称向量 $\boldsymbol{\beta}$ 是向量组 $\boldsymbol{\alpha}_1,\boldsymbol{\alpha}_2,\cdots,\boldsymbol{\alpha}_m$ 的**线性组合**，或称向量 $\boldsymbol{\beta}$ 由向量组 $\boldsymbol{\alpha}_1,\boldsymbol{\alpha}_2,\cdots,\boldsymbol{\alpha}_m$ **线性表示**；称 $k_1,k_2,\cdots,k_m$ 为该线性组合的**组合系数**。

本书用 $\boldsymbol{e}_i$ 表示第 i 个分量为 1 其余分量都是 0 的 n 维向量，即

$$\boldsymbol{e}_1=\begin{pmatrix}1\\0\\\vdots\\0\end{pmatrix},\boldsymbol{e}_2=\begin{pmatrix}0\\1\\\vdots\\0\end{pmatrix},\cdots,\boldsymbol{e}_n=\begin{pmatrix}0\\0\\\vdots\\1\end{pmatrix}$$

并称 $e_1, e_2, \cdots, e_n$ 为 **n 维基本单位向量组**。

实例 3-3 任意 n 维向量 $\boldsymbol{\alpha}=(a_1, a_2, \cdots, a_n)^{\mathrm{T}}$ 都可由 n 维基本单位向量组线性表示，这是因为下式

$$\boldsymbol{\alpha}=a_1\boldsymbol{e}_1+a_2\boldsymbol{e}_2+\cdots+a_n\boldsymbol{e}_n$$

总是成立的。

实例 3-4 3 维向量 $(1,-1,2)^{\mathrm{T}}$ 不是 $(1,0,0)^{\mathrm{T}}$、$(0,1,0)^{\mathrm{T}}$ 和 $(1,1,0)^{\mathrm{T}}$ 的线性组合，因为不存在一组数 k_1, k_2, k_3 使下式

$$\begin{pmatrix}1\\-1\\2\end{pmatrix}=k_1\begin{pmatrix}1\\0\\0\end{pmatrix}+k_2\begin{pmatrix}0\\1\\0\end{pmatrix}+k_3\begin{pmatrix}1\\1\\0\end{pmatrix}=\begin{pmatrix}k_1+k_3\\k_2+k_3\\0\end{pmatrix}$$

成立。

实例 3-5 n 维零向量 $\boldsymbol{O}$ 是任意一组 n 维向量 $\boldsymbol{\alpha}_1, \boldsymbol{\alpha}_2, \cdots, \boldsymbol{\alpha}_m$ 的线性组合，因为下式

$$\boldsymbol{O}=0\cdot\boldsymbol{\alpha}_1+0\cdot\boldsymbol{\alpha}_2+\cdots+0\cdot\boldsymbol{\alpha}_m$$

永远成立。

一般情况下，如何判断向量 $\boldsymbol{\beta}$ 是否能由向量组 $\boldsymbol{\alpha}_1, \boldsymbol{\alpha}_2, \cdots, \boldsymbol{\alpha}_m$ 线性表示呢？这需要换一个角度看问题。

如果将 $\boldsymbol{\alpha}_1, \boldsymbol{\alpha}_2, \cdots, \boldsymbol{\alpha}_m, \boldsymbol{\beta}$ 都看成列向量，并令

$$\boldsymbol{A}=(\boldsymbol{\alpha}_1, \boldsymbol{\alpha}_2, \cdots, \boldsymbol{\alpha}_m)$$

则 $k_1, k_2, \cdots, k_m$ 是以 $\boldsymbol{A}$ 为系数矩阵的线性方程组

$$x_1\boldsymbol{\alpha}_1+x_2\boldsymbol{\alpha}_2+\cdots+x_m\boldsymbol{\alpha}_m=\boldsymbol{\beta}$$

的解。因此有下面的定理 3-5。

定理 3-5 向量 $\boldsymbol{\beta}$ 可由向量组 $\boldsymbol{\alpha}_1, \boldsymbol{\alpha}_2, \cdots, \boldsymbol{\alpha}_m$ 线性表出的充分必要条件是下列方程组

$$x_1\boldsymbol{\alpha}_1+x_2\boldsymbol{\alpha}_2+\cdots+x_m\boldsymbol{\alpha}_m=\boldsymbol{\beta}$$

有解，并且此方程组的一组解就是该线性组合的一组组合系数。

例 3-9 设 $\boldsymbol{\beta}=(1,3,-1)^{\mathrm{T}}$，$\boldsymbol{\alpha}_1=(1,0,2)^{\mathrm{T}}$，$\boldsymbol{\alpha}_2=(2,-1,1)^{\mathrm{T}}$，$\boldsymbol{\alpha}_3=(1,1,-1)^{\mathrm{T}}$。试判断 $\boldsymbol{\beta}$ 可否由向量组 $\boldsymbol{\alpha}_1, \boldsymbol{\alpha}_2, \boldsymbol{\alpha}_3$ 线性表示。

解 设 $\boldsymbol{\beta}=k_1\boldsymbol{\alpha}_1+k_2\boldsymbol{\alpha}_2+k_3\boldsymbol{\alpha}_3$，则对应的线性方程组是

$$\begin{cases}k_1+2k_2+k_3=1\\-k_2+k_3=3\\2k_1+k_2-k_3=-1\end{cases}$$

解该方程组得惟一一组解：$k_1=1$，$k_2=-1$，$k_3=2$。故 $\boldsymbol{\beta}$ 可由向量组 $\boldsymbol{\alpha}_1$，$\boldsymbol{\alpha}_2$，$\boldsymbol{\alpha}_3$ 线性表示，且表示式为

$$\boldsymbol{\beta}=\boldsymbol{\alpha}_1-\boldsymbol{\alpha}_2+2\boldsymbol{\alpha}_3$$

例 3-10 证明向量组 $\boldsymbol{\alpha}_1, \boldsymbol{\alpha}_2, \cdots, \boldsymbol{\alpha}_m$ 中的任一向量 $\boldsymbol{\alpha}_i(i=1,2,\cdots,m)$ 可以由该向量组线性表示。

证明 因为

$$\boldsymbol{\alpha}_i=0\cdot\boldsymbol{\alpha}_1+0\cdot\boldsymbol{\alpha}_2+\cdots+0\cdot\boldsymbol{\alpha}_{i-1}+1\cdot\boldsymbol{\alpha}_i+0\cdot\boldsymbol{\alpha}_{i+1}+\cdots+0\cdot\boldsymbol{\alpha}_m(i=1,2,\cdots,m)$$

总是成立的，且其中的系数不全为零。所以命题成立。

定理 3-6 若 $\boldsymbol{\alpha}$ 是 $\boldsymbol{\beta}_1, \boldsymbol{\beta}_2, \cdots, \boldsymbol{\beta}_s$ 的线性组合，而每一个 $\boldsymbol{\beta}_i(i=1,2,\cdots,s)$ 又都是 $\boldsymbol{\gamma}_1, \boldsymbol{\gamma}_2, \cdots,$

γ_t的线性组合，则 $\boldsymbol{\alpha}$ 也是$\gamma_1,\gamma_2,\cdots,\gamma_t$的线性组合。

证明 因 $\boldsymbol{\alpha}$ 是$\boldsymbol{\beta}_1,\boldsymbol{\beta}_2,\cdots,\boldsymbol{\beta}_s$的线性组合，故存在数 $k_i(i=1,2,\cdots,s)$，使得

$$\boldsymbol{\alpha}=k_1\boldsymbol{\beta}_1+k_2\boldsymbol{\beta}_2+\cdots+k_s\boldsymbol{\beta}_s=\sum_{i=1}^{s}k_i\boldsymbol{\beta}_i \tag{a}$$

又因为每一个 $\boldsymbol{\beta}_i(i=1,2,\cdots,s)$又都是 $\boldsymbol{\gamma}_1,\boldsymbol{\gamma}_2,\cdots,\boldsymbol{\gamma}_t$的线性组合，从而存在数 $a_{ij}(i=1,2,\cdots,s;j=1,2,\cdots,t)$，使得

$$\boldsymbol{\beta}_i=a_{i1}\boldsymbol{\gamma}_1+a_{i2}\boldsymbol{\gamma}_2+\cdots+a_{it}\boldsymbol{\gamma}_t=\sum_{j=1}^{t}a_{ij}\boldsymbol{\gamma}_j(i=1,2,\cdots,s) \tag{b}$$

将式(b) 代入式(a)，得

$$\boldsymbol{\alpha}=\sum_{i=1}^{s}k_i\boldsymbol{\beta}_i=\sum_{i=1}^{s}k_i\Big(\sum_{j=1}^{t}a_{ij}\boldsymbol{\gamma}_j\Big)=\sum_{j=1}^{t}\Big(\sum_{i=1}^{s}k_ia_{ij}\Big)\boldsymbol{\gamma}_j=\sum_{j=1}^{t}b_j\boldsymbol{\gamma}_j$$

式中 $b_j=\sum_{i=1}^{s}k_ia_{ij}(j=1,2,\cdots,t)$，这就证明了 $\boldsymbol{\alpha}$ 也是$\boldsymbol{\gamma}_1,\boldsymbol{\gamma}_2,\cdots,\boldsymbol{\gamma}_t$的线性组合。

例 3-11 设 $\boldsymbol{\alpha}_1=(1,\ 0,\ 0)$，$\boldsymbol{\alpha}_2=(1,\ 1,\ 0)$，$\boldsymbol{\alpha}_3=(1,\ 1,\ 1)$；$\boldsymbol{\beta}_1=(0,\ 0,\ 1)$，$\boldsymbol{\beta}_2=(0,\ 1,\ 0)$，$\boldsymbol{\beta}_3=(0,\ 1,\ 1)$；试将 $\mathbf{0}=(0,\ 0,\ 0)$ 分别表示成向量组 $\boldsymbol{\alpha}_1$，$\boldsymbol{\alpha}_2$，$\boldsymbol{\alpha}_3$ 和 $\boldsymbol{\beta}_1$，$\boldsymbol{\beta}_2$，$\boldsymbol{\beta}_3$ 的线性组合。

解 设 $\mathbf{0}=k_1\boldsymbol{\alpha}_1+k_2\boldsymbol{\alpha}_2+k_3\boldsymbol{\alpha}_3$，则对应的线性方程组是

$$\begin{cases}k_1+k_2+k_3=0\\ k_2+k_3=0\\ k_3=0\end{cases}$$

该方程组只有零解：$k_1=0$，$k_2=0$，$k_3=0$。故仅有 $\mathbf{0}=0\cdot\boldsymbol{\alpha}_1+0\cdot\boldsymbol{\alpha}_2+0\cdot\boldsymbol{\alpha}_3$。

再设 $\mathbf{0}=l_1\boldsymbol{\beta}_1+l_2\boldsymbol{\beta}_2+l_3\boldsymbol{\beta}_3$，则对应的线性方程组是

$$\begin{cases}0=0\\ l_2+l_3=0\\ l_1+l_3=0\end{cases}$$

解之得：$l_1=-l_3$，$l_2=-l_3$，其中 l_3 可任意取值。若令 $l_3=0$，则 $l_1=0$，$l_2=0$，此时 $\mathbf{0}=0\cdot\boldsymbol{\beta}_1+0\cdot\boldsymbol{\beta}_2+0\cdot\boldsymbol{\beta}_3$。若令 $l_3=-1$，则 $l_1=1$，$l_2=1$，此时 $\mathbf{0}=1\cdot\boldsymbol{\beta}_1+1\cdot\boldsymbol{\beta}_2+(-1)\cdot\boldsymbol{\beta}_3$。实际上，$\mathbf{0}=l_1\boldsymbol{\beta}_1+l_2\boldsymbol{\beta}_2+l_3\boldsymbol{\beta}_3$ 有无穷多种组合方式。

3.4.2 线性相关与线性无关

例 3-11 表明，零向量可以表示为任意 m 个向量的线性组合，但有时组合系数只能全是 0，有时可以不全是 0。这就是下面定义 3-5 介绍的概念。

定义 3-5 对于向量组 $\boldsymbol{\alpha}_1,\boldsymbol{\alpha}_2,\cdots,\boldsymbol{\alpha}_m$，若存在一组不全为零的数 $k_1,k_2,\cdots,k_m$，使得

$$k_1\boldsymbol{\alpha}_1+k_2\boldsymbol{\alpha}_2+\cdots+k_m\boldsymbol{\alpha}_m=\mathbf{0}$$

则称向量组 $\boldsymbol{\alpha}_1,\boldsymbol{\alpha}_2,\cdots,\boldsymbol{\alpha}_m$ **线性相关**，否则，称向量组 $\boldsymbol{\alpha}_1,\boldsymbol{\alpha}_2,\cdots,\boldsymbol{\alpha}_m$ **线性无关**。

由定义 3-5 知，例 3-11 中的 $\boldsymbol{\alpha}_1=(1,\ 0,\ 0)$，$\boldsymbol{\alpha}_2=(1,\ 1,\ 0)$，$\boldsymbol{\alpha}_3=(1,\ 1,\ 1)$ 线性无关，而 $\boldsymbol{\beta}_1=(0,\ 0,\ 1)$，$\boldsymbol{\beta}_2=(0,\ 1,\ 0)$，$\boldsymbol{\beta}_3=(0,\ 1,\ 1)$ 线性相关。

例 3-12 对于任意 3 个 n 维向量 $\boldsymbol{\alpha}_1,\boldsymbol{\alpha}_2,\boldsymbol{\alpha}_3$ 和 n 维零向量 $\mathbf{0}$，求证：$\mathbf{0},\boldsymbol{\alpha}_1,\boldsymbol{\alpha}_2,\boldsymbol{\alpha}_3$ 是线性相关的。

证明 因为

$$1 \cdot \mathbf{0}+0 \cdot \boldsymbol{\alpha}_1+0 \cdot \boldsymbol{\alpha}_2+0 \cdot \boldsymbol{\alpha}_3=\mathbf{0}$$

其中系数 1,0,0,0 不全为零，所以 $\mathbf{0},\boldsymbol{\alpha}_1,\boldsymbol{\alpha}_2,\boldsymbol{\alpha}_3$ 是线性相关的。

例 3-13 求证 $\boldsymbol{e}_1=(1,0,0)$，$\boldsymbol{e}_2=(0,1,0)$，$\boldsymbol{e}_3=(0,0,1)$ 是线性无关的。

证明 设有数 k_1,k_2,k_3，使 $k_1\boldsymbol{e}_1+k_2\boldsymbol{e}_2+k_3\boldsymbol{e}_3=\mathbf{0}$，即

$$k_1\begin{pmatrix}1\\0\\0\end{pmatrix}+k_2\begin{pmatrix}0\\1\\0\end{pmatrix}+k_3\begin{pmatrix}0\\0\\1\end{pmatrix}=\begin{pmatrix}0\\0\\0\end{pmatrix}$$

解上式得惟一组解 $k_1=0,k_2=0,k_3=0$，所以 $\boldsymbol{e}_1,\boldsymbol{e}_2,\boldsymbol{e}_3$ 是线性无关的。

关于向量组的线性相关性，有以下基本结论。

(1) n 维向量组 $\boldsymbol{e}_1$，$\boldsymbol{e}_2$，…，$\boldsymbol{e}_n$ 线性无关。

(2) 一个向量当且仅当它是零向量时线性相关，否则线性无关。

(3) 两个 n 维向量当且仅当它们的对应分量成比例时线性相关，否则线性无关。

(4) 含有零向量的向量组必定线性相关；线性无关向量组必定不含零向量。

(5) 若一个向量组的部分向量组成的向量组线性相关，则整个向量组线性相关；一个向量组线性无关，则它的任何部分向量组成的向量组线性无关。

(6) 若一个 n 维向量组线性相关，则减少若干分量得到的向量组线性相关；若一个 n 维向量组线性无关，则增加若干分量得到的向量组线性无关。

(7) 设 $\boldsymbol{\alpha}_1,\boldsymbol{\alpha}_2,\cdots,\boldsymbol{\alpha}_m$ 为 n 维向量，则当 $m>n$ 时，$\boldsymbol{\alpha}_1,\boldsymbol{\alpha}_2,\cdots,\boldsymbol{\alpha}_m$ 必定线性相关。

上述各个结论，有的可以由定义 3-5 直接推得，有的已经在上面的例题中得到验证。

向量组的线性相关性与该向量组的某个向量能否由该向量组的其余向量线性表示有密切关系。这就是下面的定理 3-7。

定理 3-7 向量 $\boldsymbol{\alpha}_1,\boldsymbol{\alpha}_2,\cdots,\boldsymbol{\alpha}_m(m\geqslant 2)$ 线性相关的充分必要条件是其中至少有一个向量可由其余的向量线性表示。

证明 必要性

设 $\boldsymbol{\alpha}_1,\boldsymbol{\alpha}_2,\cdots,\boldsymbol{\alpha}_m$ 线性相关，则一定存在一组不全为零的数 $k_1,k_2,\cdots,k_m$，使得

$$k_1\boldsymbol{\alpha}_1+k_2\boldsymbol{\alpha}_2+\cdots+k_m\boldsymbol{\alpha}_m=\mathbf{0}$$

不失一般性，设 $k_m\neq 0$，则由上式得

$$\boldsymbol{\alpha}_m=-\frac{k_1}{k_m}\boldsymbol{\alpha}_1-\frac{k_2}{k_m}\boldsymbol{\alpha}_2-\cdots-\frac{k_{m-1}}{k_m}\boldsymbol{\alpha}_{m-1}$$

即 $\boldsymbol{\alpha}_m$ 可 $\boldsymbol{\alpha}_1,\boldsymbol{\alpha}_2,\cdots,\boldsymbol{\alpha}_{m-1}$ 由线性表示。

充分性 不失一般性，设 $\boldsymbol{\alpha}_m$ 可 $\boldsymbol{\alpha}_1,\boldsymbol{\alpha}_2,\cdots,\boldsymbol{\alpha}_{m-1}$ 由线性表示，即存在 $m-1$ 个数 $l_1,l_2,\cdots,l_{m-1}$，使得

$$\boldsymbol{\alpha}_m=l_1\boldsymbol{\alpha}_1+l_2\boldsymbol{\alpha}_2+\cdots+l_{m-1}\boldsymbol{\alpha}_{m-1}$$

即

$$l_1\boldsymbol{\alpha}_1+l_2\boldsymbol{\alpha}_2+\cdots+l_{m-1}\boldsymbol{\alpha}_{m-1}+(-1)\boldsymbol{\alpha}_m=\mathbf{0}$$

显然，$l_1,l_2,\cdots,l_{m-1},-1$ 不全为零。因此，$\boldsymbol{\alpha}_1,\boldsymbol{\alpha}_2,\cdots,\boldsymbol{\alpha}_m$ 线性相关。证毕

推论 向量 $\boldsymbol{\alpha}_1,\boldsymbol{\alpha}_2,\cdots,\boldsymbol{\alpha}_m(m\geqslant 2)$ 线性无关的充分必要条件是其中没有一个向量可由其余的向量线性表示。

例 3-14 已知向量 $\boldsymbol{\alpha}_1,\boldsymbol{\alpha}_2,\cdots,\boldsymbol{\alpha}_m$ 线性无关，向量 $\boldsymbol{\alpha}_1,\boldsymbol{\alpha}_2,\cdots,\boldsymbol{\alpha}_m,\boldsymbol{\beta}$ 线性相关。证明向量 $\boldsymbol{\beta}$ 可由向量 $\boldsymbol{\alpha}_1,\boldsymbol{\alpha}_2,\cdots,\boldsymbol{\alpha}_m$ 线性表示，且表示系数是惟一的。

证明　由于 $\boldsymbol{\alpha}_1,\boldsymbol{\alpha}_2,\cdots,\boldsymbol{\alpha}_m,\boldsymbol{\beta}$ 线性相关，因而存在 $m+1$ 个不全为零的数 $c_1,c_2,\cdots,c_m,c_0$,使得

$$c_1\boldsymbol{\alpha}_1+c_2\boldsymbol{\alpha}_2+\cdots+c_m\boldsymbol{\alpha}_m+c_0\boldsymbol{\beta}=\mathbf{0} \tag{a}$$

下面用反证法证明必定 $c_0\neq0$。假设 $c_0=0$，则式(a) 变为

$$c_1\boldsymbol{\alpha}_1+c_2\boldsymbol{\alpha}_2+\cdots+c_m\boldsymbol{\alpha}_m=\mathbf{0} \tag{b}$$

而 $\boldsymbol{\alpha}_1,\boldsymbol{\alpha}_2,\cdots,\boldsymbol{\alpha}_m$ 是线性无关的，即只有当 $c_1=c_2=\cdots=c_m=0$ 时，式(b) 才能成立。这与 $c_1,c_2,\cdots,c_m,c_0$ 不全为零矛盾。因此，前面的假设是不成立的。所以必定 $c_0\neq0$。

这样，由式(a) 可得

$$\boldsymbol{\beta}=-\frac{c_1}{c_0}\boldsymbol{\alpha}_1-\frac{c_2}{c_0}\boldsymbol{\alpha}_2-\cdots-\frac{c_m}{c_0}\boldsymbol{\alpha}_m \tag{c}$$

这就证明了 $\boldsymbol{\beta}$ 可由向量 $\boldsymbol{\alpha}_1,\boldsymbol{\alpha}_2,\cdots,\boldsymbol{\alpha}_m$ 线性表示。

再用反证法证明式(c) 的表示系数是惟一的。假设

$$\boldsymbol{\beta}=k_1\boldsymbol{\alpha}_1+k_2\boldsymbol{\alpha}_2+\cdots+k_m\boldsymbol{\alpha}_m,$$
$$\boldsymbol{\beta}=l_1\boldsymbol{\alpha}_1+l_2\boldsymbol{\alpha}_2+\cdots+l_m\boldsymbol{\alpha}_m$$

将以上两式相减得

$$(k_1-l_1)\boldsymbol{\alpha}_1+(k_2-l_2)\boldsymbol{\alpha}_2+\cdots+(k_m-l_m)\boldsymbol{\alpha}_m=\mathbf{0} \tag{d}$$

由于 $\boldsymbol{\alpha}_1,\boldsymbol{\alpha}_2,\cdots,\boldsymbol{\alpha}_m$ 线性无关，故要使式(d) 成立必定

$$k_1-l_1=k_2-l_2=\cdots=k_m-l_m=0$$

即 $k_1=l_1,k_2=l_2,\cdots,k_m=l_m$。这就证明了表示系数是惟一的。

例 3-15　已知向量 $\boldsymbol{\alpha}_1,\boldsymbol{\alpha}_2,\boldsymbol{\alpha}_3,\boldsymbol{\alpha}_4$ 线性无关，向量 $\boldsymbol{\beta}_1=\boldsymbol{\alpha}_1+2\boldsymbol{\alpha}_2+3\boldsymbol{\alpha}_3,\boldsymbol{\beta}_2=\boldsymbol{\alpha}_2+2\boldsymbol{\alpha}_3+3\boldsymbol{\alpha}_4,\boldsymbol{\beta}_3=\boldsymbol{\alpha}_3+2\boldsymbol{\alpha}_4+3\boldsymbol{\alpha}_1$。证明向量 $\boldsymbol{\beta}_1,\boldsymbol{\beta}_2,\boldsymbol{\beta}_3$ 也线性无关。

证明　设有 3 个数 k_1，k_2，k_3，使得

$$k_1\boldsymbol{\beta}_1+k_2\boldsymbol{\beta}_2+k_3\boldsymbol{\beta}_3=\mathbf{0} \tag{a}$$

将 $\boldsymbol{\beta}_1=\boldsymbol{\alpha}_1+2\boldsymbol{\alpha}_2+3\boldsymbol{\alpha}_3$，$\boldsymbol{\beta}_2=\boldsymbol{\alpha}_2+2\boldsymbol{\alpha}_3+3\boldsymbol{\alpha}_4$，$\boldsymbol{\beta}_3=\boldsymbol{\alpha}_3+2\boldsymbol{\alpha}_4+3\boldsymbol{\alpha}_1$ 代入上式，得

$$k_1(\boldsymbol{\alpha}_1+2\boldsymbol{\alpha}_2+3\boldsymbol{\alpha}_3)+k_2(\boldsymbol{\alpha}_2+2\boldsymbol{\alpha}_3+3\boldsymbol{\alpha}_4)+k_3(\boldsymbol{\alpha}_3+2\boldsymbol{\alpha}_4+3\boldsymbol{\alpha}_1)=\mathbf{0}$$

整理得

$$(k_1+3k_3)\boldsymbol{\alpha}_1+(2k_1+k_2)\boldsymbol{\alpha}_2+(3k_1+2k_2+k_3)\boldsymbol{\alpha}_3+(3k_2+2k_3)\boldsymbol{\alpha}_4=\mathbf{0}$$

由于 $\boldsymbol{\alpha}_1,\boldsymbol{\alpha}_2,\boldsymbol{\alpha}_3,\boldsymbol{\alpha}_4$ 线性无关，要使上式成立，k_1,k_2,k_3 必须满足

$$\begin{cases} k_1 \qquad\quad +3k_3=0 \\ 2k_1+k_2 \qquad\quad =0 \\ 3k_1+2k_2+k_3=0 \\ 3k_2+2k_3 \qquad =0 \end{cases} \tag{b}$$

方程组 (b) 是以 k_1,k_2,k_3 为未知量的齐次线性方程组。将其系数矩阵进行初等行变换：

$$\boldsymbol{A}=\begin{pmatrix} 1 & 0 & 3 \\ 2 & 1 & 0 \\ 3 & 2 & 1 \\ 0 & 3 & 2 \end{pmatrix} \xrightarrow{\text{经初等行变换}} \begin{pmatrix} 1 & 0 & 3 \\ 0 & 1 & -6 \\ 0 & 0 & 1 \\ 0 & 0 & 0 \end{pmatrix}$$

因此 $r(\boldsymbol{A})=3$。故方程组 (b) 只有零解，即必定 $k_1=k_2=k_3=0$。再由式(a) 知，向量 $\boldsymbol{\beta}_1,\boldsymbol{\beta}_2,\boldsymbol{\beta}_3$ 线性无关。

3.5 向量组的秩

向量组的秩的概念是建立在向量组的等价和向量组的极大线性无关组的基础上的，因此，需要先介绍这两个概念。

3.5.1 向量组的等价和极大线性无关组

定义 3-6 如果向量组$\boldsymbol{\alpha}_1,\boldsymbol{\alpha}_2,\cdots,\boldsymbol{\alpha}_s$中的每个向量都可以由向量组$\boldsymbol{\beta}_1,\boldsymbol{\beta}_2,\cdots,\boldsymbol{\beta}_t$线性表示，则称向量组$\boldsymbol{\alpha}_1,\boldsymbol{\alpha}_2,\cdots,\boldsymbol{\alpha}_s$可由向量组$\boldsymbol{\beta}_1,\boldsymbol{\beta}_2,\cdots,\boldsymbol{\beta}_t$**线性表示**。如果两个向量组可以互相线性表示，则称这两个向量组**等价**。

实例 3-6 向量组$\boldsymbol{\alpha}_1=(1,0,0)$，$\boldsymbol{\alpha}_2=(1,1,0)$，$\boldsymbol{\alpha}_3=(1,1,1)$和向量组$\boldsymbol{e}_1=(1,0,0)$，$\boldsymbol{e}_2=(0,1,0)$，$\boldsymbol{e}_3=(0,0,1)$是等价的。这是因为，$\boldsymbol{\alpha}_1=\boldsymbol{e}_1$，$\boldsymbol{\alpha}_2=\boldsymbol{e}_1+\boldsymbol{e}_2$，$\boldsymbol{\alpha}_3=\boldsymbol{e}_1+\boldsymbol{e}_2+\boldsymbol{e}_3$以及$\boldsymbol{e}_1=\boldsymbol{\alpha}_1$，$\boldsymbol{e}_2=\boldsymbol{\alpha}_2-\boldsymbol{\alpha}_1$，$\boldsymbol{e}_3=\boldsymbol{\alpha}_3-\boldsymbol{\alpha}_2$。

实例 3-7 向量组$\boldsymbol{\beta}_1=(0,0,1)$，$\boldsymbol{\beta}_2=(0,1,0)$，$\boldsymbol{\beta}_3=(0,1,1)$和向量组$\boldsymbol{e}_1=(1,0,0)$，$\boldsymbol{e}_2=(0,1,0)$，$\boldsymbol{e}_3=(0,0,1)$是不等价的。这是因为，虽然$\boldsymbol{\beta}_1=\boldsymbol{e}_3$，$\boldsymbol{\beta}_2=\boldsymbol{e}_2$，$\boldsymbol{\beta}_3=\boldsymbol{e}_2+\boldsymbol{e}_3$，$\boldsymbol{e}_2=\boldsymbol{\beta}_2$，$\boldsymbol{e}_3=\boldsymbol{\beta}_1$；但是，$\boldsymbol{e}_1$不能由$\boldsymbol{\beta}_1$，$\boldsymbol{\beta}_2$，$\boldsymbol{\beta}_3$线性表示。

一般情况下，如何判断两个向量组是否等价呢？这需要向量组的极大线性无关组的概念。

前面已经介绍过，$\boldsymbol{\beta}_1=(0,0,1)$，$\boldsymbol{\beta}_2=(0,1,0)$，$\boldsymbol{\beta}_3=(0,1,1)$3个向量是线性相关的。但是，容易验证：去掉其中任意一个向量，剩余的两个向量都线性无关。

这就引出了这样一个普遍性的问题：对于任意一个向量组$S=\{\boldsymbol{\alpha}_1,\boldsymbol{\alpha}_2,\cdots,\boldsymbol{\alpha}_m\}$，是否存在这样一个由它的部分向量组成的向量组$T=\{\boldsymbol{\alpha}_{i_1},\boldsymbol{\alpha}_{i_2},\cdots,\boldsymbol{\alpha}_{i_r}\}(r\leqslant m)$，向量组$T$线性无关，但再添加$S$中任意一个其他的向量就线性相关了呢？答案是肯定的，这就是下面定义3-7介绍的极大线性无关组的概念。

定义 3-7 设$\boldsymbol{\alpha}_1,\boldsymbol{\alpha}_2,\cdots,\boldsymbol{\alpha}_m$是一组$n$维向量组，若其中$r$个向量（为便于叙述，不妨设为$\boldsymbol{\alpha}_1,\boldsymbol{\alpha}_2,\cdots,\boldsymbol{\alpha}_r$）满足

(1) $\boldsymbol{\alpha}_1,\boldsymbol{\alpha}_2,\cdots,\boldsymbol{\alpha}_r$线性无关；

(2) $\boldsymbol{\alpha}_1,\boldsymbol{\alpha}_2,\cdots,\boldsymbol{\alpha}_m$中的任意一个向量都可以由$\boldsymbol{\alpha}_1,\boldsymbol{\alpha}_2,\cdots,\boldsymbol{\alpha}_r$线性表示。

则称$\boldsymbol{\alpha}_1,\boldsymbol{\alpha}_2,\cdots,\boldsymbol{\alpha}_r$是向量组$\boldsymbol{\alpha}_1,\boldsymbol{\alpha}_2,\cdots,\boldsymbol{\alpha}_m$的一个**极大线性无关组**，简称**极大无关组**。

由定义3-7可得以下结论：

(1) 当向量组只含有一个零向量时，该向量组没有极大无关组；

(2) 如果一个向量组线性无关，则它的极大无关组就是它自身；

(3) 一个含有非零向量的线性相关的向量组一定存在极大无关组，并且该向量组的极大无关组可能有多个。

例如，对于由$\boldsymbol{\beta}_1=(0,0,1)$，$\boldsymbol{\beta}_2=(0,1,0)$，$\boldsymbol{\beta}_3=(0,1,1)$组成的向量组，$\boldsymbol{\beta}_1$、$\boldsymbol{\beta}_2$和$\boldsymbol{\beta}_1$、$\boldsymbol{\beta}_3$和$\boldsymbol{\beta}_2$、$\boldsymbol{\beta}_3$都是它的极大无关组。

既然一个向量组的极大无关组可能有多个，那么向量组的极大无关组所含向量的个数是否相同呢？下面的定理3-8及其推论是回答这个问题的预备知识。

定理 3-8 设向量组$\boldsymbol{\alpha}_1,\boldsymbol{\alpha}_2,\cdots,\boldsymbol{\alpha}_s$的每个向量都可由向量组$\boldsymbol{\beta}_1,\boldsymbol{\beta}_2,\cdots,\boldsymbol{\beta}_t$线性表示，且$t<s$，则向量$\boldsymbol{\alpha}_1,\boldsymbol{\alpha}_2,\cdots,\boldsymbol{\alpha}_s$线性相关。

证明　设有常数 $k_1,k_2,\cdots,k_s$，使得

$$k_1\boldsymbol{\alpha}_1+k_2\boldsymbol{\alpha}_2+\cdots+k_s\boldsymbol{\alpha}_s=\mathbf{0} \tag{a}$$

由于 $\boldsymbol{\alpha}_i(i=1,2,\cdots,s)$可由向量组 $\boldsymbol{\beta}_1,\boldsymbol{\beta}_2,\cdots,\boldsymbol{\beta}_t$线性表示，即有

$$\boldsymbol{\alpha}_i=a_{1i}\boldsymbol{\beta}_1+a_{2i}\boldsymbol{\beta}_2+\cdots+a_{ti}\boldsymbol{\beta}_t \quad (i=1,2,\cdots,s)$$

把上式代入式(a)，得

$$\begin{aligned}(a_{11}k_1+a_{12}k_2+\cdots+a_{1s}k_s)\boldsymbol{\beta}_1+(a_{21}k_1+a_{22}k_2+\cdots+a_{2s}k_s)\boldsymbol{\beta}_2+\cdots\\+(a_{t1}k_1+a_{t2}k_2+\cdots+a_{ts}k_s)\boldsymbol{\beta}_t=\mathbf{0}\end{aligned} \tag{b}$$

令

$$\begin{cases}a_{11}k_1+a_{12}k_2+\cdots+a_{1s}k_s=0\\a_{21}k_1+a_{22}k_2+\cdots+a_{2s}k_s=0\\\cdots\cdots\cdots\cdots\cdots\cdots\cdots\cdots\\a_{t1}k_1+a_{t2}k_2+\cdots+a_{ts}k_s=0\end{cases}$$

$t<s$ 表明这个齐次线性方程组方程的个数小于未知量的个数，故它必定有非零解，即存在不全为零的常数 $k_1,k_2,\cdots,k_s$，使得式(b) 成立，从而也使得式(a) 成立。所以，向量 $\boldsymbol{\alpha}_1,\boldsymbol{\alpha}_2,\cdots,\boldsymbol{\alpha}_s$线性相关。

推论 1　若向量组 $\boldsymbol{\alpha}_1,\boldsymbol{\alpha}_2,\cdots,\boldsymbol{\alpha}_s$的每个向量都可由向量组 $\boldsymbol{\beta}_1,\boldsymbol{\beta}_2,\cdots,\boldsymbol{\beta}_t$线性表示，且向量 $\boldsymbol{\alpha}_1,\boldsymbol{\alpha}_2,\cdots,\boldsymbol{\alpha}_s$线性无关，则 $t\geqslant s$。

推论 2　任意 $n+1$ 个 n 维向量 $\boldsymbol{\alpha}_1,\boldsymbol{\alpha}_2,\cdots,\boldsymbol{\alpha}_{n+1}$线性相关。

这是因为向量组 $\boldsymbol{\alpha}_1,\boldsymbol{\alpha}_2,\cdots,\boldsymbol{\alpha}_{n+1}$中的每一个向量都可以由向量组 $\boldsymbol{e}_1,\boldsymbol{e}_2,\cdots,\boldsymbol{e}_n$ 线性表示，而 $n+1>n$，所以由定理 3-8 知，向量 $\boldsymbol{\alpha}_1,\boldsymbol{\alpha}_2,\cdots,\boldsymbol{\alpha}_{n+1}$线性相关。

定理 3-9　向量组的任意两个极大无关组都是等价的，并且它们所含向量的个数相同。

证明　设向量组为 $\boldsymbol{\alpha}_1,\boldsymbol{\alpha}_2,\cdots,\boldsymbol{\alpha}_m$，它的两个极大无关组分别是 $\boldsymbol{\alpha}_{i_1},\boldsymbol{\alpha}_{i_2},\cdots,\boldsymbol{\alpha}_{i_s}$和 $\boldsymbol{\alpha}_{j_1},\boldsymbol{\alpha}_{j_2},\cdots,\boldsymbol{\alpha}_{j_t}$。由定义 3-7 知，向量组 $\boldsymbol{\alpha}_1,\boldsymbol{\alpha}_2,\cdots,\boldsymbol{\alpha}_m$中的每个向量，包括 $\boldsymbol{\alpha}_{i_1},\boldsymbol{\alpha}_{i_2},\cdots,\boldsymbol{\alpha}_{i_s}$都可由 $\boldsymbol{\alpha}_{j_1},\boldsymbol{\alpha}_{j_2},\cdots,\boldsymbol{\alpha}_{j_t}$线性表示。又因为 $\boldsymbol{\alpha}_{i_1},\boldsymbol{\alpha}_{i_2},\cdots,\boldsymbol{\alpha}_{i_s}$线性无关，由定理 3-8 的推论 1 知 $t\geqslant s$。同理可得 $s\geqslant t$。于是 $t=s$。

既然 $\boldsymbol{\alpha}_{j_1},\boldsymbol{\alpha}_{j_2},\cdots,\boldsymbol{\alpha}_{j_t}$和 $\boldsymbol{\alpha}_{i_1},\boldsymbol{\alpha}_{i_2},\cdots,\boldsymbol{\alpha}_{i_s}$可以相互线性表示，所以它们等价。　　证毕

3.5.2　向量组的秩以及它与矩阵的秩的关系

由 3.5.1 小节知，任意一个向量组的极大无关组可能不惟一，但是极大无关组中所含向量的个数总是相同的。这就是下面定义 3-8 介绍向量组秩的概念。

定义 3-8　向量组 $S=\{\boldsymbol{\alpha}_1,\boldsymbol{\alpha}_2,\cdots,\boldsymbol{\alpha}_m\}$的极大无关组中所含向量的个数称为这个向量组的**秩**，记作 $r(S)$ 或 $r(\boldsymbol{\alpha}_1,\boldsymbol{\alpha}_2,\cdots,\boldsymbol{\alpha}_m)$。

由前面的介绍知，向量组 $\boldsymbol{\beta}_1=(0,0,1)$，$\boldsymbol{\beta}_2=(0,1,0)$，$\boldsymbol{\beta}_3=(0,1,1)$中任意两个向量都是它的极大无关组，所以这个向量组的秩是 2。向量组 $\boldsymbol{\alpha}_1=(1,0,0)$，$\boldsymbol{\alpha}_2=(1,1,0)$，$\boldsymbol{\alpha}_3=(1,1,1)$的秩是 3，因为这 3 个向量线性无关。

定理 3-10　若向量组 $\boldsymbol{\alpha}_1,\boldsymbol{\alpha}_2,\cdots,\boldsymbol{\alpha}_m$ 中的每个向量都可由向量组 $\boldsymbol{\beta}_1,\boldsymbol{\beta}_2,\cdots,\boldsymbol{\beta}_n$ 线性表示，则

$$r(\boldsymbol{\alpha}_1,\boldsymbol{\alpha}_2,\cdots,\boldsymbol{\alpha}_m)\leqslant r(\boldsymbol{\beta}_1,\boldsymbol{\beta}_2,\cdots,\boldsymbol{\beta}_n)$$

证明　设 $\boldsymbol{\alpha}_1,\boldsymbol{\alpha}_2,\cdots,\boldsymbol{\alpha}_m$的秩为 s，它的一个极大无关组为 $\boldsymbol{\alpha}_{i_1},\boldsymbol{\alpha}_{i_2},\cdots,\boldsymbol{\alpha}_{i_s}$；$\boldsymbol{\beta}_1,\boldsymbol{\beta}_2,\cdots,\boldsymbol{\beta}_n$的秩为 t，它的一个极大无关组为 $\boldsymbol{\beta}_{j_1}$，$\boldsymbol{\beta}_{j_2},\cdots,\boldsymbol{\beta}_{j_t}$。

由于 $\boldsymbol{\alpha}_1,\boldsymbol{\alpha}_2,\cdots,\boldsymbol{\alpha}_m$ 中的每个向量都可由向量组 $\boldsymbol{\beta}_1,\boldsymbol{\beta}_2,\cdots,\boldsymbol{\beta}_n$ 线性表示，从而 $\boldsymbol{\alpha}_{i_1},\boldsymbol{\alpha}_{i_2},\cdots,\boldsymbol{\alpha}_{i_s}$ 中的每个向量都可由向量组 $\boldsymbol{\beta}_1,\boldsymbol{\beta}_2,\cdots,\boldsymbol{\beta}_n$ 线性表示。

又因为 $\boldsymbol{\beta}_1,\boldsymbol{\beta}_2,\cdots,\boldsymbol{\beta}_n$ 中的每个向量都可由向量组 $\boldsymbol{\beta}_{j_1},\boldsymbol{\beta}_{j_2},\cdots,\boldsymbol{\beta}_{j_t}$ 线性表示，由定理 3-6 知，$\boldsymbol{\alpha}_1,\boldsymbol{\alpha}_2,\cdots,\boldsymbol{\alpha}_m$ 中的每个向量都可由向量组 $\boldsymbol{\beta}_{j_1},\boldsymbol{\beta}_{j_2},\cdots,\boldsymbol{\beta}_{j_t}$ 线性表示。

注意到 $\boldsymbol{\alpha}_{i_1},\boldsymbol{\alpha}_{i_2},\cdots,\boldsymbol{\alpha}_{i_s}$ 线性无关，根据定理 3-8 的推论 1 就得到 $s\leqslant t$，即

$$r(\boldsymbol{\alpha}_1,\boldsymbol{\alpha}_2,\cdots,\boldsymbol{\alpha}_m)\leqslant r(\boldsymbol{\beta}_1,\boldsymbol{\beta}_2,\cdots,\boldsymbol{\beta}_n)$$

证毕

推论 等价的向量组具有相同的秩。

定理 3-11 设 n 个 m 维向量为

$$\boldsymbol{\alpha}_j=(a_{1j},a_{2j},\cdots,a_{mj})^{\mathrm{T}}(j=1,2,\cdots,n)$$

则它们线性无关的充分必要条件是以它们为列向量的矩阵 $\boldsymbol{A}=(a_{ij})_{m\times n}$ 的秩等于 n。

证明 设有常数 $k_1,k_2,\cdots,k_n$，使得

$$k_1\boldsymbol{\alpha}_1+k_2\boldsymbol{\alpha}_2+\cdots+k_n\boldsymbol{\alpha}_n=\mathbf{0}$$

即

$$\begin{cases}a_{11}k_1+a_{12}k_2+\cdots+a_{1n}k_n=0\\a_{21}k_1+a_{22}k_2+\cdots+a_{2n}k_n=0\\\cdots\cdots\cdots\cdots\cdots\cdots\cdots\cdots\\a_{m1}k_1+a_{m2}k_2+\cdots+a_{mn}k_n=0\end{cases}\tag{a}$$

显然，$\boldsymbol{\alpha}_1,\boldsymbol{\alpha}_2,\cdots,\boldsymbol{\alpha}_n$ 线性无关的充分必要条件是齐次线性方程组（a）仅有零解。根据定理 3-4，方程组（a）仅有零解的充分必要条件是它的矩阵 $\boldsymbol{A}=(a_{ij})_{m\times n}$ 的秩等于 n。命题得证。

由于矩阵可以看成由行向量组组成，一个向量组可以看成某个矩阵的行向量，因此，向量组的秩与矩阵的秩有必然的联系，这由下面的定理 3-12 说明。

定理 3-12 设 $\boldsymbol{A}=(a_{ij})_{m\times n}$ 的列向量依次为 $\boldsymbol{\alpha}_1,\boldsymbol{\alpha}_2,\cdots,\boldsymbol{\alpha}_n$，则

$$r(\boldsymbol{\alpha}_1,\boldsymbol{\alpha}_2,\cdots,\boldsymbol{\alpha}_n)=r(\boldsymbol{A})$$

证明 设 $r(\boldsymbol{\alpha}_1,\boldsymbol{\alpha}_2,\cdots,\boldsymbol{\alpha}_n)=s$，$r(\boldsymbol{A})=t$，则 $\boldsymbol{A}$ 中至少有一个 t 阶子式不为零，从而由这个 t 阶子式所在的 t 个列向量组成的矩阵的秩为 t。由定理 3-11 知，这 t 个列向量线性无关，因此

$$r(\boldsymbol{\alpha}_1,\boldsymbol{\alpha}_2,\cdots,\boldsymbol{\alpha}_n)=s\geqslant t\tag{a}$$

又因为 $\boldsymbol{\alpha}_1,\boldsymbol{\alpha}_2,\cdots,\boldsymbol{\alpha}_n$ 的极大无关组包含 s 个向量，为方便表达，不妨设 $\boldsymbol{\alpha}_1,\boldsymbol{\alpha}_2,\cdots,\boldsymbol{\alpha}_s$ 就是 $\boldsymbol{\alpha}_1,\boldsymbol{\alpha}_2,\cdots,\boldsymbol{\alpha}_n$ 的一个极大无关组。还是由定理 3-11 知，矩阵

$$\begin{pmatrix}a_{11}&a_{12}&\cdots&a_{1s}\\a_{21}&a_{22}&\cdots&a_{2s}\\\vdots&\vdots&&\vdots\\a_{m1}&a_{m2}&\cdots&a_{ms}\end{pmatrix}$$

的秩为 s，它有一个 s 阶子式不为零。由于这个 s 阶子式也是 $\boldsymbol{A}$ 的一个 s 阶子式，因此

$$r(\boldsymbol{A})=t\geqslant s\tag{b}$$

由式(a) 和式(b) 得

$$r(\boldsymbol{\alpha}_1,\boldsymbol{\alpha}_2,\cdots,\boldsymbol{\alpha}_n)=r(\boldsymbol{A})$$

证毕

因为把矩阵转置就可以将矩阵的行向量变为列向量。所以有如下结论：

矩阵的秩等于它的行向量的秩，也等于它的列向量的秩。

根据前面介绍的矩阵的秩与向量组的秩的关系，可以通过求矩阵的秩求向量组的秩。

例 3-16　求向量组 $\boldsymbol{\alpha}_1=(1,-1,2,4)^T$，$\boldsymbol{\alpha}_2=(0,3,1,2)^T$，$\boldsymbol{\alpha}_3=(3,0,7,14)^T$，$\boldsymbol{\alpha}_4=(2,1,5,6)^T$，$\boldsymbol{\alpha}_5=(1,-1,2,0)^T$的秩，并指出该向量组的一个极大无关组。

解　对以 $\boldsymbol{\alpha}_1,\boldsymbol{\alpha}_2,\boldsymbol{\alpha}_3,\boldsymbol{\alpha}_4,\boldsymbol{\alpha}_5$ 为列向量的矩阵 $\boldsymbol{A}$ 进行初等行变换，将其化为阶梯形矩阵

$$A=\begin{pmatrix}1&0&3&2&1\\-1&3&0&1&-1\\2&1&7&5&2\\4&2&14&6&0\end{pmatrix}\xrightarrow{r_2+r_1,r_3-2r_1,r_4-4r_1}\begin{pmatrix}1&0&3&2&1\\0&3&3&3&0\\0&1&1&1&0\\0&2&2&-2&-4\end{pmatrix}$$

$$\xrightarrow{r_2-3r_3,r_4-2r_3}\begin{pmatrix}1&0&3&2&1\\0&0&0&0&0\\0&1&1&1&0\\0&0&0&-4&-4\end{pmatrix}\xrightarrow{r_2\leftrightarrow r_3,r_3\leftrightarrow r_4,-\frac{1}{4}r}\begin{pmatrix}1&0&3&2&1\\0&1&1&1&0\\0&0&0&1&1\\0&0&0&0&0\end{pmatrix}$$

由上面最后得到的阶梯形矩阵知 $r(\boldsymbol{A})=3$，从而 $r(\boldsymbol{\alpha}_1,\boldsymbol{\alpha}_2,\boldsymbol{\alpha}_3,\boldsymbol{\alpha}_4,\boldsymbol{\alpha}_5)=3$。显然，阶梯形矩阵的非零行第一个非零元素所对应的列向量 $\boldsymbol{\alpha}_1,\boldsymbol{\alpha}_2,\boldsymbol{\alpha}_4$ 线性无关。所以 $\boldsymbol{\alpha}_1,\boldsymbol{\alpha}_2,\boldsymbol{\alpha}_4$ 是它的一个极大无关组。

例 3-17　设 $\boldsymbol{A}$、$\boldsymbol{B}$ 均为 $m\times n$ 矩阵，证明

$$r(\boldsymbol{A}+\boldsymbol{B})\leqslant r(\boldsymbol{A})+r(\boldsymbol{B})$$

证明　设 $\boldsymbol{A}$ 的列向量依次为 $\boldsymbol{\alpha}_1,\boldsymbol{\alpha}_2,\cdots,\boldsymbol{\alpha}_n$，它的一个极大无关组为 $\boldsymbol{\alpha}_{i_1},\boldsymbol{\alpha}_{i_2},\cdots,\boldsymbol{\alpha}_{i_s}$，$\boldsymbol{B}$ 的列向量依次为 $\boldsymbol{\beta}_1,\boldsymbol{\beta}_2,\cdots,\boldsymbol{\beta}_n$，它的一个极大无关组为 $\boldsymbol{\beta}_{j_1},\boldsymbol{\beta}_{j_2},\cdots,\boldsymbol{\beta}_{j_t}$；那么

由于 $\boldsymbol{\alpha}_1,\boldsymbol{\alpha}_2,\cdots,\boldsymbol{\alpha}_n$ 中的每个向量都可由向量组 $\boldsymbol{\alpha}_{i_1},\boldsymbol{\alpha}_{i_2},\cdots,\boldsymbol{\alpha}_{i_s}$ 线性表示，$\boldsymbol{\beta}_1,\boldsymbol{\beta}_2,\cdots,\boldsymbol{\beta}_n$ 中的每个向量都可由向量组 $\boldsymbol{\beta}_{j_1},\boldsymbol{\beta}_{j_2},\cdots,\boldsymbol{\beta}_{j_t}$ 线性表示，从而 $\boldsymbol{\alpha}_1+\boldsymbol{\beta}_1,\boldsymbol{\alpha}_2+\boldsymbol{\beta}_2,\cdots,\boldsymbol{\alpha}_n+\boldsymbol{\beta}_n$ 中的每个向量都可由向量组 $\boldsymbol{\alpha}_{i_1},\boldsymbol{\alpha}_{i_2},\cdots,\boldsymbol{\alpha}_{i_s},\boldsymbol{\beta}_{j_1},\boldsymbol{\beta}_{j_2},\cdots,\boldsymbol{\beta}_{j_t}$ 线性表示。由定理 3-10 知

$$r(\boldsymbol{A}+\boldsymbol{B})=r(\boldsymbol{\alpha}_1+\boldsymbol{\beta}_1,\boldsymbol{\alpha}_2+\boldsymbol{\beta}_2,\cdots,\boldsymbol{\alpha}_n+\boldsymbol{\beta}_n)\leqslant r(\boldsymbol{\alpha}_{i_1},\boldsymbol{\alpha}_{i_2},\cdots,\boldsymbol{\alpha}_{i_s},\boldsymbol{\beta}_{j_1},\boldsymbol{\beta}_{j_2},\cdots,\boldsymbol{\beta}_{j_t})\qquad(a)$$

显然

$$r(\boldsymbol{\alpha}_{i_1},\boldsymbol{\alpha}_{i_2},\cdots,\boldsymbol{\alpha}_{i_s},\boldsymbol{\beta}_{j_1},\boldsymbol{\beta}_{j_2},\cdots,\boldsymbol{\beta}_{j_t})\leqslant s+t=r(\boldsymbol{A})+r(\boldsymbol{B})\qquad(b)$$

由式(a) 和式(b) 得

$$r(\boldsymbol{A}+\boldsymbol{B})\leqslant r(\boldsymbol{A})+r(\boldsymbol{B})$$

证毕

3.6　线性方程组解的结构

有了向量的知识，就可以全面讨论线性方程组解的性质和结构了。

3.6.1　齐次线性方程组解的结构

对于齐次线性方程组 $\boldsymbol{AX}=\boldsymbol{O}$（即方程组（3-4）），可以把它的解 $x_1=a_1$，$x_2=a_2$，…，$x_n=a_n$ 写成

$$\boldsymbol{X}_0=(a_1,a_2,\cdots,a_n)^T$$

这里，$\boldsymbol{X}_0$ 是一个 n 维向量，称为方程组 $\boldsymbol{AX}=\boldsymbol{O}$ 的**解向量**。

为了探讨齐次线性方程组解的结构，有必要先介绍齐次线性方程组解的性质。

定理 3-13　齐次线性方程组 $\boldsymbol{AX}=\boldsymbol{O}$ 的解有如下性质：

(1) 若 $\boldsymbol{X}_1$ 和 $\boldsymbol{X}_2$ 是齐次线性方程组 $\boldsymbol{AX}=\boldsymbol{O}$ 的解，则 $\boldsymbol{X}_1+\boldsymbol{X}_2$ 也是它的解；

(2) 若 $\boldsymbol{X}_0$ 是齐次线性方程组 $\boldsymbol{AX}=\boldsymbol{O}$ 的解，则对于任意实数 k，$k\boldsymbol{X}_0$ 也是它的解。

证明 (1) 由于 $\boldsymbol{X}_1$ 和 $\boldsymbol{X}_2$ 是齐次线性方程组 $\boldsymbol{AX}=\boldsymbol{O}$ 的解，即 $\boldsymbol{AX}_1=\boldsymbol{O}$，$\boldsymbol{AX}_2=\boldsymbol{O}$，从而

$$\boldsymbol{A}(\boldsymbol{X}_1+\boldsymbol{X}_2)=\boldsymbol{AX}_1+\boldsymbol{AX}_2=\boldsymbol{O}+\boldsymbol{O}=\boldsymbol{O}$$

所以，$\boldsymbol{X}_1+\boldsymbol{X}_2$ 也是 $\boldsymbol{AX}=\boldsymbol{O}$ 的解。

(2) 由于 $\boldsymbol{AX}_0=\boldsymbol{O}$，从而

$$\boldsymbol{A}(k\boldsymbol{X}_0)=k\boldsymbol{AX}_0=k\boldsymbol{O}=\boldsymbol{O}$$

所以，$k\boldsymbol{X}_0$ 也是 $\boldsymbol{AX}=\boldsymbol{O}$ 的解。

推论 若 $\boldsymbol{X}_1,\boldsymbol{X}_2,\cdots,\boldsymbol{X}_s$ 是齐次线性方程组 $\boldsymbol{AX}=\boldsymbol{O}$ 的解，则 $k_1\boldsymbol{X}_1+k_2\boldsymbol{X}_2+\cdots+k_s\boldsymbol{X}_s$ 也是它的解。

定义 3-9 设 $\boldsymbol{X}_1,\boldsymbol{X}_2,\cdots,\boldsymbol{X}_s$ 是齐次线性方程组 $\boldsymbol{AX}=\boldsymbol{O}$ 的一组解向量，并且

(1) $\boldsymbol{X}_1,\boldsymbol{X}_2,\cdots,\boldsymbol{X}_s$ 线性无关；

(2) 方程组 $\boldsymbol{AX}=\boldsymbol{O}$ 的任意一组解向量都可由 $\boldsymbol{X}_1,\boldsymbol{X}_2,\cdots,\boldsymbol{X}_s$ 线性表示。

则称 $\boldsymbol{X}_1,\boldsymbol{X}_2,\cdots,\boldsymbol{X}_s$ 是方程组 $\boldsymbol{AX}=\boldsymbol{O}$ 的一个**基础解系**。

定理 3-14 若齐次线性方程组 $\boldsymbol{AX}=\boldsymbol{O}$ 中系数矩阵 $\boldsymbol{A}$ 的秩 $r(\boldsymbol{A})=r<n$（未知量的个数），那么方程组 $\boldsymbol{AX}=\boldsymbol{O}$ 有基础解系，且基础解系含有 $n-r$ 个线性无关的解向量。

证明 因为齐次线性方程组 $\boldsymbol{AX}=\boldsymbol{O}$ 中系数矩阵 $\boldsymbol{A}$ 的秩 $r(\boldsymbol{A})=r<n$，所以该方程组一定有非零解。对 $\boldsymbol{A}$ 进行若干次初等行变换将它化成简化的阶梯形矩阵。不失一般性，可设简化的阶梯形矩阵为

$$\begin{pmatrix} 1 & 0 & \cdots & 0 & k_{1,r+1} & \cdots & k_{1,n} \\ 0 & 1 & \cdots & 0 & k_{2,r+1} & \cdots & k_{2,n} \\ \vdots & \vdots & & \vdots & \vdots & & \vdots \\ 0 & 0 & \cdots & 1 & k_{r,r+1} & \cdots & k_{r,n} \\ 0 & 0 & \cdots & 0 & 0 & \cdots & 0 \\ \vdots & \vdots & & \vdots & \vdots & & \vdots \\ 0 & 0 & \cdots & 0 & 0 & \cdots & 0 \end{pmatrix}$$

则方程组 $\boldsymbol{AX}=\boldsymbol{O}$ 与方程组

$$\begin{cases} x_1+k_{1,r+1}x_{r+1}+k_{1,r+2}x_{r+2}+\cdots+k_{1,n}x_n=0 \\ x_2+k_{2,r+1}x_{r+1}+k_{2,r+2}x_{r+2}+\cdots+k_{2,n}x_n=0 \\ \cdots\cdots\cdots\cdots\cdots\cdots\cdots\cdots\cdots\cdots\cdots\cdots \\ x_r+k_{r,r+1}x_{r+1}+k_{r,r+2}x_{r+2}+\cdots+k_{r,n}x_n=0 \end{cases} \tag{a}$$

同解。取 $x_{r+1},x_{r+2},\cdots,x_n$ 为自由未知量，即可得到原方程的一般解：

$$\begin{cases} x_1=-k_{1,r+1}x_{r+1}-k_{1,r+2}x_{r+2}-\cdots-k_{1,n}x_n \\ x_2=-k_{2,r+1}x_{r+1}-k_{2,r+2}x_{r+2}-\cdots-k_{2,n}x_n \\ \cdots\cdots\cdots\cdots\cdots\cdots\cdots\cdots\cdots\cdots\cdots\cdots \\ x_r=-k_{r,r+1}x_{r+1}-k_{r,r+2}x_{r+2}-\cdots-k_{r,n}x_n \end{cases} \tag{b}$$

对 $n-r$ 个自由未知量 $(x_{r+1},x_{r+2},\cdots,x_n)^{\mathrm{T}}$ 分别取

$$\begin{pmatrix}1\\0\\\vdots\\0\end{pmatrix},\begin{pmatrix}0\\1\\\vdots\\0\end{pmatrix},\cdots,\begin{pmatrix}0\\0\\\vdots\\1\end{pmatrix} \tag{c}$$

将式(c) 代入式(b)，可得方程组 $\boldsymbol{AX}=\boldsymbol{O}$ 的 $n-r$ 个解向量：

$$\boldsymbol{X}_1=\begin{pmatrix}-k_{1,r+1}\\-k_{2,r+1}\\\vdots\\-k_{r,r+1}\\1\\0\\\vdots\\0\end{pmatrix},\boldsymbol{X}_2=\begin{pmatrix}-k_{1,r+2}\\-k_{2,r+2}\\\vdots\\-k_{r,r+2}\\0\\1\\\vdots\\0\end{pmatrix},\cdots,\boldsymbol{X}_{n-r}=\begin{pmatrix}-k_{1,n}\\-k_{2,n}\\\vdots\\-k_{r,n}\\0\\0\\\vdots\\1\end{pmatrix} \tag{d}$$

显然，式(c) 给出的 $n-r$ 个解向量线性无关，从而在此基础上增加一些分量得到的 $n-r$个解向量组（d）也线性无关。

下面证明 $\boldsymbol{X}_1,\boldsymbol{X}_2,\cdots,\boldsymbol{X}_{n-r}$就是方程组 $\boldsymbol{AX}=\boldsymbol{O}$ 的一个基础解系。

由于方程组 $\boldsymbol{AX}=\boldsymbol{O}$ 与方程组（a）同解，因而方程组 $\boldsymbol{AX}=\boldsymbol{O}$ 的任意一组解 $\boldsymbol{X}_0=(d_1,d_2,\cdots,d_n)^{\mathrm{T}}$ 一定满足方程组（a）。将 $\boldsymbol{X}_0=(d_1,d_2,\cdots,d_n)^{\mathrm{T}}$ 代入方程组（a）可得

$$\begin{cases}x_1=-k_{1,r+1}d_{r+1}-k_{1,r+2}d_{r+2}-\cdots-k_{1,n}d_n\\x_2=-k_{2,r+1}d_{r+1}-k_{2,r+2}d_{r+2}-\cdots-k_{2,n}d_n\\\cdots\cdots\cdots\cdots\cdots\cdots\cdots\cdots\cdots\cdots\cdots\cdots\\x_r=-k_{r,r+1}d_{r+1}-k_{r,r+2}d_{r+2}-\cdots-k_{r,n}d_n\end{cases}$$

故

$$\boldsymbol{X}_0=\begin{pmatrix}-k_{1,r+1}d_{r+1}-k_{1,r+2}d_{r+2}-\cdots-k_{1,n}d_n\\-k_{2,r+1}d_{r+1}-k_{2,r+2}d_{r+2}-\cdots-k_{2,n}d_n\\\vdots\\-k_{r,r+1}d_{r+1}-k_{r,r+2}d_{r+2}-\cdots-k_{r,n}d_n\\d_{r+1}\\d_{r+2}\\\vdots\\d_n\end{pmatrix}$$

将上式写成如下的向量形式

$$\boldsymbol{X}_0=d_{r+1}\boldsymbol{X}_1+d_{r+2}\boldsymbol{X}_2+\cdots+d_n\boldsymbol{X}_{n-r}$$

即 $\boldsymbol{X}_0$ 可以由 $\boldsymbol{X}_1,\boldsymbol{X}_2,\cdots,\boldsymbol{X}_{n-r}$线性表出。

综上所述，$\boldsymbol{X}_1,\boldsymbol{X}_2,\cdots,\boldsymbol{X}_{n-r}$是齐次线性方程组 $\boldsymbol{AX}=\boldsymbol{O}$ 的一个基础解系，这个基础解系含有 $n-r$ 个线性无关的解向量。齐次线性方程组 $\boldsymbol{AX}=\boldsymbol{O}$ 所有的解可由 $\boldsymbol{X}_1,\boldsymbol{X}_2,\cdots,\boldsymbol{X}_{n-r}$ 线性表示：

$$\boldsymbol{X}_0=k_1\boldsymbol{X}_1+k_2\boldsymbol{X}_2+\cdots+k_{n-r}\boldsymbol{X}_{n-r}$$

其中 $k_1,k_2,\cdots,k_{n-r}$为任意实数。

定理 3-14 说明：只有当方程组 $AX=O$ 有非零解时，该方程组才有基础解系，且基础解系不惟一，但它们所含解向量的个数相同。

如果 $X_1,X_2,\cdots,X_{n-r}$ 是方程组 $AX=O$ 的一个基础解系，则称

$$k_1X_1+k_2X_2+\cdots+k_{n-r}X_{n-r} \tag{3-5}$$

（其中 $k_1,k_2,\cdots,k_{n-r}$ 为任意实数）为方程组 $AX=O$ 的**通解**（或**全部解**）。

通解、全部解和一般解含义相同。本书采用大多数书籍的习惯称谓，称用自由未知量表示的全部解为一般解，称用基础解系表示的全部解为通解。

定理 3-14 的证明过程给出了求齐次线性方程组的基础解系和通解的一般步骤。

例 3-18 求下列齐次线性方程组的一个基础解系，并以该基础解系表示方程组的通解：

$$\begin{cases}x_1+x_2-3x_3-x_4=0\\3x_1-x_2-3x_3+4x_4=0\\x_1+5x_2-9x_3-8x_4=0\end{cases}$$

解 第 1 步，将系数矩阵 A 化成行最简形阶梯形矩阵：

$$A=\begin{pmatrix}1&1&-3&-1\\3&-1&-3&4\\1&5&-9&-8\end{pmatrix}\xrightarrow{r_2-3r_1,r_3-r_1}\begin{pmatrix}1&1&-3&-1\\0&-4&6&7\\0&4&-6&-7\end{pmatrix}$$

$$\xrightarrow{r_3+r_2}\begin{pmatrix}1&1&-3&-1\\0&-4&6&7\\0&0&0&0\end{pmatrix}\xrightarrow{-\frac{1}{4}r_2}\begin{pmatrix}1&1&-3&-1\\0&1&-\frac{3}{2}&-\frac{7}{4}\\0&0&0&0\end{pmatrix}$$

$$\xrightarrow{r_1-r_2}\begin{pmatrix}1&0&-\frac{3}{2}&\frac{3}{4}\\0&1&-\frac{3}{2}&-\frac{7}{4}\\0&0&0&0\end{pmatrix}$$

第 2 步，写出原齐次线性方程组的一般解：

$$\begin{cases}x_1=\frac{3}{2}x_3-\frac{3}{4}x_4\\x_2=\frac{3}{2}x_3+\frac{7}{4}x_4\end{cases}$$

其中 x_3，x_4 为自由未知量。

第 3 步，求基础解系。根据定理 3-14 的证明可令：

$$\begin{pmatrix}x_3\\x_4\end{pmatrix}=\begin{pmatrix}4\\0\end{pmatrix},\ \begin{pmatrix}0\\4\end{pmatrix}$$ （为了消去解向量中的分母，取单位向量的 4 倍）

代入一般解，得一个基础解系为：

$$X_1=\begin{pmatrix}6\\6\\4\\0\end{pmatrix},\ X_2=\begin{pmatrix}-3\\7\\0\\4\end{pmatrix}$$

第 4 步，由基础解系得方程组的通解：

$$X_0=k_1\begin{pmatrix}6\\6\\4\\0\end{pmatrix}+k_2\begin{pmatrix}-3\\7\\0\\4\end{pmatrix}$$

其中 k_1，k_2 为任意实数。

3.6.2 非齐次线性方程组解的结构

定理 3-15 非齐次线性方程组 $AX=b$(即方程组（3-3）)的解与它的导出组 $AX=O$（即方程组（3-4））的解有密切关系，且有如下性质：

（1）若 X^* 是方程组 $AX=b$ 的一个解（通常称其为**特解**），X_0 是其导出组 $AX=O$ 的一个解，则 X^*+X_0 也是方程组 $AX=b$ 的一个解；

（2）若 X_1，X_2 是方程组 $AX=b$ 的两个解，则 X_1-X_2 是其导出组 $AX=O$ 的一个解。

证明　（1）由 $AX^*=b$ 和 $AX_0=O$ 得

$$A(X^*+X_0)=AX^*+AX_0=b+O=b$$

所以，X^*+X_0 是方程组 $AX=b$ 的一个解。

（2）由 $AX_1=b$ 和 $AX_2=b$ 得

$$A(X_1-X_2)=b-b=O$$

所以，X_1-X_2 是其导出组 $AX=O$ 的一个解。

由上述性质可以得到下面的定理 3-16。

定理 3-16 若 X^* 是方程组 $AX=b$ 的一个解，$X_1,X_2,\cdots,X_{n-r}$ 是它的导出组 $AX=O$ 的一个基础解系，则方程组 $AX=b$ 的通解为

$$\overline{X}=X^*+k_1X_1+k_2X_2+\cdots+k_{n-r}X_{n-r} \tag{3-6}$$

证明　（1）由于

$$\begin{aligned}A\overline{X}&=A(X^*+k_1X_1+k_2X_2+\cdots+k_{n-r}X_{n-r})\\&=AX^*+k_1AX_1+k_2AX_2+\cdots+k_{n-r}AX_{n-r}\\&=b+O+O+\cdots+O=b\end{aligned}$$

所以，$\overline{X}$ 是方程组 $AX=b$ 的一个解。

（2）设 $\overline{X}$ 是方程组 $AX=b$ 的任意一个解，则由定理 3-15 的性质（2）知，$\overline{X}-X^*$ 是其导出组 $AX=O$ 的一个解。因而根据式(3-5）有

$$\overline{X}-X^*=k_1X_1+k_2X_2+\cdots+k_{n-r}X_{n-r}$$

于是

$$\overline{X}=X^*+k_1X_1+k_2X_2+\cdots+k_{n-r}X_{n-r}$$

这就证明了方程组 $AX=b$ 的任意一个解都可以用式(3-6）表示。

综上所述，定理 3-16 得证。

定理 3-16 的证明过程给出了求非齐次线性方程组 $AX=b$ 通解的一般步骤：先求方程组 $AX=b$ 的任意一个特解，再求其导出组 $AX=O$ 的基础解系，最后写出非齐次线性方程组 $AX=b$ 的通解。

例 3-19 求下列方程组的通解：

$$\begin{cases}x_1+x_2-3x_3-x_4=1\\3x_1-x_2-3x_3+4x_4=4\\x_1+5x_2-9x_3-8x_4=0\end{cases}$$

解 第 1 步，求方程组 $\boldsymbol{AX}=\boldsymbol{b}$ 的任意一个特解。写出它的增广矩阵，并对它进行一系列初等行变换将其变为阶梯形矩阵：

$$\overline{\boldsymbol{A}}=\begin{pmatrix}1&1&-3&-1&1\\3&-1&-3&4&4\\1&5&-9&-8&0\end{pmatrix}\xrightarrow{\text{经若干次初等行变换}}\begin{pmatrix}1&0&-\frac{3}{2}&\frac{3}{4}&\frac{5}{4}\\0&1&-\frac{3}{2}&-\frac{7}{4}&-\frac{1}{4}\\0&0&0&0&0\end{pmatrix}$$

因而原方程组的一般解为

$$\begin{cases}x_1=\dfrac{5}{4}+\dfrac{3}{2}x_3-\dfrac{3}{4}x_4\\x_2=-\dfrac{1}{4}+\dfrac{3}{2}x_3+\dfrac{7}{4}x_4\end{cases}$$

其中 x_3，x_4为自由未知量。

在上述一般解中令 $x_3=x_4=0$，得方程组的一个特解：$\boldsymbol{X}_0=\frac{1}{4}(5,-1,0,0)^{\mathrm{T}}$。

第 2 步，求出其导出组 $\boldsymbol{AX}=\boldsymbol{O}$ 的基础解系（为了节省篇幅，这里引用了例 3-18 的结果。实际上也可由方程组的上述一般解得到）：

$$\boldsymbol{X}_1=\begin{pmatrix}6\\6\\4\\0\end{pmatrix},\boldsymbol{X}_2=\begin{pmatrix}-3\\7\\0\\4\end{pmatrix}$$

第 3 步，写出非齐次线性方程组 $\boldsymbol{AX}=\boldsymbol{b}$ 的通解：

$$\overline{\boldsymbol{X}}=\frac{1}{4}\cdot\begin{pmatrix}5\\-1\\0\\0\end{pmatrix}+k_1\begin{pmatrix}6\\6\\4\\0\end{pmatrix}+k_2\begin{pmatrix}-3\\7\\0\\4\end{pmatrix}$$

3.7 本章小结

本章介绍了线性方程组的基本知识。重点是：(1) 解线性方程组的高斯—约当消元法；(2) 线性方程组的相容性定理；(3) n 维向量的概念与线性运算；(4) 向量组的线性相关性；(5) 齐次线性方程组的解的性质和结构。

下面是本章的知识要点以及对它们的要求。

◇ 熟练掌握解方程组的高斯—约当消元法。

◇ 知道线性方程组的相容性定理，熟练掌握判断线性方程组无解、有惟一组解或有无穷多组解的方法。

◇ 懂得 n 维向量的概念与线性运算，理解向量组的线性相关性，会判断一组向量是否线性相关。

◇ 懂得向量组的极大线性无关组、向量组的秩的概念，知道向量组的秩与矩阵的秩的关系；会求一个向量组的秩和它的一个极大线性无关组。

◇ 知道齐次线性方程组的解的性质和结构、非齐次线性方程组的解的性质和结构，会求齐次线性方程组的基础解系和通解、非齐次线性方程组的通解。

习　题

一、单项选择题

3-1　下列各命题中正确的是________。

(A) 含有 3 个方程、3 个未知量的线性方程组一定有解

(B) 含有 4 个方程、3 个未知量的线性方程组可能无解

(C) 含有 3 个方程、4 个未知量的线性方程组一定有无穷多组解

(D) 以上命题都是错的

3-2　含有 n 个未知量的非齐次线性方程组无解（有无穷多组解，有惟一一组解）的充分必要条件是________。

(A) $r(\boldsymbol{A})<r(\bar{\boldsymbol{A}})$　　(B) $r(\boldsymbol{A})=r(\bar{\boldsymbol{A}})<n$

(C) $r(\boldsymbol{A})>r(\bar{\boldsymbol{A}})$　　(D) $r(\boldsymbol{A})=r(\bar{\boldsymbol{A}})=n$

3-3　对于一个含有 3 个方程、4 个未知量的非齐次线性方程组 $\boldsymbol{AX}=\boldsymbol{b}$，下列各命题中正确的是________。

(A) 当 $r(\boldsymbol{A})=r(\bar{\boldsymbol{A}})<4$ 时，方程组无解

(B) 当 $r(\boldsymbol{A})=r(\bar{\boldsymbol{A}})=3$ 时，方程组有惟一一组解

(C) 当 $r(\boldsymbol{A})<r(\bar{\boldsymbol{A}})$时，方程组有无穷多组解

(D) 以上命题都是错的

3-4　以下只有________列出的 3 个向量是线性相关的。

(A) $\boldsymbol{\alpha}=(1,0,0)$，$\boldsymbol{\beta}=(0,1,0)$，$\boldsymbol{\gamma}=(0,0,1)$　　(B) $\boldsymbol{\alpha}=(1,1,1)$，$\boldsymbol{\beta}=(1,1,0)$，$\boldsymbol{\gamma}=(1,0,0)$

(C) $\boldsymbol{\alpha}=(0,0,0)$，$\boldsymbol{\beta}=(0,1,0)$，$\boldsymbol{\gamma}=(0,0,1)$　　(D) $\boldsymbol{\alpha}=(1,0,1)$，$\boldsymbol{\beta}=(0,1,0)$，$\boldsymbol{\gamma}=(0,0,1)$

3-5　下列各命题中错误的是________。

(A) 一个向量组的极大无关组是惟一的

(B) 一个向量组的秩是惟一的

(C) 只含一个零向量的向量组的秩是 0

(D) 如果一个向量组是线性无关的，则它的极大无关组就是它本身

3-6　下列各命题中错误的是________。

(A) 若齐次线性方程组 $\boldsymbol{AX}=\boldsymbol{O}$ 含有 5 个未知量，其系数矩阵 $\boldsymbol{A}$ 的秩 $r(\boldsymbol{A})=3$，则该方程组的基础解系含有 3 个解向量

(B) 若齐次线性方程组 $\boldsymbol{AX}=\boldsymbol{O}$ 含有 5 个未知量，其系数矩阵 $\boldsymbol{A}$ 的秩 $r(\boldsymbol{A})=3$，则该方程组的基础解系含有 2 个解向量

(C) 若齐次线性方程组 $\boldsymbol{AX}=\boldsymbol{O}$ 含有 5 个未知量，其系数矩阵 $\boldsymbol{A}$ 的秩 $r(\boldsymbol{A})=5$，则该方程组没有基础解系

(D) 若齐次线性方程组 $\boldsymbol{AX}=\boldsymbol{O}$ 含有 5 个未知量，其系数矩阵 $\boldsymbol{A}$ 的秩 $r(\boldsymbol{A})=2$，则该方程组的基础解系含有 3 个解向量

二、填空题

3-1　线性方程组 $\boldsymbol{AX}=\boldsymbol{b}$ 相容的充分必要条件是________________。

3-2　若________________，则线性方程组 $\boldsymbol{AX}=\boldsymbol{b}$ 有惟一一组解。

3-3　若________________，则线性方程组 $\boldsymbol{AX}=\boldsymbol{O}$ 有非零解。

3-4 含有零向量的向量组一定线性__________。

3-5 两个 n 维向量当且仅当______________时线性相关。

3-6 线性无关的向量组的部分向量构成的向量组一定线性________。

3-7 如果 $\boldsymbol{X}$ 是某齐次线性方程组的解，则 $3\boldsymbol{X}$ 是______________。

3-8 如果 $\boldsymbol{X}^*$ 是某非齐次线性方程组的特解，$\boldsymbol{X}_0$ 是其导出组的一个基础解系，则 $\boldsymbol{X}^*+\boldsymbol{X}_0$ 是________________。

三、综合题

3-1 解下列各方程组：

(1) $\begin{cases}x_1+x_2-3x_3=1\\x_1-x_2+x_3+2x_4=1\\x_1-2x_2+3x_3+3x_4=1\end{cases}$　　(2) $\begin{cases}x_1+x_2-x_3+2x_4=3\\2x_1+x_2-2x_3+2x_4=5\\x_1-2x_2-x_3-4x_4=0\end{cases}$

(3) $\begin{cases}x_1+2x_2+4x_3=0\\2x_1-x_2+3x_3=0\\3x_1+2x_2-x_3=0\end{cases}$　　(4) $\begin{cases}x_1+x_2+2x_3+3x_4=1\\2x_1+3x_2+5x_3+2x_4=-3\\3x_1-x_2-x_3-2x_4=-4\\3x_1+5x_2+2x_3-2x_4=-10\end{cases}$

3-2 判断下列各方程组是否有解，如果有解，其解是否惟一：

(1) $\begin{cases}2x_1+x_2+x_3=2\\x_1+3x_2+x_3=5\\x_1+x_2+5x_3=-7\\2x_1+3x_2-3x_3=14\end{cases}$　　(2) $\begin{cases}x_1+x_2-3x_3=-3\\x_1+x_2-x_3=-1\\x_1+x_2+x_3=1\\3x_1+3x_2-5x_3=-5\end{cases}$

(3) $\begin{cases}x_1+2x_2-x_3+x_4=1\\-2x_1+3x_2+2x_3-3x_4=2\\x_1+5x_2-x_3+2x_4=-1\\-x_1+2x_2+x_3-3x_4=4\end{cases}$

3-3 试讨论当 k 满足什么条件时，下列方程组只有零解、有非零解？

(1) $\begin{cases}x_1+x_2+x_3=0\\x_1+2x_2+3x_3=0\\x_1+3x_2+kx_3=0\end{cases}$　　(2) $\begin{cases}x_1+x_2+x_3=0\\x_1+2x_2+3x_3=0\\2x_1+kx_2+4x_3=0\end{cases}$

3-4 设方程组为 $\begin{cases}x_1+x_2+2x_3=4\\2x_1+3x_2+6x_3=11\\x_1+2x_2+ax_3=b\end{cases}$，问 a 与 b 各取何值时，该方程组（1）有惟一一组解？（2）有无穷多组解？（3）无解？

3-5 设 $\boldsymbol{\beta}=(-1,5,-5)^{\mathrm{T}}$，$\boldsymbol{\alpha}_1=(1,1,-1)^{\mathrm{T}}$，$\boldsymbol{\alpha}_2=(-2,1,-1)^{\mathrm{T}}$，$\boldsymbol{\alpha}_3=(1,-2,2)^{\mathrm{T}}$。（1）试判断 $\boldsymbol{\beta}$ 可否由向量组 $\boldsymbol{\alpha}_1$，$\boldsymbol{\alpha}_2$，$\boldsymbol{\alpha}_3$ 线性表示；（2）如果可以，写出表示式。

3-6 证明 $\boldsymbol{\alpha}=(1,1,1)$，$\boldsymbol{\beta}=(1,1,0)$，$\boldsymbol{\gamma}=(1,0,0)$ 是线性无关的。

3-7 证明 $\boldsymbol{\alpha}_1+\boldsymbol{\alpha}_2$，$\boldsymbol{\alpha}_2+\boldsymbol{\alpha}_3$，$\boldsymbol{\alpha}_3+\boldsymbol{\alpha}_1$ 线性无关的充分必要条件是 $\boldsymbol{\alpha}_1$，$\boldsymbol{\alpha}_2$，$\boldsymbol{\alpha}_3$ 线性无关。

3-8 求下列向量组的秩及它的一个极大无关组。

(1) $\boldsymbol{\alpha}_1=(2,-1,-4,-3)$，$\boldsymbol{\alpha}_2=(1,3,5,2)$，$\boldsymbol{\alpha}_3=(2,1,0,-1)$，$\boldsymbol{\alpha}_4=(3,5,7,2)$

(2) $\boldsymbol{\alpha}_1=(1,1,1,1)$，$\boldsymbol{\alpha}_2=(1,1,-1,-1)$，$\boldsymbol{\alpha}_3=(1,-1,1,-1)$，$\boldsymbol{\alpha}_4=(1,-1,-1,1)$

3-9 求下列各齐次线性方程组的一个基础解系和通解：

(1) $\begin{cases}x_1-x_2+2x_3+2x_4=0\\x_1+4x_3+3x_4=0\\2x_1+x_2+10x_3+7x_4=0\end{cases}$　　(2) $\begin{cases}x_1+x_2+x_3+3x_4=0\\2x_1+3x_2+x_3+4x_4=0\\x_1+x_2+2x_3+4x_4=0\end{cases}$

3-10 求综合题 3-1(1)、(2) 两小题的通解。

3-11 求下列各非齐次线性方程组的通解：

(1) $\begin{cases} x_1+2x_2+4x_3-3x_4=1 \\ 3x_1+5x_2+6x_3-4x_4=2 \\ 4x_1+5x_2-2x_3+3x_4=1 \end{cases}$ (2) $\begin{cases} 2x_1+7x_2+3x_3+x_4=6 \\ 3x_1+5x_2+2x_3+2x_4=4 \\ 9x_1+4x_2+x_3+7x_4=2 \end{cases}$

第 4 章　随机事件及其概率

本章主要介绍以下内容。

(1) 随机事件、样本空间、事件间的关系、概率、条件概率、事件的相互独立性、重复独立试验等基本概念。

(2) 事件间的运算、概率加法公式、概率乘法公式、全概率公式、贝叶斯公式等基本知识。

概率论是研究随机事件的规律性的一个数学分支。本书的第 4 章至第 6 章介绍概率论的基本知识。

随机事件是概率论最基础的内容。本章将介绍随机事件的基本概念和各种情况下随机事件概率的计算方法。

4.1　随机事件

4.1.1　随机试验与随机事件

在自然界和人类社会发生的种种现象，大体可以分为确定性现象和随机现象两大类。

确定性现象就是在一定条件下必然要发生的现象。例如：在标准大气压下，水温降到0℃以下会结冰；向上抛起一颗石子，它会落向地面；同性电荷相斥等。

随机现象是在一定条件下可能发生也可能不发生的现象，亦称为**非确定性现象**。下面是随机现象的几个例子。

(1) 向上抛一枚硬币，落地时正面朝上。

(2) 买 10 张体育彩票，有 1 张中奖。

(3) 掷一颗骰子，观察到朝上一面的点数是 5。

(4) 一个人开车先后通过 5 个有红绿灯的路口遇到 3 次红灯。

(5) 检验 50 件同类产品，发现有 3 件不合格。

(6) 一次射击命中靶子 8 至 10 环。

(7) 一个人在某公共汽车站等车时间不超过 5 分钟。

正如上面 7 个例子所体现的那样，所有随机现象都有如下特征：

(1) 试验可以在相同条件下重复进行；

(2) 每次试验的可能结果不止一个，在试验结束前不可能知道出现哪一种结果；

(3) 事先知道试验的所有可能的结果。

如果在相同条件下进行大量重复试验，随机现象会呈现出某种规律性。这种规律性通常称为随机现象的**统计规律性**。符合这些特征的试验称为**随机试验**，简称**试验**。

研究随机现象的统计规律性是概率论的一个基本任务。

试验的结果叫做事件。事件可以分为 3 类：随机事件、必然事件和不可能事件。

在一次试验中可能发生也可能不发生的事件叫做**随机事件**，简称**事件**。在每次试验中必然发生的事件叫做**必然事件**。在任何一次试验中都不发生的事件叫做**不可能事件**。必然事件和不可能事件都是确定性事件。为了讨论问题的方便，本书将它们当作两个极端的随机事件。

随机事件通常用英文大写字母 A、B、C、A_1、B_i…表示。必然事件通常用大写希腊字母 Ω 表示。不可能事件通常用符号$\varnothing$表示。

4.1.2　样本空间

随机试验的每一个可能的结果，称为一个**样本点**，记作 ω_1，ω_2，…。随机试验的全体样本点构成的集合，称为**样本空间**，记作 Ω，即 $\Omega=\{\omega_1,\omega_2,\cdots\}$。

有了随机事件和样本空间的概念就可以说：任意一个随机事件都是其样本空间的子集。由一个样本点构成的单点集称为**基本事件**。显然，随机事件是若干基本事件的集合，而必然事件则是全部基本事件的集合。

例 4-1　写出下列各个随机事件的样本空间：

(1) 掷一颗质量均匀的骰子，观察朝上一面的点数。

(2) 将一枚质量均匀的硬币掷三次，观察正面朝上的次数。

(3) 在一批同样的产品中任取 10 件，记录次品所占的比例。

(4) 某路公共汽车每隔 10 分钟发一辆，记录乘客等车的时间。

解　(1) 骰子朝上一面的点数有 6 种情况：1 点、2 点、3 点、4 点、5 点和 6 点。所以，本试验的样本空间为

$$\Omega=\{1,2,3,4,5,6\}$$

(2) 正面朝上的次数有 4 种情况：0 次、1 次、2 次和 3 次。故本试验的样本空间为

$$\Omega=\{0,1,2,3\}$$

(3) 次品所占的比例只能是 0、0.1、0.2、…、0.9 和 1 其中之一。所以，本试验的样本空间为

$$\Omega=\{0,0.1,0.2,\cdots,0.9,1\}$$

(4) 等车的时间只能在 0 分种到 10 分钟之间。因而，本试验的样本空间为

$$\Omega=\{t\,|\,0<t<10\}$$

例 4-2　写出下列各个随机事件所包含的基本事件：

(1) 掷一颗质量均匀的骰子。随机事件 A 为朝上一面的点数是偶数。

(2) 将质量均匀一枚硬币掷三次。随机事件 B 为恰有一次正面朝上。

(3) 在一批同样的产品中任取 10 件。随机事件 C 为次品所占的比例不超过 0.3。

(4) 某路公共汽车每隔 10 分钟发一辆。随机事件 D 为乘客等车的时间在 5 到 8 分钟之间（不包括 5 分钟和 8 分钟）。

解　各小题均用例 4-1 指出的基本事件，则

(1)　$A=\{2,4,6\}$

(2)　$B=\{1\}$

(3)　$C=\{0,0.1,0.2,0.3\}$

(4)　$D=\{t\,|\,5<t<8\}$

例 4-3　写出下列各个随机事件所包含的基本事件：

(1) 口袋里有红球、白球和黑球各 1 个，从中任取两个。随机事件 A 为取出的球中肯

定有红球。

(2) 甲、乙二人对同一目标各射一发子弹。随机事件 B 为有且仅有一人射中目标。

解 (1) 这个随机试验共有 3 个基本事件：ω_1 表示取到红球和白球，ω_2 表示取到红球和黑球，ω_3 表示取到白球和黑球。采用这样的记号时，$A=\{\omega_1,\omega_2\}$。

(2) 这个随机试验共有 4 个基本事件：ω_1 表示甲、乙二人都射中目标，ω_2 表示甲射中目标乙没射中目标，ω_3 表示表示甲没射中目标乙射中目标，ω_4 表示甲、乙二人都没射中目标。采用这样的记号时，$B=\{\omega_2,\omega_3\}$。

例 4-3 表明，许多随机试验的基本事件并不“简单”。例如，(1) 中取到一个红球、取到一个白球和取到一个黑球都不是基本事件，因为基本事件是指取两个球的各种情况；(2) 中甲射中目标和乙射中目标都不是基本事件，因为基本事件是指两个人射击的各种情况。

如果一个事件由 n 个部分组成，则基本事件也必须由 n 个部分组成。在例 4-3 中，(1) 的基本事件由取两个球组成；(2) 的基本事件由射两发子弹组成。记住这一点，确定基本事件就不困难了。

4.1.3 事件间的关系与运算

在实际问题中，往往需要在一个随机试验中同时研究几个事件以及它们之间的关系。例如，一个班级参加工程数学考试，就有“不及格人数是 2”、“不及格人数少于 4”、“所有的人都及格”等事件。显然，这些事件间有一定的关系。

随机事件有的比较简单，有的比较复杂。为了便于讨论和计算随机事件的概率，下面介绍事件间的一些主要关系与运算。事件间的关系与运算和集合事件间的关系与运算十分相似。

1. 事件的包含

如果事件 A 发生必然导致事件 B 发生，则称事件 B **包含**事件 A，记作 $A\subset B$ 或 $B\supset A$ (分别读作“A 含于 B”和“B 包含 A”)，并且称事件 A 为事件 B 的**子事件**。

例如：一个班级参加工程数学考试，设事件 $A=\{$不及格人数是 2$\}$，$B=\{$不及格人数少于 4$\}$，则 $A\subset B$。

为了方便起见，规定任何随机事件 A 都是必然事件 Ω 的子事件，且不可能事件 $\varnothing$ 是事件 A 的子事件，即 $A\subset\Omega$ 和 $\varnothing\subset A$。

2. 事件的相等

如果事件 A 所包含的基本事件与事件 B 所包含的基本事件完全相同，则称事件 A 与事件 B **相等**（或**等价**），记作 $A=B$。

例如：一个班级参加工程数学考试，设事件 $A=\{$所有的人都及格$\}$，事件 $B=\{$没有人不及格$\}$，则 $A=B$。

由事件的包含关系知，事件 A 与事件 B 相等的充分必要条件是 $A\subset B$ 且 $B\subset A$。这是判断两个事件是否相等的基本方法。

显然，事件的相等是事件的包含的特例。

3. 事件的和

事件 A 与事件 B 至少有一个发生所构成的事件，称为事件 A 与事件 B 的**和**（或**并**），记作 $A+B$，或 $A\cup B$（读作“A 并 B”）。

例如：设事件 $A=\{1,3,5,7,9\}$、$B=\{1,2,3,4,5\}$，则 $A+B=\{1,2,3,4,5,7,9\}$。

类似地，$\sum_{i=1}^{n} A_i$表示 n 个事件 $A_1,A_2,\cdots,A_n$ 至少有一个发生。$\sum_{i=1}^{n} A_i$称为 n 个事件 A_1，$A_2,\cdots,A_n$ 的和。

4. 事件的差

事件 A 发生而事件 B 不发生所构成的事件，称为事件 A 与事件 B 的**差**，记作 $A-B$（读作“A 减 B”）。

例如：设事件 $A=\{1,3,5,7,9\}$、$B=\{1,2,3,4,5\}$，则 $A-B=\{7,9\}$，$B-A=\{2,4\}$。

5. 事件的积

事件 A 与事件 B 同时发生所构成的事件，称为事件 A 与事件 B 的**积**（或**交**），记作 AB 或 $A\cap B$（读作“A 交 B”或“A 且 B”）。

例如：设事件 $A=\{1,3,5,7,9\}$、$B=\{1,2,3,4,5\}$，则 $AB=\{1,3,5\}$。

类似地，$\prod_{i=1}^{n} A_i$表示 n 个事件 $A_1,A_2,\cdots,A_n$ 同时发生。$\prod_{i=1}^{n} A_i$称为 n 个事件 $A_1,A_2,\cdots$，A_n 的积。

6. 互斥事件

如果事件 A 与事件 B 不能同时发生，即 $AB=\varnothing$，则称事件 A 与事件 B 为**互斥事件**（**或互不相容事件**）。

例如：掷一颗质量均匀的骰子，设事件 $A=\{$出现的点数是 2 或 3$\}$，$B=\{$出现的点数大于 3$\}$，则 $AB=\varnothing$，即事件 A 与事件 B 互斥。

7. 互逆事件

如果事件 A 与事件 B 不能同时发生，但必然发生其一，即 $AB=\varnothing$，且 $A+B=\Omega$，则称事件 A 与事件 B 为**互逆事件**（或**对立事件**）。

事件 A 与事件 B 互逆，也称 B 是 A 的**逆事件**，或 A 是 B 的逆事件。A 的逆事件通常用 $\overline{A}$表示。

例如：掷一颗质量均匀的骰子，设事件 $A=\{$出现的点数是偶数$\}$，$B=\{$出现的点数是奇数$\}$，则 $AB=\varnothing$，且 $A+B=\Omega$，即事件 A 与事件 B 互逆。

显然，*互逆事件一定是互斥事件，而互斥事件不一定是互逆事件。*

8. 完备事件组

在试验中，如果事件 $A_1,A_2,\cdots,A_n$ 必发生其一，且 $A_1,A_2,\cdots,A_n$ 两两互斥，即 $A_iA_j=\varnothing(i,j=1,2,\cdots,n$，但 $i\neq j)$，且 $A_1+A_2+\cdots+A_n=\Omega$，则称事件组 $A_1,A_2,\cdots,A_n$ 为**完备事件组**。

例如：将一枚硬币掷两次，记正面朝上的次数。设事件 $B_0=\{0$ 次$\}$，$B_1=\{1$ 次$\}$，$B_2=\{2$ 次$\}$，则事件组 B_0，B_1，B_2 为完备事件组。

事件间的关系可以用称为**文氏图**的图形直观表示。这里，文氏图用一个矩形代表样本空间，用圆（或其他简单闭曲线）代表随机事件。前面介绍的事件间的各种关系可以用图 4-1 来表示。

根据互逆事件的定义，显然有

$$A\overline{A}=\varnothing,\qquad A+\overline{A}=\Omega,$$
$$\overline{\overline{A}}=A,\qquad \overline{\Omega}=\varnothing$$

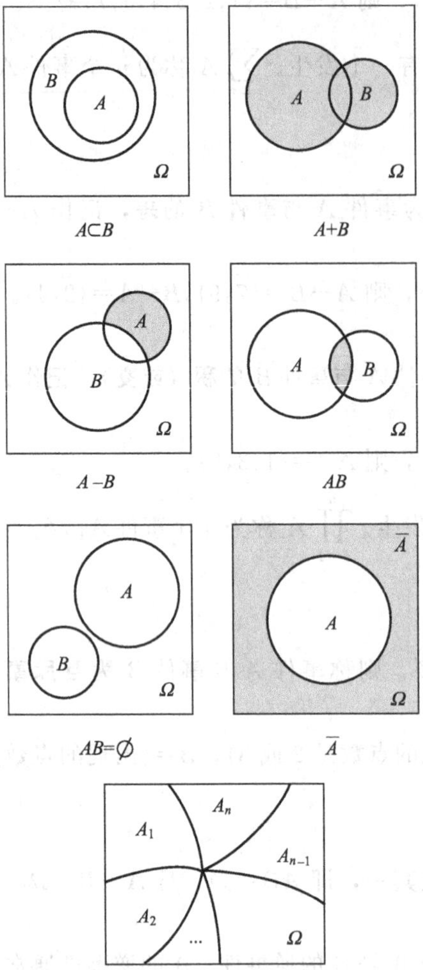

图 4-1

根据前面介绍的事件间的各种关系和运算的定义，可得到下面的各个等式：

$$A=AB+A\overline{B},\qquad \overline{A+B}=\overline{A}\,\overline{B},$$
$$\overline{AB}=\overline{A}+\overline{B},\qquad A-B=A\overline{B},$$
$$A-B=A-AB$$

这些等式在以后介绍的概率计算中有用。当等式右边的随机事件的概率已知或便于计算时用来计算等式左边的随机事件的概率。

例 4-4 掷一颗质量均匀的骰子，设各个事件如下：A=｛出现的点数是 2 或 3｝，B=｛出现的点数大于 3｝，C=｛出现的点数是偶数｝，D=｛出现的点数不是 3｝。求：(1)AC,(2)AB,(3)BC,(4)$A+D$,(5)$C-B$,(6)$D-C$。

解 为了清晰地表达，先把已知的各个事件改用下面的方式表示：

$$A=\{2,3\},\qquad B=\{4,5,6\},$$
$$C=\{2,4,6\},\qquad D=\{1,2,4,5,6\}$$

这样，所求的各个小题答案如下：

(1) $AC=\{2\}$

(2) $AB=\varnothing$

(3) $BC=\{4,6\}$

(4) $A+D=\{1,2,3,4,5,6\}=\Omega$

(5) $C-B=\{2\}$

(6) $D-C=\{1,5\}$

下面通过两个例题加深对各种事件间关系的认识和提高用符号正确表示诸事件的能力。

例 4-5 甲、乙二人射击同一个目标。设事件 A 表示甲射中目标，设事件 B 表示乙射中目标。试用符号表示下列各个事件：

(1) 全部基本事件；

(2) 甲、乙二人至少有一人射中目标；

(3) 甲、乙二人仅有一人射中目标。

解 (1) 全部基本事件是下面 4 个：

AB：甲、乙二人都射中目标；

$A\overline{B}$：甲射中目标且乙没有射中目标；

$\overline{A}B$：甲没有射中目标且乙射中目标；

$\overline{A}\overline{B}$：甲、乙二人都没有射中目标。

(2) $A+B$

(3) $A\overline{B}+\overline{A}B$

例 4-6 设 A、B、C 表示三个事件。利用 A、B、C 表示下列事件：

(1) A 出现，B、C 都不出现；

（2）不多于一个事件出现；

（3）事件 A 和事件 C 不同时出现。

解　（1）$A\overline{B}\overline{C}$

（2）　$\overline{A}\overline{B}\overline{C}+A\overline{B}\overline{C}+\overline{A}B\overline{C}+\overline{A}\overline{B}C$

（3）　$\overline{AC}$

电子线路中有许多串、并联系统。系统能否正常工作取决于串、并联系统中各个元件是否正常工作，下面是一个典型的例子。

实例 4-1　图 4-2 的（a）和（b）分别表示由三个同类型元件组成的串联系统和并联系统。

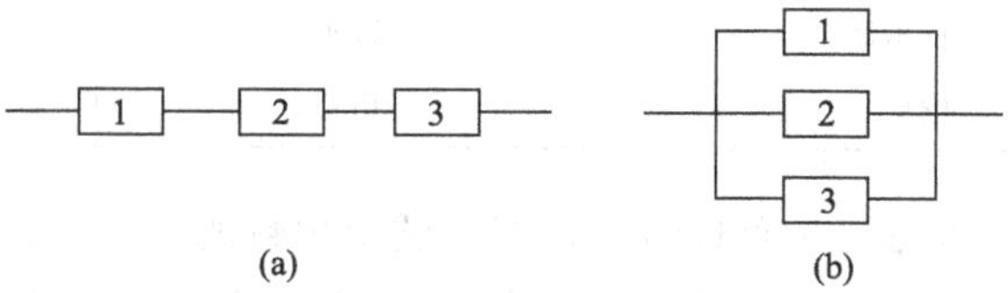

图 4-2

设事件 $A_i=\{$第 i 个元件正常工作$\}$ $(i=1,2,3)$，$A=\{$系统正常工作$\}$。

在串联系统（a）中，只有当 3 个元件都正常工作时，系统才能正常工作；而 3 个元件中有一个不能正常工作时，系统就不能正常工作；所以有

$$A=A_1A_2A_3, \qquad \overline{A}=\overline{A_1}+\overline{A_2}+\overline{A_3}$$

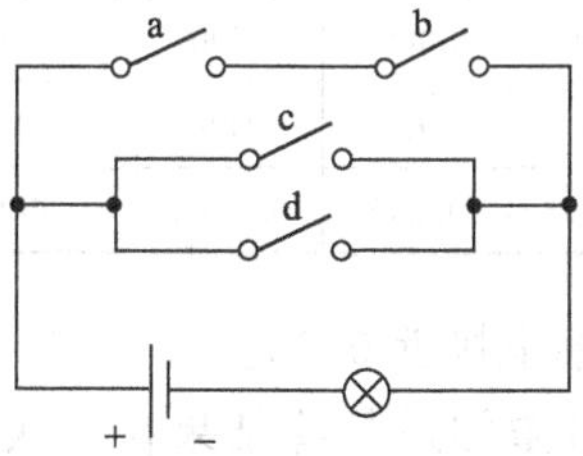

图 4-3

在并联系统（b）中，只要 3 个元件中有一个正常工作，系统就正常工作；而当 3 个元件都不能正常工作时，系统才不能正常工作；所以有

$$A=A_1+A_2+A_3, \qquad \overline{A}=\overline{A_1}\ \overline{A_2}\ \overline{A_3}$$

例 4-7　设 A、B、C、D 分别表示图 4-3 中开关 a、b、c、d 闭合这四个事件。如果用 W 表示灯亮这个事件，试用 A、B、C、D 表示 W。

解　因为当开关 a 和 b 同时闭合，或者当开关 c 闭合，或者当开关 d 闭合时，灯才会亮，所以

$$W=AB+C+D$$

4.2　随机事件的概率与概率加法公式

既然随机事件在一次试验中有可能发生，就有可能性大小的问题。实际上，仅仅知道试验中可能出现哪些事件是不够的，更重要的是需要对事件发生的可能性进行量的描述。概率就是度量随机事件发生的可能性大小的重要数量指标。

4.2.1　概率的统计定义

虽然随机试验中每次试验的结果事先无法确定，但在相同的条件下进行大量重复试验，其结果在数量上会呈现一定的规律性。这就是前面所说的统计规律性的本质。

例如，将一枚硬币抛向空中，硬币落地时可能正面朝上，也可能反面朝上。如果抛的次数不多，正面朝上的次数或反面朝上的次数之间没有什么规律性。如果抛的次数很多，正面朝上的次数与反面朝上的次数非常接近。

又如，对某一目标进行射击，当射击次数较少时，不多的几个弹着点反映不出什么规律性。如果射击次数很多，就会发现弹着点的分布呈现这样的规律性：弹着点几乎是关于目标

中心对称的，并且越靠近中心，弹着点越集中。

实例 4-2 历史上，有多人做过抛硬币试验。其中的一些数据见表 4-1。

表 4-1

试验人	试验次数(n)	正面朝上次数(m)	正面朝上频率(m/n)
蒲丰	4040	2048	0.5069
德·摩根	4092	2048	0.5005
皮尔逊	24000	12012	0.5005
维尼	30000	14994	0.4998

由表 4-1 可以看出，随着试验次数的增加，正面朝上的次数很接近总试验次数的一半。

实例 4-3 某工厂每天从生产的产品中抽取 100 件，检查有多少合格品。其中的一些数据见表 4-2。

表 4-2

检查天数	1	2	3	…	10	15	20	25	30
累计抽查产品数(n)	100	200	300	…	1000	1500	2000	2500	3000
累计不合格数(m)	6	11	16	…	48	74	92	126	151
不合格频率(m/n)	0.06	0.055	0.0533	…	0.048	0.0493	0.046	0.0504	0.0503

由表 4-2 可以看出，随着累计抽查产品数的增加，不合格频率很接近 0.05。

一个随机试验有多个可能的结果（即基本事件）。人们当然希望知道某些结果在一次试验中发生的可能性有多大，并且希望将可能性的大小用一个数来衡量。这就是事件频率的概念。

定义 4-1 在相同的条件下将一随机试验重复 n 次，事件 A 发生了 m 次，则称 m 为在这 n 次试验中事件 A 发生的**频数**，称比值 m/n 是事件 A 在这 n 次试验中发生的**频率**（简称 m/n 是事件 A 的频率），记作 $f_n(A)$，即

$$f_n(A)=\frac{m}{n}$$

实例 4-4 在相同条件下生产 1000 个零件。如果其中有 990 件为合格品，则事件"零件合格"在 1000 次重复试验（或观察）中发生的频数为 990。因此，这一事件在 1000 次试验中发生的频率为 990/1000，即 0.99。

定义 4-2 在相同的条件下，重复进行 n 次试验，如果随着试验次数 n 的增大，事件 A 发生的频率 m/n 仅在某个确定常数 p 附近有微小的变化，则称确定常数 p 为事件 A 的**概率**，即 $P(A)=p$。

定义 4-2 通常称为概率的**统计定义**。

定义 4-2 表明，随机事件的频率 m/n 并不是随机事件的概率；但是，当 n 较大时，可以用频率 m/n 作为 $P(A)$ 的近似值，即

$$P(A)\approx\frac{m}{n} \tag{4-1}$$

而且，n 越大，近似程度越好。

尽管概率的统计定义是通过大量重复试验中频率的稳定性定义的，但不能认为概率取决

于试验。

事件的频率由具体的试验以及试验次数的多少确定，是变化的。事件的概率完全由事件本身决定，是客观存在的，与是否做试验无关；事件的概率是惟一的。频率和概率是两个不同的概念。试验次数很多时，频率很接近概率。概率的统计定义正是根据这一点把两者联系到一起。

事件概率有两方面的含义：一方面它反映了在大量试验中该事件发生的频繁程度；另一方面它又反映了在一次试验中该事件发生的可能性的大小。例如，如果某厂生产的某种产品的合格率为 0.97，这意味着每 100 个产品中大约有 97 个是合格品；同时，也意味着抽取 1 个产品是合格品的可能性大约是 0.97。

概率的统计定义主要是具有理论上的价值，很少用它直接计算事件的概率；这是因为：①概率的统计定义是以频率为基础的，而频率必须依赖大量的试验才能得到较准确的数值；②根据式(4-1)，即使得到了事件的频率也只能得到概率的近似值。

概率的统计定义有一个很有意义的实际应用：用来估计样本空间的样本点数。例 4-8 是一个典型的代表。

例 4-8　从某鱼池中捞取 100 条鱼，做上记号后再放入该鱼池中。过一段时间，再从该鱼池中捞取 40 条鱼，发现其中有 3 条有记号，问该鱼池中大约有多少条鱼?

解　设该鱼池中有 x 条鱼，则从鱼池捞到一条有记号鱼的概率为 $100/x$，它应该近似于实际事件的频率 3/40，即

$$\frac{100}{x}=\frac{3}{40}$$

解得：$x\approx 1333$，故该鱼池内大约有 1333 条鱼。

例 4-8 所用的方法就是统计学中的**抽样**。抽样被广泛运用于生产管理或技术管理中，很有实际价值。

人口数据是国民经济中的一项重要指标。但是，做人口普查需要大量的人力和物力，只能隔几年进行一次。通常进行的人口抽查就是根据概率的统计定义获取比较可靠的数据，例如人口总数、就业情况、性别比例、文化程度、年龄分段组成结构等。

事件的概率具有下列 3 个基本性质：

(1) $0\leqslant P(A)\leqslant 1$；

(2) $P(\Omega)=1$；

(3) $P(\varnothing)=0$。

4.2.2　概率的古典定义

正如 4.2.1 小节所述，按概率的统计定义直接计算事件的概率不简便。但是，存在一类既简单又常见的随机事件，可以直接计算其概率，这就是下面将要介绍的古典概型。

具有以下特征的随机试验模型称为**古典概型**（概型是概率模型的简称）：

(1) 基本事件的总数为有限个；

(2) 每个基本事件发生的可能性相等。

古典概型又称为**等可能性概型**，是最基本的概率模型。例 4-1 中的掷骰子问题就是古典概型的代表。

定义 4-3　设随机试验 E 为古典概型，它的样本空间 Ω 包含 n 个基本事件，随机事件 A 包含 k 个基本事件，则称比值为随机事件 A 的**概率**，记作 $P(A)$。即

$$P(A)=\frac{k}{n} \tag{4-2}$$

定义 4-3 通常称为概率的**古典定义**。

例 4-9 掷一颗骰子，问下列事件的概率各是多少？

(1) 出现的点数是 3；

(2) 出现的点数大于 2；

(3) 出现的点数是偶数。

解 本例属于古典概型，且 $\Omega=\{1,2,3,4,5,6\}$。所以出现每一个点数的概率都是 $\frac{1}{6}$。分别用 A、B、C 表示出现的点数是 3、出现的点数大于 2 和出现的点数是偶数这三个事件。

(1) 出现的点数是 3 的概率为：

$$P(A)=\frac{1}{6}$$

(2) 出现的点数大于 2 的概率为：

$$P(B)=P(\text{出现的点数是 3})+P(\text{出现的点数是 4})+P(\text{出现的点数是 5})+P(\text{出现的点数是 6})$$
$$=\frac{1}{6}+\frac{1}{6}+\frac{1}{6}+\frac{1}{6}=\frac{2}{3}$$

(3) 出现的点数是偶数的概率为：

$$P(C)=P(\text{出现的点数是 2})+P(\text{出现的点数是 4})+P(\text{出现的点数是 6})$$
$$=\frac{1}{6}+\frac{1}{6}+\frac{1}{6}=\frac{1}{2}$$

例 4-10 在 10 张光盘中有 3 张是盗版。从其中任取 6 张，问其中恰有 2 张盗版光盘的概率是多少？

解 用 A 表示该事件。从 10 张光盘中任取 6 张的基本事件总数为 C_{10}^{6}。其中恰有 2 张盗版光盘意味着 4 张是从 7 张正版中取的，2 张是从 3 张盗版光盘中取的，因而 A 包含的基本事件数为 $C_7^4C_3^2$。所以事件 A 的概率为：

$$P(A)=\frac{C_7^4C_3^2}{C_{10}^6}=\frac{1}{2}$$

古典概型看似简单，实际上蕴涵丰富。比较简单的古典概型问题容易解答，要想解答比较复杂的古典概型问题就不那么容易了。相当多的古典概型问题需要排列与组合等其他数学知识。

正确运用概率的古典定义解答概率问题的关键是正确判定古典概型问题中等可能性的基本事件和正确计算事件中的样本点数。

例 4-11 将一枚均匀硬币掷两次，问正面朝上的次数分别为 0 次、1 次和 2 次的概率各是多少？

这个概率问题确实属于古典概型。那么，它的等可能的基本事件是什么？如果认为正面朝上的次数分别为 0 次、1 次和 2 次是 3 个等可能的基本事件那就错了。

将一枚硬币掷两次，每一次正面朝上或反面朝上是等可能的。因此，所有可能的结果可简单地记作：正正、正反、反正、反反，其中，“正反”表示第一次正面朝上，第二次反面朝上（余类推）。显然，正正、正反、反正、反反才是这个问题的 4 个等可能的基本事件。下面解答这个问题。

解 记正面朝上为 1，反面朝上为 0。则一枚硬币掷两次的基本事件为：$A_1=(0,0)$、

$A_2=(0,1)$、$A_3=(1,0)$和$A_4=(1,1)$，则$\Omega=\{A_1,A_2,A_3,A_4\}$，属于古典概型；再记正面朝上次数分别为 0 次、1 次和 2 次为事件 B_0、B_1和 B_2；则有

$$P(B_0)=P(A_1)=\frac{1}{4}$$

$$P(B_1)=P(A_2)+P(A_3)=\frac{1}{4}+\frac{1}{4}=\frac{1}{2}$$

$$P(B_2)=P(A_4)=\frac{1}{4}$$

解答表明，事件 B_0、B_1和 B_2不是等可能的。

例 4-12　8 把钥匙中有 3 把能打开某门锁。从中任取两把，求能打开该门锁的概率。

解　用 A 表示该事件。从 8 把钥匙中任取两把的基本事件总数为 C_8^2。能打开门锁意味着在取出的两把钥匙中有 1 把或 2 把能打开该门锁，因而 A 包含的基本事件数为 $C_3^1C_5^1+C_3^2C_5^0$。所以事件 A 的概率为

$$P(A)=\frac{C_3^1C_5^1+C_3^2C_5^0}{C_8^2}=\frac{9}{14}$$

例 4-13　从 5 双不同尺码的鞋中任取 4 只，求至少有 2 只配成一双的概率。

解　这个问题比较难，这里介绍两种解法。用 A 表示该事件。考虑一次取 4 只，则从 5 双共 10 只鞋中任取 4 只的基本事件总数为 C_{10}^4。

方法一　A 的基本事件数是配成一双的基本事件数与配成两双的基本事件数之和。

配成一双的基本事件数这样考虑：先从 5 双中任取一双（2 只）有 C_5^1种取法，再从剩下的 4 双中任取 2 双有 C_4^2种取法，最后在取出的 2 双的每一双中各取一只有 $C_2^1C_2^1$种取法。因此，配成一双的基本事件数为 $C_5^1C_4^2C_2^1C_2^1$。

配成两双的基本事件数这样考虑：从 5 双中任取两双（4 只）有 C_5^2种取法。因此，配成两双的基本事件数为 C_5^2。

因此，A 包含的基本事件数为 $C_5^1C_4^2C_2^1C_2^1+C_5^2$。所以事件 A 的概率为

$$P(A)=\frac{C_5^1C_4^2C_2^1C_2^1+C_5^2}{C_{10}^4}=\frac{13}{21}$$

方法二　先计算 A 的逆事件$\overline{A}$的概率。$\overline{A}$的基本事件数这样考虑：先从 5 双共任取 4 双有 C_5^4种取法，再从取出的 4 双的每一双中各取一只有 $C_2^1C_2^1C_2^1C_2^1$种取法。因此，事件$\overline{A}$包含的基本事件数为 $C_5^4C_2^1C_2^1C_2^1C_2^1$。所以事件$\overline{A}$的概率为

$$P(\overline{A})=\frac{C_5^4C_2^1C_2^1C_2^1C_2^1}{C_{10}^4}=\frac{8}{21}$$

从而

$$P(A)=1-P(\overline{A})=\frac{13}{21}$$

概率的古典定义要求试验的可能结果只能是有限个。对于试验的可能结果有无穷多个的情形，概率的古典定义就无能为力了。如果将概率的古典定义做合理的推广，就可以用来解答试验的可能结果有无穷多个且各个基本事件具有等可能性的概率问题。

实例 4-5　在一个均匀陀螺的底面的圆周上均匀地刻上区间 $[0,L)$ 上的数字。旋转这个陀螺，陀螺停止时其底面圆周上各点与桌面接触的可能性相等，即接触点的刻度位于某个

区间 $[a,b)$ 上的可能性与该区间的长度 $l=b-a$ 成比例。则陀螺停止时其底面圆周上与桌面接触点的刻度位于区间 $[a,b)$ 上的概率规定为

$$P=\frac{\text{指定区间的长度}}{\text{整个区间的长度}}=\frac{l}{L}$$

实例 4-6 如果一个粒子位于容积为 V 的容器内各点处的可能性相等，即位于容器内任何部分的可能性与这部分的容积成比例。则该粒子位于该容器内容积为 v 的一个部分区域 D 内的概率规定为

$$P=\frac{\text{区域}\,D\,\text{的容积}}{\text{容器的容积}}=\frac{v}{V}$$

以上两个实例是这样一类概率问题的代表：随机事件在指定的几何空间上（长度、面积、体积或容积等）各点发生的可能性相等。对于这样的随机事件，规定它的概率为该随机事件发生的区域（区间）与整个可能的区域（区间）之比。这样规定的概率称为**几何概率**。下面是一个几何概率例题。

例 4-14 如图 4-4(a) 所示，在线段 AD 上任取两点 B、C(B 在 C 的左侧)，则得三个线段 AB、BC 和 CD。求这三个线段能构成三角形的概率。

解 不失一般性，设线段 AD 的长度为 1；再设线段 AB 和线段 CD 的长度分别为 x 和 y；则线段 BC 的长度为 $1-x-y$。显然，在线段 AD 上任取两点 B、C 必定满足下面的条件：

$$\begin{cases}0<x<1\\0<y<1\\0<x+y<1\end{cases}\tag{a}$$

可以用平面直角坐标系表示由式 (a) 确定的 x 和 y 的取值范围，即图 4-4(c) 中等腰直角三角形 MON 所示。它的面积 $S=\frac{1}{2}$。

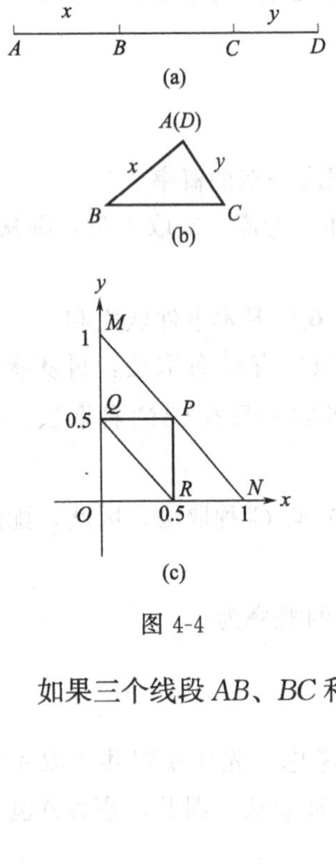

图 4-4

如果三个线段 AB、BC 和 CD 能构成三角形（如图4-4(b)所示），则必须满足下面的条件：

$$\begin{cases}\overline{AB}+\overline{BC}>\overline{CD}\\\overline{AB}+\overline{CD}>\overline{BC}\\\overline{BC}+\overline{CD}>\overline{AB}\end{cases}$$

即

$$\begin{cases}x+(1-x-y)>y\\x+y>1-x-y\\(1-x-y)+y>x\end{cases}$$

上式可以化简为

$$\begin{cases}x<\frac{1}{2}\\y<\frac{1}{2}\\x+y>\frac{1}{2}\end{cases}\tag{b}$$

图 4-4(c) 中的等腰直角三角形 PQR 就是由式（b）表示的范围，它的面积 $s=\frac{1}{8}$。

用 A 表示事件“三个线段能构成三角形”，则事件 A 的概率为

$$P(A)=\frac{s}{S}=\frac{1}{4}$$

4.2.3　概率加法公式

4.2.2 小节介绍了如何按定义直接计算随机事件的概率。但是，两个事件 A 与 B 的和事件 $A+B$ 的概率如何计算呢？先看一个典型例题。

例 4-15　同时掷两颗骰子，求至少有一颗骰子出现的点数大于 3 的概率。

如果用 A、B 分别表示第一、第二颗骰子出现点数大于 3 的事件，则所求的是 $P(A+B)$。显然，$P(A+B)<1$，因为存在两颗骰子出现的点数都不大于 3 的事件。另一方面，由于 $P(A)=P(B)=0.5$，因而 $P(A)+P(B)=1$。这说明，一般情况下，$P(A+B)\neq P(A)+P(B)$。由于两颗骰子出现点数都大于 3 的事件 AB 既包括在事件 A 中，也包括在事件 B 中，在计算 $P(A)+P(B)$时重复计算了两次，应该把多计算的一次减去。所以，正确的计算方法应该是 $P(A+B)=P(A)+P(B)-P(AB)$。

为了计算两个事件的和事件的概率，下面介绍概率的一些重要性质。

性质 4-1　当 A、B 互斥时，

$$P(A+B)=P(A)+P(B) \tag{4-3}$$

证明　下面针对古典概型的情形对公式(4-3) 进行证明。

设在 n 次试验中，事件 A 发生的次数为 k，事件 B 发生的次数为 l。由于 A、B 互斥，即每一次试验中 A 和 B 不可能同时发生，从而 A 和 B 至少有一个事件发生（即 $A+B$）的次数为 $k+l$。根据式(4-2) 有

$$P(A+B)=\frac{k+l}{n}=\frac{k}{n}+\frac{l}{n}=P(A)+P(B)$$

证毕

性质 4-1 可以推广到多个事件的情形：

当 $n(n\geqslant 2)$ 个事件 $A_1,A_2,\cdots,A_n$ 两两互斥时，

$$P(A_1+A_2+\cdots+A_n)=P(A_1)+P(A_2)+\cdots+P(A_n) \tag{4-4}$$

式(4-3) 和式(4-4) 通常称为**互斥事件概率的加法公式**。

性质 4-2　对于试验 E 中任意随机事件 A，有

$$P(A)+P(\overline{A})=1 \tag{4-5}$$

或

$$P(\overline{A})=1-P(A) \tag{4-5'}$$

证明　由于 A 与$\overline{A}$互斥，由性质 4-1 得

$$P(A+\overline{A})=P(A)+P(\overline{A})$$

又因为 $A+\overline{A}=\Omega$ 及 $P(\Omega)=1$，所以有

$$P(A)+P(\overline{A})=1$$

和

$$P(\overline{A})=1-P(A)$$

证毕

式(4-5) 通常称为**互逆事件概率的加法公式**。

性质 4-3　设 A、B 为试验 E 中两个随机事件，且 $A\subset B$，则

$$P(B-A)=P(B)-P(A) \tag{4-6}$$

证明 当 $A\subset B$ 时，$A(B-A)=\varnothing$，从而 A 与 $B-A$ 互斥。由性质 4-1 得

$$P(B)=P(A)+P(B-A)$$

即

$$P(B-A)=P(B)-P(A)$$

证毕

性质 4-4 设 A、B 为试验 E 中任意两个随机事件，则

$$P(A+B)=P(A)+P(B)-P(AB) \tag{4-7}$$

证明 如图 4-5 所示，$A+B$ 可以看成两个互斥事件（$A-AB$）与 B 的和：$A+B=(A-AB)+B$。图 4-5 中阴影部分表示（$A-AB$）。所以，由性质 4-1 得

$$P(A+B)=P(A-AB)+P(B) \tag{a}$$

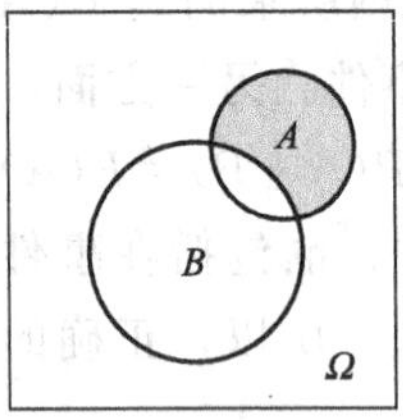

图 4-5

由于 $AB\subset A$，由性质 4-3 得

$$P(A-AB)=P(A)-P(AB) \tag{b}$$

将式(b) 代入式(a) 得

$$P(A+B)=P(A)+P(B)-P(AB)$$

证毕

式(4-7) 通常称为**和事件概率的加法公式**。

有了上面介绍的概率的 4 个重要性质，就可以计算有关随机事件的概率了。正确计算这些随机事件概率的关键是正确判定两个（或多个）事件是否互斥。现在可以解答例 4-15 了。

解 设第 1 颗和第 2 颗骰子出现的点数大于 3 分别为事件 A 和 B，则 A 和 B 不互斥。显然，$P(A)=P(B)=\frac{1}{2}$。由于样本空间 $\Omega=\{(1,1),(1,2),\cdots,(1,6),(2,1),(2,2),\cdots,(2,6),\cdots,(6,1),(6,2),\cdots,(6,6)\}$，包含 36 个样本点，事件 $AB=\{(4,4),(4,5),(4,6),(5,4),(5,5),(5,6),(6,4),(6,5),(6,6)\}$，包含 9 个样本点。所以

$$P(AB)=\frac{9}{36}=\frac{1}{4}$$

因此

$$P(A+B)=P(A)+P(B)-P(AB)=\frac{1}{2}+\frac{1}{2}-\frac{1}{4}=\frac{3}{4}$$

例 4-16 从一副仅含 4 种花色的扑克牌中任抽一张，问抽到黑桃或红心的概率是多少？

解 设抽到一张黑桃的事件为 A，抽到一张红心的事件为 B，则抽到黑桃或红心的事件为 $A+B$。由于 A、B 为互斥事件，因而所求的概率为

$$P(A+B)=P(A)+P(B)$$
$$=\frac{13}{52}+\frac{13}{52}=\frac{1}{2}$$

例 4-17 一批产品共有 100 件，其中 5 件是次品，从中任意抽取 50 件进行检查，问下列事件的概率各是多少？

(1) 50 件产品中至多有一件次品；

(2) 50 件产品中至少有一件次品。

解 设 50 件产品中恰有 k 件次品为事件 $A_k(k=0,1,2,3,4,5)$。显然，事件 A_0、A_1、A_2、A_3、A_4、A_5 为完备事件组。

(1) 再设 50 件产品中至多有一件次品为事件 B，则 $B=A_0+A_1$，因而所求的概率为

$$P(B)=P(A_0+A_1)=P(A_0)+P(A_1)$$
$$=\frac{C_{95}^{50}}{C_{100}^{50}}+\frac{C_{95}^{49}C_5^1}{C_{100}^{50}}=0.028+0.153=0.181$$

(2) 再设 50 件产品中至少有一件次品为事件 C，则 $C=A_1+A_2+A_3+A_4+A_5$。直接计算 $P(C)$ 比较麻烦。换一个角度考虑问题可以使计算比较简单。因为$\overline{C}=A_0$，从而所求的概率为

$$P(C)=1-P(\overline{C})=1-P(A_0)$$
$$=1-\frac{C_{95}^{50}}{C_{100}^{50}}=1-0.028=0.972$$

一般地说，若 n 件产品中有 l 件次品，从中任取 $m(m\leqslant n)$ 件恰有 $k(k\leqslant l)$ 件次品的概率为

$$p=\frac{C_l^k C_{n-l}^{m-k}}{C_n^m} \tag{4-8}$$

公式(4-8) 适合所有这类问题的概率的计算。

4.3　条件概率与概率乘法公式

4.3.1　条件概率

在实际问题中，不仅存在“求事件 A 发生的概率”的问题，还需要解决“在事件 B 发生的条件下，求事件 A 发生的概率”的问题。这就是本小节将要介绍的条件概率，记作 $P(B|A)$。下面先看一个例题。

例 4-18　一、二两车间同一天生产同种产品，具体数据如表 4-3 所示，分别求下列事件的概率：

(1) 抽到 1 件是次品；

(2) 抽到 1 件是一车间生产的产品；

(3) 抽到 1 件是一车间生产的次品；

(4) 在已知抽到 1 件是一车间生产的条件下，它又是次品。

表 4-3

	正品数	次品数	总数
一车间	37	3	40
二车间	45	5	50
合计	82	8	90

解　设抽到 1 件是次品为事件 A，抽到 1 件是一车间生产的产品为事件 B，则

(1) $P(A)=\frac{8}{90}=\frac{4}{45}$

(2) $P(B)=\frac{40}{90}=\frac{4}{9}$

(3) $P(AB)=\frac{3}{90}=\frac{1}{30}$

(4) $P(A|B)=\dfrac{3}{40}$

显然，$P(A|B)$与$P(AB)$是两个不同事件的概率。

对于本题，容易验证：$P(A|B)=\dfrac{P(AB)}{P(B)}$。实际上，$P(A|B)$、$P(AB)$、$P(B)$ 三者之间的这个关系具有普遍意义。这就是下面定义的条件概率。

定义 4-4 设A、B是试验E的两个事件，且$P(B)>0$，则称

$$P(A|B)=\frac{P(AB)}{P(B)} \tag{4-9}$$

为在事件B发生的条件下事件A发生的**条件概率**。

下面针对古典概型的情形对公式(4-9) 进行证明。

证明 设在n次试验中，事件B发生的次数为$k(k\geqslant 1)$，事件AB发生的次数为l。按条件概率的定义有

$$P(A|B)=\frac{\text{在}B\text{发生的条件下}A\text{包含的样本点数}}{\text{事件}B\text{包含的样本点数}}$$

$$=\frac{l}{k}=\frac{l/n}{k/n}=\frac{P(AB)}{P(B)}$$

证毕

类似地，如果$P(A)>0$，那么$P(B|A)=\dfrac{P(AB)}{P(A)}$。

由以上的讨论可知，计算条件概率有这样两种方法：如果有关样本点数容易得到，直接计算最简便；如果有关样本点数不容易或无法得到，或者$P(AB)$比较容易求，就用公式(4-9) 计算。

例 4-19 袋中有 5 个球，其中 2 个白色，3 个黑色。现在不放回地摸球两次，每次 1 球。如果已经知道第 1 次摸到的是黑球，求第 2 次摸到的也是黑球的概率。

解 第 2 次摸到黑球的概率与第 1 次是否摸到黑球有关，显然属于条件概率。设第 1 次摸到黑球为事件A，第 2 次摸到黑球为事件B，则

方法一 由题意知，事件A发生后样本空间包含的样本点数由原来的 5 减少为 4，且事件B包含的样本点数为 2（事件A发生后，袋中黑球只剩 2 个），所以

$$P(B|A)=\frac{2}{4}=0.5$$

方法二 由于

$$P(A)=\frac{3}{5}=0.6$$

$$P(AB)=\frac{3}{5}\times\frac{2}{4}=0.3$$

$$P(B|A)=\frac{P(AB)}{P(A)}=\frac{0.3}{0.6}=0.5$$

例 4-20 设某城市一年内刮风的概率为 0.35，下雨的概率为 0.2，既刮风又下雨的概率为 0.15，求：

(1) 在刮风的条件下，下雨的概率；

(2) 在下雨的条件下，刮风的概率。

解　设刮风为事件 A，下雨为事件 B，按题意有 $P(A)=0.35$，$P(B)=0.2$，$P(AB)=0.15$。

(1) $P(B|A)=\frac{P(AB)}{P(A)}=\frac{0.15}{0.35}=\frac{3}{7}$

(2) $P(A|B)=\frac{P(AB)}{P(B)}=\frac{0.15}{0.2}=\frac{3}{4}$

例 4-21　设某种动物由出生算起，活到 15 年以上的概率为 0.8，活到 20 年以上的概率为 0.3。如果现在有一只活了 15 年的这种动物，求它能活 20 年以上的概率。

解　设这种动物能活 15 年以上为事件 A，能活 20 年以上为事件 B，则 $P(A)=0.8$，$P(B)=0.3$。由于 $B\subset A$，所以 $AB=B$，从而 $P(AB)=P(B)=0.3$。由于有这一只动物已经活了 15 年的前提，因而所求的概率为 $P(B|A)$。由公式(4-9) 得

$$P(B|A)=\frac{P(AB)}{P(A)}=\frac{0.3}{0.8}=0.375$$

4.3.2　概率乘法公式

本小节讨论如何计算两个事件 A 与 B 的积事件 AB 的概率。将计算条件概率的公式以另一种形式写出，就得到下面的概率乘法公式。

定理 4-1　两事件的积事件的概率等于其中一事件的概率与另一事件在前一事件发生的条件下概率的乘积。

$$P(AB)=P(A)P(B|A)=P(B)P(A|B) \tag{4-10}$$

式(4-10) 通常称为概率**乘法公式**。

概率乘法公式可以推广到多个事件之积的情形，例如：

$$P(ABC)=P(C|AB)P(B|A)P(A) \tag{4-11}$$

例 4-22　我校派甲、乙二人与兄弟学校进行一次乒乓球友谊赛，由甲参加第一场比赛。根据对方出场人员名单和以往的情况知，甲获胜的概率为 0.7，并且若甲获胜则乙获胜的概率为 0.8，若甲失败则乙获胜的概率为 0.6。求：

(1) 甲、乙二人均获胜的概率；

(2) 甲、乙二人恰有一人获胜的概率。

解　设甲获胜为事件 A，乙获胜为事件 B，甲、乙二人恰有一人获胜为事件 C，则 $C=A\overline{B}+\overline{A}B$，且 $P(A)=0.7$，$P(B|A)=0.8$，$P(B|\overline{A})=0.6$。

(1) 根据式(4-10)，有

$$P(AB)=P(A)P(B|A)=0.7\times 0.8=0.56$$

(2) 根据式(4-10) 及式(4-5′)，有

$$\begin{aligned}P(A\overline{B})&=P(A)P(\overline{B}|A)=P(A)[1-P(B|A)]\\&=0.7\times(1-0.8)=0.14\\P(\overline{A}B)&=P(\overline{A})P(B|\overline{A})=[1-P(A)]P(B|\overline{A})\\&=(1-0.7)\times 0.6=0.18\end{aligned}$$

最后得

$$\begin{aligned}P(C)&=P(A\overline{B}+\overline{A}B)=P(A\overline{B})+P(\overline{A}B)\\&=0.14+0.18=0.32\end{aligned}$$

例 4-23　软件产品开发完成后，需要通过 3 道测试。已知软件通过第 1 道测试的概率为

$\frac{1}{3}$；若通过第 1 道测试，则通过第 2 道测试的概率为$\frac{2}{5}$；若通过第 2 道测试，则通过第 3 道测试的概率为$\frac{9}{10}$。求软件能通过这 3 道测试的概率。

解 设 $A_i(i=1,2,3)$ 表示事件“软件通过第 i 道测试”，则所求的概率为 $P(A_1A_2A_3)$。根据式(4-11)，有

$$P(A_1A_2A_3)=P(A_3|A_1A_2)P(A_2|A_1)P(A_1)$$
$$=\frac{9}{10}\times\frac{2}{5}\times\frac{1}{3}=0.12$$

4.3.3 事件的相互独立性

一个事件的发生与另一个事件的发生可能有关，也可能无关。例如，计算机的性能与其硬件的配置有关；森林火灾与天气状况有关；一个人的体温与计算机病毒无关；考试成绩的好坏与中美会谈结果无关。同一个概率问题中的两事件虽然不像前面所举的无关事件那样毫不相干，甚至涉及的面很窄，但也存在无关的可能。例如，将一颗骰子掷两次，第 2 次出现的点数与第 1 次出现的点数无关。这就需要对具体问题进行仔细的分析。

两个事件之间的关系影响到某些概率的计算，有必要进行讨论。

定义 4-5 若事件 A 与 B 中一个事件对另一个事件的条件概率不受另一个事件发生与否的影响，即条件概率

$$P(A|B)=P(A)$$

和条件概率

$$P(B|A)=P(B)$$

则称事件 A 与 B **互相独立**。

互相独立事件的概率乘法公式有以下的简单形式：

$$P(AB)=P(A)P(B) \tag{4-12}$$

可以说，式(4-12) 是事件 A 与 B 互相独立的另一个定义。

事件相互独立的概念可以推广到有限多个事件的情形：

设 $A_1,A_2,\cdots,A_n$ 为 n 个事件，如果对其中任意一部分事件 $A_{k_1},A_{k_2},\cdots,A_{k_s}$（其中$2\leqslant s\leqslant n$，且 $1\leqslant k_1<k_2<\cdots<k_s\leqslant n$），等式

$$P(A_{k_1}A_{k_2}\cdots A_{k_n})=P(A_{k_1})P(A_{k_2})\cdots P(A_{k_n}) \tag{4-13}$$

总成立，则称事件 A_1，A_2，…，A_n **相互独立**。

事件的相互独立与事件的互斥是两个不同的概念。一定要正确理解。

事件 A 与 B 互相独立意味着事件 A 是否发生不影响事件 B 发生的条件概率。事件 A 与 B 互斥意味着事件 A 的发生必然导致事件 B 不发生，从而影响事件 B 发生的条件概率。下面作进一步的讨论。

事件 A 与 B 互相独立等价于概率

$$P(AB)=P(A)P(B)$$

而若事件 A 与 B 互斥，则概率

$$P(AB)=0$$

当概率 $P(A)\neq 0$，$P(B)\neq 0$ 时，如果事件 A 与 B 互相独立，则有

$$P(AB)=P(A)P(B)\neq 0$$

于是事件 A 与 B 不互斥。如果事件 A 与 B 互斥，则有

$$P(AB)=0\neq P(A)P(B)$$

于是事件 A 与 B 不互相独立。

根据上面的讨论可以得到这样的结论：当概率 $P(A)\neq 0$，$P(B)\neq 0$ 时，事件 A 与 B 互相独立与事件 A 与 B 互斥不能同时成立。

定理 4-2　若事件 A 与 B 相互独立，则事件 A 与 $\overline{B}$，$\overline{A}$ 与 B，$\overline{A}$ 与 $\overline{B}$ 也相互独立。

证明　这里只证明 $\overline{A}$ 与 B 相互独立。其余的留给读者自己完成。

把事件 B 看成两个互斥事件 AB 与 $\overline{A}B$ 的和，则有

$$P(B)=P(AB)+P(\overline{A}B)$$

由此得

$$\begin{aligned}P(\overline{A}B)&=P(B)-P(AB)=P(B)-P(A)P(B)\\&=[1-P(A)]P(B)=P(\overline{A})P(B)\end{aligned}$$

所以，事件 $\overline{A}$ 与 B 相互独立。

定理 4-2 也可以推广到多个事件相互独立的情形。例如，如果 A_1、A_2、A_3 相互独立，则 $\overline{A_1}$、$\overline{A_2}$、$\overline{A_3}$ 也相互独立。

例 4-24　甲、乙、丙 3 人射击同一目标，他们的命中率分别为 0.3、0.4 和 0.5。如果每人发一枪，求下列各事件的概率：

(1) 目标被击中；

(2) 目标被击中一弹；

(3) 目标被击中两弹。

解　设 A_1、A_2、A_3 分别表示甲、乙、丙射中目标这 3 个事件，B 表示事件"目标被击中一弹"，C 表示事件"目标被击中两弹"。显然，A_1、A_2、A_3 相互独立，并且 $B=A_1\overline{A_2}\,\overline{A_3}+\overline{A_1}A_2\overline{A_3}+\overline{A_1}\,\overline{A_2}A_3$，$C=A_1A_2\overline{A_3}+A_1\overline{A_2}A_3+\overline{A_1}A_2A_3$。

(1) 所求的概率为 $P(A_1+A_2+A_3)$，因而

$$\begin{aligned}P(A_1+A_2+A_3)&=1-P(\overline{A_1+A_2+A_3})=1-P(\overline{A_1A_2A_3})\\&=1-P(\overline{A_1})P(\overline{A_2})P(\overline{A_3})\\&=1-(1-0.3)\times(1-0.4)\times(1-0.5)=0.79\end{aligned}$$

(2) $$\begin{aligned}P(B)&=P(A_1\overline{A_2}\,\overline{A_3}+\overline{A_1}A_2\overline{A_3}+\overline{A_1}\,\overline{A_2}A_3)=P(A_1\overline{A_2}\,\overline{A_3})+P(\overline{A_1}A_2\overline{A_3})+P(\overline{A_1}\,\overline{A_2}A_3)\\&=0.3\times(1-0.4)\times(1-0.5)+(1-0.3)\times0.4\times(1-0.5)+(1-0.3)\times\\&\quad(1-0.4)\times0.5\\&=0.44\end{aligned}$$

(3) $$\begin{aligned}P(C)&=P(A_1A_2\overline{A_3}+A_1\overline{A_2}A_3+\overline{A_1}A_2A_3)=P(A_1A_2\overline{A_3})+P(A_1\overline{A_2}A_3)+P(\overline{A_1}A_2A_3)\\&=0.3\times0.4\times(1-0.5)+0.3\times(1-0.4)\times0.5+(1-0.3)\times0.4\times0.5\\&=0.29\end{aligned}$$

例 4-25　一个元件能正常工作的概率称为这个元件的**可靠性**；称由若干元件组成的一个系统能正常工作的概率为这个系统的可靠性。设有 3 个元件按照图 4-6(a) 和图 4-6(b) 所示的方式构成

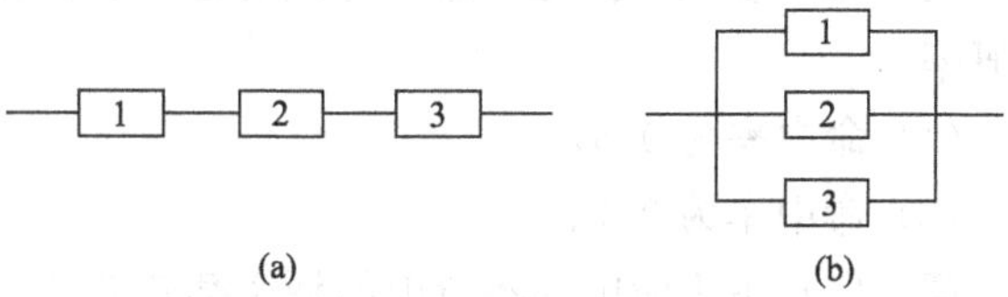

图 4-6

串联系统和并联系统。若构成系统的每个元件的可靠性均为 $r(0<r<1)$，且各元件能否正常工作是相互独立的。求每个系统的可靠性。

解 对两个系统，统一设 A_1、A_2、A_3 分别表示第 1、第 2、第 3 个元件能正常工作这 3 个事件。

对图 4-6(a) 所示的串联系统，再设 B 表示事件"该串联系统能正常工作"。对于串联系统，只有当该系统中的每一个元件都正常工作时，整个系统才能正常工作。所以 $B=A_1A_2A_3$，且 A_1、A_2、A_3 相互独立。因此有

$$P(B)=P(A_1A_2A_3)=P(A_1)P(A_2)P(A_3)$$
$$=r\times r\times r=r^3$$

对图 4-6(b) 所示的并联系统，再设 C 表示事件"该并联系统能正常工作"。对于并联系统，只要有一个元件正常工作，整个系统就能正常工作。所以 $C=A_1+A_2+A_3$，且有

$$\overline{A_1+A_2+A_3}=\overline{A_1}\,\overline{A_2}\,\overline{A_3}$$

又因为 A_1、A_2、A_3 相互独立，所以 $\overline{A_1}$、$\overline{A_2}$、$\overline{A_3}$ 也相互独立。故

$$P(C)=P(A_1+A_2+A_3)=1-P(\overline{A_1+A_2+A_3})$$
$$=1-P(\overline{A_1}\,\overline{A_2}\,\overline{A_3})=1-P(\overline{A_1})P(\overline{A_2})P(\overline{A_3})$$
$$=1-(1-r)^3$$

由以上两例知，对于相互独立的事件，有关的概率计算比较简便。

4.4 重复独立试验

现实世界存在许多这种类型的试验：这种试验可以在完全同样的条件下重复做多次，且每次试验都不受其他各次试验的影响，即每次试验的随机事件的概率都相同。通常称这类重复做 n 次的试验为 n 次**重复独立试验**或 n **重伯努利**（Bernoulli）**试验或独立试验序列概型**。

重复独立试验与古典概型的相同点是：每个基本事件的概率都是确定的；不同点是：重复独立试验的每个基本事件的概率可以不同，而古典概型的每个基本事件的概率都相同。因此，可以说，古典概型是重复独立试验的特例，重复独立试验是古典概型的推广。

下面是几个典型的重复独立试验。

实例 4-7 射击问题。若射击的条件不变，则可以认为多次射击中的每一次击中目标和未击中目标的概率都是不变的。

实例 4-8 产品检验问题。如果生产条件是稳定的，则可以认为多次检验中的每一次检验结果为一等品、二等品和次品的概率都是不变的。

实例 4-9 通讯问题。若通讯的条件不变，则可以认为多个信息中的每一个信息被正确接收和错误接收的概率都是不变的。

例 4-26 设某人打靶，且独立地射击 5 次，在下列不同命中率情况下，求恰好命中 2 次的概率：

(1) 命中率为 0.5；

(2) 命中率为 0.7。

解 (1) 由于命中和不命中的概率都是 0.5，所以是古典概型。由于独立射击 5 次共有 $n=2^5=32$ 个基本事件，而事件"恰好命中 2 次"共含 $m=C_5^2=10$ 个基本事件，故所求

概率为

$$P=\frac{10}{32}=\frac{5}{16}$$

(2) 由于命中和不命中的概率不相同，所以不是古典概型，而是重复独立试验。如果指定某两次（例如前两次）射击命中，而另三次射击不命中，则其概率为 $0.7^2\times(1-0.7)^3$；然而，本题是求 5 次射击中命中 2 次的概率，即不论是哪两次射击命中；按组合算法应有 $C_5^2=10$ 种射中两次的方式，按概率的加法公式便得所求概率为

$$P=C_5^2\times0.7^2\times(1-0.7)^3=0.1323$$

本例第 (2) 小题的解答方法具有普遍性，这就是下面的定理 4-3。

定理 4-3　如果事件 A 在每次试验中出现的概率为 p，则在 n 次重复试验中 A 发生 k 次的概率 $P_n(k)$ 为

$$P_n(k)=C_n^k p^k(1-p)^{n-k}\quad(k=0,1,2,\cdots,n)\tag{4-14}$$

证明　先考虑事件 A 在指定的 k 次试验中出现，而在其余的 $n-k$ 次试验中不出现的情形。这时的概率是

$$p^k(1-p)^{n-k}$$

而 n 次重复试验中事件 A 恰好出现 k 次可以是在 n 次试验中的任意 k 次中出现。根据组合知识，在 n 次试验中选取 k 次有 C_n^k 种出现方式。再按概率加法公式便可求得 $P_n(k)$：

$$P_n(k)=C_n^k p^k(1-p)^{n-k}\quad(k=0,1,2,\cdots,n)$$

因为 $P_n(k)=C_n^k p^k(1-p)^{n-k}(k=0,1,2,\cdots,n)$ 恰好是 $[p+(1-p)]^n$ 按二项公式展开时的各项，所以公式(4-14) 称为**二项概率公式**。

能够运用二项概率公式(4-14) 的前提是正确判定一个实验是否为重复独立试验。

【说明】　在若干个物品中抽取几个物品，“有放回”抽取是重复独立试验，“无放回”抽取不是重复独立试验。一般情况下，“有放回”抽取与“无放回”抽取的概率不同。

如果物品总数很多，“无放回”抽取与“有放回”抽取的实验条件非常接近，一般都不加区别地认为是重复独立试验。这类问题的典型叙述方式是：一批产品，次品率为 10%。从中抽取……。

为了加强认识，又避免繁杂的数值计算。下面举一个数值很小的例子。

例 4-27　口袋里有 3 个黑球、2 个白球，求下列事件的概率：

(1) 有放回地取 2 次，恰有 1 次取到黑球；

(2) 无放回地取 2 次，恰有 1 次取到黑球。

解　(1) 这是重复独立试验。按题给条件知，口袋中的黑球占 60%，白球占 40%。按公式(4-14) 求得概率为 $P_2(1)$：

$$P_2(1)=C_2^1\times0.6\times0.4=0.48$$

(2) 这不是重复独立试验。设第一次取到黑球且第二次取到白球为事件 A，第一次取到白球且第二次取到黑球为事件 B，则事件 A 与事件 B 互不相容。所求的概率为 $P(A+B)$：

$$\begin{aligned}P(A+B)&=P(A)+P(B)\\&=\frac{3}{5}\times\frac{2}{4}+\frac{2}{5}\times\frac{3}{4}=0.6\end{aligned}$$

本例具体说明，“有放回”抽取与“无放回”抽取确实不同。

例 4-28　一批产品中次品率为 20%。从中取 5 件产品进行检查，求下列事件的概率：

(1) 5 件产品中恰好有 3 件次品；

(2) 5 件产品中的次品不超过 2 件。

解 这个问题属于重复独立试验。设 A_0、A_1、A_2、A_3 依次为 5 件产品中恰好有 0 件、1 件、2 件、3 件次品。按二项概率公式可求得两个事件的概率：

(1) $P(A_3)=P_5(3)=C_5^3\times0.2^3\times0.8^2=0.0512$

(2) $P(A_0+A_1+A_2)=P_5(0)+P_5(1)+P_5(2)$

$$=C_5^0\times0.8^5+C_5^1\times0.2\times0.8^4+C_5^2\times0.2^2\times0.8^3$$

$$=0.3277+0.4096+0.2048=0.9421$$

4.5 全概率公式与贝叶斯公式

实际的概率问题可能比前面讨论过的还要复杂。例如，在试验 E 中，事件 B 往往伴随一个完备事件组 A_1，A_2，…，A_n 中某事件的发生而发生。如果已知各概率 $P(A_i)$、$P(B|A_i)(i=1,2,\cdots,n)$，如何求 $P(B)$ 和 $P(A_i|B)$ 呢？本节将要介绍的全概率公式和贝叶斯公式是解答这两类问题的有效方法。

4.5.1 全概率公式

在例 4-19 的问题中，如果直接问第 2 次摸到黑球的概率（不管第 1 次摸球的情况），当然可以直接计算。但是，从另一个角度考虑，可以把这个问题看成“在第 1 次摸到黑球的条件下，第 2 次摸到黑球”与“在第 1 次摸到白球的条件下，第 2 次摸到黑球”这两个事件的和事件。这两种不同考虑下计算概率的方法不同，但结果应该相同。如果仍设第 1 次摸到黑球为事件 A，第 2 次摸到黑球为事件 B，则应该有

$$P(B)=P(BA)+P(B\overline{A})$$

$$=P(A)P(B|A)+P(\overline{A})P(B|\overline{A})$$

这个例子有普遍意义：如果直接求一个事件的概率有困难，可以把该事件分解为若干互斥子事件的和，分别求各子事件的概率，再由加法公式求得最后结果，这就是下面介绍的定理 4-4。

定理 4-4 如果事件 $A_1,A_2,\cdots,A_n$ 是试验的一个完备事件组，且 $P(A_i)>0(i=1,2,\cdots,n)$，则对于 E 中任一事件 B，有

$$P(B)=P(A_1)P(B|A_1)+P(A_2)P(B|A_2)+\cdots+P(A_n)P(B|A_n)$$

$$=\sum_{i=1}^{n}P(A_i)P(B|A_i) \tag{4-15}$$

证明 因为事件 $A_1,A_2,\cdots,A_n$ 是一个完备事件组，于是有

$$B=B(A_1+A_2+\cdots+A_n)=BA_1+BA_2+\cdots+BA_n$$

且 $BA_1,BA_2,\cdots,BA_n$ 两两互斥。因此有

$$P(B)=P(BA_1)+P(BA_2)+\cdots+P(BA_n)$$

$$=P(A_1)P(B|A_1)+P(A_2)P(B|A_2)+\cdots+P(A_n)P(B|A_n)$$

$$=\sum_{i=1}^{n}P(A_i)P(B|A_i)$$

证毕

公式(4-15) 称为**全概率公式**。

通过图 4-7 所示的文氏图可以加深对全概率公式的理解。

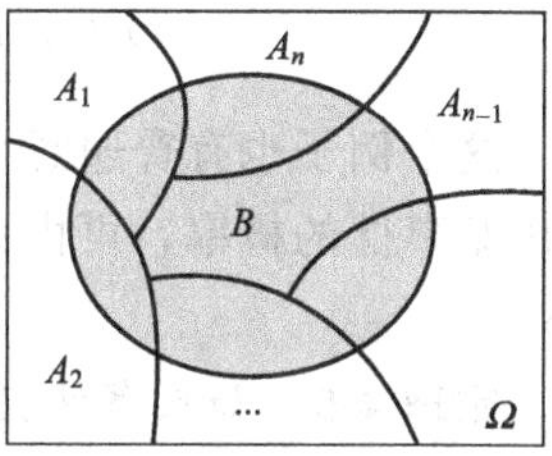

图 4-7

例 4-29　某地刮风和下雨有一定的联系。多年的统计数据表明，如果刮风了，那么下雨的概率为 0.3，如果不刮风，那么下雨的概率为 0.2。又知道该地刮风的概率为 0.6。求该地下雨的概率。

解　设 A 表示事件"该地刮风"，B 表示事件"该地下雨"，于是有

$$P(A)=0.6,\quad P(B|A)=0.3,\quad P(B|\overline{A})=0.2$$

由全概率公式(4-15) 得

$$\begin{aligned}P(B)&=P(A)P(B|A)+P(\overline{A})P(B|\overline{A})\\&=0.6\times0.3+0.4\times0.2=0.26\end{aligned}$$

例 4-30　8 个乒乓球中有 6 个新的，2 个旧的。第 1 次比赛时取出了 2 个，用完放回。第 2 次比赛也取出 2 个。求第 2 次取出的 2 个都是新球的概率。

解　设 $A_i(i=0,1,2)$ 表示事件"第 1 次比赛取到 i 个新球"，B 表示事件"第 2 次比赛取出的 2 个都是新球"。注意到：如果第 1 次比赛取到 i 个新球，则在第 2 次比赛取球前的新球数为 $6-i$ 个。根据全概率公式(4-15)，有

$$\begin{aligned}P(B)&=P(A_0)P(B|A_0)+P(A_1)P(B|A_1)+P(A_2)P(B|A_2)\\&=\sum_{i=0}^{2}\frac{C_6^iC_2^{2-i}}{C_8^2}\times\frac{C_{6-i}^2}{C_8^2}\\&=\frac{C_6^0C_2^2}{C_8^2}\times\frac{C_6^2}{C_8^2}+\frac{C_6^1C_2^1}{C_8^2}\times\frac{C_5^2}{C_8^2}+\frac{C_6^2C_2^0}{C_8^2}\times\frac{C_4^2}{C_8^2}\\&=0.287\end{aligned}$$

例 4-31　设某仓库有 10 箱同样规格的产品。其中，有 5 箱、3 箱、2 箱依次是甲厂、乙厂、丙厂生产的。并且，甲厂、乙厂、丙厂生产的该种产品的次品率依次为 $\frac{1}{10}$、$\frac{1}{15}$、$\frac{1}{20}$。从这 10 箱产品的任取 1 箱，再从这箱中任取 1 件产品，求取得正品的概率。

解　设 A_1、A_2、A_3 依次表示事件"取得的这箱产品是甲厂、乙厂、丙厂生产"，B 表示事件"取得的产品是正品"，于是有

$$P(A_1)=\frac{5}{10},\qquad P(A_2)=\frac{3}{10},\qquad P(A_3)=\frac{2}{10},$$

$$P(B|A_1)=\frac{9}{10},\qquad P(B|A_2)=\frac{14}{15},\qquad P(B|A_3)=\frac{19}{20}$$

按全概率公式(4-15)，有

$$\begin{aligned}P(B)&=P(A_1)P(B|A_1)+P(A_2)P(B|A_2)+P(A_3)P(B|A_3)\\&=\frac{5}{10}\times\frac{9}{10}+\frac{3}{10}\times\frac{14}{15}+\frac{2}{10}\times\frac{19}{20}=0.92\end{aligned}$$

4.5.2　贝叶斯公式

在例 4-19 的问题中，如果问在第 2 次摸到黑球的条件下，第 1 次摸到黑球的概率。如果仍设第 1 次摸到黑球为事件 A，第 2 次摸到黑球为事件 B，则根据条件概率公式和全概率公式可得

$$P(A|B)=\frac{P(AB)}{P(B)}=\frac{P(A)P(B|A)}{P(A)P(B|A)+P(\overline{A})P(B|\overline{A})}$$

这个例子也有普遍意义：如果直接求一个条件概率有困难，可以先由全概率公式(4-15)求出某事件的概率，再由条件概率公式(4-9) 求出这个条件概率，这就是下面介绍的定理4-5。

定理 4-5 如果事件 A_1，A_2，…，A_n 是试验 E 的一个完备事件组，B 为 E 中任一事件，且 $P(A_i)>0(i=1,2,\cdots,n)$，$P(B)>0$，则

$$P(A_i|B)=\frac{P(A_i)P(B|A_i)}{\sum_{j=1}^{n}P(A_j)P(B|A_j)} \quad (i=1,2,\cdots,n) \tag{4-16}$$

公式(4-16) 称为**贝叶斯 (Bayes) 公式或逆概率公式**。

例 4-32 如果例 4-31 中抽到的产品是正品，求所抽到的产品依次是甲厂、乙厂、丙厂生产的概率。

解 仍然采用例 4-31 设定的记号，已知数据为

$$P(A_1)=\frac{5}{10}, \qquad P(A_2)=\frac{3}{10}, \qquad P(A_3)=\frac{2}{10},$$

$$P(B|A_1)=\frac{9}{10}, \qquad P(B|A_2)=\frac{14}{15}, \qquad P(B|A_3)=\frac{19}{20}$$

要计算的是 $P(A_1|B)$、$P(A_2|B)$和 $P(A_3|B)$。

按全概率公式，有

$$\sum_{i=1}^{3}P(A_i)P(B|A_i)=P(B)=P(A_1)P(B|A_1)+P(A_2)P(B|A_2)+P(A_3)P(B|A_3)$$

$$=\frac{5}{10}\times\frac{9}{10}+\frac{3}{10}\times\frac{14}{15}+\frac{2}{10}\times\frac{19}{20}=0.92$$

将上述结果代入贝叶斯公式(4-16)，得

$$P(A_1|B)=\frac{P(A_1)P(B|A_1)}{\sum_{j=1}^{n}P(A_j)P(B|A_j)}=\frac{\frac{5}{10}\times\frac{9}{10}}{0.92}=\frac{45}{92}$$

同理可求得

$$P(A_2|B)=\frac{28}{92}, \qquad P(A_3|B)=\frac{19}{92}$$

例 4-33 假定在无线电通信的整个发报过程中，发出“·”和“—”的概率分别是 0.6 和 0.4。由于受到干扰，当发出信号“·”时，收到信号为“·”和“—”的概率分别是 0.8 和 0.2，当发出信号“—”时，收到信号为“—”和“·”的概率分别是 0.9 和 0.1。求：(1) 收到信号“·”的概率；(2) 当收到信号“·”时，确是发出信号“·”的概率。

解 设 A_1、A_2分别表示发出信号“·”和“—”的事件，B 为收到信号“·”的事件，则

(1) $P(B)=P(A_1)P(B|A_1)+P(A_2)P(B|A_2)$

$=0.6\times0.8+0.4\times0.1=0.52$

(2) $P(A_1|B)=\dfrac{P(A_1)P(B|A_1)}{P(A_1)P(B|A_1)+P(A_2)P(B|A_2)}$

$$=\frac{0.6\times0.8}{0.6\times0.8+0.4\times0.1}=0.923$$

解答第（2）小题也可以利用第（1）小题的结果做分母。

4.6　本章小结

本章重点介绍了随机事件及其概率的基本知识。重点是：（1）随机事件、事件间的关系、概率、条件概率、事件的相互独立性等概念；（2）事件间的运算、概率加法公式、概率乘法公式、全概率公式、贝叶斯公式等基本知识。下面是本章知识的要点以及对它们的要求。

◇深刻理解随机事件、样本空间、事件间的各种关系等概念，熟练掌握事件间的运算。

◇懂得古典概型的概率的定义，会计算简单的古典概型的概率。

◇深刻理解概率加法公式，会计算有关问题的概率。

◇理解条件概率、概率乘法公式、事件的相互独立性，会计算有关问题的概率。

◇知道全概率公式、贝叶斯公式，会计算有关问题的概率。

习　　题

一、单项选择题

4-1　口袋里有若干黑球与若干白球。每次任取 1 个球，共抽取两次。设事件 A 表示第一次取到黑球，事件 B 表示第二次取到黑球，则表示事件“仅有一次取到黑球”的是________。

(A) $A+B$　　(B) AB　　(C) $A\bar{B}+\bar{A}B$　　(D) $\bar{A}\bar{B}+AB$

4-2　甲、乙、丙三门炮各向同一目标发射一发炮弹，设事件 A 表示甲炮击中目标，事件 B 表示乙炮击中目标，事件 C 表示丙炮击中目标，则 $\bar{A}+BC$ 表示的事件的是________。

(A) 甲炮没有击中目标，但乙炮和丙炮都击中目标

(B) 甲炮没有击中目标，或者乙炮和丙炮都击中目标

(C) 三门炮中仅有两门击中目标

(D) 甲炮没有击中目标，并且乙炮和丙炮都击中目标

4-3　若 A、B、C 表示三个事件，则事件 $\overline{ABC}$ 与下列事件中的________相同。

(A) $\bar{A}\bar{B}\bar{C}$　　(B) $A+B+C$　　(C) $\bar{A}+\bar{B}+\bar{C}$　　(D) $AB+BC+AC$

4-4　若 A、B、C 表示三个事件，则下列各组事件中两事件相同的是________。

(A) $A\bar{B}\bar{C}+\bar{A}B\bar{C}+\bar{A}\bar{B}C$ 与 $\overline{ABC}$　　(B) $\overline{\bar{A}\bar{B}\bar{C}}$ 与 $1-A\bar{B}\bar{C}-\bar{A}B\bar{C}-\bar{A}\bar{B}C-\bar{A}\bar{B}\bar{C}$

(C) $A\bar{B}C$ 与 $1-\bar{A}B\bar{C}$　　(D) $\bar{A}+A\bar{B}C+AB\bar{C}$ 与 $1-A(BC+\bar{B}\bar{C})$

4-5　下列各命题中错误的是________。

(A) 若两事件 A 与 B 互不相容，则 A 与 B 互逆

(B) 若两事件 A 与 B 互逆，则 $AB=\varnothing$

(C) 若两事件 A 与 B 互逆，则 A 与 B 构成一个完备事件组

(D) 若两事件 A 与 B 互逆，则 $A+B=\Omega$

4-6　设 A、B 为两事件，且 $A\subset B$，则下列结论成立的是________。

(A) A 与 B 互斥　　(B) A 与 $\bar{B}$ 互斥

(C) $\bar{A}$ 与 B 互斥　　(D) $\bar{A}$ 与 $\bar{B}$ 互斥

4-7　$P(A+B)=P(A)+P(B)$ 成立的条件是________。

(A) A 与 B 互不相容　　(B) A 与 B 互逆

(C) A 与 B 相互独立　　(D) A 与 B 构成一个完备事件组

4-8　$P(AB)=P(A)P(B)$成立的条件是________。

(A) A与B互不相容　　(B) A与B互斥

(C) A与B相互独立　　(D) A与B构成一个完备事件组

4-9　下列各命题中错误的是________。

(A) 若两事件A与B相互独立，则A与$\overline{B}$相互独立

(B) 若两事件A与B相互独立，则$P(A+B)=P(A)+P(B)$

(C) 若两事件A与B相互独立，则$P(AB)=P(A)P(B)$

(D) 若两事件A与B相互独立，则$P(A|B)=P(A)$

4-10　掷两颗质量均匀的骰子，出现点数之和等于6的概率为________。

(A) $\frac{1}{6}$　　(B) $\frac{1}{3}$　　(C) $\frac{5}{36}$　　(D) $\frac{1}{36}$

4-11　设A、B为两事件，且$P(A)=\frac{1}{3}$，$P(A|B)=\frac{2}{3}$，$P(\overline{B}|A)=\frac{3}{5}$，则与$P(B)$相等的是________。

(A) $\frac{4}{5}$　　(B) $\frac{1}{5}$　　(C) $\frac{2}{5}$　　(D) $\frac{3}{5}$

4-12　设A、B为两事件，且$P(A)=\frac{1}{3}$，$P(B)=\frac{1}{2}$，$P(AB)=\frac{1}{6}$，则下列结论成立的是________。

(A) A包含B　　(B) A与B互斥

(C) A与B相互独立　　(D) A与B构成一个完备事件组

二、填空题

4-1　从一副扑克牌（不包括大小王的52张）中任取8张，观察出现红桃的张数。其样本空间为____________。

4-2　连续抛一枚硬币两次，若将正面朝上记为1，反面朝上记为0，记录可能出现的情况，其样本空间为____________。

4-3　连续抛一枚硬币，直到正面朝上为止，记录抛币次数，其样本空间为____________。

4-4　若A、B、C表示三个事件，则事件“三个事件中至少有一个发生”用符号表示为__________。

4-5　从编号为1到10的十张卡片中任取一张卡片。设事件A表示取到卡片编号为奇数，事件B表示取到卡片编号小于7，则事件$\overline{A+\overline{B}}$表示取到卡片编号为__________。

4-6　若$P(A+B)=P(A)+P(B)$，则两事件A与B__________。

4-7　若$P(A|B)=P(A)$，则两事件A与B__________。

4-8　若$P(AB)=P(A)P(B)$，则两事件A与B__________。

4-9　当____________时，$P(A-B)=P(A)-P(B)$。

4-10　设A、B为两互斥事件，且$P(A)=0.2$，$P(B)=0.5$，则$P(AB)=$__________。

三、综合题

4-1　写出下列各个事件的样本空间：

(1) 从一副仅含4种花色的扑克牌中任抽一张，观察该牌的点数；

(2) 检查5台电脑，记录有病毒的台数；

(3) 如果某十字路口每个方向禁止汽车通行的时间都是50秒钟，记录司机等待通过的时间。

4-2　掷一颗质量均匀的骰子，设各个事件如下：A={出现的点数是奇数}，B={出现的点数小于3}，C={出现的点数大于1}，D={出现的点数是偶数}。求：(1) $A+C$；(2) AB；(3) CD；(4) $D-C$。

4-3　甲、乙、丙三人射击同一个目标。设事件A表示甲射中目标、事件B表示乙射中目标、事件C表示丙射中目标。试用符号表示下列各个事件：

(1) 恰有2人射中目标；

(2) 至少有一人射中目标；

(3) 甲、乙二人仅有一人射中目标。

4-4 设 A、B、C 表示三个事件。利用 A、B、C 表示下列事件：

(1) A、B、C 不都出现，也不都不出现；

(2) 恰有一个事件出现；

(3) 事件 A 和事件 B 不同时出现。

4-5 为了调查某地区一种珍贵动物的数量，采取以下方法：在这一地区捕捉到 30 头该动物，在它们身上做一个永久性记号后再放生。过一段时间，再从这一地区捕捉到 20 头该动物，发现其中有 3 头有记号，问该地区这种珍贵动物的数量大约是多少？

4-6 将一枚硬币掷 3 次，问正面朝上的次数分别为 2 次和 3 次的概率各是多少？

4-7 5 个外观一样的产品中有 3 个正品、2 个次品，从中任取 3 个，问下列事件的概率各是多少？

(1) 3 个全是正品；

(2) 2 个正品，1 个次品；

(3) 至少有 1 个次品。

4-8 在 1、2、3、…、1000 这 1000 个正整数中任取一个数，求它能被 2 或 5 整除的概率。

4-9 10 把钥匙中有 3 把能打开门。现在任取两把，求能打开门的概率。

4-10 从 6 对夫妇中任挑 4 人，求至少有 2 人是一对夫妇的概率。

4-11 甲、乙二人相约在 18：00 到 18：30 之间在国家大剧院门口见面。先到的一人等候另一人 15 分钟后离去。如果甲、乙二人在 18：00 到 18：30 这段时间到达约定地点是等可能的，且二人到达的时间互不影响。求甲、乙二人能见面的概率。

4-12 袋中有 5 个球，其中 2 个白色，3 个黑色。从中任意取球两次，每次取 1 只。第 1 次取 1 只，观察颜色后放回，混合后再取 1 只。求：

(1) 取出的两只球都是黑球的概率；

(2) 取出的两只球颜色不同的概率。

4-13 球的情况与 4-12 题相同。但第 1 次取球后不放回，第 2 次从剩余的球中再取 1 只。求：

(1) 取出的两只球都是黑球的概率；

(2) 取出的两只球颜色不同的概率。

4-14 在 10 张光盘中有 3 张是盗版。现在任取 4 张，问下列事件的概率各是多少？

(1) 4 张中恰有 1 张是盗版；

(2) 4 张中至少有 1 张是盗版。

4-15 光盘的情况与 4-14 题相同。现在依次取 2 张（每次取后不放回），如果已经知道第 1 次取出的光盘是正版，求此条件下第 2 次取出的光盘是盗版的概率。

4-16 一对夫妇有两个孩子，每个孩子的性别是男是女的概率相等。现已知这两个孩子中至少有一个是女孩，求这对夫妇的两个孩子性别不同的概率。

4-17 在一电路中电压超过额定值的概率为 p_1，在电压超过额定值的情况下该电路中元件损坏的概率为 p_2，求该电路中元件由于高电压而损坏的概率 p。

4-18 甲、乙、丙 3 部机床独立工作，由一名工人照管。一个小时内它们不需要人照管的概率分别是 0.95、0.85 和 0.9，求这段时间内：

(1) 3 台机床都不需要人照管的概率；

(2) 有机床因无人照管而停工的概率。

4-19 某工厂的一、二、三车间生产同一种产品，其产量分别占全厂总产量的 30%、30% 和 40%，而次品率分别为 1%、2% 和 2%。现从该工厂的产品中任取一件，求该产品为次品的概率。

4-20 某工厂的一、二、三车间生产同一种产品，其产量分别占全厂总产量的 40%、35% 和 35%，而次品率分别为 1%、1.5% 和 1.8%。现从该工厂的产品中任取一件，发现是次品。问该产品是一车间生产的概率是多少？

4-21 口袋里有 6 个黑球和 4 个白球。每次任取 1 个球，第一次取出球后不放回，再取第二个球。分别求下列事件的概率：

(1) 在第一次取到黑球条件下，第二次取到黑球；

(2) 在第一次取到白球条件下，第二次取到白球。

4-22 设有 3 个元件按照如图 4-8(a) 和 (b) 所示的方式构成两个系统。若构成系统的每个元件的可靠性均为 $r(0<r<1)$，且各元件能否正常工作是相互独立的。求下列两个系统的可靠性：

(1) 图 (a) 所示的系统；

(2) 图 (b) 所示的系统。

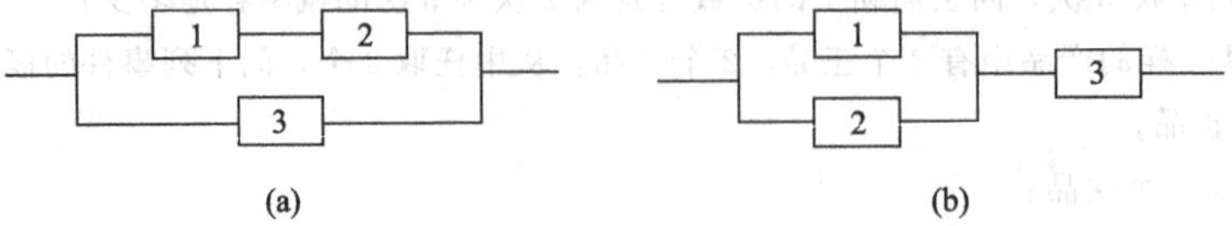

图 4-8

4-23 已知 50 件产品有 5 件次品。现在有放回地抽取 5 件，求其中恰有 2 件次品的概率。

4-24 条件和例 4-33 相同。求当收到信号“—”时，确是发出信号“—”的概率。

第 5 章　随机变量及其概率分布

本章主要介绍以下内容。

(1) 随机变量、随机变量的分布函数、离散型随机变量、离散型随机变量的概率分布、连续型随机变量、连续型随机变量的概率密度、随机变量的函数等概念。

(2) 随机变量分布函数的性质，离散型随机变量概率分布的基本性质，连续型随机变量概率密度的基本性质。

(3) 二项分布、泊松分布的概念和它们的分布函数。

(4) 均匀分布、正态分布的概念和它们的概率密度。

(5) 随机变量函数的分布。

第 4 章介绍了随机事件及其概率。为了从整体上研究随机试验的结果，揭示随机现象的规律性，需要引入一些量化的概念。本章将介绍随机变量的概念及其概率分布。

5.1 随机变量

在随机试验中，试验的每一种可能结果都可以用一个数来表示，它是随着试验结果的不同而变化的变量。这种取值带有随机性，但具有概率规律的变量就是随机变量。为了对随机变量有感性认识，下面先介绍两个实例。

实例 5-1　某电话机在一天中接到的呼叫次数 X 是一个随机变量。如果这一天没有接到呼叫，则 $X=0$；如果这一天接到 1 次呼叫，则 $X=1$；如果这一天接到 2 次呼叫，则 $X=2$；……；这里 X 可取任何一个自然数，但事先不能确定取哪个值。

实例 5-2　掷一枚硬币，可能正面朝上，也可能反面朝上。如果令 $X=1$ 表示正面朝上，$X=0$ 表示反面朝上，即

$$X=\begin{cases}1 & (\text{正面朝上})\\ 0 & (\text{反面朝上})\end{cases}$$

这样，变量 X 的取值就与试验的结果一一对应了。X 按正面朝上和反面朝上分别取值 1 和 0，但事先不能确定取哪个值。

实例 5-1 代表了这样一类随机试验：其结果就是数量。实例 5-2 代表了另一类随机试验：其结果与数量无关，但可以把试验结果数量化。这就是下面定义的随机变量。

定义 5-1　设试验 E 的样本空间为 Ω，如果对于每一个样本点 $\omega\in\Omega$，都有一个实数 $X(\omega)$ 与之对应，则称 $X(\omega)$ 为**随机变量**，简记为 X。

随机变量通常用大写字母 X、Y、Z、…表示。随机变量可取的具体数值通常用小写字母 x、y、z、…表示。

引入随机变量的目的是把随机事件数字化。这样一来，不仅可以避免诸如“10 件产品中有 1 件次品”、“掷一枚硬币正面朝上”的文字叙述，更重要的是可以直接运用数学工具来研究概率问题。

引入随机变量后，随机事件就可以用随机变量的取值表示。这样就把对随机事件及其概率的研究转化为对随机变量及其概率的研究，从而可以揭示随机现象的数量规律。

为了加深对随机变量的理解，下面再举几个实例。

实例 5-3 在10张光盘中有7张是正版，3张是盗版。从中任取2张，则“取得盗版光盘的数目”X是一个随机变量，它只能在0、1、2这3个数中取值。

实例 5-4 某人连续向同一个目标射击10次，则“击中目标的次数”X是一个随机变量，它可以取0到10之间的任何自然数。

实例 5-5 某人连续向同一个目标射击，直到击中目标才停止射击，则“射击次数”X是一个随机变量，它可以取不包括0的任何自然数。

实例 5-6 在人群中进行血型调查。如果用1、2、3、4分别代表A型、B型、AB型和O型，则“查看到的血型”X是一个随机变量，它可以取1、2、3、4这4个数中的任何一个。

实例 5-7 某路公共汽车每隔10分钟发一辆车，旅客等车时间（以分钟数计）X是一个随机变量，它可以取区间（0，10）中的任一实数。事件$\{X>3\}$的实际意义是：等车时间超过3分钟。事件$\{1\leqslant X\leqslant 5\}$的实际意义是：等车时间在1分钟到5分钟之间（包括1分钟和5分钟）。

实例 5-8 某电子元件的使用寿命（以小时数计）X是一个随机变量，理论上它可以取任何正实数。事件$\{X>1000\}$的实际意义是：使用寿命超过1000小时。

在上述几个实例中，随机变量的取值有两种不同的情况。如果随机变量可以逐个列出，这样的随机变量是离散型随机变量；如果随机变量可以在一个区间内任意取值，这样的随机变量是连续型随机变量。

5.2 随机变量的分布函数

为了完整地描述试验中随机变量取值的概率规律，这里介绍分布函数的概念。

定义 5-2 设X为随机变量，x是任意实数，则称函数

$$F(x)=P\{X\leqslant x\}(-\infty<x<+\infty) \tag{5-1}$$

为随机变量X的**分布函数**。

根据分布函数的定义和概率的性质，可以推导出用分布函数$F(x)$计算各种概率的方法，例如

$$\begin{aligned}P\{a<X\leqslant b\}&=P\{\{X\leqslant b\}-\{X\leqslant a\}\}\\&=P\{X\leqslant b\}-P\{X\leqslant a\}\\&=F(b)-F(a)\end{aligned}$$

即

$$P\{a<X\leqslant b\}=F(b)-F(a) \tag{5-2}$$

还有

$$P\{X>a\}=1-P\{X\leqslant a\}=1-F(a) \tag{5-3}$$

说明：式(5-1)至（5-3）中以及以后的有关数学表达式中的不等号是针对离散型随机变量定义的，不能改变；将这些公式应用于连续型随机变量的情形，用“$\leqslant$”或“$<$”以及用“$\geqslant$”或“$>$”是一样的，理由见定义5-8后面的说明。

例 5-1　掷一枚硬币，观察正面朝上还是反面朝上。令

$$X=\begin{cases}1 & (\text{正面朝上})\\ 0 & (\text{反面朝上})\end{cases}$$

试求：(1) X 的分布函数 $F(x)$；(2) 概率 $P\{0\leqslant X<1\}$；(3) 概率 $P\{X>2\}$。

解　(1) X 的所有可能的取值为 0 和 1，且知 $P\{X=0\}=\frac{1}{2}$，$P\{X=1\}=\frac{1}{2}$。

① 当 $x<0$ 时，$F(x)=P\{X\leqslant x\}=P(\varnothing)=0$

② 当 $0\leqslant x<1$ 时，$F(x)=P\{X\leqslant x\}=P\{X=0\}=\frac{1}{2}$

③ 当 $x\geqslant 1$ 时，$F(x)=P\{X\leqslant x\}=P\{X=0\}+P\{X=1\}=\frac{1}{2}+\frac{1}{2}=1$

所以，X 的分布函数为

$$F(x)=\begin{cases}0 & (x<0)\\ \frac{1}{2} & (0\leqslant x<1)\\ 1 & (x\geqslant 1)\end{cases}$$

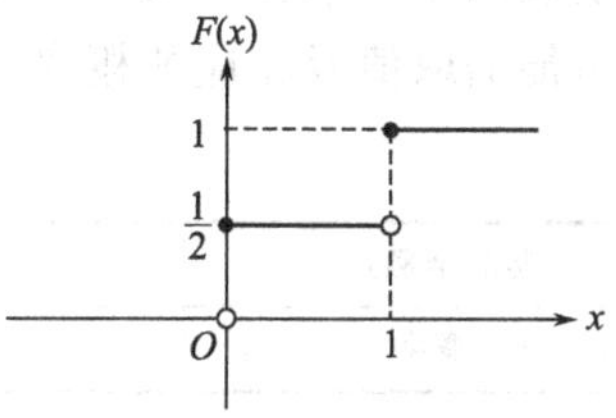

图 5-1

分布函数 $F(x)$ 的图形如图 5-1 所示。

(2) 由公式(5-2) 得

$$P\{0\leqslant X<1\}=F(1)-F(0)=1-\frac{1}{2}=\frac{1}{2}$$

(3) 由公式(5-3) 得

$$P\{X>2\}=1-F(2)=1-1=0$$

例 5-2　在一个均匀陀螺的底面圆周上均匀地刻上区间 $[0,1)$ 上的数字。旋转这个陀螺，陀螺停止时其底面圆周上各点与桌面接触的可能性相等，求陀螺停止时其底面圆周上与桌面接触点的刻度 X 的分布函数。

解　按第 4 章介绍的几何概率的概念，对于在区间 $[0,1)$ 内的任一区间 $[a,b)$，有

$$P\{a\leqslant x<b\}=\frac{b-a}{1-0}=b-a$$

由于取数轴上区间 $[0,1)$ 以外的任何数值的概率都是零，所以，

当 $x<0$ 时，

$$F(x)=P\{X\leqslant x\}=P\{X<0\}=0$$

当 $0\leqslant x<1$ 时，

$$F(x)=P\{X\leqslant x\}=P\{0\leqslant X<x\}=x$$

当 $x\geqslant 1$ 时，

$$F(x)=P\{X\leqslant x\}=P\{0\leqslant X<1\}=1$$

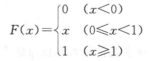

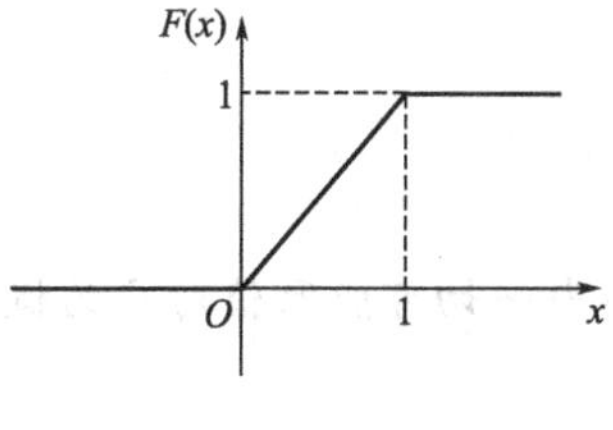

图 5-2

所以，X 的分布函数为

$$F(x)=\begin{cases}0 & (x<0)\\ x & (0\leqslant x<1)\\ 1 & (x\geqslant 1)\end{cases}$$

分布函数 $F(x)$ 的图形如图 5-2 所示。

分布函数 $F(x)$ 具有如下性质：

(1) $0 \leqslant F(x) \leqslant 1 \quad (-\infty < x < +\infty)$；

(2) $F(x)$ 是 x 的单调不减函数；

(3) $F(-\infty)=0$，$F(+\infty)=1$；

(4) $F(x)$ 左连续。

5.3 离散型随机变量及其典型分布

例 5-3 某班级共有 50 名同学。在举办的中秋晚会上，设一等奖 3 名，各奖价值 20 元奖品一份；二等奖 10 名，各奖价值 5 元奖品一份；三等奖 20 名，各奖价值 2 元奖品一份。列出各奖项的获奖概率。

解 随机变量 X 的样本空间是 $\{20,5,2,0\}$。$\{X=20\}$、$\{X=5\}$、$\{X=2\}$ 和 $\{X=0\}$ 分别表示 4 个事件：获一等奖、获二等奖、获三等奖、没有获奖。表 5-1 给出了奖品金额所有可能的取值及相应的概率。

表 5-1

奖品金额/元	20	5	2	0
概率	0.06	0.2	0.4	0.34

要想完整地了解这个奖的情况。看表 5-1 就可以了。实际上，表 5-1 就是这个问题的概率分布。

定义 5-3 如果随机变量 X 所有可能的取值可以一一列举，即所有可能的取值为有限个或无穷可列个，则称 X 为**离散型随机变量**。

实例 5-1 至实例 5-6、例 5-1 和例 5-3 中的随机变量 X 都是离散型随机变量。

定义 5-4 设离散型随机变量 X 的所有可能取值为 x_1，x_2，…，且取这些值的概率为

$$P\{X=x_k\}=p_k \quad (k=1,2,\cdots) \tag{5-4}$$

则称式(5-4) 为离散型随机变量 X 的**概率分布**（或**分布律**或**概率函数**）。

离散型随机变量的概率分布有两个要素，一个是它的所有可能取值，另一个是取这些值的概率。这两个要素结合在一起（缺一不可）构成了离散型随机变量的概率分布。

离散型随机变量的概率分布通常用表 5-2 的方式表示，这样的表有时也称为离散型随机变量 X 的**概率分布表**。

表 5-2

X	x_1	x_2	…	x_k	…
P	p_1	p_2	…	p_k	…

离散型随机变量的概率分布具有下列基本性质：

(1) $0 \leqslant p_k \leqslant 1 \quad (k=1,2,\cdots)$

(2) $\sum\limits_{k=1}^{\infty} p_k = 1$

离散型随机变量在某范围内取值的概率，等于它在这个范围内一切可能取值对应的概率之和。

当一个离散型随机变量的概率分布确定后，就知道了这个随机变量可取的各个可能值以

及取这些值或者在某个范围内取值的概率。所以离散型随机变量的概率分布完整地描述了相应的随机事件。

例 5-4　掷一颗质量均匀的骰子，随机变量 X 表示朝上一面的点数。(1) 写出 X 的概率分布表；(2) 求 $P(1<X\leqslant 3)$。

解　(1) 1 点～6 点每一面朝上是等可能的，因此概率分布表如表 5-3 所示。

表 5-3

X	1	2	3	4	5	6
P	$\frac{1}{6}$	$\frac{1}{6}$	$\frac{1}{6}$	$\frac{1}{6}$	$\frac{1}{6}$	$\frac{1}{6}$

(2)
$$P\{1<X\leqslant 3\}=P\{X=2\}+P\{X=3\}=\frac{1}{6}+\frac{1}{6}=\frac{1}{3}$$

例 5-5　一商场销售某种产品，其中一等品、二等品和次品分别占 75%、20%和 5%。销售一件一等品赢利 20 元，销售一件二等品赢利 15 元，销售一件次品亏损 30 元。随机变量 X 表示销售产品的不同等级，写出 X 的概率分布表。

解　$\{X=20\}$ 表示销售一件一等品赢利 20 元；$\{X=15\}$ 表示销售一件二等品赢利 15 元；$\{X=-30\}$ 表示销售一件次品亏损 30 元。所以，$P\{X=20\}=0.75$，$P\{X=15\}=0.2$，$P\{X=-30\}=0.05$。所以，X 的概率分布如表 5-4 所示。

表 5-4

X	20	15	-30
P	0.75	0.2	0.05

例 5-6　某运动员射击 50 米远处的目标，命中率为 0.8。如果他连续射击，直到命中目标为止。随机变量 X 表示直到射中目标为止的射击次数。(1) 写出 X 的概率分布表；(2) 该运动员射击 3 次之内命中目标的概率。

解　(1) $\{X=1\}$ 表示第 1 次命中目标；$\{X=2\}$ 表示第 1 次没有命中目标，第 2 次命中目标；一般地，$\{X=n\}$ 表示前 $n-1$ 次没有命中目标，第 n 次命中目标。所以，$P\{X=1\}=0.8$，$P\{X=2\}=(1-0.8)\times 0.8=0.16$，$P\{X=n\}=(1-0.8)^{n-1}\times 0.8$。因此概率分布表如表 5-5 所示。

表 5-5

X	1	2	3	…	n	…
P	0.8	0.2×0.8	$0.2^2\times 0.8$	…	$0.2^{n-1}\times 0.8$	…

(2)
$$P\{X\leqslant 3\}=P\{X=1\}+P\{X=2\}+P\{X=3\}=0.8+0.2\times 0.8+0.2^2\times 0.8=0.992$$

离散型随机变量相互独立的概念如下。

定义 5-5　已知离散型随机变量 X、Y 的概率分布分别为

$$P\{X=x_k\}=p_k^{(1)}\ (k=1,2,\cdots)$$

$$P\{Y=y_l\}=p_l^{(2)}\ (l=1,2,\cdots)$$

若它们中一个变量取任何可能取值的可能性都不受另外一个变量任意取值的影响，即条件

概率

$$P\{X=x_k \mid Y=y_l\}=P\{X=x_k\} \quad (k=1,2,\cdots;l=1,2,\cdots)$$

并且

$$P\{Y=y_l \mid X=x_k\}=P\{Y=y_l\} \quad (k=1,2,\cdots;l=1,2,\cdots)$$

则称离散型随机变量 X 与 Y **相互独立**。

离散型随机变量相互独立与随机事件相互独立是一致的。离散型随机变量相互独立等价于下列关于概率的等式成立：

$$P\{X=x_k \text{ 且 } Y=y_l\}=P\{X=x_k\}P\{Y=y_l\} \quad (k=1,2,\cdots;l=1,2,\cdots)$$

n 个离散型随机变量 $X_1,X_2,\cdots,X_n$，若其中任何一个变量取任何可能取值的可能性都不受其他一个或多个变量取值的影响，则称这 n 个离散型随机变量 $X_1,X_2,\cdots,X_n$ 相互独立。

下面介绍两种常见的离散型随机变量的分布。

5.3.1 二项分布

定义 5-6 如果随机变量 X 的所有可能取值为 $0,1,2,\cdots,n$，其概率分布为

$$P\{X=k\}=C_n^k p^k q^{n-k} \quad (k=0,1,2,\cdots,n) \tag{5-5}$$

其中 $q=1-p(0<p<1)$，则称 X 服从参数为 n、p 的**二项分布**，记为 $X\sim B(n,p)$。

在二项分布中，如果 $n=1$，则有

$$P\{X=1\}=p,P\{X=0\}=q$$

这样的分布称为**两点分布**，记为 $X\sim(0-1)$。

二项分布的分布函数为

$$F(x)=\sum_{k\leqslant x} C_n^k p^k q^{n-k} \tag{5-6}$$

当 n 比较大时，按式(5-6) 计算二项分布的概率比较麻烦，这里不加证明地介绍一个近似公式：当 n 很大且 p 很小时，有

$$C_n^k p^k (1-p)^{n-k} \approx \frac{\lambda^k}{k!}e^{-\lambda} \tag{5-7}$$

其中，$\lambda=np$。

二项分布的特点是：每次试验的可能结果只有两种，相同的试验可以重复独立进行 n 次，某事件发生 k 次。

二项分布的应用很广。例如，一名运动员多次射击命中目标的次数、一批种子中能发芽的种子数、产品检验中抽得的次品数等均符合二项分布。

例 5-7 某运动员射击 50 米远处的目标，命中率为 0.8。如果他连续射击 5 次。随机变量 X 表示射中目标的次数，写出 X 的概率分布表。

解 设 X 表示这 5 次射击中射中目标的次数，则 $X\sim B(5,0.8)$，则有

$$P\{X=k\}=C_5^k 0.8^k 0.2^{5-k} \quad (k=0,1,2,3,4,5)$$

因此，X 的概率分布表如表 5-6 所示。

表 5-6

k	0	1	2	3	4	5
P	0.00032	0.0064	0.0512	0.2048	0.4096	0.32768

为了让读者对二项分布的变化情况有直观的了解，这里将表 5-6 用图 5-3(a) 表示。这样的图通常称为离散型随机变量的**概率分布图**。

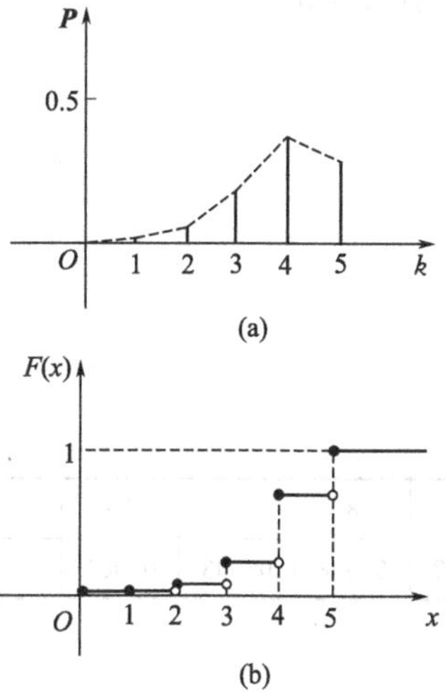

图 5-3

例 5-7 的分布函数如下：

$$F(x)=\begin{cases}0 & (x<0)\\ 0.00032 & (0\leqslant x<1)\\ 0.00672 & (1\leqslant x<2)\\ 0.05792 & (2\leqslant x<3)\\ 0.26272 & (3\leqslant x<4)\\ 0.67232 & (4\leqslant x<5)\\ 1 & (x\geqslant 5)\end{cases}$$

这里将例 5-7 的分布函数图像（如图 5-3(b) 所示）和它的概率分布图上下对齐放置，可以更清楚地表达离散型随机变量的分布函数与随机变量各个取值点的概率之间的关系。

【说明】 离散型随机变量 X 的分布函数 $F(x)$ 是不连续的，在每个取值点发生跳跃。

例 5-8 设一批同种商品的不合格率为 $p=0.1$，如果购买 50 件这样的商品，求其中恰有 3 件不合格的概率。

解 设 X 表示这 50 件商品中的不合格件数，则 $X\sim B(50,0.1)$，而事件恰有 3 件不合格即 $X=3$。因此有

$$\begin{aligned}P\{X=3\}&=C_{50}^{3}\times 0.1^{3}\times 0.9^{47}\\&=\frac{50\times 49\times 48}{1\times 2\times 3}\times 0.1^{3}\times 0.9^{47}=0.139\end{aligned}$$

例 5-9 某车间共有 30 台机床。每台机床在一分钟内需要有人照看的概率都是 0.1，且这些机床是否需要照看是相互独立的。试求这 30 台机床在同一分钟内至少有一台需要照看的概率。

解 设每台机床在一分钟内需要照看为事件 A，有 $P(A)=0.1$；再设在同一分钟内需要照看的机床数为 X；则 $X\sim B(30,0.1)$。

$$\begin{aligned}P\{X\geqslant 1\}&=1-P\{X=0\}\\&=1-(1-0.1)^{30}=0.958\end{aligned}$$

5.3.2 泊松分布

定义 5-7 如果随机变量 X 可以取无穷个值 $0,1,2,\cdots$，其概率分布为

$$P\{X=k\}=\frac{\lambda^{k}}{k!}\mathrm{e}^{-\lambda}\quad(k=0,1,2,\cdots,\lambda>0)\tag{5-8}$$

则称 X 服从参数为 λ 的**泊松**（Poisson）**分布**，记为 $X\sim P(\lambda)$。

泊松分布的分布函数为

$$F(x)=\sum_{k\leqslant x}\frac{\lambda^{k}}{k!}\mathrm{e}^{-\lambda}\tag{5-9}$$

泊松分布主要应用于所谓稠密性问题中。如一个网站在一段时间内接到访问的次数、一段时间内到某汽车站候车的旅客人数、在电脑中输入一篇文章的输入错误数、一匹布上疵点

的个数等均符合泊松分布。

例 5-10 某网站在一分钟内接到访问次数服从参数为 3 的泊松分布。

(1) 写出每分钟接到访问次数的概率分布；

(2) 求一分钟内接到访问不超过 5 次的概率。

解 (1) 根据公式(5-8) 有

$$P\{X=k\}=\frac{3^k}{k!}e^{-3} \quad (k=0,1,2,\cdots)$$

因此，X 的概率分布如表 5-7 所示。

表 5-7

X	0	1	2	3	4	5	6	7	8	9	10	≥11
P	0.05	0.149	0.224	0.224	0.168	0.101	0.05	0.022	0.008	0.003	0.001	≈0

(2) $$P\{X\leqslant 5\}=\sum_{k=0}^{5}P\{X=k\}=\sum_{k=0}^{5}\frac{3^k}{k!}e^{-3}$$

$$=0.05+0.149+0.224+0.224+0.168+0.101=0.916$$

由表 5-7 可以看出，对于例 5-10，每分钟接到访问次数以 2、3 次的可能性最大，访问次数越多（或越少）的可能性越小。这是泊松分布具有的普遍规律。

5.4 连续型随机变量及其典型分布

除了离散型随机变量外，还存在着连续型随机变量。实例 5-7、实例 5-8 和例 5-2 中的随机变量 X 都是连续型随机变量。连续型随机变量的取值范围是一个或若干个区间。

定义 5-8 对于随机变量 X，若存在非负可积函数 $\varphi(x)(-\infty<x<+\infty)$，使得对于任意 a、$b(a<b)$ 都有

$$P\{a<X\leqslant b\}=\int_a^b \varphi(x)\mathrm{d}x \tag{5-10}$$

则称 X 为**连续型随机变量**，并称函数 $\varphi(x)$ 为 X 的**概率密度**（或**分布密度**或**密度**）。

概率密度 $\varphi(x)$ 的图形称为**密度曲线**。由定义 5-8 知，连续型随机变量 X 在区间 $(a,b]$ 上取值的概率等于其概率密度曲线下曲边梯形的面积，如图 5-4 所示。

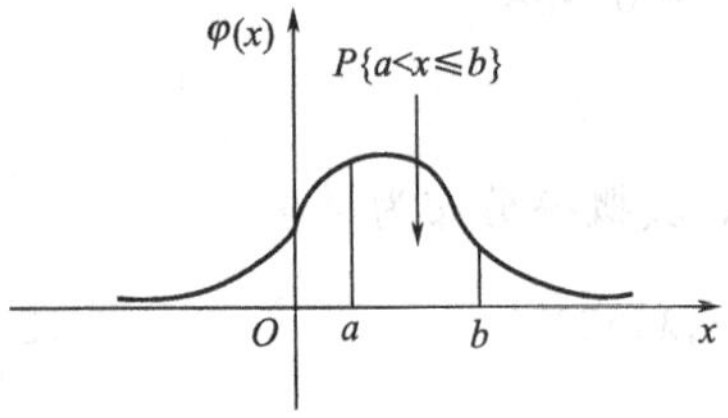

图 5-4

连续型随机变量 X 的概率密度 $\varphi(x)$ 具有下列基本性质：

(1) $\varphi(x)\geqslant 0(-\infty<x<+\infty)$；

(2) $\int_{-\infty}^{+\infty}\varphi(x)\mathrm{d}x=1$。

在式(5-10) 中令 $a=b=c$，则有

$$P\{X=c\}=\int_c^c \varphi(x)\mathrm{d}x=0$$

这说明，连续型随机变量 X 取任一实数的概率等于 0。因此，连续型随机变量 X 在任意一个区间上取值的概率与是否含区间端点无关，即有

$$P\{a<X<b\}=P\{a\leqslant X<b\}=P\{a<X\leqslant b\}=P\{a\leqslant X\leqslant b\}=\int_a^b \varphi(x)\mathrm{d}x$$

换句话说，在式(5-10) 和性质 (1) 中以及以后的有关数学表达式中，用“$\leqslant$”或“$<$”以及用“$\geqslant$”或“$>$”是一样的。

根据分布函数 $F(x)$ 和连续型随机变量 X 的定义，可以得到下列三个重要等式：

(1) $F(x)=\int_{-\infty}^{x}\varphi(x)\mathrm{d}x$　(5-11)

(2) $P\{a<X\leqslant b\}=F(b)-F(a)$　(5-12)

(3) $P\{X>a\}=1-F(a)$　(5-13)

下面对这三个等式进行证明。

证明　根据式(5-1) 和式(5-10) 可以证明这三个等式。

(1) $F(x)=P\{X\leqslant x\}=\int_{-\infty}^{x}\varphi(x)\mathrm{d}x$

(2) $P\{a<X\leqslant b\}=P\{X\leqslant b\}-P\{X\leqslant a\}=F(b)-F(a)$

(3) $P\{X>a\}=1-P\{X\leqslant a\}=1-F(a)$

式(5-11) 可以作为连续型随机变量 X 的定义的另一种方式。根据微积分的知识，由式(5-11) 知，连续型随机变量的密度函数是其分布函数的导数，即有下面的重要等式：

$$\varphi(x)=F'(x) \tag{5-14}$$

由式(5-11) 知，连续型随机变量 X 的分布函数 $F(x)$ 是处处连续的。

连续型随机变量相互独立的概念如下。

定义 5-9　已知连续型随机变量 X、Y 的概率密度分别为

$$X\sim\varphi_1(x)$$

$$Y\sim\varphi_2(y)$$

若它们中一个变量取任何可能取值的可能性都不受另外一个变量取任何可能取值的影响，即对于实数 x_1、x_2、y_1、$y_2(x_1<x_2，y_1<y_2)$，都有条件概率

$$P\{x_1<X\leqslant x_2\,|\,y_1<Y\leqslant y_2\}=P\{x_1<X\leqslant x_2\}$$

并且

$$P\{y_1<Y\leqslant y_2\,|\,x_1<X\leqslant x_2\}=P\{y_1<Y\leqslant y_2\}$$

则称连续型随机变量 X 与 Y **相互独立**。

连续型随机变量相互独立与随机事件相互独立是一致的。连续型随机变量相互独立等价于下列关于概率的等式成立：

$$P\{x_1<X\leqslant x_2\text{ 且 }y_1<Y\leqslant y_2\}=P\{x_1<X\leqslant x_2\}P\{y_1<Y\leqslant y_2\}$$

其中，$x_1<x_2$，$y_1<y_2$。

n 个离散型随机变量 $X_1,X_2,\cdots,X_n$，若其中任何一个变量在任何区间上可能取值的可能性都不受其他一个或多个变量取任何可能取值的影响，则称这 n 个连续型随机变量 X_1，$X_2,\cdots,X_n$ 相互独立。

例 5-11　设随机变量 X 的概率密度为

$$\varphi(x)=\begin{cases}A(x^2-x) & (1<x<2)\\0 & (\text{其他})\end{cases}$$

(1) 确定常数 A；(2) 求 $P\{1<X\leqslant 1.5\}$。

解　(1) 由于

$$1=\int_{-\infty}^{+\infty}\varphi(x)\mathrm{d}x=\int_{1}^{2}A(x^2-x)\mathrm{d}x$$

$$=A\left(\frac{1}{3}x^3-\frac{1}{2}x^2\right)\Big|_1^2=\frac{5}{6}A$$

所以

$$A=1.2$$

(2) $P\{1<x\leqslant 1.5\}=\int_1^{1.5}1.2(x^2-x)\mathrm{d}x=1.2\times\left(\frac{1}{3}x^3-\frac{1}{2}x^2\right)\Big|_1^{1.5}$

$$=1.2\times\left[\frac{1}{3}\times(1.5^3-1)-\frac{1}{2}(1.5^2-1)\right]=0.2$$

例 5-12 某学校每天用电量 X 万度是连续型随机变量，其密度函数为

$$\varphi(x)=\begin{cases}6x-6x^2 & (0<x<1)\\ 0 & (\text{其他})\end{cases}$$

若每天供电量为 0.9 万度，求供电量不够的概率。

解 供电量不够意味着用电量大于供电量，即 $X>0.9$。根据式(5-10) 有

$$P\{X>0.9\}=\int_{0.9}^{+\infty}\varphi(x)\mathrm{d}x=\int_{0.9}^{1}(6x-6x^2)\mathrm{d}x$$

$$=(3x^2-2x^3)\Big|_{0.9}^{1}=1-0.972=0.028$$

所以，供电量不够的概率为 0.028。

例 5-13 验证函数

$$\varphi(x)=\begin{cases}k\mathrm{e}^{-kx} & (x\geqslant 0)\\ 0 & (x<0)\end{cases}(k\text{ 为正的常数})$$

是一个连续型随机变量的密度函数，并计算当 $k=0.01$ 时的 $P\{X<100\}$。

解 由于 $\varphi(x)$ 在 $x>0$ 时处处连续，且为正数；而且

$$\int_{-\infty}^{+\infty}\varphi(x)\mathrm{d}x=\int_{-\infty}^{0}\varphi(x)\mathrm{d}x+\int_{0}^{+\infty}\varphi(x)\mathrm{d}x$$

$$=\int_{-\infty}^{0}0\cdot\mathrm{d}x+\int_{0}^{+\infty}k\mathrm{e}^{-kx}\mathrm{d}x$$

$$=0+(-\mathrm{e}^{-kx})\Big|_0^{+\infty}=1$$

所以 $\varphi(x)$ 是一个连续型随机变量的密度函数。

$$P\{X<100\}=1-P\{X>100\}=1-\int_{100}^{+\infty}0.01\mathrm{e}^{-0.01x}\mathrm{d}x$$

$$=1+\mathrm{e}^{-0.01x}\Big|_{100}^{+\infty}=1-\mathrm{e}^{-1}=0.632$$

以例 5-13 给出的 $\varphi(x)$ 为概率密度的分布称为**指数分布**。

指数分布的概率密度曲线如图 5-5 所示。

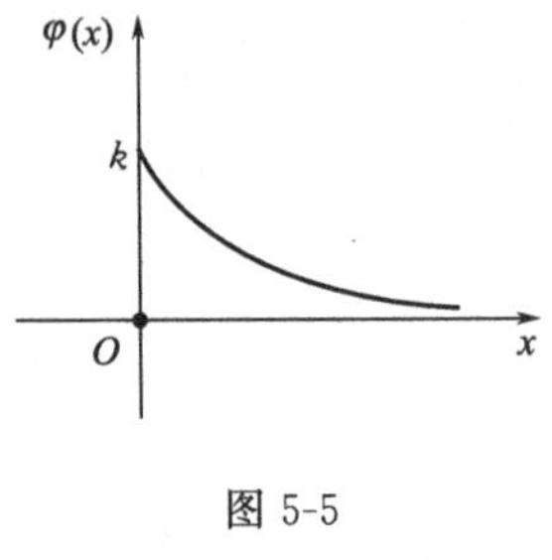

图 5-5

5.4.1 均匀分布

定义 5-10 如果随机变量 X 的概率密度为

$$\varphi(x)=\begin{cases}\dfrac{1}{b-a} & (a<x\leqslant b)\\ 0 & (\text{其他})\end{cases}\qquad(5\text{-}15)$$

则称 X 在区间 (a,b) 上服从参数为 a 和 b 的**均匀分布**，记为 $X\sim U(a,b)$。$\varphi(x)$ 的图形，即均匀分布的密度函数曲线如图

5-6 所示。

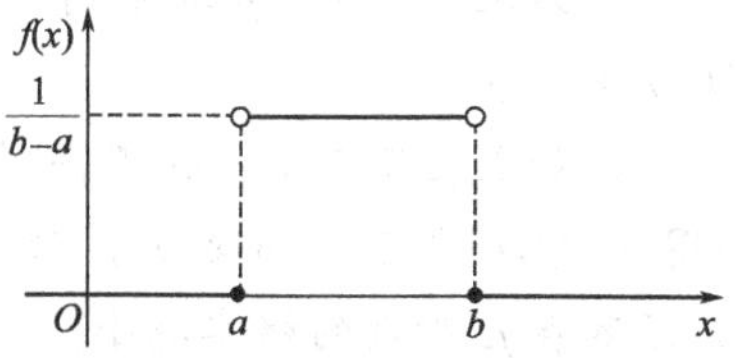

图 5-6

对于区间 (a,b) 中任一子区间 (c,d)，有

$$P\{c<X<d\}=\int_c^d \varphi(x)\mathrm{d}x=\int_c^d \frac{1}{b-a}\mathrm{d}x=\frac{d-c}{b-a}$$

这表明，均匀分布在区间 (a,b) 中任一子区间内的概率与该子区间的长度成正比。换句话说，X 取区间 (a,b) 任何值的可能性是相同的。

均匀分布是连续型随机变量中最基本的一种分布，其应用比较广，现实中凡不具有特殊性的随机数据都服从均匀分布。例如，数值计算中的误差估计，如由于“四舍五入”最后一位数字引起的误差服从均匀分布；乘客到达车站的时间是任意的，他等候乘公共汽车的时间服从均匀分布。另外，计算机编程中的随机数，计算机仿真中用到的服从某种分布的数据集，往往是在先生成均匀分布数据的基础上实现的。

例 5-14　某路公共汽车每隔 10 分钟发一辆，乘客在任何时刻到达车站是等可能的。若记乘客候车时间为 X(分钟)，求乘客候车时间在 1 分钟到 4 分钟之间的概率。

解　因为

$$\varphi(x)=\begin{cases}\dfrac{1}{10} & (0<x<10)\\ 0 & (\text{其他})\end{cases}$$

所以

$$P\{1<X<4\}=\int_1^4 \frac{1}{10}\mathrm{d}x=0.1\times(4-1)=0.3$$

5.4.2　正态分布

定义 5-11　如果随机变量 X 的概率密度为

$$\varphi(x)=\frac{1}{\sqrt{2\pi}\sigma}\mathrm{e}^{-\frac{(x-\mu)^2}{2\sigma^2}}\quad(-\infty<x<+\infty)\tag{5-16}$$

其中 μ，σ 为常数，且 $\sigma>0$，则称 X 服从参数为 μ 和 σ^2 的**正态分布**，记为 $X\sim N(\mu,\sigma^2)$。正态分布变量的概率密度曲线（如图 5-7 所示）称为**正态分布曲线**。

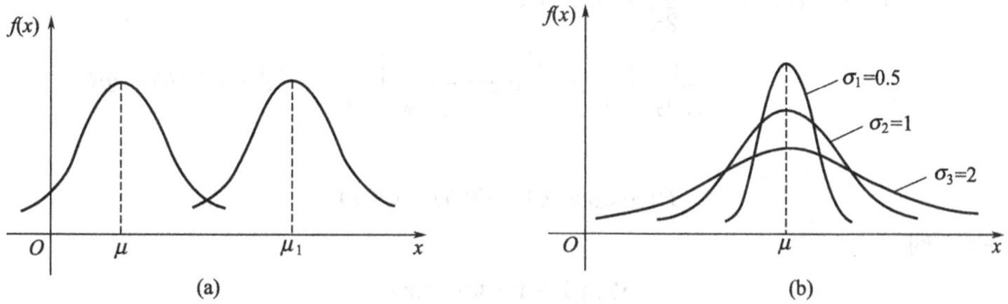

图 5-7

正态分布也称为**高斯**（Gauss）**分布**。

正态分布曲线具有下列性质。

(1) 是关于直线 $x=\mu$ 对称的钟形曲线。

(2) 当 $x=\mu$ 时，$\varphi(x)$ 取得最大值 $\dfrac{1}{\sqrt{2\pi}\sigma}$。

(3) 如果 σ 不变，μ 取不同的值，则概率密度曲线为形状相同、左右排列的关系（如图5-7(a) 所示）。

(4) 如果 μ 不变，σ 取不同的值，则概率密度曲线为对称线相同、形状不相同的关系（如图 5-7(b) 所示）。σ 越小，曲线越陡峭，X 落在 μ 附近的概率越大；σ 越大，曲线越平缓，X 落在 μ 附近的概率越小。

正态分布是连续型随机变量中最重要的一种分布，其应用非常广。测量的误差，人的身高、体重，农作物的产量，学生的考试成绩等都近似服从正态分布。

在正态分布密度函数中，如果 $\mu=0$，$\sigma=1$，即随机变量 X 的概率密度为

$$\varphi_0(x)=\frac{1}{\sqrt{2\pi}}e^{-\frac{x^2}{2}} \quad (-\infty<x<+\infty) \tag{5-17}$$

则称 X 服从参数为 0 和 1 的**标准正态分布**，记为 $X\sim N(0,1)$。

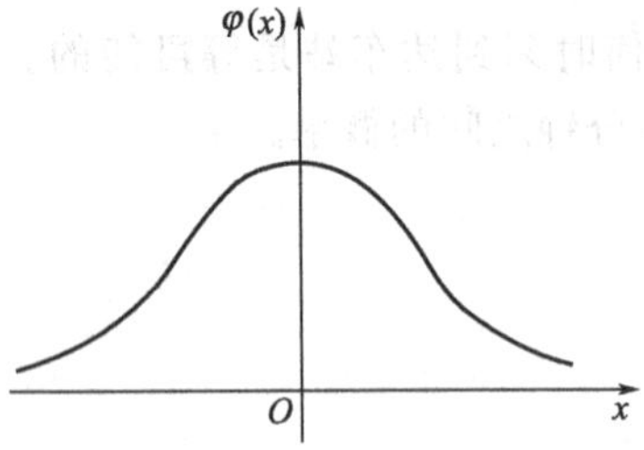

图 5-8

标准正态分布密度函数曲线是关于 y 轴对称的，如图 5-8 所示。

在《高等数学》中证明了：标准正态分布密度函数和正态分布密度函数在区间（$-\infty$，$+\infty$）上的积分都是 1，即

$$\int_{-\infty}^{+\infty}\frac{1}{\sqrt{2\pi}}e^{-\frac{x^2}{2}}dx=1,\int_{-\infty}^{+\infty}\frac{1}{\sqrt{2\pi}\sigma}e^{-\frac{(x-\mu)^2}{2\sigma^2}}dx=1$$

5.5 节将证明，如果随机变量 $X\sim N(\mu,\sigma^2)$，则 $Y=\frac{X-\mu}{\sigma}\sim N(0,1)$。这样，一般正态分布的计算都可以转化为标准正态分布的计算。

对于标准正态分布变量 X，其分布函数用专门的函数符号 $\Phi(x)$ 表示。因而有

$$\Phi(x)=P(X\leqslant x)=\frac{1}{\sqrt{2\pi}}\int_{-\infty}^{x}e^{-\frac{t^2}{2}}dt \quad (-\infty<x<+\infty) \tag{5-18}$$

对任意的 $a<b$，根据式(5-10) 有

$$\begin{aligned}P(a<x\leqslant b)&=\frac{1}{\sqrt{2\pi}}\int_a^b e^{-\frac{x^2}{2}}dx\\&=\frac{1}{\sqrt{2\pi}}\int_{-\infty}^{b}e^{-\frac{x^2}{2}}dx-\frac{1}{\sqrt{2\pi}}\int_{-\infty}^{a}e^{-\frac{x^2}{2}}dx=\Phi(b)-\Phi(a)\end{aligned}$$

即

$$P(a<x\leqslant b)=\Phi(b)-\Phi(a) \tag{5-19}$$

当 $x<0$ 时，

$$\Phi(x)=1-\Phi(-x) \tag{5-20}$$

用式(5-19) 计算标准正态分布的分布函数值很困难。解答正态分布问题通常用本书末的附录 B：标准正态分布表。

例 5-15 设随机变量 $X\sim N(0,1)$，求：$P(1<x<2)$，$P(x<-2)$，$P(|x|<1)$。

解 利用标准正态分布表可求得

$$P\{1<x<2\}=\Phi(2)-\Phi(1)=0.9772-0.8413=0.1359$$

$$P\{x<-2\}=P(x>2)=1-\Phi(2)=1-0.9772=0.0228$$

$$P\{|x|<1\}=P\{-1<x<1\}=\Phi(1)-\Phi(-1)=2\Phi(1)-1=2\times0.8413-1=0.6826$$

例 5-16　已知一批零件的尺寸与标准尺寸的误差 $X \sim N(0,4)$，如果误差不超过 2.5mm 就算合格，求：这批零件的合格率。

解　令 $Y=\frac{X-0}{2}$，相对于 $X \sim N(0,4)$，有 $Y \sim N(0,1)$，且 $|x|<2.5$ 相当于 $|y|<1.25$。因而所求的概率为

$$P(|x|<2.5)=P(|y|<1.25)=2\Phi(1.25)-1=2\times0.8944-1=0.7888$$

即合格率为 78.88%。

5.5　随机变量函数的分布

有一些试验，所需要的随机变量不能直接观测，但它却是另一个或多个能够直接观测的随机变量的函数。因此，需要讨论随机变量的函数及其分布。

设 $f(x)$ 是一个函数，所谓随机变量 X 的函数 $f(X)$ 就是这样一个随机变量 Y：当随机变量 X 取值 x 时，随机变量 Y 取值 $y=f(x)$，并引用记号 $Y=f(X)$。

有了随机变量函数的概念，就可以由已知的随机变量的分布求随机变量函数的分布了。下面通过具体例题予以介绍。

例 5-17　设随机变量 $X \sim B(3,0.4)$，求随机变量函数 $Y=4X-X^2$ 的概率分布。

解　随机变量函数 X 的概率分布为

$$P\{X=k\}=C_3^k\times0.4^k\times0.6^{3-k}\ (k=0,1,2,3)$$

求得的具体概率如表 5-8 所示。同时，在表 5-8 中列出了 Y 的值。

表 5-8

$X(=k)$	0	1	2	3
$P\{X=k\}$	0.216	0.432	0.288	0.064
$Y=4X-X^2$	0	3	4	3

由于当 $X=1$ 和 $X=3$ 时，都有 $Y=3$。所以，计算随机变量函数 Y 的概率分布时，要按 Y 的相同值合并计算。表 5-9 就是随机变量函数 Y 的概率分布。

表 5-9

$Y(=l)$	0	3	4
$P\{Y=l\}$	0.216	0.496	0.288

例 5-18　已知随机变量 $X \sim N(\mu,\sigma^2)$，求随机变量函数 $Y=\frac{X-\mu}{\sigma}$ 的概率密度。

解　设 Y 的分布函数为 $F_Y(y)$，于是根据分布函数的定义有

$$\begin{aligned}F_Y(y)&=P\{Y\leqslant y\}\\&=P\left\{\frac{X-\mu}{\sigma}\leqslant y\right\}=P\{X\leqslant\sigma y+\mu\}\end{aligned}$$

即

$$F_Y(y)=F_X(\sigma y+\mu)$$

将上式对 y 求导，并利用密度函数与分布函数的关系，得

$$\varphi_Y(y)=\varphi_X(\sigma y+\mu)\cdot\sigma$$

再根据式(5-16)，得

$$\varphi_Y(y)=\varphi_X(\sigma y+\mu)\cdot\sigma$$
$$=\frac{1}{\sqrt{2\pi}\sigma}e^{-\frac{(\sigma y+\mu-\mu)^2}{2\sigma^2}}\cdot\sigma=\frac{1}{\sqrt{2\pi}}e^{-\frac{y^2}{2}}$$

这表明，$Y\sim N(0,1)$。

5.6 本章小结

本章重点介绍了随机变量及其概率分布的基本知识。重点是：(1) 随机变量、随机变量的分布函数、离散型随机变量、离散型随机变量的概率分布、连续型随机变量、连续型随机变量的概率密度、随机变量的函数等概念；(2) 随机变量分布函数的性质，离散型随机变量概率分布的基本性质，连续型随机变量概率密度的基本性质；(3) 二项分布、泊松分布的定义和它们的分布函数；(4) 均匀分布、正态分布的定义和它们的概率密度；(5) 随机变量函数的分布。下面是本章知识的要点以及对它们的要求。

◇深刻理解随机变量、随机变量的分布函数的概念和随机变量分布函数的性质。

◇深刻理解离散型随机变量、离散型随机变量的概率分布、离散型随机变量概率分布的基本性质。

◇深刻理解连续型随机变量、连续型随机变量的概率密度、连续型随机变量概率密度的基本性质。

◇深刻理解二项分布、泊松分布、均匀分布和正态分布的定义；知道哪些实际问题属于二项分布、泊松分布、均匀分布和正态分布；会计算这四个重要分布的概率；熟练掌握通过查表计算正态分布的概率的方法。

◇知道随机变量的函数的概念，会求离散型随机变量函数的概率分布和连续型随机变量函数的概率密度。

习 题

一、单项选择题

5-1 下列各表中只有__________可以作为离散型随机变量 X 的概率分布。

(A)

X	1	2	3
P	0.8	0.4	−0.2

(B)

X	1	2	3
P	0.4	0.4	0.2

(C)

X	1	2	3
P	0.4	0.4	0.3

(D)

X	1	2	3
P	0.3	0.4	0.2

5-2 某人连续向一个目标射击，直到击中目标才停止射击，则“射击次数” X 所有可能取值为__________。

(A) 0,1,2, … (B) 0,1,2,3 (C) 1,2,3, … (D) 1,2,3,…,10

5-3 若连续型随机变量 X 的概率为

$$\varphi(x)=\begin{cases}2-ax & (0<x<1)\\ 0 & (\text{其他})\end{cases}$$

常数 a 应该取__________中的值。

(A) 1　　(B) 2　　(C) 3　　(D) 4

5-4　设 X 为连续型随机变量，若 a 为常数，则下列各式中只有__________是错误的。

(A) $P\{X=a\}=0$　　(B) $P\{X\neq a\}=1$　　(C) $P\{X\geqslant a\}=P\{X=a\}$　　(D) $P\{X\geqslant a\}=P\{X>a\}$

5-5　关于离散型随机变量 X 的分布函数 $F(X)$，下列各命题中正确的是__________。

(A) $F(X)$ 可以大于 1，且左连续　　(B) $F(X)$ 是单调增加函数，且左连续

(C) $F(X)$ 可以大于 1，且是单调增加函数　　(D) $F(X)$ 不大于 1，且左连续

5-6　关于连续型随机变量 X 的分布密度 $\varphi(X)$，下列各命题中正确的是__________。

(A) $F(X)$ 是 $\varphi(X)$ 的导数　　(B) $\varphi(X)$ 是 $F(X)$ 的导数

(C) $\varphi(X)$ 可以小于 0，且是单调不减函数　　(D) $\varphi(X)$ 可以大于 1，且是单调增加函数

二、填空题

5-1　若离散型随机变量 X 的概率分布如下表所示，则常数 $c=$__________。

X	0	1	2	3
P	c	$2c$	$4c$	c

5-2　离散型随机变量 X 的分布函数 $F(X)$ 具有下列性质：(1) ____________________；(2) $F(x)$ 是 x 的单调不减函数；(3) $F(-\infty)=0$，$F(+\infty)=1$；(4) $F(x)$ 左连续。

5-3　若连续型随机变量 X 的概率密度为

$$\varphi(x)=\begin{cases}cx^3 & (0<x<1)\\ 0 & (\text{其他})\end{cases}$$

则常数 $c=$________。

5-4　若连续型随机变量 X 的概率密度为

$$\varphi(x)=\begin{cases}k(x-1) & (1<x<2)\\ 0 & (\text{其他})\end{cases}$$

则常数 $k=$__________。

三、综合题

5-1　连续抛一枚硬币两次，若将正面朝上记为 1，反面朝上记为 0。令 X 为正面朝上的次数。试求：(1) X 的分布函数 $F(x)$；(2) 概率 $P\{0<X\leqslant 2\}$。

5-2　口袋里有 4 个白球和 3 个黑球，从中任取 3 个。随机变量 X 表示取出的白球数，写出 X 的概率分布表。

5-3　某举重运动员抓举 120kg 的杠铃，每次的成功率都是 0.9。如果成功了就不再举，如果失败了，可以再举，但最多举 3 次。随机变量 X 表示抓举的次数，A 表示他成功举起杠铃这个事件。

(1) 写出 X 的概率分布表；

(2) 求他成功举起杠铃的概率 $P(A)$。

5-4　某柜台有 4 位售货员同时工作，有两台台秤供他们使用。已知每位售货员在 8 小时内都需要有 2 小时使用台秤。求台秤不够使用的概率。

5-5　设某种药品对一种疾病的治愈率为 $p=0.8$，如果对 5 位患这种疾病的病人服用该药品，求其中至少有 4 人治愈的概率。

5-6　某种花布一匹布上疵点的个数服从参数为 5 的泊松分布。求一匹布上恰有 5 个疵点的概率。

5-7　设随机变量 X 的概率密度为

$$\varphi(x)=\frac{k}{1+x^2}(-\infty<x<+\infty)$$

(1) 确定常数 k；(2) 求 $P(0<X\leqslant 1)$。

5-8　从区间 (0,1) 上随机取一数 X。(1) 求 X 的概率密度 $\varphi(x)$；(2) 求 $P(0<X\leqslant 0.8)$；(3) 若在 (0,1) 上随机取 4 个数，求至少有一个数大于 0.8 的概率。

5-9　某种型号电子元件的寿命（小时）是连续型随机变量，其概率密度为

$$\varphi(x)=\begin{cases}\dfrac{100}{x^2} & (x\geqslant 100)\\ 0 & (\text{其他})\end{cases}$$

求任意一只这样的电子元件能使用 200 小时的概率。

5-10　设随机变量 $X\sim N(-2,16)$，求：(1) $P(-5<x<2)$；(2) $P(|x+1|<8)$。

5-11　一批袋装大米每袋的名义重量是 10kg。它的实际重量 Xkg 是一个连续型随机变量，服从参数为 $\mu\sigma=10$kg，$\sigma=0.1$kg 的正态分布，任选一袋大米，求这袋大米重量在 9.9～10.2kg 之间的概率。

5-12　设随机变量 $X\sim B(4,0.3)$，求随机变量函数 $Y=5X-X^2$ 的概率分布。

第 6 章　随机变量的数字特征

本章主要介绍以下内容。

(1) 离散型随机变量的数学期望、连续型随机变量的数学期望、随机变量函数的数学期望、方差与标准差等概念。

(2) 数学期望和方差的计算。

(3) 数学期望的性质、方差的性质等基本知识。

(4) 重要分布的数学期望和方差的计算公式。

(5) 大数定律与中心极限定理。

第 5 章介绍的随机变量的概率分布能够完整地刻画随机变量的变化规律。但在实际问题中，随机变量的概率分布可能很难求得，或许只需要知道随机变量的某些综合特征。例如，某中学需要知道全校男生和女生的平均身高和身高分布的离散程度。因此，有必要引入用来刻画随机变量的平均值以及随机变量与其平均值的偏离程度的量，这就是本章将要介绍的数学期望和方差。它们是随机变量的两个最重要的数字特征。

本章还要介绍以数学期望和方差为基础的大数定律与中心极限定理。

6.1　离散型随机变量的数学期望

本节介绍离散型随机变量的数学期望。

一组数据的平均值是实际问题中经常需要的重要数据，如人的平均身高、人均国民生产总值、某电子器件的使用寿命等。下面先看一个实例。

实例 6-1　某幼儿园记录全园小朋友每天生病人数，连续记录了 50 天，得到的数据如表 6-1 所示。求该幼儿园的小朋友每天平均生病人数。

表 6-1

生病人数	0	1	2	3	4	5
天数	2	10	15	12	9	2

这个问题可以这样解答：先求出这 50 天内生病总人次，再除以 50，即

$$(0\times2+1\times10+2\times15+3\times12+4\times9+5\times2)/50=122/50=2.44$$

所求的平均数是 2.44。

这个问题也可以换一种方法解答：用 X 表示全园小朋友每天生病人数，则 X 是一个随机变量；再用频率作为概率的估计值，那么 X 的概率分布如表 6-2 所示。

表 6-2

X	0	1	2	3	4	5
P	2/50	10/50	15/50	12/50	9/50	2/50

则这样计算平均数：

$$0\times\frac{2}{50}+1\times\frac{10}{50}+2\times\frac{15}{50}+3\times\frac{12}{50}+4\times\frac{9}{50}+5\times\frac{2}{50}=2.44$$

实例 6-1 的后一种解答方法已经用到了数学期望的概念。离散型随机变量数学期望的定义如下。

定义 6-1 设离散型随机变量 X 的概率分布为

$$P\{X=x_i\}=p_i(i=1,2,\cdots)$$

若随机变量 X 的所有可能取值为有限个：$x_1,x_2,\cdots,x_n$，则称和式 $\sum_{i=1}^{n}x_ip_i$ 为随机变量 X 的**数学期望**，记作 $E(X)$ 或 EX，即

$$E(X)=\sum_{i=1}^{n}x_ip_i$$

若随机变量 X 的所有可能取值为无限可列个：$x_1,x_2,\cdots$，且无穷级数 $\sum_{i=1}^{\infty}x_ip_i$ 绝对收敛，则称无穷级数 $\sum_{i=1}^{\infty}x_ip_i$ 为随机变量 X 的数学期望，即

$$E(X)=\sum_{i=1}^{\infty}x_ip_i$$

数学期望又称为**期望**或**均值**。

为了简化叙述，以后不再对离散型随机变量 X 的所有可能取值的上述两种情形分别说明，需要时以无限可列个的情形予以讨论。这样就可以用下面的统一记号表示离散型随机变量 X 的数学期望：

$$E(X)=\sum_{i}x_ip_i \tag{6-1}$$

例 6-1 两个工厂生产同样一种产品，都有一等品、二等品和次品。某商场销售该产品，其中销售一件一等品赢利 20 元；销售一件二等品赢利 15 元；销售一件次品亏损 30 元。已知第一个工厂生产的产品中一等品、二等品、次品分别占 75%、20%和 5%；第二个工厂生产的产品中一等品、二等品、次品分别占 85%、9%和 6%。问从哪一个工厂进货销售可以获取较多的利润？

解 这个问题实际上是问从哪一个工厂进货销售的获利期望较大。设销售第一、第二个工厂的产品的不同等级的随机变量分别是 X 和 Y，它们的所有可能取值都是 20、15、-30，但概率不同。按题给数据，X 和 Y 的概率分布分别如表 6-3 和表 6-4 所示。

表 6-3

X	20	15	-30
P	0.75	0.2	0.05

表 6-4

Y	20	15	-30
P	0.85	0.09	0.06

因此，获利的数学期望分别为：

$$E(X)=20\times0.75+15\times0.2+(-30)\times0.05=16.5$$

$$E(Y)=20\times0.85+15\times0.09+(-30)\times0.06=16.55$$

以上计算结果表明，$E(Y)>E(X)$。所以，从第二个工厂进货销售可以获取较多的

利润。

例 6-2　证明二项分布 $X\sim B(n,p)$ 的数学期望 $E(X)=np$。

证明　对于二项分布 $X\sim B(n,p)$，由于

$$P\{X=i\}=C_n^i p^i q^{n-i}\ (i=0,1,2,\cdots,n)$$

所以

$$\begin{aligned}E(X)&=\sum_{i=0}^{n} i\cdot P\{X=i\}=\sum_{i=1}^{n} i\cdot C_n^i p^i q^{n-i}\\&=\sum_{i=1}^{n}\frac{i\cdot n!}{i!(n-i)!}p^i q^{n-i}\\&=\sum_{i=1}^{n}\frac{np(n-1)!}{(i-1)![(n-1)-(i-1)]!}p^{i-1}q^{(n-1)-(i-1)}\\&=np\sum_{i'=0}^{n-1}C_{n-1}^{i'}p^{i'}q^{(n-1)-i'}\quad(i'=i-1)\\&=np(p+q)^{n-1}=np\quad(\because p+q=1)\end{aligned}$$

例 6-3　证明泊松分布 $X\sim P(\lambda)$ 的数学期望 $E(X)=\lambda$。

证明　对于泊松分布 $X\sim P(\lambda)$，由于

$$P\{X=i\}=\frac{\lambda^i}{i!}e^{-\lambda}\quad(i=0,1,2,\cdots;\lambda>0)$$

所以

$$\begin{aligned}E(X)&=\sum_{i=0}^{+\infty} i\cdot\frac{\lambda^i}{i!}e^{-\lambda}=\lambda e^{-\lambda}\sum_{i=1}^{+\infty}\frac{\lambda^{i-1}}{(i-1)!}\\&=\lambda e^{-\lambda}\cdot e^{\lambda}=\lambda\end{aligned}$$

其中用到了幂级数展开式 $e^x=\sum_{i=0}^{\infty}\frac{x^i}{i!}$。

6.2　连续型随机变量的数学期望

对于连续型随机变量，也需要有一个反映随机变量取值的“平均”的数字特征，但不能用式(6-1) 计算它的数学期望。

下面利用微积分的知识探讨连续型随机变量数学期望的计算方法。

如果连续型随机变量 X 的概率密度为 $\varphi(x)$。考虑区间 $[a,b)$，将区间 $[a,b)$ 任意分成 n 个首尾相连的小区间，且每个小区间都含左端点，不含右端点，其长度分别为

$$\Delta x_1,\Delta x_2,\cdots,\Delta x_n$$

在每个小区间上任取一点，这些点分别为

$$X_1,X_2,\cdots,X_n$$

其对应的概率密度值分别为

$$\varphi(X_1),\varphi(X_2),\cdots,\varphi(X_n)$$

这样，连续型随机变量在每个小区间上取值的概率近似为

$$\varphi(X_1)\Delta x_1,\varphi(X_2)\Delta x_2,\cdots,\varphi(X_n)\Delta x_n$$

由于“离散型随机变量的数学期望等于其所有可能的取值与对应概率乘积之和”，当

$a<0$，$b>0$，且$|a|$与$|b|$都充分大时，总和

$$\sum_{i=1}^{n} X_i\varphi(X_i)\Delta x_i$$

应该是连续型随机变量 X 的数学期望的近似值。

由于小区间是任意分成的，点 $X_i(i=1,2,\cdots,n)$ 也是在相应小区间上任取的，所以当

$$\Delta x=\max(\Delta x_1,\Delta x_2,\cdots,\Delta x_n)\to 0$$

且 $a\to-\infty$，$b\to+\infty$时，若代表 $\sum\limits_{i=1}^{n} X_i\varphi(X_i)\Delta x_i$ 的极限的广义积分绝对收敛，该极限

$$\int_{-\infty}^{+\infty} x\varphi(x)\mathrm{d}x=\lim_{\substack{a\to-\infty\\ b\to+\infty}}\left[\lim_{\Delta x\to 0}\sum_{i=1}^{n} X_i\varphi(X_i)\Delta x_i\right]$$

应该是连续型随机变量 X 的数学期望，这就是下面的定义 6-2。

定义 6-2 设随机变量 X 的概率密度为 $\varphi(x)$，若广义积分 $\int_{-\infty}^{+\infty} x\varphi(x)\mathrm{d}x$ 绝对收敛，则称积分 $\int_{-\infty}^{+\infty} x\varphi(x)\mathrm{d}x$ 为连续型随机变量 X 的**数学期望或均值**，记作 $E(X)$ 或 EX，即

$$E(X)=\int_{-\infty}^{+\infty} x\varphi(x)\mathrm{d}x \tag{6-2}$$

例 6-4 已知连续型随机变量 X 的概率密度为

$$\varphi(x)=\begin{cases}1-0.5x & (0<x<2)\\ 0 & (\text{其他})\end{cases}$$

求数学期望 $E(X)$。

解 根据式(6-2)，有

$$E(X)=\int_{-\infty}^{+\infty} x\varphi(x)\mathrm{d}x=\int_{0}^{2} x(1-0.5x)\mathrm{d}x$$

$$=\left(\frac{x^2}{2}-\frac{x^3}{6}\right)\Big|_0^2=\frac{2}{3}$$

例 6-5 求均匀分布 $X\sim U(a,b)$的数学期望 $E(X)$。

解 对于均匀分布 $X\sim U(a,b)$，由于

$$\varphi(x)=\begin{cases}\dfrac{1}{b-a} & (a<x<b)\\ 0 & (\text{其他})\end{cases}$$

所以

$$E(X)=\int_{-\infty}^{+\infty} x\varphi(x)\mathrm{d}x=\int_{a}^{b}\frac{x}{b-a}\mathrm{d}x$$

$$=\frac{x^2}{2(b-a)}\Big|_a^b=\frac{a+b}{2}$$

例 6-6 证明正态分布 $X\sim N(\mu,\sigma^2)$ 的数学期望 $E(X)=\mu$。

证明 对于正态分布 $X\sim N(\mu,\sigma^2)$，由于

$$\varphi(x)=\frac{1}{\sqrt{2\pi}\sigma}\mathrm{e}^{-\frac{(x-\mu)^2}{2\sigma^2}}$$

所以

$$E(X)=\frac{1}{\sqrt{2\pi}\sigma}\int_{-\infty}^{+\infty}x\mathrm{e}^{-\frac{(x-\mu)^2}{2\sigma^2}}\mathrm{d}x$$
$$=\frac{1}{\sqrt{2\pi}\sigma}\int_{-\infty}^{+\infty}(\sigma t+\mu)\mathrm{e}^{-\frac{t^2}{2}}\cdot\sigma\mathrm{d}t\quad\left(t=\frac{x-\mu}{\sigma}\right)$$
$$=\frac{\sigma}{\sqrt{2\pi}}\int_{-\infty}^{+\infty}t\mathrm{e}^{-\frac{t^2}{2}}\mathrm{d}t+\frac{\mu}{\sqrt{2\pi}}\int_{-\infty}^{+\infty}\mathrm{e}^{-\frac{t^2}{2}}\mathrm{d}t$$

由于上式第一项的被积函数是奇函数，而且积分区间关于原点对称，因此该积分为 0；第二项中的$\frac{1}{\sqrt{2\pi}}\mathrm{e}^{-\frac{x^2}{2}}$是标准正态分布的密度函数，所以有

$$\int_{-\infty}^{+\infty}\frac{1}{\sqrt{2\pi}}\mathrm{e}^{-\frac{t^2}{2}}\mathrm{d}t=1$$

因此

$$E(X)=\mu$$

5.4.2 小节已经指出，正态分布 $N(\mu,\sigma^2)$ 的曲线是关于直线 $x=\mu$ 对称的，所以，参数 μ 是该分布的均值。本例的结论验证了这一点。

6.3 随机变量函数的数学期望

本节不加证明地介绍随机变量函数的数学期望。

定理 6-1 设离散型随机变量 X 的概率分布为

$$P\{X=x_i\}=p_i\quad(i=1,2,\cdots)$$

如果 $\sum_i f(x_i)p_i$ 绝对收敛，则随机变量 X 的函数 $f(X)$ 的数学期望为

$$E[f(X)]=\sum_i f(x_i)p_i \tag{6-3}$$

定理 6-2 设连续型随机变量 X 的概率密度为 $\varphi(x)$，若广义积分 $\int_{-\infty}^{+\infty}f(x)\varphi(x)\mathrm{d}x$ 绝对收敛，则随机变量 X 的函数 $f(X)$ 的数学期望为

$$E[f(X)]=\int_{-\infty}^{+\infty}f(x)\varphi(x)\mathrm{d}x \tag{6-4}$$

定理 6-1 和定理 6-2 表明，根据随机变量 X 的概率分布 $E(X)$ 或概率密度 $\varphi(X)$ 就可以计算函数 $f(X)$ 的数学期望 $E[f(X)]$，并不需要先求得函数的概率分布或概率密度。

例 6-7 设 X 的概率分布如表 6-5 所示：

表 6-5

X	-1	0	2	5
P	0.3	0.1	0.4	0.2

求 $E(X)$、$E(2X-1)$、$E(X^2)$。

解
$$E(X)=(-1)\times0.3+0\times0.1+2\times0.4+5\times0.2=1.5$$

$$E(2X-1)=[2\times(-1)-1]\times0.3+(2\times0-1)\times0.1+(2\times2-1)\times0.4+(2\times5-1)\times0.2=2$$

$$E(X^2)=(-1)^2\times0.3+0^2\times0.1+2^2\times0.4+5^2\times0.2$$
$$=6.9$$

例 6-8 已知 $X\sim U(0,2)$，$f(x)=x^2$，求 $E[f(x)]$。

解 由于 $X\sim U(0,2)$的概率密度为

$$\varphi(x)=\begin{cases}\dfrac{1}{2-0} & (0<x<2)\\ 0 & (\text{其他})\end{cases}$$

根据式(6-4)，得

$$E[f(x)]=\int_{-\infty}^{+\infty}f(x)\varphi(x)\mathrm{d}x=\int_0^2\frac{1}{2}x^2\mathrm{d}x$$
$$=\frac{1}{6}x^3\Big|_0^2=\frac{8}{6}=\frac{4}{3}$$

6.4 方差与标准差

随机变量的数学期望就是随机变量所有可能取值的平均值。但是，两个平均值相等的随机变量所有可能取值的情况可能不同。例如，两个班级都是 50 人，工程数学的平均考试成绩又都是 80 分。但是，第一个班获高分的学生不多，但没有人不及格；而第二个班获高分的学生较多，却有 3 人不及格。这说明，在许多实际问题中，仅仅知道随机变量的数学期望是不够的，还需要知道随机变量所有可能的取值相对于数学期望的偏离程度。

这里再举两个对偏离程度有要求的例子。

实例 6-2 学校运动会的仪仗队成员的身高有这样的要求：男生身高在 1 米 70 到 1 米 80 之间，女生身高在 1 米 60 到 1 米 70 之间。

实例 6-3 某电子器件的名义长度要求为 25mm，误差不能超过 0.05mm。

对于离散型随机变量 X，若其数学期望 $E(X)$ 存在，则称差 $X-E(X)$ 为离散型随机变量 X 的**离差**。当然，离差也是一个离散型随机变量。但是，它的可能取值有正有负，也可能为零，而且它的数学期望等于零。因此，不能用离差的数学期望衡量离散型随机变量 X 对数学期望 $E(X)$ 的离散程度。如果采用离差的平方 $[X-E(X)]^2$，就既可避免正负离差相互抵消，又能反映离散型随机变量 X 对数学期望 $E(X)$ 的离散程度。

对于连续型随机变量 X，也可以进行类似的分析，并能得到与离散型随机变量 X 相同的结论。

定义 6-3 设 X 为随机变量，如果 $E[X-E(X)]^2$ 存在，则称 $E[X-E(X)]^2$ 为 X 的**方差**，记作 $D(X)$ 或 $\sigma^2(X)$，即

$$D(X)=E[X-E(X)]^2 \tag{6-5}$$

实际应用中经常使用 $\sqrt{D(X)}$，并将它记作 $\sigma(X)$，称为 X 的**标准差或均方差**。

不难看出，分布愈分散，方差和标准差愈大。反之亦然。

对于实际问题，标准差与随机变量有相同的单位（或量纲）。

按定义 6-3，方差 $D(X)$ 就是随机变量 $[X-E(X)]^2$ 的数学期望。因此，离散型随机变量的方差和连续型随机变量的方差分别按式(6-6) 和式(6-7) 计算。

$$D(X)=\sum_i[x_i-E(X)]^2p_i \tag{6-6}$$

$$D(X)=\int_{-\infty}^{+\infty}[x-E(X)]^2\varphi(x)\mathrm{d}x \tag{6-7}$$

绝大多数情况下，随机变量的方差不直接用式(6-6)或式(6-7)计算，有更简单的计算方法，这就是下面的定理 6-3 和定理 6-4。

定理 6-3　*设离散型随机变量 X 的概率分布为*

$$P\{X=a_i\}=p_i \quad (i=1,2,\cdots)$$

则其方差是

$$D(X)=E(X^2)-[E(X)]^2 \tag{6-8}$$

其中，数学期望 $E(X^2)=\sum_i x_i^2 p_i$。

证明　对于离散型随机变量 X 有

$$\begin{aligned}D(X)&=\sum_i[x_i-E(X)]^2p_i=\sum_i[x_i^2-2x_iE(X)+(E(X))^2]p_i\\&=\sum_i[x_i^2p_i-2x_iE(X)p_i+(E(X))^2p_i]\\&=\sum_i x_i^2p_i-2E(X)\sum_i x_ip_i+[E(X)]^2\sum_i p_i\\&=E(X^2)-2E(X)E(X)+[E(X)]^2\\&=E(X^2)-[E(X)]^2\end{aligned}$$

证毕

定理 6-4　*设连续型随机变量 X 的概率密度为 $\varphi(x)$，则其方差是*

$$D(X)=E(X^2)-[E(X)]^2 \tag{6-9}$$

其中，数学期望 $E(X^2)=\int_{-\infty}^{+\infty}x^2\varphi(x)\mathrm{d}x$。

证明　对于连续型随机变量 X 有

$$\begin{aligned}D(X)&=\int_{-\infty}^{+\infty}[x-E(X)]^2\varphi(x)\mathrm{d}x\\&=\int_{-\infty}^{+\infty}[x^2-2xE(X)+(E(X))^2]\varphi(x)\mathrm{d}x\\&=\int_{-\infty}^{+\infty}[x^2\varphi(x)-2xE(X)\varphi(x)+(E(X))^2\varphi(x)]\mathrm{d}x\\&=\int_{-\infty}^{+\infty}x^2\varphi(x)\mathrm{d}x-2E(X)\int_{-\infty}^{+\infty}x\varphi(x)\mathrm{d}x+[E(X)]^2\int_{-\infty}^{+\infty}\varphi(x)\mathrm{d}x\\&=E(X^2)-2E(X)E(X)+[E(X)]^2\\&=E(X^2)-[E(X)]^2\end{aligned}$$

证毕

例 6-9　分别求例 6-1 中某商场销售第一个工厂生产的产品获利 X 和销售第二个工厂生产的产品获利 Y 的标准差。

解　为节省篇幅，利用例 6-1 解题的结果：$E(X)=16.5$，$E(Y)=16.55$。另外有

$$E(X^2)=20^2\times0.75+15^2\times0.2+(-30)^2\times0.05=390$$

$$E(Y^2)=20^2\times0.85+15^2\times0.09+(-30)^2\times0.06=414.25$$

因此

$$D(X)=E(X^2)-[E(X)]^2=390-16.5^2=117.75$$

$$D(Y)=E(Y^2)-[E(Y)]^2=414.25-16.55^2=140.3475$$

最后得

$$\sigma(X)=\sqrt{D(X)}=\sqrt{117.75}\approx 10.85(\text{元})$$

$$\sigma(Y)=\sqrt{D(Y)}=\sqrt{140.3475}\approx 11.85(\text{元})$$

以上计算结果表明，$\sigma(Y)>\sigma(X)$。所以，从第二个工厂进货销售所获取的利润偏差较大。

例 6-10 证明二项分布 $X\sim B(n,p)$ 的方差 $D(X)=npq$。

证明 对于二项分布 $X\sim B(n,p)$，由于

$$P\{X=i\}=C_n^i p^i q^{n-i} \quad (i=0,1,2,\cdots,n)$$

所以

$$\begin{aligned}
E(X^2) &= \sum_{i=0}^{n} i^2 \cdot P\{X=i\} = \sum_{i=1}^{n} i^2 \cdot C_n^i p^i q^{n-i} \\
&= \sum_{i=1}^{n} \frac{i^2 \cdot n!}{i!(n-i)!} p^i q^{n-i} \\
&= np\sum_{i=1}^{n}[(i-1)+1]\frac{(n-1)!}{(i-1)![(n-1)-(i-1)]!}p^{i-1}q^{(n-1)-(i-1)} \\
&= np\sum_{i=2}^{n}\frac{(n-1)p(n-2)!}{(i-2)![(n-2)-(i-2)]!}p^{i-2}q^{(n-2)-(i-2)} \\
&\quad + np\sum_{i=1}^{n}\frac{(n-1)!}{(i-1)![(n-1)-(i-1)]!}p^{i-1}q^{(n-1)-(i-1)} \\
&= n(n-1)p^2\sum_{i''=0}^{n-2}C_{n-2}^{i''}p^{i''}q^{(n-2)-i''}+np\sum_{i'=0}^{n-1}C_{n-1}^{i'}p^{i'}q^{(n-1)-i'} \quad (i''=i-2, i'=i-1) \\
&= n(n-1)p^2(p+q)^{n-2}+np(p+q)^{n-1}=n^2p^2-np^2+np
\end{aligned}$$

由例 6-2 知 $E(X)=np$。将已经得到的结果代入式(6-8)，得

$$\begin{aligned}
D(X) &= E(X^2)-[E(X)]^2=n^2p^2-np^2+np-n^2p^2 \\
&= np(1-p)=npq \quad (\because p+q=1)
\end{aligned}$$

证毕

例 6-11 甲、乙两人在同样的条件下，每天生产同样数量的同种产品。已知甲、乙两人每天出次品件数分别为 X 和 Y，其概率分布见表 6-6。试评定甲、乙两人的技术高低。

表 6-6

X	0	1	2	3
$P(X)$	0.3	0.3	0.2	0.2
Y	0	1	2	3
$P(Y)$	0.1	0.5	0.4	0

解 由公式(6-1)和公式(6-6)可算出甲、乙两人每天出次品件数的数学期望和方差：

$E(X)=0\times 0.3+1\times 0.3+2\times 0.2+3\times 0.2=1.3$

$E(Y)=0\times 0.1+1\times 0.5+2\times 0.4+3\times 0=1.3$

$D(X)=0.3\times(0-1.3)^2+0.3\times(1-1.3)^2+0.2\times(2-1.3)^2+0.2\times(3-1.3)^2=1.21$

$D(Y)=0.1\times(0-1.3)^2+0.5\times(1-1.3)^2+0.4\times(2-1.3)^2+0\times(3-1.3)^2=0.41$

通过计算知，$E(X)=E(Y)$，$D(X)>D(Y)$。这表明，虽然甲、乙两人每天出次品件数的数学期望（即平均数）是一样的，但乙的生产质量比较稳定，甲的生产质量时好时坏，波动较大。

例 6-12　某工厂生产的电冰箱的寿命（年）服从指数分布，其概率密度为

$$\varphi(x)=\begin{cases}0.1\mathrm{e}^{-0.1x} & (x\geqslant 0)\\ 0 & (x<0)\end{cases}$$

工厂规定，出售的电冰箱在一年内损坏可予以调换。若出售一台电冰箱盈利 300 元，调换一台电冰箱要亏损 500 元。问厂家出售一台电冰箱平均盈利多少？

解　厂家出售一台电冰箱的盈利 X 为随机变量，平均盈利是：

$$E(X)=300\times P(X\geqslant 1)+(-500)\times P(X<1)$$

而

$$P(X<1)=\int_0^1 0.1\mathrm{e}^{-0.1x}\mathrm{d}x=-\mathrm{e}^{-0.1x}\Big|_0^1$$

$$=1-\mathrm{e}^{-0.1}=0.0952$$

$$P(X\geqslant 1)=\int_1^{\infty} 0.1\mathrm{e}^{-0.1x}\mathrm{d}x=-\mathrm{e}^{-0.1x}\Big|_1^{\infty}$$

$$=\mathrm{e}^{-0.1}-0=0.9048$$

故

$$E(X)=300\times 0.9048-500\times 0.0952=223.84$$

所以，厂家出售一台电冰箱平均盈利 223.84 元。

例 6-13　证明泊松分布 $X\sim P(\lambda)$ 的方差 $D(X)=\lambda$。

证明

$$E(X^2)=\sum_{i=0}^{+\infty}i^2\cdot\frac{\lambda^i}{i!}\mathrm{e}^{-\lambda}=\sum_{i=1}^{+\infty}i^2\cdot\frac{\lambda^i}{i!}\mathrm{e}^{-\lambda}$$

$$=\lambda\mathrm{e}^{-\lambda}\sum_{i=1}^{+\infty}[(i-1)+1]\frac{\lambda^{i-1}}{(i-1)!}$$

$$=\lambda\mathrm{e}^{-\lambda}\left[\sum_{i=1}^{+\infty}(i-1)\frac{\lambda^{i-1}}{(i-1)!}+\sum_{i=1}^{+\infty}\frac{\lambda^{i-1}}{(i-1)!}\right]$$

$$=\lambda\mathrm{e}^{-\lambda}\left[\lambda\sum_{i=2}^{+\infty}\frac{\lambda^{i-2}}{(i-2)!}+\mathrm{e}^{\lambda}\right]$$

$$=\lambda\mathrm{e}^{-\lambda}(\lambda\mathrm{e}^{\lambda}+\mathrm{e}^{\lambda})=\lambda^2+\lambda$$

由例 6-3 知 $E(X)=\lambda$。将已经得到的结果代入式(6-9)，得

$$D(X)=E(X^2)-[E(X)]^2=\lambda^2+\lambda-\lambda^2=\lambda$$

证毕

例 6-14　证明均匀分布 $X\sim U(a, b)$ 的方差 $D(X)=\dfrac{(b-a)^2}{12}$。

证明　下面的证明利用了例 6-5 的结果 $E(X)=\dfrac{b+a}{2}$。由于

$$E(X^2)=\int_{-\infty}^{+\infty}x^2\varphi(x)\mathrm{d}x=\int_a^b\frac{x^2}{b-a}\mathrm{d}x$$

$$=\frac{x^3}{3(b-a)}\Big|_a^b=\frac{b^3-a^3}{3(b-a)}$$

$$=\frac{b^2+ab+a^2}{3}$$

所以

$$D(X)=E(X^2)-[E(X)]^2$$

$$=\frac{b^2+ab+a^2}{3}-\frac{(b+a)^2}{4}=\frac{(b-a)^2}{12}$$

例 6-15 证明正态分布 $X \sim N(\mu,\sigma^2)$ 的方差 $D(X)=\sigma^2$。

证明 下面的证明利用了例 6-6 的结果 $E(X)=\mu$。由于

$$\varphi(x)=\frac{1}{\sqrt{2\pi}\sigma}e^{-\frac{(x-\mu)^2}{2\sigma^2}}$$

所以

$$\begin{aligned}D(X) &= \int_{-\infty}^{+\infty}[x-E(X)]^2\varphi(x)dx \\ &= \frac{1}{\sqrt{2\pi}\sigma}\int_{-\infty}^{+\infty}(x-\mu)^2 e^{-\frac{(x-\mu)^2}{2\sigma^2}}dx \\ &= \frac{1}{\sqrt{2\pi}\sigma}\int_{-\infty}^{+\infty}\sigma^2 t^2 e^{-\frac{t^2}{2}}\cdot\sigma dt \quad \left(t=\frac{x-\mu}{\sigma}\right) \\ &= \frac{\sigma^2}{\sqrt{2\pi}}\int_{-\infty}^{+\infty}t^2 e^{-\frac{t^2}{2}}dt \\ &= \frac{\sigma^2}{\sqrt{2\pi}}\left[\left(-te^{-\frac{t^2}{2}}\right)\Big|_{-\infty}^{+\infty}+\int_{-\infty}^{+\infty}e^{-\frac{t^2}{2}}dt\right] \\ &= 0+\frac{\sigma^2}{\sqrt{2\pi}}\sqrt{2\pi}=\sigma^2\end{aligned}$$

证毕

其中用到 $\int_{-\infty}^{+\infty}e^{-\frac{t^2}{2}}dt=\sqrt{2\pi}$。

6.5 随机变量数字特征的性质

下面介绍数学期望的性质。

性质 6-1 $E(c)=c$ （c 为常数）

证明 常数 c 可以看作随机变量只能取一个值 c 的极端情况，相应的概率当然为 1。所以，数学期望为

$$E(c)=1\times c=c$$

性质 6-2 $E(X+c)=E(X)+c$ （c 为常数）

证明 下面针对离散型随机变量的情形给出证明。连续型随机变量的情形留给读者自己完成。当 X 为离散型随机变量时，有

$$\begin{aligned}E(X+c) &= \sum_i(x_i+c)p_i=\sum_i x_i p_i+c\sum_i p_i \\ &= E(X)+c\end{aligned}$$

性质 6-3 $E(kX)=kE(X)$ （k 为常数）

证明 下面针对连续型随机变量的情形给出证明。离散型随机变量的情形留给读者自己完成。设连续型随机变量 X 的分布密度为 $\varphi(x)$。根据定积分的性质有

$$E(kX)=\int_{-\infty}^{+\infty}kx\varphi(x)dx=k\int_{-\infty}^{+\infty}x\varphi(x)dx=kE(X)$$

性质 6-4 $E(kX+c)=kE(X)+c$ （k,c 为常数）

证明 由性质 6-2 和性质 6-3 得

$$E(kX+c)=E(kX)+c=kE(X)+c$$

性质 6-5 对于任意两个随机变量 X，Y，都有

$$E(X+Y)=E(X)+E(Y)$$

性质 6-6　如果两个随机变量 X，Y 相互独立，则有

$$E(XY)=E(X)\cdot E(Y)$$

性质 6-5 和性质 6-6 的证明从略。

性质 6-5 和性质 6-6 都可以推广到多个随机变量的情况。

对于任意 n 个随机变量，都有

$$E(X_1+X_2+\cdots+X_n)=E(X_1)+E(X_2)+\cdots+E(X_n)$$

如果三个随机变量 X，Y，Z 相互独立，则有

$$E(XYZ)=E(X)\cdot E(Y)\cdot E(Z)$$

例 6-16　已知随机变量 X，Y 相互独立，并且它们的数学期望 $E(X)$，$E(Y)$ 都存在。证明

$$E[(X-E(X))(Y-E(Y))]=0$$

证明　根据数学期望的性质，有

$$\begin{aligned}&E[(X-E(X))(Y-E(Y))]\\&=E[XY-E(X)Y-XE(Y)+E(X)E(Y)]\\&=E(XY)-E[E(X)Y]-E[XE(Y)]+E[E(X)E(Y)]\\&=E(X)E(Y)-E(X)E(Y)-E(X)E(Y)+E(X)E(Y)=0\end{aligned}$$

证毕

下面介绍方差的性质。

性质 6-7　$D(c)=0$　（c 为常数）

证明　根据式(6-5)和性质 6-1，有

$$\begin{aligned}D(c)&=E[c-E(c)]^2=E[c-c]^2\\&=E(0)=0\end{aligned}$$

性质 6-8　$D(X+c)=D(X)$　（c 为常数）

证明　根据式(6-5)和性质 6-1，有

$$\begin{aligned}D(X+c)&=E[(X+c)-E(X+c)]^2=E[X+c-E(X)-c]^2\\&=E[X-E(X)]^2=D(X)\end{aligned}$$

性质 6-9　$D(kX)=k^2D(X)$　（k 为常数）

证明　根据式(6-5)和性质 6-1，有

$$\begin{aligned}D(kX)&=E[kX-E(kX)]^2=E[kX-kE(X)]^2\\&=k^2E[X-E(X)]^2=k^2D(X)\end{aligned}$$

性质 6-10　$D(kX+c)=k^2D(X)$　（k,c 为常数）

证明　由性质 6-8 和性质 6-9 得

$$D(kX+c)=D(kX)=k^2D(X)$$

性质 6-11　如果两个随机变量 X，Y 相互独立，则有

$$D(X+Y)=D(X)+D(Y)$$

性质 6-11 的证明从略。

例 6-17　已知随机变量 X 的方差 $D(X)=3$，求下列方差：

(1) $D(X+3)$；　(2) $D(-2X-1)$。

解　根据方差的性质，有

(1)　$$D(X+3)=D(X)=3$$

(2) $$D(-2X-1)=D(-2X)=(-2)^2\times 3=12$$

6.6 重要分布的数学期望与方差

第 5 章介绍了 4 个重要分布，它们的数学期望与方差已经在前面的例题中得到。为方便读者，这里将它们集中列出，作为公式。在解答一般问题时，可以直接引用这些公式。

1. 二项分布的数学期望与方差

对于二项分布 $X\sim B(n,p)$，其数学期望与方差分别是：

$$E(X)=np \tag{6-10}$$

$$D(X)=np(1-p) \tag{6-11}$$

2. 泊松分布的数学期望与方差

对于泊松分布 $X\sim P(\lambda)$，其数学期望与方差分别是：

$$E(X)=\lambda \tag{6-12}$$

$$D(X)=\lambda \tag{6-13}$$

3. 均匀分布的数学期望与方差

对于均匀分布 $X\sim U(a,b)$，其数学期望与方差分别是：

$$E(X)=\frac{b+a}{2} \tag{6-14}$$

$$D(X)=\frac{(b-a)^2}{12} \tag{6-15}$$

4. 正态分布的数学期望与方差

对于正态分布 $X\sim N(\mu,\sigma^2)$，其数学期望与方差分别是：

$$E(X)=\mu \tag{6-16}$$

$$D(X)=\sigma^2 \tag{6-17}$$

例 6-18 某人射击一个目标的命中率为 0.8，连续射击 10 次，求：

(1) 恰好有 6 次命中的概率；

(2) 至少有 8 次命中的概率；

(3) 命中次数的均值；

(4) 命中次数的方差。

解 命中次数 X 是一个离散型随机变量，按题意有 $X\sim B(10, 0.8)$。

(1) 事件恰好有 6 次命中即 $X=6$，因而有

$$P\{X=6\}=C_{10}^{6}\times 0.8^6\times(1-0.8)^4=0.0881$$

(2) 事件至少有 8 次命中即 $X\geqslant 8$，包括 $X=8$、$X=9$、$X=10$ 三种情况，因而有

$$\begin{aligned}P\{X\geqslant 8\}&=C_{10}^{8}\times 0.8^8\times(1-0.8)^2+C_{10}^{9}\times 0.8^9\times(1-0.8)+C_{10}^{10}\times 0.8^{10}\\&=0.3020+0.2684+0.1074=0.6778\end{aligned}$$

(3) $E(X)=np=10\times 0.8=8$

(4) $\mathrm{D}(X)=npq=10\times 0.8\times(1-0.8)=1.6$

例 6-19 一页书上的印刷错误的个数是一个随机变量 X，它服从泊松分布。某本书共有 200 页，有 16 个印刷错误，求任意一页上没有印刷错误的概率。

解 由题意知，随机变量 X 的数学期望 $E(X)=\frac{16}{200}=0.08$，于是参数 $\lambda=E(X)=0.08$。

事件一页书上没有印刷错误意味着 $X=0$，因而有

$$P\{X=0\}=\frac{0.08^0}{0!}e^{-0.08}\approx 0.923$$

所以，这本书中任意一页上没有印刷错误的概率大约是 0.923。

6.7　切贝谢夫不等式

前面介绍了随机变量 X 的数学期望 $E(X)$ 和方差 $E(X)$。那么，能否定量地估计随机变量 X 的取值对数学期望 $E(X)$ 的离散程度呢？切贝谢夫不等式给出了肯定的回答。

切贝谢夫（Чебыщев）不等式　如果随机变量 X 存在数学期望 $E(X)$ 与方差 $D(X)$，则对于任意常数 $\varepsilon>0$，都有不等式

$$P\{|X-E(X)|\geqslant\varepsilon\}\leqslant\frac{D(X)}{\varepsilon^2} \tag{6-18}$$

或者

$$P\{|X-E(X)|<\varepsilon\}\geqslant 1-\frac{D(X)}{\varepsilon^2} \tag{6-18$'$}$$

证明　如果 X 为离散型随机变量，记离散型随机变量 X 的所有可能取值为

$$x_1, x_2, \cdots$$

取这些值的概率依次为

$$p_1, p_2, \cdots$$

在 $|X-E(X)|\geqslant\varepsilon$ 的范围内，设离散型随机变量 X 的所有可能取值为

$$x_{k_1}, x_{k_2}, \cdots$$

取这些值的概率依次为

$$p_{k_1}, p_{k_2}, \cdots$$

显然有

$$\{x_{k_1}, x_{k_2}, \cdots\}\subset\{x_1, x_2, \cdots\}$$

对于离散型随机变量 X 在 $|X-E(X)|\geqslant\varepsilon$ 的范围内的任一取值 x_{k_i} $(i=1,2,\cdots)$，都满足不等式

$$|x_{k_i}-E(X)|\geqslant\varepsilon$$

从而

$$[x_{k_i}-E(X)]^2\geqslant\varepsilon^2$$

由此得

$$1\leqslant\frac{[x_{k_i}-E(X)]^2}{\varepsilon^2}\quad(i=1,2,\cdots)$$

进而概率

$$\begin{aligned}P\{|X-E(X)|\geqslant\varepsilon\}&=\sum_i P\{X=x_{k_i}\}\\&=\sum_i p_{k_i}\leqslant\sum_i\frac{[x_{k_i}-E(X)]^2}{\varepsilon^2}p_{k_i}\\&=\frac{1}{\varepsilon^2}\sum_i[x_{k_i}-E(X)]^2 p_{k_i}\leqslant\frac{1}{\varepsilon^2}\sum_i[x_i-E(X)]^2 p_i\end{aligned}$$

$$=\frac{D(X)}{\varepsilon^2}$$

如果 X 为连续型随机变量，记连续型随机变量 X 的概率密度为 $\varphi(x)$，则对于离散型随机变量 X 在 $|X-E(X)|\geqslant\varepsilon$ 的范围内的任一取值 x，都满足不等式

$$|X-E(X)|\geqslant\varepsilon$$

从而

$$[X-E(X)]^2\geqslant\varepsilon^2$$

由此得

$$1\leqslant\frac{[x-E(X)]^2}{\varepsilon^2}\quad(x\leqslant E(X)-\varepsilon \text{ 或 } x\geqslant E(X)+\varepsilon)$$

进而概率

$$\begin{aligned}P\{|X-E(X)|\geqslant\varepsilon\}&=P\{x\leqslant E(X)-\varepsilon \text{ 或 } x\geqslant E(X)+\varepsilon\}\\&=\int_{-\infty}^{E(X)-\varepsilon}\varphi(x)\mathrm{d}x+\int_{E(X)+\varepsilon}^{+\infty}\varphi(x)\mathrm{d}x\\&\leqslant\int_{-\infty}^{E(X)-\varepsilon}\frac{[x-E(X)]^2}{\varepsilon^2}\varphi(x)\mathrm{d}x+\int_{E(X)+\varepsilon}^{+\infty}\frac{[x-E(X)]^2}{\varepsilon^2}\varphi(x)\mathrm{d}x\\&=\frac{1}{\varepsilon^2}\int_{-\infty}^{E(X)-\varepsilon}[x-E(X)]^2\varphi(x)\mathrm{d}x+\frac{1}{\varepsilon^2}\int_{E(X)+\varepsilon}^{+\infty}[x-E(X)]^2\varphi(x)\mathrm{d}x\\&\leqslant\frac{1}{\varepsilon^2}\int_{-\infty}^{+\infty}[x-E(X)]^2\varphi(x)\mathrm{d}x=\frac{D(X)}{\varepsilon^2}\end{aligned}$$

综上所述，无论是离散型随机变量 X 还是连续型随机变量 X，都有

$$P\{|X-E(X)|\geqslant\varepsilon\}\leqslant\frac{D(X)}{\varepsilon^2}$$

再根据式(4-5) 得

$$P\{|X-E(X)|<\varepsilon\}\geqslant1-\frac{D(X)}{\varepsilon^2}$$

证毕

值得注意的是，切贝谢夫不等式只要求随机变量 X 的数学期望 $E(X)$ 与方差 $D(X)$ 都存在，与随机变量 X 的具体分布无关。

利用切贝谢夫不等式估计随机变量在关于以其数学期望对称的区间内取值的概率的步骤如下：

(1) 选择随机变量 X；

(2) 计算数学期望 $E(X)$ 与方差 $D(X)$；

(3) 由题意确定常数 ε；

(4) 利用切贝谢夫不等式估计所求概率。

例 6-20 已知某电站供电网有 10000 盏同样功率的电灯，夜晚每一盏灯开灯的概率都是 0.8，且它们开关与否相互独立，试利用切贝谢夫不等式估计夜晚同时开灯的灯数在 7800～8200 盏之间的概率。

解 夜晚同时开灯的灯数 X 是一个离散型随机变量，它服从参数为 $n=10000$，$p=0.8$ 的二项分布，即 $X\sim B(10000,0.8)$。因此，数学期望和方差分别为

$$E(X)=np=10000\times0.8=8000$$

$$D(X)=npq=10000\times0.8\times0.2=1600$$

事件 $7800<X<8200$ 表示夜晚同时开灯的灯数在 7800～8200 盏之间，它还可以记为

$$-200<X-8000<200$$

由此可知，在切贝谢夫不等式中应取常数 $\varepsilon=200$。

利用切贝谢夫不等式估计所求概率

$$P\{7800<X<8200\}=P\{|X-8000|<200\}\geqslant 1-\frac{1600}{200^2}=0.96$$

即夜晚同时开灯的灯数在 7800～8200 盏之间的概率不小于 0.96。这说明只要有供应 8200 盏灯的电力就能以不小于 0.96 的概率保证 10000 盏灯使用。

切贝谢夫不等式在理论上具有重要意义，它是大数定律的基础。

6.8　大数定律

4.2.1 小节通过事件发生的频率的稳定性给出了事件概率的统计定义，这里给出理论上的证明。

贝努里（Bernoulli）大数定律　如果随机变量 X_n 表示在 n 次独立重复试验中事件 A 发生的次数，且在一次试验中事件 A 发生的概率为 $p(0<p<1)$，则对于任意常数 $\varepsilon>0$，当 n 充分大时，事件 A 发生的频率即随机变量 $Y_n=\frac{X_n}{n}$ 在区间$(p-\varepsilon,\ p+\varepsilon)$ 内取值的概率与数 1 充分接近，即

$$\lim_{n\to+\infty}P\left\{\left|\frac{X_n}{n}-p\right|<\varepsilon\right\}=1 \tag{6-19}$$

证明　由于随机变量 X_n 服从参数为 n，p 的二项分布，即随机变量

$$X_n\sim B(n,p)$$

从而其数学期望和方差分别为

$$E(X_n)=np$$

$$D(X_n)=npq\quad (p+q=1)$$

根据性质 6-3，有

$$E\left(\frac{X_n}{n}\right)=\frac{1}{n}E(X_n)=\frac{1}{n}np=p$$

根据性质 6-9，有

$$D\left(\frac{X_n}{n}\right)=\frac{1}{n^2}D(X_n)=\frac{1}{n^2}npq=\frac{pq}{n}$$

利用切贝谢夫不等式估计事件 $\left|\frac{X_n}{n}-p\right|<\varepsilon$ 发生的概率，有

$$P\left\{\left|\frac{X_n}{n}-p\right|<\varepsilon\right\}\geqslant 1-\frac{\frac{pq}{n}}{\varepsilon^2}=1-\frac{pq}{n\varepsilon^2}$$

因为上式中的积 pq 是有限值，所以当 n 趋向正无穷大时，$\frac{pq}{n\varepsilon^2}$的极限为 0，所以有

$$\lim_{n\to+\infty}P\left\{\left|\frac{X_n}{n}-p\right|<\varepsilon\right\}=1$$

证毕

贝努里大数定律表明：在相同条件下进行很多次重复试验时，随机事件 A 发生的频率 $f_n(A)$ 稳定在事件 A 的概率 $P(A)$ 的附近；也就是说，当 n 充分大时，事件 A 发生的频率

与事件 A 的概率发生偏差的可能性很小。贝努里大数定律从理论上对随机事件频率的稳定性作了严密的论证。因此，当试验次数 n 充分大时，可以把事件的频率 $f_n(A)$ 作为事件 A 的概率 $P(A)$ 的近似值。

切贝谢夫大数定律 如果随机变量 $X_1,X_2,\cdots,X_n,\cdots$ 相互独立，每个变量分别存在数学期望 $E(X_1),E(X_2),\cdots,E(X_n),\cdots$ 与方差 $D(X_1),D(X_2),\cdots,D(X_n),\cdots$，并且这些方差都小于某个正常数 K，即

$$D(X_i)<K \quad (i=1,2,\cdots,n,\cdots)$$

则对于任意常数 $\varepsilon>0$，随机变量 $Y_n=\frac{1}{n}\sum_{i=1}^{n}X_i$ 有

$$\lim_{n\to\infty}P\left\{\left|\frac{1}{n}\sum_{i=1}^{n}X_i-\frac{1}{n}\sum_{i=1}^{n}E(X_i)\right|\geqslant\varepsilon\right\}=0, \tag{6-20}$$

$$\lim_{n\to\infty}P\left\{\left|\frac{1}{n}\sum_{i=1}^{n}X_i-\frac{1}{n}\sum_{i=1}^{n}E(X_i)\right|<\varepsilon\right\}=1 \tag{6-20'}$$

证明 根据性质 6-3 和性质 6-9，分别有

$$E\left(\frac{1}{n}\sum_{i=1}^{n}X_i\right)=\frac{1}{n}\sum_{i=1}^{n}E(X_i)$$

$$D\left(\frac{1}{n}\sum_{i=1}^{n}X_i\right)=\frac{1}{n^2}\sum_{i=1}^{n}D(X_i)$$

对随机变量 $Y_n=\frac{1}{n}\sum_{i=1}^{n}X_i$ 应用切贝谢夫不等式，对于任意常数 $\varepsilon>0$ 有

$$0\leqslant P\left\{\left|\frac{1}{n}\sum_{i=1}^{n}X_i-\frac{1}{n}\sum_{i=1}^{n}E(X_i)\right|\geqslant\varepsilon\right\}\leqslant\frac{\sum_{i=1}^{n}D(X_i)}{n^2\varepsilon^2}$$

又由于 $D(X_i)<K(i=1,2,\cdots,n,\cdots)$，从而

$$0\leqslant P\left\{\left|\frac{1}{n}\sum_{i=1}^{n}X_i-\frac{1}{n}\sum_{i=1}^{n}E(X_i)\right|\geqslant\varepsilon\right\}<\frac{nK}{n^2\varepsilon^2}=\frac{K}{n\varepsilon^2}$$

所以有

$$\lim_{n\to\infty}P\left\{\left|\frac{1}{n}\sum_{i=1}^{n}X_i-\frac{1}{n}\sum_{i=1}^{n}E(X_i)\right|\geqslant\varepsilon\right\}=0$$

证毕

切贝谢夫大数定律说明，如果 n 个相互独立的随机变量 $X_1,X_2,\cdots,X_n,\cdots$ 的数学期望与方差都存在，且所有的方差都小于某个正常数，则当 n 充分大时，它们的算术平均值 $Y_n=\frac{1}{n}\sum_{i=1}^{n}X_i$ 将聚集在其数学期望 $E(Y_n)$ 的附近。

作为切贝谢夫大数定律的一个特例，有下面的推论。

推论 如果随机变量 $X_1,X_2,\cdots,X_n$ 相互独立，并且具有相同数学数学期望 $E(X_i)=\mu$ 与方差 $D(X_i)=\sigma^2(\sigma>0)(i=1,2,\cdots,n)$，则对于任意常数 $\varepsilon>0$，有

$$\lim_{n\to\infty}P\left\{\left|\frac{1}{n}\sum_{i=1}^{n}X_i-\mu\right|\geqslant\varepsilon\right\}=0 \tag{6-21}$$

该推论表明，对于 n 个相互独立且具有相同的数学期望与方差的随机变量，当 n 充分大时，经过算术平均所得的随机变量的离散程度是很小的，其取值密集在它的数学期望附近。

例如，一座山的高度的精确值为 h。每次测量的值一般都不可能是 h，如果测量次数较少，则测量的平均值可能与 h 有较大的偏差。随着测量次数的增多，则测量的平均值与 h 的偏差会减少。当测量次数足够多时，可以用测量的平均值作为高度 h 的近似值，并且误差很小。

6.9　中心极限定理

在实际问题中，有许多随机变量是由大量相互独立的随机因素的综合影响所形成的，其中每一个因素所起的作用都很小，这种随机变量都近似服从正态分布。因而在概率论中，有一类定理研究大量相互独立的随机变量之和以正态分布为极限的问题，这一类定理称为**中心极限定理**。下面介绍其中的两个定理：林德伯格—莱维定理和德莫佛—拉普拉斯定理。

定理 6-5（林德伯格—莱维定理） 如果随机变量 $X_1,X_2,\cdots,X_n$ 相互独立且服从相同分布，并且存在 $E(X_i)=\mu$ 与方差 $D(X_i)=\sigma^2(\sigma>0)(i=1,2,\cdots,n)$，则当 n 充分大时，随机变量 $X=\sum\limits_{i=1}^{n}X_i$ 近似服从参数为 $n\mu$，$\sqrt{n}\sigma$ 的正态分布，即近似有随机变量

$$X=\sum_{i=1}^{n}X_i\sim N(n\mu,n\sigma^2)$$

林德伯格—莱维定理说明：如果一个随机现象受众多的随机因素影响，这种影响的总后果是各个因素的叠加，且每个因素在总的变化中起的作用都不显著，则描述这个随机现象的随机变量近似服从正态分布，此正态分布的两个参数分别是这个随机变量的数学期望与标准差。由于这样的情况很普遍，从而有相当数量的随机变量近似服从正态分布，所以正态分布是概率论与数理统计中最重要的分布。根据林德伯格—莱维定理，无论随机变量 $X_i(i=1,2,\cdots,n)$ 是离散型还是连续型，也无论服从什么分布，只要满足定理的条件，随机变量 $X=\sum\limits_{i=1}^{n}X_i$ 就以正态分布为极限。在实际问题中，n 充分大的条件具体为 $n\geqslant 50$，有时也放宽到 $n\geqslant 30$。

例 6-21　袋装食糖用机器装袋。每袋食糖净重的数学期望为 100g，标准差为 4g。一盒内装 100 袋。求一盒食糖净重大于 10100g 的概率。

解　盒内第 i 袋食糖净重 $X_i(i=1,2,\cdots,100)$ 都是连续型随机变量。一盒食糖的净重也是一个随机变量。显然，连续型随机变量 $X_1,X_2,\cdots,X_{100}$ 相互独立，且连续型随机变量

$$X=\sum_{i=1}^{100}X_i$$

题意给出了数学期望和标准差：

$$E(X_i)=100\quad(i=1,2,\cdots,n)$$

$$\sqrt{D(X_i)}=4\quad(i=1,2,\cdots,n)$$

从而方差为

$$D(X_i)=16\quad(i=1,2,\cdots,n)$$

根据性质 6-5，可计算出随机变量 X 的数学期望

$$E(X)=E\left(\sum_{i=1}^{100}X_i\right)=\sum_{i=1}^{100}E(X_i)$$

$$= \sum_{i=1}^{100} 100 = 10000$$

连续型随机变量 $X_1, X_2, \cdots, X_{100}$ 相互独立，根据性质 6-11，可计算出随机变量 X 的方差：

$$D(X) = D\left(\sum_{i=1}^{100} X_i\right) = \sum_{i=1}^{100} D(X_i)$$

$$= \sum_{i=1}^{100} 16 = 1600 = 40^2$$

根据林德伯格—莱维定理，连续型随机变量 $X = \sum_{i=1}^{100} X_i$ 近似服从参数为 $E(X)=10000$，$\sqrt{D(X)}=40$ 的正态分布，即近似有连续型随机变量

$$X = \sum_{i=1}^{100} X_i \sim N(10000, 40^2)$$

事件 $X>10100$ 表示一盒食糖净重大于 10100g，其发生的概率为

$$P\{X>10100\} \approx 1-\Phi_0\left(\frac{10100-10000}{40}\right)=1-\Phi_0(2.5)$$

$$=1-0.9938=0.0062$$

所以一盒食糖净重大于 10100g 的概率约为 0.0062。

林德伯格—莱维定理也称为**独立分布的中心极限定理**。

定理 6-6（德莫佛—拉普拉斯定理） 如果离散型随机变量 X 服从参数为 n, p 的二项分布，则当 n 充分大时，随机变量 $X = \sum_{i=1}^{n} X_i$ 近似服从参数为 np，$\sqrt{npq}(p+q=1)$ 的正态分布，即近似有随机变量

$$X \sim N(np, npq)$$

证明 由于离散型随机变量 X 服从参数为 n，p 的二项分布，因此它可以表示为 n 个相互独立且服从相同的两点分布的离散型随机变量 $X_1, X_2, \cdots, X_n$ 之和，即离散型随机变量

$$X = \sum_{i=1}^{n} X_i$$

其中离散型随机变量 $X_i \sim B(1, p)(i=1,2,\cdots,n)$。

也由于离散型随机变量 X 服从参数为 n，p 的二项分布，从而其数学期望和方差为

$$E(X)=np, \qquad D(X)=npq \quad (p+q=1)$$

根据林德伯格—莱维定理，当 n 充分大时，离散型随机变量 $X = \sum_{i=1}^{n} X_i$ 近似服从参数为 $E(X)=np$，$\sqrt{D(X)}=\sqrt{npq}$ 的正态分布，即近似有离散型随机变量

$$X = \sum_{i=1}^{n} X_i \sim N(np, npq)$$

德莫佛—拉普拉斯定理说明：二项分布以正态分布为极限，此正态分布的两个参数分别是二项分布的数学期望与标准差。应用正态分布，所以正态分布近似计算二项分布概率的条件只是要求 n 充分大。在实际问题中，这个条件具体为 $n \geqslant 50$，有时也放宽到 $n \geqslant 30$。根据德莫佛—拉普拉斯定理，二项分布与正态分布建立了具体联系，它揭示了离散型随机变量与

连续型随机变量之间的内在联系。

例 6-22　某计算机系统有 150 个终端，各终端使用与否相互独立，若每个终端都有 40%的时间在使用，求同一时间使用终端个数在 60～70 个之间的概率。

解　同一时间使用终端的个数 X 是一个离散型随机变量，它服从参数为 $n=150$，$p=0.4$ 的二项分布，即离散型随机变量 $X\sim B(1,\ 0.4)$。因此有

$$E(X)=np=150\times0.4=60$$

$$D(X)=npq=150\times0.4\times0.6=36$$

根据德莫佛—拉普拉斯定理，离散型随机变量 X 近似服从参数为$E(X)=60$，$\sqrt{D(X)}=\sqrt{36}=6$ 的正态分布，即近似有离散型随机变量 $X\sim N(60,\ 6^2)$。

事件“同一时间使用终端个数在 60～70 个之间”即 $60<X<70$，它发生的概率为

$$P\{60<X<70\}\approx\Phi_0\left(\frac{70-60}{6}\right)-\Phi_0\left(\frac{60-60}{6}\right)$$

$$=\Phi_0(1.666)-\Phi_0(0)=0.9525-0.5=0.4525$$

所以同一时间使用终端个数在 60～70 个之间的概率大约为 0.4525。

例 6-23　某厂有 400 台同类型的机床，每台机床需要的电功率都是 15kW。实际使用情况是：每台机床开动的概率都是 0.75，且各台机床开动与否相互独立。问电站至少供应该厂多少电能，才能以 99%的概率保证不致因供电不足而影响生产？

解　同时开动机床的台数 X 是一个离散型随机变量，它服从参数为 $n=400$，$p=0.75$ 的二项分布，即离散型随机变量

$$X\sim B(400,0.75)$$

计算数学期望和方差

$$E(X)=np=400\times0.75=300$$

$$D(X)=npq=400\times0.75\times0.25=75\approx8.66^2$$

根据德莫佛—拉普拉斯定理，离散型随机变量 X 近似服从参数为 $E(X)=300$，$\sqrt{D(X)}=8.66$ 的正态分布，即近似有离散型随机变量

$$X\sim N(300,8.66^2)$$

设电站至少供应该厂电能 $M=15m\text{kW}$（m 为正整数），可以保证至多有 m 台机床同时开动。事件 $X\leqslant m$ 表示至多有 m 台机床同时开动，其发生的概率为

$$P\{X\leqslant m\}\approx\Phi_0\left(\frac{m-300}{8.66}\right)$$

它应该等于所给定的概率，即

$$\Phi_0\left(\frac{m-300}{8.66}\right)=0.99$$

查附录 B，得

$$\frac{m-300}{8.66}=2.33$$

求得

$$m=300+2.33\times8.66=320.1778$$

应该取比上述计算结果稍大的正整数，即取 $m=321$。

这时

$$M=15m=15\times321=4815$$

这表明，电站至少供应该厂4815kW的电能，才能以99%的概率保证不致因供电不足而影响生产。

6.10 本章小结

本章重点介绍了概率论的基本知识。重点是：(1) 离散型随机变量的数学期望，连续型随机变量的数学期望，随机变量函数的数学期望、方差与标准差等概念；(2) 数学期望和方差的计算；(3) 数学期望的性质、方差的性质等基本知识；(4) 几个重要分布的数学期望和方差的计算公式；(5) 大数定律与中心极限定理。下面是本章知识的要点以及对它们的要求。

◇ 深刻理解离散型随机变量的数学期望的概念，会计算离散型随机变量的数学期望。

◇ 深刻理解连续型随机变量的数学期望的概念，会计算连续型随机变量的数学期望。

◇ 理解随机变量函数的数学期望，会计算随机变量函数的数学期望。

◇ 深刻理解方差与标准差的概念，会计算随机变量的方差与标准差。

◇ 记住几个重要分布的数学期望和方差的计算公式，会用它们计算重要分布的数学期望和方差。

◇ 知道切贝谢夫不等式、贝努里大数定律、切贝谢夫大数定律、林德伯格—莱维定理和德莫佛—拉普拉斯定理，会用它们解答有关实际问题。

习　题

一、单项选择题

6-1 已知随机变量 X 的数学期望 $E(X)=-3$，则与数学期望 $E(2X+5)$ 相等的是________。

(A) 4　　(B) 7　　(C) -3　　(D) -1

6-2 已知随机变量 X 的数学期望 $E(X)=-3$，则与数学期望 $E(X^2-5)$ 相等的是________。

(A) 4　　(B) 7　　(C) -3　　(D) -1

6-3 已知随机变量的数学期望 $E(X)$ 存在，则下列各式中只有________不是恒成立的。

(A) $E[E(X)]=E(X)$　　(B) $E[X^2]=[E(X)]^2$

(C) $E[X-E(X)]=0$　　(D) $E[X+E(X)]=2E(X)$

6-4 设离散型随机变量 X 的所有可能取值为 -1 与 1，且已知 X 取 -1 的概率为 0.4，取 1 的概率为 0.6，则与数学期望 $E(X^2)$ 相等的是________。

(A) 0　　(B) 1　　(C) 0.24　　(D) 0.52

6-5 已知离散型随机变量 $X\sim B(10, 0.4)$，则与 $E(X)$ 相等的是________。

(A) 6　　(B) 4　　(C) 2.4　　(D) 24

6-6 已知连续型随机变量 $X\sim N(3, 4)$，则与 $E(X)$ 相等的是________。

(A) 12　　(B) 4　　(C) 6　　(D) 3

6-7 下列各式中正确的是________。

(A) $E(2X+3)=2E(X)$　　(B) $E(2X+3)=4E(X)$

(C) $D(2X+3)=4D(X)$　　(D) $D(2X+3)=2D(X)$

6-8 已知随机变量 X 的方差 $D(X)=3$，则与 $D(2X-5)$ 相等的是________。

(A) 4　　(B) 6　　(C) 12　　(D) 18

6-9　已知离散型随机变量 $X \sim B(10, 0.4)$，则与 $D(X)$ 相等的是__________。

(A) 6　　(B) 4　　(C) 2.4　　(D) 24

6-10　已知连续型随机变量 $X \sim N(3, 4)$，则与 $D(X)$ 相等的是__________。

(A) 12　　(B) 4　　(C) 6　　(D) 3

6-11　关于随机变量 X 的数学期望 $E(X)$ 和方差 $D(X)$，下列各命题中正确的是__________。

(A) $E(X)$不可以是负数，$D(X)$可以是负数　　(B) $E(X)$可以是负数，$D(X)$不可以是负数

(C) $E(X)$和 $D(X)$都可以是负数　　(D) $E(X)$和 $D(X)$ 都不可以是负数

6-12　关于随机变量 X、Y 的数学期望 $E(X)$、$E(Y)$ 和方差 $D(X)$、$D(Y)$，下列各命题中正确的是__________。

(A) 若 $E(X)>E(Y)$，必定 $D(X)>D(Y)$　　(B) 若 $E(X)>E(Y)$，可能 $D(X)<D(Y)$

(C) 若 $E(X)=E(Y)$，必定 $D(X)=D(Y)$　　(D) 若 $E(X)>E(Y)$，必定 $D(X)<D(Y)$

二、填空题

6-1　已知随机变量 X 的数学期望 $E(X)=-2$，则数学期望 $E(3X+7)$ =______。

6-2　已知随机变量 X 的方差 $D(X)=2$，则方差 $D(-3X+7)=$______。

6-3　已知离散型随机变量 $X \sim B(2, 0.7)$，则数学期望 $E(X)=$______，方差 $D(X)=$______。

6-4　已知离散型随机变量 $X \sim P(4)$，则数学期望 $E(X)$ =______，方差 $D(X)$ =______。

6-5　已知连续型随机变量 $X \sim U(0, 10)$，则数学期望 $E(X)$ =______，方差 $D(X)$ =______。

6-6　已知连续型随机变量 $X \sim N(2, 9)$，则数学期望 $E(X)$ =______，方差 $D(X)$ =______。

三、综合题

6-1　掷一颗质量均匀的骰子，求出现点数 X 的数学期望 $E(X)$ 和方差 $D(X)$。

6-2　某公益性抽奖活动，每次投入 10 元。一等奖 100 元，中奖的概率为 0.01；二等奖 50 元，中奖的概率为 0.05；三等奖 20 元，中奖的概率为 0.2。求投入 10 元获奖的期望值是多少？

6-3　甲、乙两家灯泡厂生产的灯泡的寿命 X 和 Y 的概率分布表分别如下列两表所示：

X	900	1000	1100
P	0.1	0.8	0.1

Y	850	1000	1050
P	0.3	0.4	0.3

哪家灯泡厂生产的灯泡质量较好？

6-4　某超市零售某种水果，进货后第一天售出的概率为 0.7，每 1 千克售价 16 元；第二天售出的概率为 0.2，每 1 千克售价 14 元；第三天售出的概率为 0.1，每 1 千克售价 10 元。求任取 1 千克水果售价 X 的数学期望 $E(X)$ 和方差 $D(X)$。

6-5　地铁某线路运行的时间间隔为 4 分钟，旅客在任何时刻进入站台是等可能的，求旅客候车时间 X 的数学期望 $E(X)$ 和方差 $D(X)$。

6-6　已知连续型随机变量 X 的概率密度为

$$\varphi(x)=\begin{cases} \dfrac{4}{\pi(1+x^2)} & (0<x<1) \\ 0 & (\text{其他}) \end{cases}$$

求 X 的数学期望 $E(X)$ 和方差 $D(X)$。

6-7　设 X 的概率分布如下表所示：

X	-1	1	2	5
P	0.2	0.3	0.4	0.1

求 $E(X)$、$E(3X-1)$ 和 $E(X^2+1)$。

6-8　已知 X 服从指数分布，其概率密度为

$$\varphi(x)=\begin{cases}ke^{-kx} & (x\geqslant 0)\\ 0 & (x<0)\end{cases}\quad (k\text{ 为正常数})$$

求 $E(X)$ 和 $D(X)$。

6-9 对敌人的防御阵地进行 100 次轰炸。每次轰炸命中目标的炸弹数目是一个随机变量，其数学期望为 2，方差为 1.69。求在 100 次轰炸中有 180 颗到 220 颗炸弹命中目标的概率。

6-10 一个复杂的电子系统由 100 个相互独立起作用的部件组成。在系统运行期间每个部件损坏的概率为 0.1。为了使整个系统起作用，必须至少有 85 个部件正常工作。求整个系统起作用的概率。

第7章　复变函数

本章主要介绍以下内容。

(1) 复数、区域、复变函数、复变函数的极限与连续、复变函数的导数、解析函数、初等函数、复变函数的积分、幂级数、收敛圆、收敛半径、泰勒级数、洛朗级数、孤立奇点、留数等概念。

(2) 复数的代数运算和表示方法、关于模与辐角的定理、方根等基本知识。

(3) 复变函数极限与连续的性质。

(4) 解析函数的柯西—黎曼条件、初等函数的解析性。

(5) 复变函数积分的存在定理、计算公式、性质，柯西积分定理。

(6) 阿贝尔定理，函数展开成泰勒级数与洛朗级数的方法。

(7) 函数的零点与极点的关系，留数定理。

复变函数是自变量和因变量都是复数的函数。解析函数是复变函数研究的主要对象。本章将介绍复数、复变函数、复变函数的导数、解析函数、复变函数的积分、复级数、留数等基本知识。

7.1　复数与复变函数

本节先介绍复数的概念和复数的基本运算，然后介绍复变函数、复变函数的极限与连续等概念。这些概念与实变函数的相应概念有很多类似之处，可以看作是高等数学中相应知识在复变函数中的推广。

7.1.1　复数

1. 复数的概念

一元二次方程 $x^2+1=0$ 在实数范围内无解，在复数范围内有解：$x=\pm i$，其中 $i=\sqrt{-1}$ 叫做**虚数单位**。在此基础上建立了复数的定义。

定义 7-1　设 x 和 y 是两个实数，i 为虚数单位，则称 $z=x+iy$ 或 $z=x+yi$ 为**复数**，其中 x 和 y 分别称为 z 的**实部**和**虚部**，记为

$$x=\mathrm{Re}(z), y=\mathrm{Im}(z)$$

关于复数 z，针对不同的情况有不同的称谓：

(1) 当 $y\neq 0$ 时，有时也称 z 为**虚数**；

(2) 当 $y\neq 0$ 且 $x=0$ 时，称 $z=iy$ 为**纯虚数**；

(3) 当 $y=0$ 时，称 $z=x$ 为**实数**。

当且仅当 $x_1=x_2$ 且 $y_1=y_2$ 时，称复数 $z_1=x_1+iy_1$ 与 $z_2=x_2+iy_2$ **相等**。特别地，当且仅当 $x=y=0$ 时，$z=0$。

一般地说，两个不同的复数不能比较大小，除非这两个复数的虚部都为 0。

2. 复数的代数运算

复数的四则运算都是按照代数多项式的运算法则进行的。两个复数 $z_1=x_1+\mathrm{i}y_1$ 与 $z_2=x_2+\mathrm{i}y_2$ 的加法、减法、乘法和除法定义如下：

（1）$z_1\pm z_2=(x_1+\mathrm{i}y_1)\pm(x_2+\mathrm{i}y_2)=(x_1\pm x_2)+\mathrm{i}(y_1\pm y_2)$

（2）$z_1\cdot z_2=(x_1+\mathrm{i}y_1)\cdot(x_2+\mathrm{i}y_2)=(x_1x_2-y_1y_2)+\mathrm{i}(x_1y_2+x_2y_1)$

（3）$\dfrac{z_1}{z_2}=\dfrac{(x_1+\mathrm{i}y_1)(x_2-\mathrm{i}y_2)}{(x_2+\mathrm{i}y_2)(x_2-\mathrm{i}y_2)}=\dfrac{x_1x_2+y_1y_2}{x_2^2+y_2^2}+\mathrm{i}\,\dfrac{x_2y_1-x_1y_2}{x_2^2+y_2^2}\ (z_2\neq0)$

容易证明：复数的加法、乘法也满足交换律、结合律；并且复数的乘法对加法具有分配律。

如果两个复数实部相同而虚部符号相反，则称它们为**共轭复数**，与 z 共轭的复数记为 $\bar{z}$，如果 $z=x+\mathrm{i}y$，那么 $\bar{z}=x-\mathrm{i}y$。共轭复数具有如下性质：

（1）$\overline{z_1\pm z_2}=\bar{z_1}\pm\bar{z_2}$，$\overline{z_1\cdot z_2}=\bar{z_1}\cdot\bar{z_2}$，$\overline{\left(\dfrac{z_1}{z_2}\right)}=\dfrac{\bar{z_1}}{\bar{z_2}}$；

（2）$\bar{\bar{z}}=z$；

（3）$z\cdot\bar{z}=[\mathrm{Re}(z)]^2+[\mathrm{Im}(z)]^2$；

（4）$z+\bar{z}=2\mathrm{Re}(z)$，$z-\bar{z}=2\mathrm{i}\mathrm{Im}(z)$。

例 7-1 设 $z_1=4-3\mathrm{i}$，$z_2=5+2\mathrm{i}$，求 $\overline{z_1\cdot z_2}$。

解 方法一 由于

$$z_1\cdot z_2=(4-3\mathrm{i})(5+2\mathrm{i})$$
$$=(4\times5+3\times2)+\mathrm{i}(4\times2-3\times5)=26-7\mathrm{i}$$

所以

$$\overline{z_1\cdot z_2}=26+7\mathrm{i}$$

方法二

$$\overline{z_1\cdot z_2}=\bar{z_1}\cdot\bar{z_2}=(4+3\mathrm{i})(5-2\mathrm{i})$$
$$=26+7\mathrm{i}$$

3. 复数的各种表示法

（1）点表示法

由于任一复数 $z=x+\mathrm{i}y$ 都与一对实数 x、y 一一对应，所以 $z=x+\mathrm{i}y$ 可以用平面直角坐标系中坐标为（x,y）的点表示。这时，称 x 轴为**实轴**，y 轴为**虚轴**，两轴所在的平面为**复平面或 z 平面**。这样，复数与复平面上的点一一对应。

（2）向量表示法

复数 z 还可以用从原点指向点（x,y）的向量表示，如图 7-1 所示。向量的长度称为 z 的**模或绝对值**，记为

图 7-1

$$|z|=r=\sqrt{x^2+y^2}$$

显然，下列各式成立

$$|x|\leqslant|z|,\quad|y|\leqslant|z|,$$
$$|z|\leqslant|x|+|y|,\quad z\bar{z}=|z|^2=|z^2|$$

$z\neq0$ 时，把表示 z 的向量与 x 轴的夹角 θ 称为 z 的**辐角**（如图 7-1 所示），记为 $\mathrm{Arg}z=\theta$。这时，有

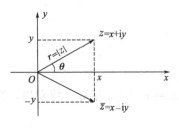

$$\tan\theta=\frac{y}{x}$$

任何一个不为零的复数都有无穷多个辐角，且它的任意两个辐角之间相差 2π 的整数倍。在 z 的所有辐角中，把满足 $-\pi<\theta_0\leqslant\pi$ 的辐角 θ_0 称为 $\mathrm{Arg}z$ 的**主值**，记为 $\arg z=\theta_0$。当 $z=0$ 时，$|z|=0$，它的辐角不确定。为了书写方便，实际解题时将 θ_0 的范围定为 $0\leqslant\theta_0<2\pi$。

当 $x\neq0$ 时，$\arg z$ 与 $\arctan\frac{y}{x}$ 有如下关系：

$$\arg z=\begin{cases}\arctan\dfrac{y}{x} & (x>0, y>0)\\ \arctan\dfrac{y}{x}+\pi & (x<0, y>0)\\ \arctan\dfrac{y}{x}-\pi & (x<0, y<0)\\ \arctan\dfrac{y}{x} & (x>0, y<0)\end{cases}$$

当 $x=0$ 且 $y>0$ 时，$\arg z=\frac{\pi}{2}$；当 $x=0$ 且 $y<0$ 时，$\arg z=-\frac{\pi}{2}$。

(3) 三角表示法

利用直角坐标系与极坐标系的关系

$$\begin{cases}x=r\cos\theta\\ y=r\sin\theta\end{cases}$$

可以将复数 $z=x+\mathrm{i}y$ 表示为

$$z=r(\cos\theta+\mathrm{i}\sin\theta) \tag{7-1}$$

式(7-1) 称为复数的**三角表示式**。

(4) 指数表示法

根据**欧拉**（**Euler**）公式 $\mathrm{e}^{\mathrm{i}\theta}=\cos\theta+\mathrm{i}\sin\theta$ 可将复数 $z=r(\cos\theta+\mathrm{i}\sin\theta)$ 写成如下形式

$$z=r\mathrm{e}^{\mathrm{i}\theta} \tag{7-2}$$

式(7-2) 称为复数 z 的**指数表示式**。

复数 z 的各种表示法是可以相互转化的。以后，将根据具体情况选用不同的表示法。

例 7-2　将 $z=-\sqrt{3}+\mathrm{i}$ 化为三角表示式和指数表示式。

解　由于

$$\tan\theta=\frac{1}{-\sqrt{3}}=-\frac{\sqrt{3}}{3}$$

而 $x<0$ 且 $y>0$，所以

$$\theta=\frac{5}{6}\pi$$

又因为

$$r=\sqrt{3+1}=2$$

最后，z 的三角表示式为

$$z=2\left(\cos\frac{5\pi}{6}+\mathrm{i}\sin\frac{5\pi}{6}\right)$$

z 的指数表示式为

$$z=2e^{\frac{5}{6}\pi i}$$

4. 关于模与辐角的定理

复数的三角表示式与指数表示式用于复数的乘法或除法运算有特别简单的形式，下面予以介绍。

(1) 两个复数的乘积

设有两个复数 $z_1=r_1(\cos\theta_1+i\sin\theta_1)$，$z_2=r_2(\cos\theta_2+i\sin\theta_2)$，那么

$$\begin{aligned}z_1\cdot z_2&=r_1r_2(\cos\theta_1+i\sin\theta_1)(\cos\theta_2+i\sin\theta_2)\\&=r_1r_2[(\cos\theta_1\cos\theta_2-\sin\theta_1\sin\theta_2)+i(\sin\theta_1\cos\theta_2+\cos\theta_1\sin\theta_2)]\\&=r_1r_2[\cos(\theta_1+\theta_2)+i\sin(\theta_1+\theta_2)]\end{aligned}$$

于是有

$$|z_1\cdot z_2|=|z_1|\cdot|z_2| \tag{7-3}$$

$$\operatorname{Arg}(z_1z_2)=\operatorname{Arg}z_1+\operatorname{Arg}z_2 \tag{7-4}$$

从而有下面的定理 7-1。

定理 7-1 两个复数乘积的模等于它们的模的乘积；两个复数乘积的辐角等于它们的辐角的和。

由于幅角的多值性，式(7-4) 是两个无限集合意义下的相等，即对于 $\operatorname{Arg}(z_1z_2)$ 的任一值，一定有 $\operatorname{Arg}z_1$ 及 $\operatorname{Arg}z_2$ 的各一值与之对应，使得等式成立；反之亦然。

如果用指数形式表示复数

$$z_1=r_1e^{i\theta_1},z_2=r_2e^{i\theta_2}$$

那么定理 7-1 可以简明地表示为

$$z_1z_2=r_1r_2e^{i(\theta_1+\theta_2)} \tag{7-5}$$

定理 7-1 可以推广。如果 $z_k=r_ke^{i\theta_k}=r_k(\cos\theta_k+i\sin\theta_k)$ $(k=1,2,\cdots,n)$

那么

$$\begin{aligned}z_1z_2\cdots z_n&=r_1r_2\cdots r_n[\cos(\theta_1+\theta_2+\cdots+\theta_n)+i\sin(\theta_1+\theta_2+\cdots+\theta_n)]\\&=r_1r_2\cdots r_ne^{i(\theta_1+\theta_2+\cdots+\theta_n)}\end{aligned}$$

特别地，当这些复数都相等且模等于 1 时，即

$$z_1=z_2=\cdots=z_n=\cos\theta+i\sin\theta$$

则有

$$(\cos\theta+i\sin\theta)^n=\cos n\theta+i\sin n\theta \tag{7-6}$$

式(7-6) 称为**棣莫弗 (De Moivre) 公式**。

如果定义 $z^{-n}=\dfrac{1}{z^n}$，那么当 n 为负整数时式(7-6) 也是成立的。

(2) 两个复数的商

按照复数四则运算的定义，当 $z_2\neq0$ 时，有

$$z_1=\frac{z_1}{z_2}z_2$$

再根据式(7-3) 和式(7-4) 有

$$|z_1|=\left|\frac{z_1}{z_2}\right||z_2|$$

$$\mathrm{Arg}z_1=\mathrm{Arg}\left(\frac{z_1}{z_2}\right)+\mathrm{Arg}z_2$$

于是有

$$\frac{|z_1|}{|z_2|}=\left|\frac{z_1}{z_2}\right| \tag{7-7}$$

$$\mathrm{Arg}\left(\frac{z_1}{z_2}\right)=\mathrm{Arg}z_1-\mathrm{Arg}z_2 \tag{7-8}$$

从而有下面的定理 7-2。

定理 7-2　两个复数商的模等于它们的模的商；两个复数商的辐角等于被除数辐角与除数辐角之差。

由于幅角的多值性，式(7-8) 和式(7-4) 一样，是两个无限集合意义下的相等。

如果用指数形式表示复数

$$z_1=r_1\mathrm{e}^{\mathrm{i}\theta_1},z_2=r_2\mathrm{e}^{\mathrm{i}\theta_2}$$

那么定理 7-2 可以简明地表示为

$$\frac{z_1}{z_2}=\frac{r_1}{r_2}\mathrm{e}^{\mathrm{i}(\theta_1-\theta_2)}\quad(r_2\neq 0) \tag{7-9}$$

5. 方根

利用复数的三角表示式和棣莫弗公式，可以得到复数开方运算的简单法则。

满足方程 $w^n=z(z\neq 0,n$ 为正整数）的根 w 称为 z 的 n **次方根**（或）**根**，记为 $w=\sqrt[n]{z}$。

为了求 w，记

$$z=r(\cos\theta+\mathrm{i}\sin\theta),\ w=\rho(\cos\varphi+\mathrm{i}\sin\varphi)$$

根据棣莫弗公式(7-6)，有

$$\rho^n(\cos n\varphi+\mathrm{i}\sin n\varphi)=r(\cos\theta+\mathrm{i}\sin\theta)$$

于是

$$\rho^n=r,\ n\varphi=\theta+2k\pi\qquad(k=0,\pm1,\pm2,\cdots)$$

这就得到 z 的 n 个不同的 n 次方根

$$w_k=\sqrt[n]{r}\left(\cos\frac{\theta+2k\pi}{n}+\mathrm{i}\sin\frac{\theta+2k\pi}{n}\right)\quad(k=0,1,2,\cdots,n-1) \tag{7-10}$$

其中，$\sqrt[n]{r}$ 是算术根。

例 7-3　求方程 $w^3=8\mathrm{i}$ 的所有根。

解　由于

$$w^3=8\mathrm{i}=8\left(\cos\frac{\pi}{2}+\mathrm{i}\sin\frac{\pi}{2}\right)$$

按式(7-10) 有

$$w_k=\sqrt[3]{8}\left(\cos\frac{\frac{\pi}{2}+2k\pi}{3}+\mathrm{i}\sin\frac{\frac{\pi}{2}+2k\pi}{3}\right)\quad(k=0,1,2)$$

则原方程的 3 个根分别为

$$w_0=2\left(\cos\frac{\pi}{6}+\mathrm{i}\sin\frac{\pi}{6}\right),$$

$$w_1=2\left(\cos\frac{5\pi}{6}+\mathrm{i}\sin\frac{5\pi}{6}\right),$$

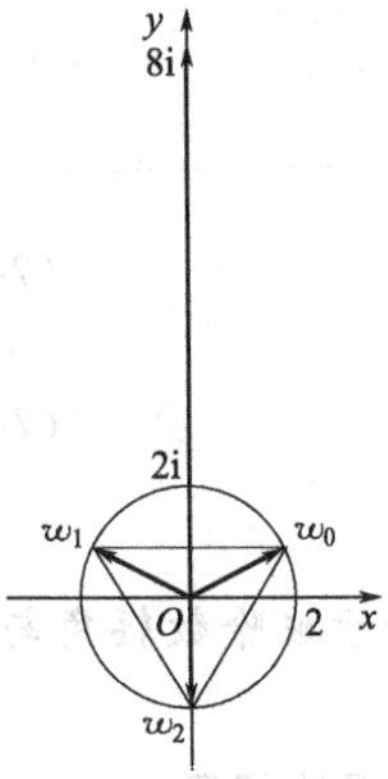

图 7-2

$$w_2=2\left(\cos\frac{3\pi}{2}+i\sin\frac{3\pi}{2}\right)$$

这 3 个根是内接于中心在原点、半径为 2 的圆的一个正三角形的 3 个顶点，如图 7-2 所示。

7.1.2 区域

同实变量一样，复变量也需要考虑其变化范围，这就是下面介绍的复变量区域的概念。

1. 区域的概念

对于复平面，还需要引进惟一一个无穷远点，以 $z=\infty$ 表示，它与原点的距离是 $+\infty$，它的模规定为正无穷大，即 $|z|=+\infty$。对于任何有限复数 z，$|z|<+\infty$，无穷远点 $z=\infty$ 的实部、虚部与幅角的概念都没有意义。

复平面加上无穷远点后称为**扩充复平面**。相应地，称不包括无穷远点的复平面称为**有限复平面**。今后，如无特别说明，复平面均指有限复平面。

复平面上以 z_0 为中心，δ（任意的正数）为半径的圆的内部的点的集合，即由不等式 $|z-z_0|<\delta$ 所确定的点集称为 z_0 的邻域（如图 7-3(a) 所示），记为 $N(z_0,\delta)$，而由不等式 $0<|z-z_0|<\delta$ 所确定的点集称为 z_0 的**去心邻域**，记为 $\mathring{N}(z_0,\delta)$。

当 $z_0=0$ 时，表示复平面上到原点的距离小于 δ 的点的集合，它表示以原点为中心，δ 为半径的不包括该圆周在内的圆盘（如图 7-3(b) 所示）。

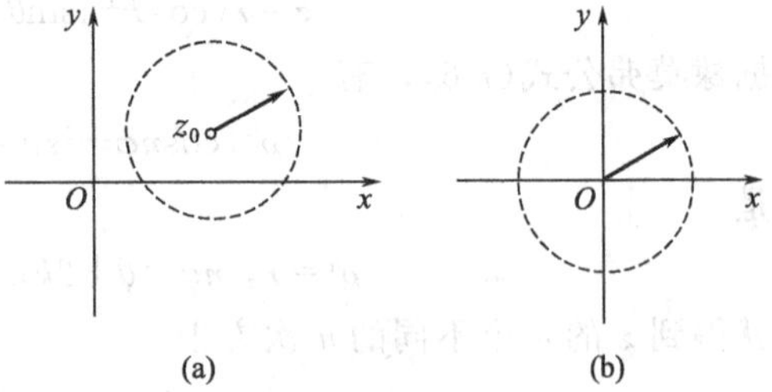

图 7-3

设 D 为一平面点集，z_0 为 D 中任意一点，如果存在 z_0 的一个邻域，该邻域内的所有点都属于 D，则称 z_0 为 D 的**内点**；如果 D 内的每一点都是它的内点，则称 D 为**开集**。

z_0 是复平面上的一点，若在 z_0 的任一邻域内都既有属于 D 的点，又有不属于 D 的点，则称 z_0 为 D 的一个**边界点**；D 的边界点的全体称为 D 的**边界**。

若 $z_0\in D$ 且在 D 的某一邻域内除 z_0 外不含 D 的点，则称 z_0 为 D 的一个**孤立点**。

若存在正常数 M，对于点集 D 中的任何点 z，都有 $|z|\leqslant M$，则称 D 为**有界点集**；否则，称 D 为**无界点集**。

若对内的任意两点都可以用 D 内的一条折线连接，则称 D 为**连通集**。

连通的开集称为**区域**。区域连同它的边界组成的集合称为**闭区域**，记为 $\overline{D}$。

【说明】 区域是开集，闭区域是闭集，除了扩充复平面以及它的补集即空集既是区域又是闭区域外，一般情况下区域与闭区域是两个不同的点集，闭区域并非区域。

2. 单连通域与多连通域

高等数学中已经介绍过，如果 x 和 y 是两个连续的实变函数，则方程组

$$\begin{cases}x=x(t)\\ y=y(t)\end{cases}\quad(a\leqslant t\leqslant b)$$

表示一条平面曲线，称为**平面曲线**。如果令

$$z(t)=x(t)+\mathrm{i}y(t)\quad(a\leqslant t\leqslant b)$$

那么这条曲线就可以用一个方程

$$z=z(t)\ (a\leqslant t\leqslant b)$$

来表示。这就是平面曲线的复数表示式。

设 C：$z=z(t)(a\leqslant t\leqslant b)$ 为一条连续曲线，如果对于 $[a,b]$ 上的任意两点 t_1 与 t_2，当 $t_1\neq t_2$ 时，有 $z(t_1)\neq z(t_2)$（不论 $z(a)$ 与 $z(b)$ 是否相等），则称此曲线为**简单曲线**；当 $z(a)=z(b)$ 时，称此曲线为**简单闭曲线**。

对于区域 D 内任意一条简单闭曲线 C，如果 C 的内部每一点都在 D 中，则称 D 为**单连通域**，否则称 D 为**多连通域**。从直观上来看，单连通域是无洞的，多连通域是有洞的。

例如，$|z-z_0|<R$ 是单连通域，而圆环 $r<|z-z_0|<R$ 是多连通域。

7.1.3　复变函数

1. 复变函数的概念

定义 7-2　设 z 和 w 是两个复变量，D 是一个非空的复数集合，如果对于每一个复数 $z=x+\mathrm{i}y\in D$，复变量 $w=u+\mathrm{i}v$ 按照某种对应法则有确定的数值和它对应，则称 w 为**复变量 z 的函数**（简称**复变函数**），记为

$$w=f(z)$$

并称 z 为**自变量**，w 为**因变量**，点集 D 为该函数的**定义域**，集合

$$G=\{w\,|\,w=f(z),z\in D\}$$

为该函数的**值域**。

如果 z 的一个值对应着一个 w 值，则称函数 $f(z)$ 是**单值函数**；如果 z 的一个值对应着多个 w 值，则称函数 $f(z)$ 是**多值函数**。

以后，如无特别说明，所讨论的函数都是单值函数。

由于给定了一个复数 $z=x+\mathrm{i}y$ 就相当于给定了两个实数 x 和 y，而复数 $w=u+\mathrm{i}v$ 亦同样对应着两个实数 u 和 v，所以复变函数 w 和自变量 z 之间的关系 $w=f(z)$ 相当于两个关系式

$$u=u(x,y),\ v=v(x,y)$$

它们确定了自变量为 x 和 y 的两个二元实变函数。反之，若给定了两个二元实变函数 $u=u(x,y)$ 和 $v=v(x,y)$，那么，$w=u(x,y)+\mathrm{i}v(x,y)$ 就构成了一个复变函数 $w=f(z)$，$z=x+\mathrm{i}y$。

例如，考察函数 $w=z^2$。令 $z=x+\mathrm{i}y$，$w=u+\mathrm{i}v$，那么

$$u+\mathrm{i}v=(x+\mathrm{i}y)^2=x^2-y^2+2xy\mathrm{i}$$

因而函数 $w=z^2$ 对应着下面两个二元实变函数

$$u=x^2-y^2,\ v=2xy$$

2. 复变函数的几何表示

一元实变函数 $y=f(x)$ 可以用平面上的几何图形表示（通常是一条曲线）。二元实变函数 $z=f(x,y)$ 可以用三维空间的几何图形表示（通常是一个曲面）。

由于复变函数 $w=f(z)$ 或 $u+\mathrm{i}v=f(x+\mathrm{i}y)$ 涉及 x、y、u、v 四个实变量，特别是函数值含有两个实变量 u 和 v，因此既不能用平面上的几何图形，也不能用三维空间中的几何图形表示。

由于函数实际上是**映射或变换**。因此，若复变函数的定义域是点集 D，值域是点集 G，那么 $w=f(z)$ 就是从平面点集 D 到平面点集 G 的一个映射或变换。因此，可以用两个平面来表示一个复变函数：一个是 D 所在的平面，称为 z **平面**，一个是 G 所在的平面，称为 w **平面**，如图 7-4 所示。常称 D 为**原像集**，G 为**像集**。

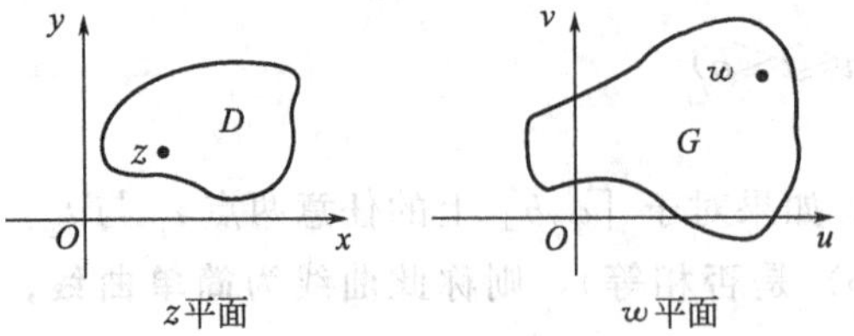

图 7-4

和实变函数一样，复变函数也有反函数的概念。如果函数 $w=f(z)$ 的定义域为 D，值域为 G，那么 G 中的每一点必定对应着 D 中的一个或几个点。按照定义 7-2，这就在 G 上就确定了某个函数 $z=\varphi(w)$，称为$w=f(z)$的**反函数**。

7.1.4　复变函数的极限与连续

1. 复变函数的极限

定义 7-3　设函数 $w=f(z)$ 在 z_0 的某一空心邻域 $0<|z-z_0|<\rho$ 内有定义。如果有一确定的数 A 存在，对于任意给定的 $\varepsilon>0$，相应地必有一正数 $\delta(\varepsilon)$，使得当 $0<|z-z_0|<\delta(\varepsilon)$时（$0<\delta\leqslant\rho$），有

$$|f(z)-A|<\varepsilon$$

则称 A 为 $f(z)$ 当 z 趋于 z_0 时的**极限**，记为$\lim\limits_{z\to z_0}f(z)=A$ 或 $f(z)\to A(z\to z_0)$。

【说明】　定义7-3 中 $z\to z_0$ 的方式是任意的。

下面不加证明地给出复变函数的极限与该函数的实部、虚部的极限的依存关系。

定理 7-3　设 $f(z)=u(x,y)+\mathrm{i}v(x,y)$，$A=u_0+\mathrm{i}v_0$，$z_0=x_0+\mathrm{i}y_0$，那么 $\lim\limits_{z\to z_0}f(z)=A$ 的充要条件是

$$\lim_{\substack{x\to x_0\\ y\to y_0}}u(x,y)=u_0,\quad \lim_{\substack{x\to x_0\\ y\to y_0}}v(x,y)=v_0$$

定理 7-3 将求复变函数 $f(z)=u(x,y)+\mathrm{i}v(x,y)$ 的极限转化为求两个二元实变函数 $u(x,y)$ 和 $v(x,y)$ 的极限。

定理 7-4　如果$\lim\limits_{z\to z_0}f(z)=A$，$\lim\limits_{z\to z_0}g(z)=B$，那么

(1) $\lim\limits_{z\to z_0}[f(z)\pm g(z)]=A\pm B$；

(2) $\lim\limits_{z\to z_0}f(z)g(z)=AB$；

(3) $\lim\limits_{z\to z_0}\dfrac{f(z)}{g(z)}=\dfrac{A}{B}$　$(B\neq 0)$。

2. 复变函数的连续性

定义 7-4　如果函数$\lim\limits_{z\to z_0}f(z)=f(z_0)$，则称 $f(z)$ 在 z_0 处**连续**，如果函数 $f(z)$ 在区域 D 内处处连续，则称 $f(z)$ 在 D 内**连续**。

根据定义 7-4 和定理 7-3，容易证明下面的定理 7-5。

定理 7-5　函数 $f(z)=u(x,y)+\mathrm{i}v(x,y)$ 在 $z_0=x_0+\mathrm{i}y_0$ 处连续的充要条件是 $u(x,y)$ 和 $v(x,y)$ 在 (x_0,y_0) 处连续。

例如，函数 $f(z)=\ln(x^2+y^2)+\mathrm{i}(x^2-y^2)$ 除原点外处处连续；这是因为 $u=\ln(x^2+y^2)$ 除原点外处处连续，而 $v=x^2-y^2$ 处处连续。

由定理 7-3 和定理 7-4，还可以推得下面的定理 7-6。

定理 7-6　连续函数的和、差、积、商（分母不为零）仍为连续函数，连续函数的复合函数在其有定义的区域内仍为连续函数。

依据上述各定理，可以推得有理函数（多项式）

$$w=P(z)=a_0+a_1z+a_2z^2+\cdots+a_nz^n$$

对所有的 z 都是连续的，而有理分式函数

$$w=\frac{P(z)}{Q(z)}\quad(\text{其中 } P(z) \text{和 } Q(z) \text{都是多项式})$$

在 $Q(z)\neq 0$ 的点都是连续的。

在有界闭区域上连续的复变函数与有界闭区间上连续的实一元函数或在有界闭区域上连续的实二元函数有一些类似的性质，这就是下面的定理 7-7。

定理 7-7　如果 $f(z)$ 在有界闭区域 $\overline{D}$ 上连续，则：

(1) $f(z)$ 在 $\overline{D}$ 上有界，即存在一个正实数 M，使对于 $\overline{D}$ 上所有点，都有 $f(z)\leqslant M$；

(2) $f(z)$ 的模 $|f(z)|$ 在 $\overline{D}$ 上能取得最大值与最小值，即在 $\overline{D}$ 上一定有这样的点 z_1 与 z_2 存在，使其对于 $\overline{D}$ 上的一切 z，都有

$$|f(z_1)|\geqslant|f(z)|,\quad|f(z_2)|\leqslant|f(z)|$$

例 7-4　讨论 $f(z)=a^z$（a 为大于 1 的实数）在闭区域 $\overline{D}$：$|z|\leqslant 2$ 上的连续性，并求 $|f(z)|$ 在 $\overline{D}$ 上的最大值与最小值。

解　由于

$$\begin{aligned}f(z)&=a^z=a^{x+\mathrm{i}y}=a^x\mathrm{e}^{\mathrm{i}(y\ln a)}\\&=a^x[\cos(y\ln a)+\mathrm{i}\sin(y\ln a)]=a^x\cos(y\ln a)+\mathrm{i}a^x\sin(y\ln a)\end{aligned}$$

而 $u(x,y)=a^x\cos(y\ln a)$ 与 $v(x,y)=a^x\sin(y\ln a)$ 在 $\overline{D}$ 上是连续的，所以 $f(z)$ 及 $|f(z)|$ 在 $\overline{D}$ 上都连续。

又因为 $|f(z)|=a^x$，因此，它在 $\overline{D}$ 上的最大值与最小值分别就是 a^x 的最大值与最小值。在 $\overline{D}$ 内当 $x=2$ 时，a^x 取得最大值 a^2，当 $x=-2$ 时，a^x 取得最小值 a^{-2}，即对于任意 $z\in\overline{D}$，都有

$$\frac{1}{a^2}\leqslant|f(z)|\leqslant a^2$$

即 $|f(z)|$ 在 $\overline{D}$ 上的最大值为 a^2，最小值为 a^{-2}。

7.2　解析函数

解析函数是复变函数研究的主要对象，在理论和实际问题中有着广泛的应用。本节在介绍复变函数导数概念和求导法则的基础上，着重讲解解析函数的概念、判别方法及其重要性质。接着，介绍一些常用的初等函数，说明它们的解析性。

7.2.1　复变函数的导数

定义 7-5　设函数 $w=f(z)$ 在 z_0 的某一邻域内有定义，$z_0+\Delta z$ 是该邻域内任意一点，$\Delta w=f(z_0+\Delta z)-f(z_0)$，如果极限

$$\lim_{\Delta z\to 0}\frac{\Delta w}{\Delta z}=\lim_{\Delta z\to 0}\frac{f(z_0+\Delta z)-f(z_0)}{\Delta z}$$

存在，则称 $f(z)$ 在 $z=z_0$ 处**可导**（或**可微**），这个极限值称为 $f(z)$ 在 $z=z_0$ 处的**导数**，记作 $f'(z_0)$ 或 $\left.\frac{dw}{dz}\right|_{z=z_0}$，即

$$f'(z_0)=\lim_{\Delta z\to 0}\frac{f(z_0+\Delta z)-f(z_0)}{\Delta z} \tag{7-11}$$

【说明】 定义7-5 中 $z_0+\Delta z\to z_0$（即 $\Delta z\to 0$）的方式是任意的。

由定义 7-5 和定义 7-4 知，如果函数 $f(z)$ 在 z_0 处可导（或可微），则 $f(z)$ 在 z_0 处连续；但是，$f(z)$ 在 z_0 处连续却不一定在 z_0 处可导（可微）。

例 7-5 函数 $f(z)=3x-\mathrm{i}y$ 何处连续？何处可导？

解 由于 $u=3x$ 和 $v=-y$ 都是 x，y 的连续函数，因而 $f(z)=3x-\mathrm{i}y$ 在整个复平面上连续。但是，$f(z)=3x-\mathrm{i}y$ 在整个复平面上处处不可导，根据见下面的证明。

由于

$$\lim_{\Delta z\to 0}\frac{f(z+\Delta z)-f(z)}{\Delta z}=\lim_{\Delta z\to 0}\frac{[3(x+\Delta x)-\mathrm{i}(y+\Delta y)]-(3x-\mathrm{i}y)}{\Delta z}$$

$$=\lim_{\Delta z\to 0}\frac{3\Delta x-\mathrm{i}\Delta y}{\Delta x+\mathrm{i}\Delta y}$$

当 $z+\Delta z$ 沿着平行于 x 轴的方向趋于 z 时，$\Delta y=0$。这时极限

$$\lim_{\Delta z\to 0}\frac{3\Delta x-\mathrm{i}\Delta y}{\Delta x+\mathrm{i}\Delta y}=\lim_{\Delta x\to 0}\frac{3\Delta x}{\Delta x}=3 \tag{a}$$

当 $z+\Delta z$ 沿着平行于 y 轴的方向趋于 z 时，$\Delta x=0$。这时极限

$$\lim_{\Delta z\to 0}\frac{3\Delta x-\mathrm{i}\Delta y}{\Delta x+\mathrm{i}\Delta y}=\lim_{\Delta x\to 0}\frac{-\mathrm{i}\Delta y}{\mathrm{i}\Delta y}=-1 \tag{b}$$

式(a) 和式(b) 表明，当 $z+\Delta z$ 沿不同的方向趋于 z 时，$\lim\limits_{\Delta z\to 0}\frac{f(z+\Delta z)-f(z)}{\Delta z}$ 取不同的值。所以，$f(z)=3x-\mathrm{i}y$ 的导数不存在。

例 7-6 试证 $f(z)=z^n$（n 为正整数）在整个复平面上可导，且 $f'(z)=(z^n)'=nz^{n-1}$。

证明 设 z 是复平面上任意固定的点，则有

$$\lim_{\Delta z\to 0}\frac{(z+\Delta z)^n-z^n}{\Delta z}=\lim_{\Delta z\to 0}\left[nz^{n-1}+\frac{n(n-1)}{2}z^{n-2}\Delta z+\cdots+(\Delta z)^{n-1}\right]=nz^{n-1}$$

如果函数 $f(z)$ 在区域 D 内处处可导（可微），则称 $f(z)$ 在区域 D 内可导（可微）。

由于复变函数的导数的定义与实变函数的导数的定义形式上是完全相同的，而且复变函数中的极限运算法则与实变函数中的一样，因此，实变函数中的求导法则完全可以推广到复变函数中来，且其证明方法也是相同的。现将几个求导公式与法则罗列于下：

(1) $(c)'=0$，其中 c 为复常数；

(2) $(z^n)'=nz^{n-1}$，其中 n 为正整数；

(3) $[f(z)\pm g(z)]'=f'(z)\pm g'(z)$；

(4) $[f(z)g(z)]'=f'(z)g(z)+f(z)g'(z)$；

(5) $\left[\frac{f(z)}{g(z)}\right]'=\frac{f'(z)g(z)-f(z)g'(z)}{[g(z)]^2}$，$g(z)\neq 0$；

(6) $\{f[g(z)]\}'=f'(w)g'(z)$，其中 $w=g(z)$；

(7) $f'(z)=\dfrac{1}{\varphi'(w)}$，其中 $w=f(z)$ 与 $z=\varphi(w)$ 是两个互为反函数的单值函数，且$\varphi'(w)\neq 0$。

例 7-7　设 $f(z)=\dfrac{2z+3}{1-z}$，求 $f'(z)$。

解　由求导法则(5)得

$$f'(z)=\frac{(2z+3)'(1-z)-(2z+3)(1-z)'}{(1-z)^2}$$
$$=\frac{2(1-z)+(2z+3)}{(1-z)^2}=\frac{5}{(1-z)^2}$$

7.2.2　解析函数

1. 解析函数的概念

定义 7-6　如果函数 $f(z)$ 在 z_0 及 z_0 的邻域内处处可导，则称 $f(z)$ 在 z_0 处**解析**。如果 $f(z)$ 在区域 D 内每一点都解析，则称 $f(z)$ 在 D 内解析，或称 $f(z)$ 是区域 D 内的一个**解析函数**。

由定义 7-6 知，函数在区域内解析与在区域内可导是等价的。但是，函数在一点处解析和可导是两个不等价的概念。就是说，函数在一点处可导，不一定在该点处解析。

在区域 D 内，如果除了某些例外点，函数 $f(z)$ 在 D 内其他点都解析，则这些例外点称为 $f(z)$ 在 D 内的**奇点**。对于那些处处不解析的函数来说就不谈论奇点了，因为奇点总是与解析点共同存在的。

例 7-8　研究下列各函数的解析性。

(1) $f(z)=z^2$

(2) $f(z)=3y-\mathrm{i}x$

(3) $f(z)=|z|^2$

解　(1) 由定义 7-6 与例 7-6 知，$f(z)=z^2$ 在整个复平面上是解析的。

(2) 由定义 7-6 与例 7-5 知，$f(z)=3y-\mathrm{i}x$ 在整个复平面上不解析。

(3) 由于

$$\lim_{\Delta z\to 0}\frac{f(z_0+\Delta z)-f(z_0)}{\Delta z}=\lim_{\Delta z\to 0}\frac{|z_0+\Delta z|^2-|z_0|^2}{\Delta z}$$
$$=\lim_{\Delta z\to 0}\frac{(z_0+\Delta z)(\overline{z_0}+\overline{\Delta z})-z_0\overline{z_0}}{\Delta z}$$
$$=\lim_{\Delta z\to 0}\left(\overline{z_0}+\overline{\Delta z}+z_0\frac{\overline{\Delta z}}{\Delta z}\right)$$

当 $z_0=0$ 时，这个极限为 0；当 $z_0\neq 0$ 时，若令 $z_0+\Delta z$ 沿直线 $y-y_0=k(x-x_0)$ 趋于 z_0，由于 k 可以任意取值，则

$$\frac{\overline{\Delta z}}{\Delta z}=\frac{\Delta x-\mathrm{i}\Delta y}{\Delta x+\mathrm{i}\Delta y}=\frac{1-\mathrm{i}\dfrac{\Delta y}{\Delta x}}{1+\mathrm{i}\dfrac{\Delta y}{\Delta x}}=\frac{1-k\mathrm{i}}{1+k\mathrm{i}}$$

不趋于一个确定的值，所以极限 $\lim\limits_{\Delta z\to 0}\dfrac{f(z_0+\Delta z)-f(z_0)}{\Delta z}$ 不存在。

因此，$f(z)=|z|^2$ 仅在点 $z=0$ 处可导，而在其他点处都不可导。根据定义 7-6 知，它在整个复平面上不解析。

本题也说明：函数在一点可导，但在该点未必解析。

例 7-9 研究函数 $w=\frac{1}{z}$ 的解析性。

解 因为 $w=\frac{1}{z}$ 在整个复平面上除点 $z=0$ 外处处可导：$\frac{dw}{dz}=-\frac{1}{z^2}$，所以，$w=\frac{1}{z}$ 在整个复平面上除点 $z=0$ 外处处解析，而 $z=0$ 是它的惟一奇点。

根据求导法则，不难证明下面的定理 7-8。

定理 7-8 *两个解析函数的和、差、积、商都是解析函数（商的情形除去分母为零的点），解析函数的复合函数仍是解析函数。*

从定理 7-8 可以推知，所有多项式在整个复平面上解析，任何有理分式函数 $\frac{P(z)}{Q(z)}$（其中 $P(z)$ 和 $Q(z)$ 都是多项式）在不含分母为零的点的区域解析。

2. 函数解析的充要条件

从前面的介绍已经看到，并不是每一个复变函数都是解析函数。然而，根据解析函数的定义判别一个函数是否解析是困难的，因此，需要寻找判别解析函数的简捷方法。

定理 7-9 *函数 $f(z)=u(x,y)+iv(x,y)$ 在其定义域 D 内解析的充要条件是：$u(x,y)$ 和 $v(x,y)$ 在 D 内任意一点 $z=x+iy$ 都可微，而且满足***柯西—黎曼（Cauchy-Riemann）条件**（简称 **C-R 条件**）

$$\frac{\partial u}{\partial x}=\frac{\partial v}{\partial y},\ \frac{\partial u}{\partial y}=-\frac{\partial v}{\partial x},\tag{7-12}$$

且有

$$f'(z)=\frac{\partial u}{\partial x}+i\frac{\partial v}{\partial x}=\frac{\partial v}{\partial y}-i\frac{\partial u}{\partial y}\tag{7-13}$$

根据定理 7-9，如果函数 $f(z)=u+iv$ 在区域 D 内不满足柯西—黎曼条件，那么 $f(z)$ 在 D 内不解析；如果在 D 内满足柯西—黎曼条件，而且 u 和 v 具有一阶连续偏导数（因而 u 和 v 在 D 内可微），那么 $f(z)$ 在 D 内解析。方程（7-12）通常称为**柯西—黎曼方程**。

在定理 7-9 中，只要把在 D 内任意一点改为在 D 内某一点，那么定理中的条件也是函数在 D 内某一点可导的充要条件。因而可以用定理 7-9 判断一个函数在某一点是否可导。

例 7-10 设函数 $f(z)=x^2+axy+by^2+i(cx^2+dxy+y^2)$。问常数 a、b、c、d 取何值时，$f(z)$ 在整个复平面上解析？

解 由于

$$\frac{\partial u}{\partial x}=2x+ay,\ \frac{\partial u}{\partial y}=ax+2by,\ \frac{\partial v}{\partial x}=2cx+dy,\ \frac{\partial v}{\partial y}=dx+2y$$

从而要使 $\frac{\partial u}{\partial x}=\frac{\partial v}{\partial y}$，$\frac{\partial u}{\partial y}=-\frac{\partial v}{\partial x}$，就要

$$2x+ay=dx+2y,\ 2cx+dy=-ax-2by,$$

因此，当常数 $a=2$、$b=-1$、$c=-1$、$d=2$ 时，$f(z)$ 在整个复平面内解析。

推论 *若函数 $f(z)$ 在区域 D 内解析，且 $f'(z)=0$，则 $f(z)$ 在 D 内为常数。*

证明 由假设 $f(z)=u(x,y)+iv(x,y)$ 在 D 内每一点可微，且

$$0=f'(z)=u_x+iv_x=v_y-iu_y$$

则在 D 内必有 $u_x=0$，$u_y=0$，$v_x=0$，$v_y=0$。于是在 D 内 u、v 必定是常数，即在 D 内 $f(z)$为常数。

3. 初等解析函数

前面已经指出了多项式及有理分式函数的解析性。这里将进一步介绍复变函数中的初等函数。这些函数是高等数学中的初等函数在复数域中的自然推广。经过推广后的初等函数往往有一些新的性质。例如，复指数函数 e^z 是周期性函数，而复三角函数 $\sin z$ 及 $\cos z$ 不再是有界函数。

(1) 指数函数

定义 7-7　对于任何复数 $z=x+iy$，称

$$w=e^z=e^{x+iy}=e^x(\cos y+i\sin y)$$

为**指数函数**。

当 $z=x$(即 $y=0$) 时，得到 $e^z=e^x$。因此，e^z 是实变量的指数函数的推广。当 $z=iy$ (即 $x=0$) 时，有

$$e^{iy}=\cos y+i\sin y$$

这就是欧拉公式。

指数函数 e^z 具有如下性质：

① $|e^z|=e^x>0$，$\arg e^z=y$，$\mathrm{Arg}\,e^z=y+2k\pi$，$k=0,\pm1,\pm2,\cdots$。

由于 $e^x\neq0$，故总有 $e^z\neq0$。

② 对于任意复数 z_1 与 z_2，$e^{z_1}e^{z_2}=e^{z_1+z_2}$总成立。

设 $z_1=x_1+iy_1$，$z_2=x_2+iy_2$，则

$$\begin{aligned}e^{z_1}e^{z_2}&=e^{x_1}(\cos y_1+i\sin y_1)e^{x_2}(\cos y_2+i\sin y_2)\\&=e^{x_1+x_2}[\cos(y_1+y_2)+i\sin(y_1+y_2)]\\&=e^{z_1+z_2}\end{aligned}$$

③ e^z 是以 $2\pi i$ 为周期的周期函数。

因为 $e^{z+2\pi i}=e^z(\cos2\pi+i\sin2\pi)=e^z$，且对任何整数 n，都有

$$e^{z+2n\pi i}=e^z$$

其中 $|2\pi i|$ 使 $e^{z+2n\pi i}=e^z$成立，且在 $|2n\pi i|$ 中取得最小正值 2π。因此说函数 e^z 的周期是 $2\pi i$。

④ e^z 在整个复平面上解析，且

$$\frac{d}{dz}e^z=e^z$$

设 $e^z=f(z)=u(x,y)+iv(x,y)$，则

$$u(x,y)=e^x\cos y，v(x,y)=e^x\sin y$$

由此推出$\dfrac{\partial u}{\partial x}=\dfrac{\partial v}{\partial y}=e^x\cos y$，$\dfrac{\partial u}{\partial y}=-\dfrac{\partial v}{\partial x}=-e^x\sin y$。

显然这四个偏导数都是 x，y 的连续可导函数。因此，e^z 在整个复平面内解析，且有

$$(e^z)'=\frac{\partial u}{\partial x}+i\frac{\partial v}{\partial x}=e^x(\cos y+i\sin y)=e^z$$

⑤ $\lim\limits_{z\to\infty}e^z$不存在，即 e^∞ 无意义。

因为当 z 沿实轴趋于$+\infty$时，$e^z\to+\infty$；当 z 沿实轴趋于$-\infty$时，$e^z\to0$。

(2) 对数函数

复变量的对数函数定义为指数函数的反函数。

定义 7-8 满足方程 $e^w=z$ 的函数 $w=f(z)$，称为**对数函数**，记作 $w=\mathrm{Ln}z$。

设 $w=u+\mathrm{i}v$，则 $e^{u+\mathrm{i}v}=z$，于是 $e^u=|z|$，$u=\ln|z|$，$v=\mathrm{Arg}z$，所以

$$w=\mathrm{Ln}z=\ln|z|+\mathrm{i}\mathrm{Arg}z$$

由于 $\mathrm{Arg}z=\arg z+2k\pi(k=0,\pm1,\pm2,\cdots)$ 是无穷多值的，所以 $w=\mathrm{Ln}z$ 是无穷多值函数。相应于 $\mathrm{Arg}z$ 的主值 $\arg z$，将 $\ln|z|+\mathrm{i}\arg z$ 称为 $\mathrm{Ln}z$ 的主值，记为 $\ln z$，它是单值函数，即

$$\ln z=\ln|z|+\mathrm{i}\arg z$$

对应于每一个整数 k 的 w 值称为 $\mathrm{Ln}z$ 的一个**分支**，可表示为

$$\begin{aligned}\mathrm{Ln}z&=\ln|z|+\mathrm{i}\mathrm{Arg}z=\ln|z|+\mathrm{i}\arg z+2k\pi\mathrm{i}\\&=\ln z+2k\pi\mathrm{i}\quad(k=0,\pm1,\pm2,\cdots)\end{aligned}$$

所以，任何不为零的复数都有无穷多个对数，其中任意两个相差 $2\pi\mathrm{i}$ 的整数倍。如果 z 是正实数，则 $\mathrm{Ln}z$ 的主值 $\ln z=\ln x$ 就是实变函数中定义的对数。

例 7-11 求 $\ln(-2)$ 和 $\mathrm{Ln}(-2)$ 以及 $\ln\mathrm{i}$ 和 $\mathrm{Ln}\mathrm{i}$。

解 因为 -2 的模是 2，而其幅角的主值是 π，所以

$$\ln(-2)=\ln2+\pi\mathrm{i}$$

进而

$$\begin{aligned}\mathrm{Ln}(-2)&=\ln(-2)+2k\pi\mathrm{i}=\ln2+\pi\mathrm{i}+2k\pi\mathrm{i}\\&=\ln2+(2k+1)\pi\mathrm{i}\quad(k=0,\pm1,\pm2,\cdots)\end{aligned}$$

因为 i 的模是 1，而其幅角的主值是 $\frac{\pi}{2}$，所以

$$\ln\mathrm{i}=\ln1+\frac{\pi}{2}\mathrm{i}=\frac{\pi}{2}\mathrm{i}$$

进而

$$\mathrm{Ln}\mathrm{i}=\ln\mathrm{i}+2k\pi\mathrm{i}=\frac{\pi}{2}\mathrm{i}+2k\pi\mathrm{i}\quad(k=0,\pm1,\pm2,\cdots)$$

对数函数具有如下性质：

① 运算性质

$$\mathrm{Ln}(z_1z_2)=\mathrm{Ln}z_1+\mathrm{Ln}z_2,\ \frac{\mathrm{Ln}z_1}{\mathrm{Ln}z_2}=\mathrm{Ln}z_1-\mathrm{Ln}z_2$$

这两个等式与实变函数中的对数性质相同，但必须这样理解：对于左端的多值函数的任意取定的一个值，一定有右端的两多值函数的各一个值的和与该值对应；反之亦然。

需要指出的是：对大于 1 的正整数 n，

$$\mathrm{Ln}z^n\neq n\mathrm{Ln}z,\ \mathrm{Ln}\sqrt[n]{z}\neq\frac{1}{n}\mathrm{Ln}z$$

② 解析性

就主值 $w=\mathrm{Ln}z$ 而言，在除去原点及负实轴的复平面上是解析的，且

$$\frac{\mathrm{d}\ln z}{\mathrm{d}z}=\frac{1}{\frac{\mathrm{d}e^w}{\mathrm{d}w}}=\frac{1}{z}$$

(3) 幂函数

在实变函数中，如果 a 为正数，b 为实数，乘幂 a^b 可以表示为 $a^b=e^{b\ln a}$。现在将它推广到复数的情形。

定义 7-9　函数

$$w=z^{\alpha}=e^{\alpha \mathrm{Ln} z}\quad (\alpha \text{为复常数}, z\neq 0)$$

称为复变量 z 的**幂函数**。

规定：当 α 为正实数且 $z=0$ 时，$z^{\alpha}=0$。

由于 $\mathrm{Ln}z$ 是多值函数，所以 $e^{\alpha \mathrm{Ln} z}$ 一般也是多值函数。

当 α 为正整数 n 时，

$$\begin{aligned} w=z^{n} &= e^{n \mathrm{Ln} z} \\ &= e^{n[\ln|z|+i(\arg z+2k\pi)]} \\ &= |z|^{n} e^{i n \arg z} \end{aligned}$$

是一个单值函数。

当 $\alpha=\dfrac{1}{n}$（n 为正整数）时，

$$\begin{aligned} w=z^{\frac{1}{n}} &= e^{\frac{1}{n}\mathrm{Ln} z} \\ &= e^{\frac{1}{n}[\mathrm{Ln}|z|+i(\arg z+2k\pi)]} \\ &= |z|^{\frac{1}{n}} e^{i\frac{\arg z+2k\pi}{n}} \end{aligned}$$

是一个 n 值函数。

当 $\alpha=0$ 时，$z^{0}=e^{0\cdot \mathrm{Ln} z}=e^{0}=1$；

当 α 为有理数 $\dfrac{p}{q}$（p 与 q 为互质的正整数）时，

$$z^{\frac{p}{q}}=e^{\frac{p}{q}\mathrm{Ln} z}=e^{\frac{p}{q}\ln|z|+i\frac{p}{q}(\arg z+2k\pi)}$$

有 q 个互异的值（对应于 $k=0,1,2,\cdots,q-1$）。

当 α 为无理数时，z^{α} 是无穷多值的。

由于 $\mathrm{Ln}z$ 的各个分支在除去原点和负实轴的复平面上是解析的，因而 $w=z^{\alpha}$ 的相应分支在除去原点和负实轴的复平面上也是解析的，并且有

$$(z^{\alpha})'=e^{\alpha \mathrm{Ln} z}\cdot \alpha \cdot \frac{1}{z}=\alpha z^{\alpha-1}$$

例 7-12　求 $1^{\sqrt{2}}$ 和 i^{i} 的值。

解

$$1^{\sqrt{2}}=e^{\sqrt{2}\mathrm{Ln}1}=e^{i\cdot 2\sqrt{2}k\pi}\quad (k=0,\pm 1,\pm 2,\cdots)$$

$$i^{i}=e^{i\mathrm{Ln} i}=e^{i(\frac{\pi}{2}i+2k\pi i)}=e^{-\frac{\pi}{2}-2k\pi}\quad (k=0,\pm 1,\pm 2,\cdots)$$

（4）三角函数

由欧拉公式，有

$$e^{iy}=\cos y+i\sin y, e^{-iy}=\cos y-i\sin y$$

从这两式可解得

$$\sin y=\frac{e^{iy}-e^{-iy}}{2i},\ \cos y=\frac{e^{iy}+e^{-iy}}{2}$$

现在将它推广到复数的情形。

定义 7-10　若 z 为复变量，则称

$$\sin z=\frac{e^{iz}-e^{-iz}}{2i},\ \cos z=\frac{e^{iz}+e^{-iz}}{2}$$

分别为 z 的**正弦函数**和**余弦函数**。

定义 7-10 建立了复变量的正弦函数及余弦函数与复变量的指数函数之间的联系。这种联系在实变量的正弦函数及余弦函数与复变量的指数函数之间是不存在的。

正弦函数与余弦函数有如下性质：

① $\sin z$ 与 $\cos z$ 均为单值函数；

② $\sin z$ 与 $\cos z$ 均为以 2π 为周期的周期函数；

③ $\sin z$ 是奇函数，$\cos z$ 是偶函数；

④ 通常的三角公式仍然成立，例如

$$\sin^2 z+\cos^2 z=1,\ \sin(z_1+z_2)=\sin z_1\cos z_2+\cos z_1\sin z_2$$

⑤ $\sin z$ 的零点（即 $\sin z=0$ 的根）为 $z=n\pi(n=0,\pm1,\pm2,\cdots)$；$\cos z$ 的零点（即 $\cos z=0$ 的根）为 $z=\left(n+\dfrac{1}{2}\right)\pi(n=0,\pm1,\pm2,\cdots)$；

⑥ $\sin z$ 与 $\cos z$ 在复平面上是无界的，例如，取 $z=\mathrm{i}t(t>0)$，则

$$\cos\mathrm{i}t=\frac{\mathrm{e}^{\mathrm{i}(\mathrm{i}t)}+\mathrm{e}^{-\mathrm{i}(\mathrm{i}t)}}{2}=\frac{\mathrm{e}^{-t}+\mathrm{e}^{t}}{2}>\frac{\mathrm{e}^{t}}{2}$$

随着 t 的无限增大，$\cos\mathrm{i}t$ 也无限增大；

⑦ $\lim\limits_{z\to\infty}\sin z$ 与 $\lim\limits_{z\to\infty}\cos z$ 均不存在；

⑧ $\sin z$ 与 $\cos z$ 在整个复平面上是解析函数，且有

$$(\sin z)'=\cos z,\ (\cos z)'=-\sin z$$

定义 7-11 若 z 为复变量，则

$$\tan z=\frac{\sin z}{\cos z},\ \cot z=\frac{\cos z}{\sin z},\ \sec z=\frac{1}{\cos z},\ \csc z=\frac{1}{\sin z}$$

分别称为 z 的**正切函数**、**余弦函数**、**正割函数**和**余割函数**。

这四个函数都在复平面上分母不为零的点处解析。

(5) 反三角函数

反三角函数定义为三角函数的反函数，以反正弦函数为例。

定义 7-12 由方程 $z=\sin w$ 所确定的函数 w 称为 z 的**反正弦函数**，记为

$$w=\mathrm{Arcsin}z$$

由 $z=\sin w=\dfrac{\mathrm{e}^{\mathrm{i}w}-\mathrm{e}^{-\mathrm{i}w}}{2\mathrm{i}}=\dfrac{\mathrm{e}^{2\mathrm{i}w}-1}{2\mathrm{i}\mathrm{e}^{\mathrm{i}w}}$ 得

$$\mathrm{e}^{2\mathrm{i}w}-2\mathrm{i}z\mathrm{e}^{\mathrm{i}w}-1=0$$

解上述关于 $\mathrm{e}^{\mathrm{i}w}$ 的方程得 $\mathrm{e}^{\mathrm{i}w}=\mathrm{i}z\pm\sqrt{1-z^2}$，所以

$$\mathrm{Arcsin}z=w=-\mathrm{i}\mathrm{Ln}(\mathrm{i}z\pm\sqrt{1-z^2})$$

由对数函数的多值性，可知 $w=\mathrm{Arcsin}z$ 是多值函数。

类似地可以得到 Arccos$z$、Arctan$z$ 和 Arccot$z$ 的对数表达式如下：

$$\mathrm{Arccos}z=-\mathrm{i}\mathrm{Ln}(z\pm\sqrt{z^2-1})$$

$$\mathrm{Arctan}z=-\frac{\mathrm{i}}{2}\mathrm{Ln}\frac{1+\mathrm{i}z}{1-\mathrm{i}z}$$

$$\mathrm{Arccot}z=\frac{\mathrm{i}}{2}\mathrm{Ln}\frac{z-\mathrm{i}}{z+\mathrm{i}}$$

(6) 双曲函数与反双曲函数

定义 7-13　若 z 为复变量，则

$$\mathrm{sh}z=\frac{e^z-e^{-z}}{2},\quad \mathrm{ch}z=\frac{e^z+e^{-z}}{2},$$

$$\mathrm{th}z=\frac{e^z-e^{-z}}{e^z+e^{-z}},\quad \mathrm{cth}z=\frac{e^z+e^{-z}}{e^z-e^{-z}}$$

分别称为 z 的**双曲正弦函数**、**双曲余弦函数**、**双曲正切函数**和**双曲余切函数**。

双曲函数与三角函数之间有如下关系：

$$\mathrm{sh}z=-\mathrm{i}\sin \mathrm{i}z,\ \mathrm{ch}z=\cos \mathrm{i}z,\ \mathrm{th}z=-\mathrm{i}\tan \mathrm{i}z,\ \mathrm{cth}z=\mathrm{i}\cot \mathrm{i}z$$

由这些关系可以看出双曲函数是单值的且以虚数 $2\pi\mathrm{i}$ 为周期的周期函数。$\mathrm{sh}z$ 为奇函数，$\mathrm{ch}z$ 为偶函数，而且均在整个复平面上解析，且

$$(\mathrm{sh}z)'=\mathrm{ch}z,\ (\mathrm{ch}z)'=\mathrm{sh}z$$

由于双曲函数的周期性决定了它们的反函数的多值性。这里仅将相应的反双曲函数分列如下：

反双曲正弦函数 $\mathrm{Arsh}z=\mathrm{Ln}(z+\sqrt{z^2+1})$；

反双曲余弦函数 $\mathrm{Arch}z=\mathrm{Ln}(z+\sqrt{z^2-1})$；

反双曲正切函数 $\mathrm{Arth}z=\frac{1}{2}\mathrm{Ln}\,\frac{1+z}{1-z}$；

反双曲余切函数 $\mathrm{Arcth}z=\frac{1}{2}\mathrm{Ln}\,\frac{z+1}{z-1}$。

7.3　复变函数的积分

复变函数的积分是研究解析函数的一个重要工具。本节将要建立的柯西积分定理及柯西积分公式是解析函数的重要理论基础。解析函数的许多重要性质都是通过复积分证明的。

7.3.1　复变函数积分的概念及其性质

1. 复变函数积分的定义

定义 7-14　设 C 是复平面内起点为 A、终点为 B 的一条光滑或分段光滑的有向曲线（本定义参看图 7-5）。函数 $w=f(z)$ 在 C 上有定义。用分点

$$z_0=A,z_1,z_2,\cdots,z_{k-1},z_k,\cdots,z_n=B$$

把曲线任意分成 n 个小弧段。在每个小弧段 $\widehat{z_k-z_{k-1}}$ $(k=1,2,\cdots,n)$ 上任取一点 ξ_k。作和式

$$S_n=\sum_{k=1}^{n}f(\xi_k)(\widehat{z_k-z_{k-1}})=\sum_{k=1}^{n}f(\xi_k)\Delta z_k \qquad (7\text{-}14)$$

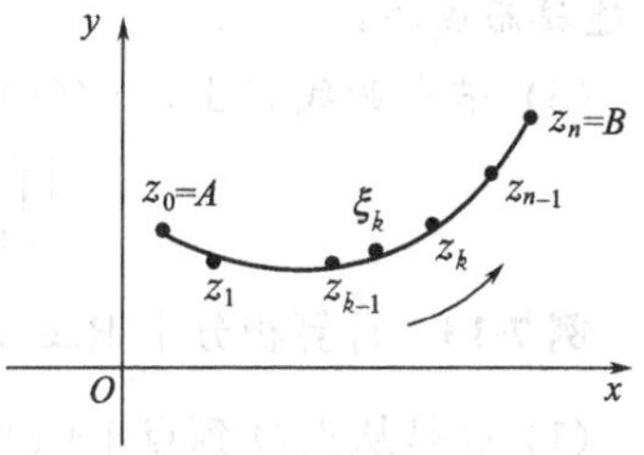

图 7-5

这里 $\Delta z_k=\widehat{z_k-z_{k-1}}$。

设 $\lambda=\max\limits_{1\leqslant k\leqslant n}|\Delta z_k|$，当 $\lambda\to 0$ 时，如果和式(7-14) 的极限存在，且此极限值与 C 的分法及 ξ_k 的取法无关，则称此极限值为 $f(z)$ 沿曲线 C 自 A 到 B 的**积分**，记作

$$\int_C f(z)\mathrm{d}z=\lim_{\lambda\to 0}\sum_{k=1}^{n}f(\xi_k)\Delta z_k \qquad (7\text{-}15)$$

沿 C 的负方向（即起点为 B，终点为 A）的积分记作 $\int_{C^-} f(z)\mathrm{d}z$。当曲线 C 为闭曲线时，规定沿逆时针方向为正方向，并记作 $\oint_C f(z)\mathrm{d}z$。

2. 积分存在定理及其计算公式

定理 7-10 设 $f(z)=u(x,y)+\mathrm{i}v(x,y)$ 在光滑或分段光滑的有向曲线 C 上连续，则 $f(z)$ 在曲线 C 上的积分存在，且

$$\int_C f(z)\mathrm{d}z = \int_C (u\mathrm{d}x - v\mathrm{d}y) + \mathrm{i}\int_C (u\mathrm{d}y + v\mathrm{d}x) \tag{7-16}$$

证明

如果曲线是光滑的，其方程为

$$z=z(t)=x(t)+\mathrm{i}y(t)\quad (\alpha\leqslant t\leqslant\beta)$$

根据线积分的计算公式，由式(7-16) 得

$$\begin{aligned}\int_C f(z)\mathrm{d}z &= \int_\alpha^\beta [u(x(t),y(t))x'(t) - v(x(t),y(t))y'(t)]\mathrm{d}t + \\ &\quad \mathrm{i}\int_\alpha^\beta [v(x(t),y(t))x'(t) + u(x(t),y(t))y'(t)]\mathrm{d}t \\ &= \int_\alpha^\beta [u(x(t),y(t)) + \mathrm{i}v(x(t),y(t))][x'(t)+\mathrm{i}y'(t)]\mathrm{d}t \\ &= \int_\alpha^\beta f(z(t))z'(t)\mathrm{d}t\end{aligned}$$

【说明】 上式右端积分下限 α 也可以大于或等于积分上限 β。

3. 复变函数积分的性质

(1) $\int_C f(z)\mathrm{d}z = -\int_{C^-} f(z)\mathrm{d}z$;

(2) $\int_C kf(z)\mathrm{d}z = k\int_C f(z)\mathrm{d}z$，其中 k 为复常数；

(3) $\int_C [f(z)\pm g(z)]\mathrm{d}z = \int_C f(z)\mathrm{d}z \pm \int_C g(z)\mathrm{d}z$；

(4) $\int_C f(z)\mathrm{d}z = \int_{C_1} f(z)\mathrm{d}z + \int_{C_2} f(z)\mathrm{d}z$，其中 C 是由光滑曲线或分段光滑曲线 C_1 和 C_2 连接而成的；

(5) 若在曲线 C 上，$|f(z)|\leqslant M$，而 L 是曲线 C 的长度，则

$$\left|\int_C f(z)\mathrm{d}z\right| \leqslant \int_C |f(z)|\mathrm{d}s \leqslant ML$$

例 7-13 计算积分 $\int_C \mathrm{Re}z\mathrm{d}z$，

(1) C 是从点 O 到点 $1+\mathrm{i}$ 的直线段；

(2) C 是从点 O 到点 1 的直线段和从 1 到 $1+\mathrm{i}$ 的直线段组成的折线。

解 参看图 7-6。

(1) 连接点 O 到点 $1+\mathrm{i}$ 的直线方程为 $z=(1+\mathrm{i})t(0\leqslant t\leqslant 1)$，于是 $\mathrm{d}z=(1+\mathrm{i})\mathrm{d}t$，故

$$\begin{aligned}\int_C \mathrm{Re}z\mathrm{d}z &= \int_0^1 \{\mathrm{Re}[(1+\mathrm{i})t]\}(1+\mathrm{i})\mathrm{d}t \\ &= (1+\mathrm{i})\int_0^1 t\mathrm{d}t = \frac{1+\mathrm{i}}{2}t^2\Big|_0^1 = \frac{1+\mathrm{i}}{2}\end{aligned}$$

(2) 连接点 O 到点 1 的直线方程为 $z=t(0\leqslant t\leqslant 1)$，连接 1 到 $1+\mathrm{i}$ 的直线方程为 $z=1+\mathrm{i}t(0\leqslant t\leqslant 1)$，故

$$\int_C \mathrm{Re}z\mathrm{d}z=\int_0^1 \mathrm{Re}t\mathrm{d}t+\int_0^1 \mathrm{Re}(1+\mathrm{i}t)\mathrm{i}\mathrm{d}t$$

$$=\int_0^1 t\mathrm{d}t+\mathrm{i}\int_0^1 \mathrm{d}t=\frac{t^2}{2}\Big|_0^1+\mathrm{i}t\Big|_0^1=\frac{1}{2}+\mathrm{i}$$

例 7-14　计算积分 $\int_C z\mathrm{d}z$，其中 C 是

(1) 从点 O 到点 $1+\mathrm{i}$ 的直线段；

(2) 从点 O 到点 1 的直线段和从 1 到 $1+\mathrm{i}$ 的直线段组成的折线。

解　参看图 7-6。

(1) 由于连接点 O 到点 $1+\mathrm{i}$ 的直线方程为 $z=(1+\mathrm{i})t(0\leqslant t\leqslant 1)$，于是 $\mathrm{d}z=(1+\mathrm{i})\ \mathrm{d}t$，故

$$\int_C z\mathrm{d}z=\int_0^1 (1+\mathrm{i})t(1+\mathrm{i})\mathrm{d}t$$

$$=(1+\mathrm{i})^2\int_0^1 t\mathrm{d}t=\frac{(1+\mathrm{i})^2}{2}t^2\Big|_0^1$$

$$=\frac{(1+\mathrm{i})^2}{2}=\mathrm{i}$$

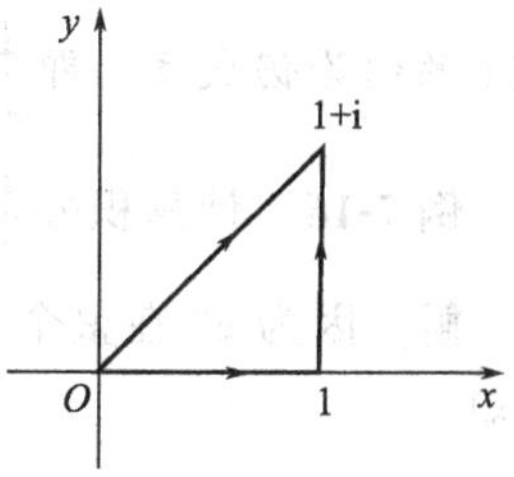

图 7-6

(2) 由于连接点 O 到点 1 的直线方程为 $z=t(0\leqslant t\leqslant 1)$，连接 1 到 $1+\mathrm{i}$ 的直线方程为 $z=1+\mathrm{i}t(0\leqslant t\leqslant 1)$，故

$$\int_C z\mathrm{d}z=\int_0^1 t\mathrm{d}t+\int_0^1 (1+\mathrm{i}t)\mathrm{i}\mathrm{d}t$$

$$=\int_0^1 t\mathrm{d}t+\int_0^1 (\mathrm{i}-t)\mathrm{d}t=\mathrm{i}\int_0^1 \mathrm{d}t$$

$$=\mathrm{i}$$

应该注意到：例 7-13 路径不同，积分结果不同。例 7-14 路径不同，积分结果相同。

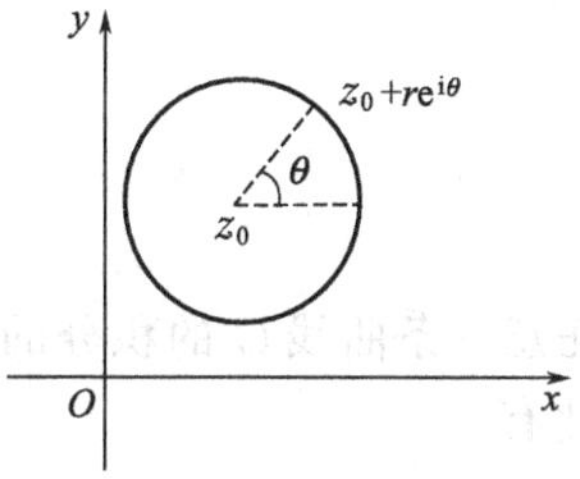

图 7-7

例 7-15　计算 $\oint_C \frac{\mathrm{d}z}{(z-z_0)^{n+1}}$，其中 C 为以 z_0 为圆心，r 为半径的正向圆周，n 为整数。

解　参看图 7-7，C 的方程可写成 $z=z_0+r\mathrm{e}^{\mathrm{i}\theta}(0\leqslant\theta\leqslant 2\pi)$

所以

$$\oint_C \frac{\mathrm{d}z}{(z-z_0)^{n+1}}=\int_0^{2\pi}\frac{\mathrm{i}r\mathrm{e}^{\mathrm{i}\theta}}{r^{n+1}\mathrm{e}^{\mathrm{i}(n+1)\theta}}\mathrm{d}\theta=\frac{\mathrm{i}}{r^n}\int_0^{2\pi}\mathrm{e}^{-\mathrm{i}n\theta}\mathrm{d}\theta$$

当 $n=0$ 时，结果为：$\mathrm{i}\int_0^{2\pi}\mathrm{d}\theta=2\pi\mathrm{i}$。

当 $n\neq 0$ 时，结果为：$\frac{\mathrm{i}}{r^n}\int_0^{2\pi}(\cos n\theta-\mathrm{i}\sin n\theta)\mathrm{d}\theta=0$。

所以

$$\oint_C \frac{\mathrm{d}z}{(z-z_0)^{n+1}}=\begin{cases}2\pi\mathrm{i}(n=0)\\0(n\neq 0)\end{cases}$$

此积分值与积分圆周的半径无关。这一结论非常重要，应该记住。

7.3.2 柯西积分定理

前面所举的例子说明，复积分 $\int_C f(z)\mathrm{d}z$ 有时与积分路径有关（如例 7-13），有时与积分路径无关（如例 7-14）。那么，怎样的复变函数，其积分的值与积分路径无关呢？下面的柯西积分定理给出了回答这个问题的基础。

定理 7-11 （柯西（Cauchy）积分定理） 如果 $f(z)$ 在单连通域 D 内解析，则 $f(z)$ 沿着 D 内任一条闭曲线 C 的积分等于零，即

$$\oint_C f(z)\mathrm{d}z = 0 \tag{7-17}$$

柯西积分定理又称为**柯西—古萨特（Cauchy-goursat）**积分定理。

还可以证明：如果曲线 C 是区域的边界，$f(z)$ 在闭区域 $\overline{D}=D\cup C$ 上解析，那么定理 7-11 的结论仍成立，即 $\oint_C f(z)\mathrm{d}z=0$。

例 7-16 计算积分 $\oint_{|z|=1} z^n \mathrm{d}z$。

解 因为 z^n 在整个复平面上解析，$|z|=1$ 是复平面上的一条闭曲线，由柯西积分定理知

$$\oint_{|z|=1} z^n \mathrm{d}z = 0$$

有了柯西积分定理，本节开始提出的问题就可以回答了。这就是下面的定理 7-12。

定理 7-12 如果 $f(z)$ 在单连通域 D 内解析，那么积分 $\int_C f(z)\mathrm{d}z$ 与路径 C 无关。

证明 设 z_0、z_1 是 D 内的任意两点，C_1、C_2 是 D 内以 z_0 为起点 z_1 为终点的任意两条路径，则 $C_1+C_2^-$ 构成 D 内的一条闭曲线。根据柯西积分定理，有

$$\begin{aligned}\int_{C_1} f(z)\mathrm{d}z - \int_{C_2} f(z)\mathrm{d}z &= \int_{C_1} f(z)\mathrm{d}z + \int_{C_2^-} f(z)\mathrm{d}z \\ &= \int_{C_1+C_2^-} f(z)\mathrm{d}z = 0\end{aligned}$$

由此得

$$\int_{C_1} f(z)\mathrm{d}z = \int_{C_2} f(z)\mathrm{d}z$$

定理 7-12 得证。

由定理 7-12 知，在单连通域 D 内的解析函数 $f(z)$ 沿 D 内任意一条曲线 C 的积分的值不依赖于曲线 C 的具体路径，而只取决于起点 z_0 和终点 z_1，因此有

$$\int_C f(z)\mathrm{d}z = \int_{z_0}^{z_1} f(z)\mathrm{d}z$$

z_0 和 z_1 分别称为积分的**下限**和**上限**。如果下限 z_0 固定，让上限 z_1 变动，再令 $z_1=z$，那么积分 $\int_{z_0}^{z_1} f(z)\mathrm{d}z$ 是上限的单值函数，记作

$$F(z) = \int_{z_0}^{z} f(\xi)\mathrm{d}\xi \tag{7-18}$$

对于这个函数有下面的定理。

定理 7-13 如果 $f(z)$ 在单连通域 D 内解析，则 $F(z)=\int_{z_0}^{z} f(\xi)\mathrm{d}\xi$ 必为 D 内的解析函数，并且 $F'(z)=f(z)$。

证明

$$F(z)=\int_{z_0}^{z} f(\xi)\mathrm{d}\xi=\int_{(x_0,y_0)}^{(x,y)}(u\mathrm{d}x-v\mathrm{d}y)+\mathrm{i}\int_{(x_0,y_0)}^{(x,y)}(v\mathrm{d}x+u\mathrm{d}y)$$
$$=P(x,y)+\mathrm{i}Q(x,y)$$

其中，$P(x,y)=\int_{(x_0,y_0)}^{(x,y)}(u\mathrm{d}x-v\mathrm{d}y)$，$Q(x,y)=\int_{(x_0,y_0)}^{(x,y)}(v\mathrm{d}x+u\mathrm{d}y)$。由于这两个积分与路径无关，因此有

$$P'_x=u,\ P'_y=-v,\ Q'_x=v,\ Q'_y=u$$

于是得

$$P'_x=Q'_y,\ P'_y=-Q'_x$$

由此可知，$F(z)=P(x,y)+\mathrm{i}Q(x,y)$ 是解析函数，而且

$$F'(z)=P'_x+\mathrm{i}Q'_x=u+\mathrm{i}v=f(z)$$ 证毕

基于定理 7-13，下面介绍原函数的概念。

定义 7-15 如果 $\Phi(z)$ 在单连通域 D 内有 $\Phi'(z)=f(z)$，则称 $\Phi(z)$ 为 $f(z)$ 在单连通域 D 内的一个**原函数**。

定理 7-13 表明，$F(z)=\int_{z_0}^{z} f(\xi)\mathrm{d}\xi$ 是 $f(z)$ 的一个原函数。

容易证明，$f(z)$ 的任何两个原函数相差一个常数。换言之，若 $F(z)$ 与 $G(z)$ 是 $f(z)$ 的两个原函数，则下式成立

$$F(z)=G(z)+C$$

其中 C 为常数。

由此可以推得与牛顿—莱布尼茨公式类似的解析函数的积分计算公式，就是下面的定理 7-14。

定理 7-14 如果 $f(z)$ 在单连通域 D 内解析，$G(z)$ 为 $f(z)$ 的一个原函数，则

$$\int_{z_0}^{z_1} f(z)\mathrm{d}z=G(z_1)-G(z_0) \tag{7-19}$$

其中，z_0 和 z_1 为 D 内任意两点。

证明 由定理 7-13 知，$F(z)=\int_{z_0}^{z} f(\xi)\mathrm{d}\xi$ 是 $f(z)$ 的一个原函数，所以

$$F(z)=G(z)+C$$

即

$$\int_{z_0}^{z} f(\xi)\mathrm{d}\xi=G(z)+C$$

当 $z=z_0$ 时，上式右端为 0，故 $C=-G(z_0)$，因此

$$\int_{z_0}^{z} f(\xi)\mathrm{d}\xi=G(z)-G(z_0)$$

或

$$\int_{z_0}^{z_1} f(z)\mathrm{d}z=G(z_1)-G(z_0)$$ 证毕

例 7-17 计算积分$\int_0^i z\cos z\mathrm{d}z$。

解 由于函数 $z\cos z$ 在全平面内解析，故定理 7-14 适用，所以

$$\int_0^i z\cos z\mathrm{d}z = z\sin z\Big|_0^i - \int_0^i \sin z\mathrm{d}z = i\sin i + \cos z\Big|_0^i = i\sin i + \cos i - 1 = e^{-1} - 1$$

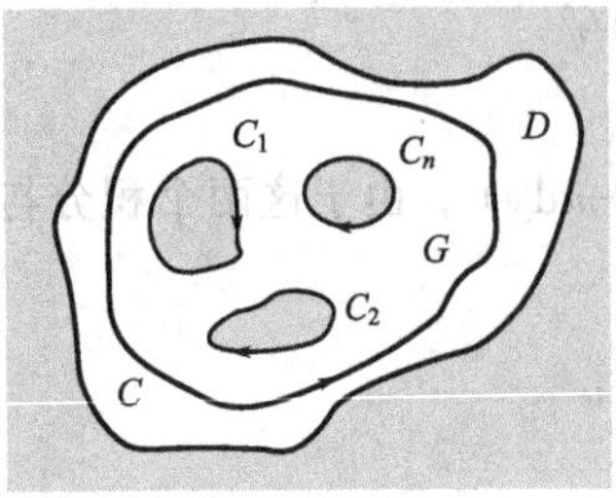

图 7-8

为了将柯西积分定理推广到多连通域的情形，需要给出复合闭路的概念。

定义 7-16 设 C 为一条正向简单闭曲线，$C_1,C_2,\cdots,C_n$ 是在 C 内部的正向简单闭曲线，$C_1,C_2,\cdots,C_n$ 之间既互不包含也互不相交。在 C 内部且又在 $C_1,C_2,\cdots,C_n$ 外部的点集构成有界的多连通域 G，称 G 的边界 $\Gamma=C+C_1^-+C_2^-+\cdots+C_n^-$ 为**复合闭路**。Γ 的正方向规定为：当观察者沿着 Γ 的正向前进时，区域中的点总在观察者的左边（如图 7-8 所示）。

按此规定，在外边界 C 上，Γ 的正方向为逆时针方向；在内边界 $C_1,C_2,\cdots,C_n$ 上，Γ 的正方向为顺时针方向。

定理 7-15 如果 $f(z)$ 在多连通域 D 内解析，C 与 C_1 是 D 内两条正向光滑或分段光滑的简单闭曲线，C_1 在 C 的内部，则有

$$\oint_C f(z)\mathrm{d}z = \oint_{C_1} f(z)\mathrm{d}z \tag{7-20}$$

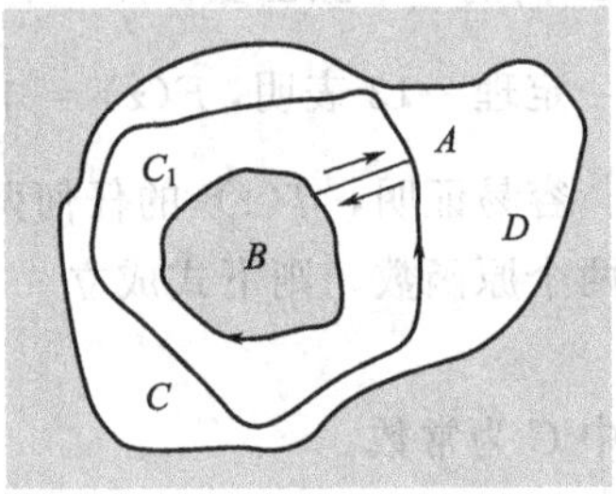

图 7-9

证明 如图 7-9 所示（曲线 C_1 上标的箭头为区域 D 的边界曲线方向，即 C_1^- 的方向），在 C 和 C_1 上分别任取一点 A 和 B，作割线 AB。令 $\Gamma=C+\overline{AB}+C_1^-+\overline{BA}$，则 $f(z)$ 在 Γ 所围成的单连通闭区域上解析。根据柯西积分定理有

$$\oint_C f(z)\mathrm{d}z + \int_{\overline{AB}} f(z)\mathrm{d}z + \oint_{C_1^-} f(z)\mathrm{d}z + \int_{\overline{BA}} f(z)\mathrm{d}z = 0 \tag{a}$$

由于 $\int_{\overline{BA}} f(z)\mathrm{d}z = -\int_{\overline{AB}} f(z)\mathrm{d}z$，将其代入式(a) 得

$$\oint_C f(z)\mathrm{d}z + \oint_{C_1^-} f(z)\mathrm{d}z = 0$$

即

$$\oint_C f(z)\mathrm{d}z = \oint_{C_1} f(z)\mathrm{d}z$$

证毕

公式(7-20) 说明，解析函数沿闭曲线的积分，不因闭曲线在区域内作连续变形（始终保持为光滑或分段光滑的简单闭曲线）而改变它的值，这通常称为**闭路变形原理**。

例如，由例 7-15 知，$\oint_{|z-z_0|=r} \frac{\mathrm{d}z}{(z-z_0)} = 2\pi i$。所以，对于包含 z_0 的任意一条简单闭曲线有

$$\oint_C \frac{\mathrm{d}z}{(z-z_0)} = 2\pi i$$

将公式(7-20) 加以推广，可以得到下面的复合闭路定理。

定理 7-16(复合闭路定理)　如果 $f(z)$ 在多连通域 D 内解析，$\Gamma=C+C_1^-+C_2^-+\cdots+C_n^-$ 是 D 内的一个复合闭路（如图 7-8 所示），则有

$$\oint_C f(z)\mathrm{d}z=\sum_{k=1}^{n}\oint_{C_k} f(z)\mathrm{d}z \tag{7-21}$$

和

$$\oint_\Gamma f(z)\mathrm{d}z=0 \tag{7-22}$$

复合闭路定理可以将解析函数沿复杂路径的积分转化为沿比较简单（如圆弧或直线段）的路径的积分。

例 7-18　计算下列积分，其中 C 为包含 0 与 1 的正向简单闭曲线：

(1) $\oint_C \frac{2z-1}{z^2-z}\mathrm{d}z$；(2) $\oint_C \frac{1}{z^2-z}\mathrm{d}z$

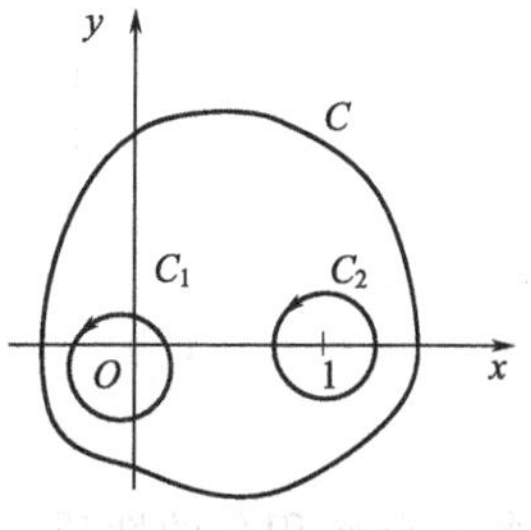

图 7-10

解　这两个被积函数包括两个相同的奇点：$z=0$ 及 $z=1$。在 C 内作两个既互不包含也互不相交的正向圆周 C_1 和 C_2，且 C_1 只包围点 $z=0$，C_2 只包围点 $z=1$，如图 7-10 所示。

(1) 由式(7-21)，并利用例 7-15 的结果，得

$$\begin{aligned}\oint_C \frac{2z-1}{z^2-z}\mathrm{d}z&=\oint_{C_1}\frac{2z-1}{z^2-z}\mathrm{d}z+\oint_{C_2}\frac{2z-1}{z^2-z}\mathrm{d}z\\&=\oint_{C_1}\frac{1}{z-1}\mathrm{d}z+\oint_{C_1}\frac{1}{z}\mathrm{d}z+\oint_{C_2}\frac{1}{z-1}\mathrm{d}z+\oint_{C_2}\frac{1}{z}\mathrm{d}z\\&=0+2\pi\mathrm{i}+2\pi\mathrm{i}+0=4\pi\mathrm{i}\end{aligned}$$

(2) 由式(7-21)，并利用例 7-15 的结果，得

$$\begin{aligned}\oint_C \frac{1}{z^2-z}\mathrm{d}z&=\oint_{C_1}\frac{1}{z^2-z}\mathrm{d}z+\oint_{C_2}\frac{1}{z^2-z}\mathrm{d}z\\&=\oint_{C_1}\frac{1}{z-1}\mathrm{d}z-\oint_{C_1}\frac{1}{z}\mathrm{d}z+\oint_{C_2}\frac{1}{z-1}\mathrm{d}z-\oint_{C_2}\frac{1}{z}\mathrm{d}z\\&=0-2\pi\mathrm{i}+2\pi\mathrm{i}-0=0\end{aligned}$$

由本例知，尽管被积函数在积分闭曲线内有奇点，但也可能沿此闭曲线的积分值为 0。

7.3.3　柯西积分公式

设 D 为一单连通域，z_0 为 D 中任意一点。如果 $f(z)$ 在 D 内解析，那么函数 $\frac{f(z)}{z-z_0}$ 在 z_0 不解析。所以在 D 内沿围绕 z_0 的一条闭曲线内 C 的积分值一般不为零。但是根据上一小节所述，这个积分值沿围绕 z_0 的任一简单闭曲线都是相同的。现在来求这个积分值。既然沿围绕 z_0 的任一简单闭曲线积分值都相同，那么就取以 z_0 为中心，以足够小的 $\delta(>0)$ 为半径的正向圆周 $|z-z_0|=\delta$ 为积分曲线 C。由于 $f(z)$ 的连续性，函数 $f(z)$ 在 C 上的值将随着 δ 的减小而逐渐接近它在圆心 z_0 处的值。因此，可以猜想到积分 $\frac{f(z)}{z-z_0}$ 的值将随着 δ 的减小而逐渐接近于

$$\oint_C \frac{f(z_0)}{z-z_0}\mathrm{d}z=f(z_0)\oint_C \frac{1}{z-z_0}\mathrm{d}z=2\pi\mathrm{i}f(z_0)$$

实际上这两者是相等的，这就是下面的定理 7-17。

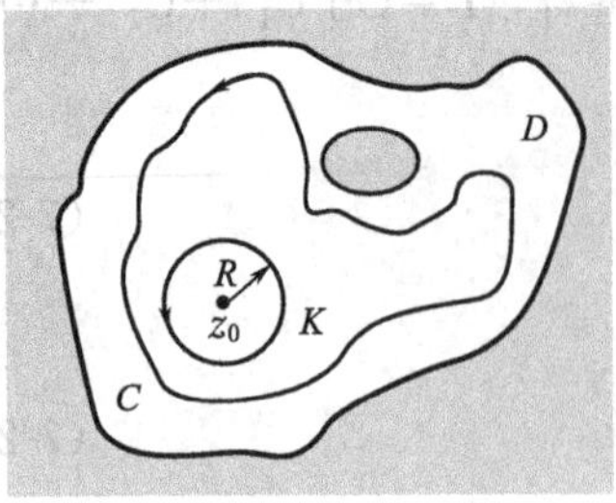

图7-11

定理 7-17(柯西积分公式)　如果 $f(z)$ 在区域 D 在内解析，C 为 D 内任意一条正向简单曲线，且它的内部完全属于 D，z_0 为 C 内的任一点，则

$$f(z_0)=\frac{1}{2\pi i}\oint_C\frac{f(z)}{z-z_0}dz \tag{7-23}$$

证明　由于 $f(z)$ 在 z_0 连续，任意给定 $\varepsilon>0$，必定存在 $\delta>0$，当 $|z-z_0|<\delta$ 时，$|f(z)-f(z_0)|<\varepsilon$。设以 z_0 为中心，R 为半径的正向圆周 K：$|z-z_0|=R$ 全部在 C 的内部，且 $R<\delta$（如图 7-11 所示），则由闭路变形原理得

$$\begin{aligned}\oint_C\frac{f(z)}{z-z_0}dz&=\oint_K\frac{f(z)}{z-z_0}dz\\&=\oint_K\frac{f(z_0)}{z-z_0}dz+\oint_K\frac{f(z)-f(z_0)}{z-z_0}dz\\&=2\pi i f(z_0)+\oint_K\frac{f(z)-f(z_0)}{z-z_0}dz\end{aligned} \tag{a}$$

由复变函数积分的性质（5）得

$$\begin{aligned}\left|\oint_K\frac{f(z)-f(z_0)}{z-z_0}dz\right|&\leqslant\oint_K\frac{|f(z)-f(z_0)|}{|z-z_0|}ds\\&<\frac{\varepsilon}{R}\oint_K ds=2\pi\varepsilon\end{aligned} \tag{b}$$

式(b) 表明，只要 R 足够小，该积分的模可以任意小。由于该积分的值与 R 无关，所以只有对所有 R 积分值为零才有可能，即

$$\left|\oint_K\frac{f(z)-f(z_0)}{z-z_0}dz\right|=0 \tag{c}$$

将式(c) 代入式(a)，得

$$\oint_C\frac{f(z)}{z-z_0}dz=2\pi i f(z_0)$$

即

$$f(z_0)=\frac{1}{2\pi i}\oint_C\frac{f(z)}{z-z_0}dz$$

证毕

例 7-19　求下列积分（沿圆周正向）的值：

(1) $\oint_{|z|=3}\frac{\sin z}{z}dz$　　(2) $\oint_{|z|=2}\frac{z}{(3-z)(z+1)}dz$　　(3) $\oint_{|z-3|=1}\frac{z}{(3-z)(z+1)}dz$

解　由式(7-23) 得

(1) $\oint_{|z|=3}\frac{\sin z}{z}dz=\oint_{|z|=3}\frac{\sin z}{z-0}dz=2\pi i\sin 0=0$

(2) $\oint_{|z|=2}\frac{z}{(3-z)(z+1)}dz=\oint_{|z|=2}\frac{\frac{z}{3-z}}{z-(-1)}dz=2\pi i\left.\frac{z}{3-z}\right|_{z=-1}=-\frac{1}{2}\pi i$

(3) $\oint_{|z-3|=1}\frac{z}{(3-z)(z+1)}dz=-\oint_{|z-3|=1}\frac{\frac{z}{z+1}}{z-3}dz=-2\pi i\left.\frac{z}{z+1}\right|_{z=3}=-\frac{3}{2}\pi i$

7.3.4 解析函数的高阶导数

在实变函数中，一阶导数的存在并不能保证高阶导数的存在。而在复变函数中，解析函数的导数仍然是解析函数，即解析函数的任意阶导数都存在，并且有下面的定理 7-18。

定理 7-18 解析函数 $f(z)$ 的导数仍为解析函数，它的 n 阶导数为

$$f^{(n)}(z_0)=\frac{n!}{2\pi i}\oint_C\frac{f(z)}{(z-z_0)^{n+1}}dz\quad(n=1,2,\cdots)\tag{7-24}$$

其中 C 为函数 $f(z)$ 的解析域 D 内围绕 z_0 的任意一条正向简单曲线，且它的内部完全属于 D。

定理 7-18 的证明参看有关书籍，本书从略。

例 7-20 求下列积分的值：

(1) $\oint_{|z|=2}\frac{\cos\pi z}{(z-1)^3}dz$　　(2) $\oint_{|z|=2}\frac{e^z}{(z^2+1)^2}dz$

解 (1) 由公式(7-24) 得

$$\oint_{|z|=2}\frac{\cos\pi z}{(z-1)^3}dz=\frac{2\pi i}{(3-1)!}(\cos\pi z)''\Big|_{z=1}=\pi i(-\pi^2\cos\pi z)\Big|_{z=1}=\pi^3 i$$

(2) 被积函数在 C 内有两个奇点 $z=i$ 和 $z=-i$。由复合闭路定理和公式(7-24)，得

$$\begin{aligned}\oint_{|z|=2}\frac{e^z}{(z^2+1)^2}dz&=\oint_{|z-i|=0.1}\frac{e^z}{(z^2+1)^2}dz+\oint_{|z+i|=0.1}\frac{e^z}{(z^2+1)^2}dz\\&=\oint_{|z-i|=0.1}\frac{\frac{e^z}{(z+i)^2}}{(z-i)^2}dz+\oint_{|z+i|=0.1}\frac{\frac{e^z}{(z-i)^2}}{(z+i)^2}dz\\&=\frac{2\pi i}{(2-1)!}\left[\frac{e^z}{(z+i)^2}\right]'\Bigg|_{z=i}+\frac{2\pi i}{(2-1)!}\left[\frac{e^z}{(z-i)^2}\right]'\Bigg|_{z=-i}\\&=2\pi i\left[\frac{e^z(z+i-2)}{(z+i)^3}\right]\Bigg|_{z=i}+2\pi i\left[\frac{e^z(z-i-2)}{(z-i)^3}\right]\Bigg|_{z=-i}\\&=\frac{\pi}{2}(1-i)e^i-\frac{\pi}{2}(1+i)e^{-i}=\frac{\pi}{2}(1-i)(e^i-ie^{-i})\\&=\cdots=\pi i(\sin1-\cos1)\end{aligned}$$

7.4 级　　数

本节将给出解析函数的幂级数表示——泰勒级数和洛朗级数。这两类级数是研究解析函数的重要工具，也是学习下一节留数的基础。

7.4.1 幂级数

定义 7-17 设 $\{f_n(z)\}(n=1,2,\cdots)$ 为一复变函数序列，其中各项在区域 D 内有定义，表达式

$$f_1(z)+f_2(z)+\cdots+f_n(z)+\cdots$$

称为**复变函数项级数**，记作 $\sum\limits_{n=1}^{\infty}f_n(z)$ 。该级数的最前 n 项的和

$$s_n(z)=f_1(z)+f_2(z)+\cdots+f_n(z)\tag{7-25}$$

称为该级数的**部分和**。

如果对于区域 D 内的某一点 z_0，极限

$$\lim_{n\to+\infty} s_n(z_0)=s(z_0)$$

存在，则称复变函数项级数在 z_0 **收敛**，而 $s(z_0)$ 就是它的和。如果级数在 D 内处处收敛，那么它的和一定是 z 的一个函数 $s(z)$，且有

$$s(z)=f_1(z)+f_2(z)+\cdots+f_n(z)+\cdots$$

当 $f_n(z)=c_{n-1}(z-a)^{n-1}$ 或 $f_n(z)=c_{n-1}z^{n-1}$ 时，就得到函数项级数的特殊情形

$$\sum_{n=0}^{\infty}c_n(z-a)^n=c_0+c_1(z-a)+c_2(z-a)^2+\cdots+c_n(z-a)^n+\cdots \tag{7-26}$$

或

$$\sum_{n=0}^{\infty}c_nz^n=c_0+c_1z+c_2z^2+\cdots+c_nz^n+\cdots \tag{7-27}$$

这种级数称为**幂级数**。其中的复常数 c_n 称为幂级数的**系数**。

如果令 $z-a=\xi$，那么式(7-26) 就成为 $\sum\limits_{n=0}^{\infty}c_n\xi^n$ ，这是式(7-27) 的形式。为了方便，今后只讨论式(7-27)。

下面讨论幂级数 (7-27) 的敛散性问题。显然，幂级数 (7-27) 在 $x=0$ 处是收敛的。对于 $x\neq0$ 的点，同实变函数的幂级数一样，有下面的阿贝尔定理。

定理 7-19(阿贝尔 (Abel) 定理) 如果级数 $\sum\limits_{n=0}^{\infty}c_nz^n$ 在 $z=z_0(\neq0)$ 收敛，那么对于满足 $|z|<|z_0|$ 的 z，级数必绝对收敛。如果在 $z=z_0$ 级数发散，那么对于满足 $|z|>|z_0|$ 的 z，级数必发散。

下面证明定理的前一部分，后一部分的证明留给读者自己完成。

证明 由于级数 $\sum\limits_{n=0}^{\infty}c_nz^n$ 收敛，根据级数收敛的必要条件，有 $\lim\limits_{n\to\infty}c_nz_0^n=0$，因而存在正数 M，使对所有的 n 有

$$|c_nz_0^n|<M$$

如果 $|z|<|z_0|$，那么 $\dfrac{|z|}{|z_0|}=q<1$，而

$$|c_nz^n|=|c_nz_0^n|\cdot\left|\frac{z}{z_0}\right|^n<Mq^n$$

由正项级数的比值审敛法知

$$\sum_{n=1}^{\infty}|c_nz^n|=|c_0|+|c_1z|+|c_2z^2|+\cdots+|c_nz^n|+\cdots$$

收敛，从而级数 $\sum\limits_{n=1}^{\infty}c_nz^n$ 是绝对收敛的。

对于幂级数来说，它的收敛情况不外乎下述三种：

(1) 只在原点 $z=0$ 处收敛；

(2) 在整个复平面上收敛；

(3) 在复平面的局部区域（包括原点 $z=0$ 和其他点）收敛。

由阿贝尔定理知，必定存在一个圆域 $|z|<R$，使幂级数 (7-27) 在该圆域内收敛而且绝对收敛，在 $|z|>R$ 的范围内发散。而该级数在圆周 $|z|=R$ 上的敛散性要具体问题具体

讨论。

定义 7-18　如果存在一个圆周 $|z|=R(R>0)$，幂级数 $\sum_{n=0}^{\infty} c_n z^n$ 在该圆周内部绝对收敛，在该圆周外部发散，则称圆周 $|z|=R$ 为幂级数 $\sum_{n=0}^{\infty} c_n z^n$ 的**收敛圆**，称 R 为幂级数 $\sum_{n=0}^{\infty} c_n z^n$ 的**收敛半径**。

下面的定理 7-20 给出了收敛半径的一种求法。

定理 7-20　对于幂级数 $\sum_{n=0}^{\infty} c_n z^n$，如果 $\lim\limits_{n\to\infty}\left|\dfrac{c_{n+1}}{c_n}\right|=\rho\neq 0$，那么该级数的收敛半径为 $R=\dfrac{1}{\rho}$。

为了使定理 7-20 适用面更广，特作如下规定：若 $\rho=+\infty$，则规定 $R=0$，此时级数 $\sum_{n=0}^{\infty} c_n z^n$ 只在原点 $z=0$ 处收敛；若 $\rho=0$，则规定 $R=+\infty$，此时级数 $\sum_{n=0}^{\infty} c_n z^n$ 在整个复平面上收敛。

例 7-21　求下列各幂级数的收敛半径 R：

(1) $\sum_{n=1}^{\infty} \dfrac{z^n}{n!}$　　(2) $\sum_{n=1}^{\infty} n!z^n$　　(3) $\sum_{n=1}^{\infty} \dfrac{z^n}{n^2}$

解　(1) 因为

$$\rho=\lim_{n\to\infty}\left|\frac{c_{n+1}}{c_n}\right|=\lim_{n\to\infty}\frac{\dfrac{1}{(n+1)!}}{\dfrac{1}{n!}}=0$$

故 $R=+\infty$。

(2) 因为

$$\rho=\lim_{n\to\infty}\left|\frac{c_{n+1}}{c_n}\right|=\lim_{n\to\infty}\frac{(n+1)!}{n!}=+\infty$$

故 $R=0$。

(3) 因为

$$\rho=\lim_{n\to\infty}\left|\frac{c_{n+1}}{c_n}\right|=\lim_{n\to\infty}\left(\frac{n}{n+1}\right)^2=1$$

故 $R=1$。

例 7-22　求下列各幂级数的收敛半径和收敛圆：

(1) $\sum_{n=1}^{\infty} \dfrac{z^n}{2^n n^3}$，并讨论在收敛圆周上的敛散性；

(2) $\sum_{n=1}^{\infty} \dfrac{(z-1)^n}{n}$，并讨论 $z=0$ 和 $z=2$ 时的敛散性。

解　(1) 因为

$$\rho=\lim_{n\to\infty}\left|\frac{c_{n+1}}{c_n}\right|=\lim_{n\to\infty}\frac{\dfrac{1}{2^{n+1}(n+1)^3}}{\dfrac{1}{2^n n^3}}=\frac{1}{2}$$

故 $R=2$，收敛圆为 $|z|=2$。在 $|z|=2$ 上，级数 $\sum\limits_{n=1}^{\infty}\frac{z^n}{2^n n^3}=\sum\limits_{n=1}^{\infty}\frac{1}{n^3}$ 是收敛的，故原级数在收敛圆周 $|z|=2$ 上处处收敛。

（2）因为

$$\rho=\lim_{n\to\infty}\left|\frac{c_{n+1}}{c_n}\right|=\lim_{n\to\infty}\frac{n}{n+1}=1$$

故 $R=1$，收敛圆为 $|z-1|=1$。在 $|z-1|=1$ 上，当 $z=0$ 时，原级数成为 $\sum\limits_{n=1}^{\infty}\frac{(-1)^n}{n}$，它收敛；当 $z=2$ 时，原级数成为 $\sum\limits_{n=1}^{\infty}\frac{1}{n}$，它发散。所以，原级数在 $z=0$ 处收敛，在 $z=2$ 处发散。

复变量幂级数同实变量幂级数一样，在它的收敛圆内部有下列性质（证明从略）：

（1）幂级数 $\sum\limits_{n=0}^{\infty}c_n z^n$ 的和函数 $f(z)$ 在其收敛圆内部是解析函数；

（2）幂级数在其收敛圆内部可以逐项积分，即设 C 为收敛圆内任意一条曲线，则

$$\int_C f(z)\mathrm{d}z=\sum_{n=0}^{\infty}\int_C c_n z^n \mathrm{d}z=\sum_{n=0}^{\infty}\frac{c_n}{n+1}z^{n+1}$$

（3）幂级数 $\sum\limits_{n=0}^{\infty}c_n z^n$ 在其收敛圆内部可以逐项微分，即 $f'(z)=\sum\limits_{n=0}^{\infty}nc_n z^{n-1}$。

7.4.2 泰勒级数

上一小节已经指出，幂级数的和函数在其收敛圆内部是解析函数。那么，一个解析函数是否一定可以展开为幂级数？下面的定理 7-21 回答了这个问题。

定理 7-21(泰勒（Tailor）定理) 如果函数 $f(z)$ 在区域 D 内解析，z_0 为 D 内的一点，若圆周 C：$|z-z_0|<R$ 含于 D，则 $f(z)$ 在 C 内可以展开成幂级数

$$f(z)=\sum_{n=0}^{\infty}c_n(z-z_0)^n \tag{7-28}$$

其中系数 $c_n=\frac{1}{2\pi i}\oint_{C_r}\frac{f(\xi)\mathrm{d}\xi}{(\xi-z_0)^{n+1}}=\frac{f^{(n)}(z_0)}{n!}(n=1,2,\cdots)$，$C_r$ 是圆 $|z-z_0|<r(0<r<R)$，且这个展开式是惟一的。

式(7-28) 称为 $f(z)$ 在点 z_0 的**泰勒展开式**，它右端的级数称为**泰勒级数**。

应该指出，如果 $f(z)$ 在区域 D 内有奇点，则使 $f(z)$ 在点 z_0 的泰勒展开式成立的 R 等于从 z_0 到 $f(z)$ 的距 z_0 最近的一个奇点 ζ 之间的距离，即 $R=|\zeta-z_0|$。例如函数 $f(z)=\frac{1}{z(z-2)}$ 有两个奇点 0 和 2。如果把 $f(z)$ 在 $z_0=3$ 处展开成泰勒级数，由于 2 到 3 的距离 1 $(=|2-3|)$ 小于 0 到 3 的距离 $3(=|0-3|)$，故 $f(z)$ 在 $z_0=3$ 处展开成的泰勒级数的收敛半径为 1；如果把 $f(z)$ 在 $z_0=-3$ 处展开成泰勒级数，由于 0 到 -3 的距离 $3(=|0-(-3)|)$ 小于 2 到 -3 的距离 $5(=|2-(-3)|)$，故 $f(z)$ 在 $z_0=-3$ 处展开成的泰勒级数的收敛半径为 3。

在 $f(z)$ 的泰勒展开式中，若取 $z_0=0$，所得的展开式称为**麦克劳林（Machlaurin）展开式**，相应的级数称为**麦克劳林级数**。

例 7-23　将函数 $f(z)=\mathrm{e}^z$ 展开成麦克劳林级数。

解　因为 $f(z)=\mathrm{e}^z$ 的各阶导数为

$$f'(z)=f''(z)=\cdots=f^{(n)}(z)=\cdots=\mathrm{e}^z$$

所以有

$$f(0)=f'(0)=f''(0)=\cdots=f^{(n)}(0)=\cdots=1$$

再由公式(7-28) 得 $f(x)=\mathrm{e}^z$ 的麦克劳林级数为

$$\mathrm{e}^z=1+z+\frac{z^2}{2!}+\cdots+\frac{z^n}{n!}+\cdots$$

因为 e^z 在整个复平面内解析，所以这个等式在整个复平面内成立。所以该幂级数的收敛半径为 $R=+\infty$。在考虑收敛范围后，可将麦克劳林展开式更完整地写成

$$\mathrm{e}^z=1+z+\frac{z^2}{2!}+\cdots+\frac{z^n}{n!}+\cdots\quad(|z|<+\infty)\tag{7-29}$$

用与例 7-23 相同的方法可以求得 $\sin z$、$\cos z$ 与 $\frac{1}{1+z}$ 的麦克劳林展开式

$$\sin z=z-\frac{z^3}{3!}+\frac{z^5}{5!}-\cdots+(-1)^{n-1}\frac{z^{2n-1}}{(2n-1)!}+\cdots\quad(|z|<+\infty)\tag{7-30}$$

$$\cos z=1-\frac{z^2}{2!}+\frac{z^4}{4!}-\cdots+(-1)^n\frac{z^{2n}}{(2n)!}+\cdots\quad(|z|<+\infty)\tag{7-31}$$

$$\frac{1}{1+z}=1-z+z^2-z^3+\cdots+(-1)^n z^n+\cdots\quad(|z|<1)\tag{7-32}$$

例 7-24　将函数 $f(z)=\ln(1+z)$ 展开成 z 的泰勒级数。

解　因为 $\frac{1}{1+z}=1-z+z^2-z^3+\cdots+(-1)^n z^n+\cdots(|z|<1)$，且 $\ln(1+z)=\int_0^z\frac{1}{1+\xi}\mathrm{d}\xi$，在圆域 $|z|<1$ 内任取一条从原点到点 z 的简单曲线 C，将上式的级数沿曲线 C 逐项积分，得

$$\int_0^z\frac{1}{1+\xi}\mathrm{d}\xi=\int_0^z 1\cdot\mathrm{d}\xi-\int_0^z\xi\mathrm{d}\xi+\int_0^z\xi^2\mathrm{d}\xi-\int_0^z\xi^3\mathrm{d}\xi+\cdots+(-1)^n\int_0^z\xi^n\mathrm{d}\xi+\cdots$$

即

$$f(z)=z-\frac{1}{2}z^2+\frac{1}{3}z^3-\cdots+\frac{(-1)^{n+1}}{n}z^n+\cdots\quad(|z|<1)$$

7.4.3　洛朗级数

作为幂级数的推广，形如

$$f(z)=\sum_{n=-\infty}^{\infty}c_n(z-z_0)^n=\cdots c_{-n}(z-z_0)^{-n}+\cdots+c_{-1}(z-z_0)^{-1}+$$
$$c_0+c_1(z-z_0)+\cdots+c_n(z-z_0)^n+\cdots\tag{7-33}$$

的级数称为**洛朗（Laurent）级数**，其中 z_0 及 $c_n(n=0,\pm1,\pm2,\cdots)$ 是复常数。当 $c_{-n}=0$ $(n=1,2,\cdots)$时，式(7-33) 就是幂级数。

为了方便讨论式(7-33) 的收敛域，将式(7-33) 分成两部分

$$\sum_{n=0}^{\infty}c_n(z-z_0)^n=c_0+c_1(z-z_0)+\cdots+c_n(z-z_0)^n+\cdots\tag{7-34}$$

$$\sum_{n=1}^{\infty} c_n(z-z_0)^n = c_{-1}(z-z_0)^{-1}+\cdots+c_{-n}(z-z_0)^{-n}+\cdots \tag{7-35}$$

若级数（7-34）和（7-35）在点 $z=\xi$ 都收敛，则称洛朗级数在点 $z=\xi$ **收敛**。

级数（7-34）是幂级数，在其收敛圆内收敛。设其收敛半径为 R_2，则当 $|z-z_0|<R_2$ 时，级数（7-34）收敛；当 $|z-z_0|>R_2$ 时，级数（7-34）发散。

对于级数（7-35），令 $\xi=(z-z_0)^{-1}$，则级数（7-35）成为 ξ 的幂级数

$$\sum_{n=1}^{\infty} c_{-n}\xi^n = c_{-1}\xi+c_{-2}\xi^2+\cdots+c_{-n}\xi^n+\cdots \tag{7-36}$$

设级数（7-36）的收敛半径为 R，则当 $|\xi|<R$ 时，级数（7-36）收敛；当 $|\xi|>R$ 时，级数（7-36）发散。

于是对级数（7-35）来说，当 $\left|\dfrac{1}{z-z_0}\right|<R$，即当 $|z-z_0|>\dfrac{1}{R}$ 时，级数（7-35）收敛；当 $|z-z_0|<\dfrac{1}{R}$ 时，级数（7-35）发散。

若令 $R_1=\dfrac{1}{R}$，由上面的讨论知，如果 $R_1<R_2$，则当 $R_1<|z-z_0|<R_2$ 时，级数（7-34）与级数（7-35）都收敛，从而级数（7-33）收敛；当 $|z-z_0|<R_1$ 或 $|z-z_0|>R_2$ 时，级数（7-33）发散；如果 $R_1>R_2$，则级数（7-34）与级数（7-35）没有同时收敛的区域，从而级数（7-33）处处发散。

综上所述，如果洛朗级数存在收敛域，其收敛域必定是一个圆环域：$R_1<|z-z_0|<R_2$。

级数（7-34）与级数（7-35）分别称为洛朗级数的**解析部分**和**主要部分**。而主要部分可以转化为幂级数（7-36）。因此，洛朗级数（7-33）的求和、求收敛域的问题就变成了求两个幂级数（7-34）与（7-36）的求和、求收敛域的问题，此处不再赘述。

下面的定理 7-22 给出了将在一个圆环域内解析的函数展开成洛朗级数的方法。

定理 7-22(洛朗定理) 如果函数 $f(z)$ 在圆环域 $R_1<|z-z_0|<R_2$ 内解析，则一定能在此圆环域内展开为

$$f(z)=\sum_{n=-\infty}^{\infty} c_n(z-z_0)^n \tag{7-37}$$

其中系数 $c_n=\dfrac{1}{2\pi i}\oint_C \dfrac{f(\xi)d\xi}{(\xi-z_0)^{n+1}}=\dfrac{f^{(n)}(z_0)}{n!}(n=0,\pm1,\pm2,\cdots)$，$C$ 是圆环内绕 z_0 的任意一条正向简单闭曲线，且这个展开式是惟一的。

可以证明，洛朗级数的和函数在其收敛圆环内是解析的；并有类似于幂级数的逐项求导和逐项积分的性质。

例 7-25 将下列函数在 $0<|z|<+\infty$ 内展开成洛朗级数：

(1) $\dfrac{\sin z}{z}$　　(2) $ze^{\frac{1}{z}}$

解 (1) 因为 $\sin z=z-\dfrac{z^3}{3!}+\dfrac{z^5}{5!}-\cdots+(-1)^{n-1}\dfrac{z^{2n-1}}{(2n-1)!}+\cdots\quad(|z|<+\infty)$，

所以

$$\frac{\sin z}{z}=1-\frac{z^2}{3!}+\frac{z^4}{5!}-\cdots+(-1)^{n-1}\frac{z^{2n-2}}{(2n-1)!}+\cdots\quad(0<|z|<+\infty)$$

(2) 因为 $e^z=1+z+\frac{z^2}{2!}+\cdots+\frac{z^n}{n!}+\cdots \quad (|z|<+\infty)$

所以

$$ze^{\frac{1}{z}}=z+1+\frac{1}{2!z}+\cdots+\frac{1}{n!z^{n-1}}+\cdots \quad (0<|z|<+\infty)$$

例 7-26 将函数 $f(z)=\frac{1}{(z-1)(z-2)}$分别在下列圆环域内展开成洛朗级数：

(1) $0<|z|<1$ (2) $1<|z|<2$

(3) $2<|z|<+\infty$ (4) $0<|z-1|<1$

解 先把 $f(z)$ 分解成部分分式

$$f(z)=\frac{1}{(z-1)(z-2)}=\frac{1}{1-z}-\frac{1}{2-z} \tag{a}$$

(1) 在 $0<|z|<1$ 内，有 $|z|<1$，$\left|\frac{z}{2}\right|<1$，于是根据式(7-32) 有

$$\frac{1}{1-z}=1+z+z^2+\cdots+z^n+\cdots=\sum_{n=0}^{\infty}z^n$$

$$\frac{1}{2-z}=\frac{1}{2}\cdot\frac{1}{1-\frac{z}{2}}=\frac{1}{2}\sum_{n=0}^{\infty}\left(\frac{z}{2}\right)^n=\sum_{n=0}^{\infty}\frac{z^n}{2^{n+1}}$$

代入式(a)，得

$$f(z)=\sum_{n=0}^{\infty}z^n-\sum_{n=0}^{\infty}\frac{z^n}{2^{n+1}}=\sum_{n=0}^{\infty}\left(1-\frac{1}{2^{n+1}}\right)z^n$$

(2) 在 $1<|z|<2$ 内，有$\left|\frac{1}{z}\right|<1$，$\left|\frac{z}{2}\right|<1$，于是根据式(7-32) 有

$$\frac{1}{1-z}=-\frac{1}{z}\cdot\frac{1}{1-\frac{1}{z}}=-\frac{1}{z}\sum_{n=0}^{\infty}\left(\frac{1}{z}\right)^n=-\sum_{n=0}^{\infty}\frac{1}{z^{n+1}}$$

$$\frac{1}{2-z}=\frac{1}{2}\cdot\frac{1}{1-\frac{z}{2}}=\frac{1}{2}\sum_{n=0}^{\infty}\left(\frac{z}{2}\right)^n=\sum_{n=0}^{\infty}\frac{z^n}{2^{n+1}}$$

代入式(a)，得

$$\begin{aligned}f(z)&=-\sum_{n=0}^{\infty}\frac{1}{z^{n+1}}-\sum_{n=0}^{\infty}\frac{z^n}{2^{n+1}}\\&=\cdots-\frac{1}{z^n}-\frac{1}{z^{n-1}}-\cdots-\frac{1}{z}-\frac{1}{2}-\frac{z}{4}-\cdots-\frac{z^n}{2^{n+1}}-\cdots\end{aligned}$$

(3) 在 $2<|z|<+\infty$内，有$\left|\frac{1}{z}\right|<1$，$\left|\frac{2}{z}\right|<1$，于是根据式(7-32) 有

$$\frac{1}{1-z}=-\frac{1}{z}\cdot\frac{1}{1-\frac{1}{z}}=-\frac{1}{z}\sum_{n=0}^{\infty}\left(\frac{1}{z}\right)^n=-\sum_{n=0}^{\infty}\frac{1}{z^{n+1}}$$

$$\frac{1}{2-z}=-\frac{1}{z}\cdot\frac{1}{1-\frac{2}{z}}=-\frac{1}{z}\sum_{n=0}^{\infty}\left(\frac{2}{z}\right)^n=-\sum_{n=0}^{\infty}\frac{2^n}{z^{n+1}}$$

代入式(a)，得

$$f(z)=-\sum_{n=0}^{\infty}\frac{1}{z^{n+1}}+\sum_{n=0}^{\infty}\frac{2^n}{z^{n+1}}=\sum_{n=0}^{\infty}\frac{2^n-1}{z^{n+1}}$$

(4) 在 $0<|z-1|<1$ 内，

$$f(z)=\frac{1}{(z-1)(z-2)}=\frac{1}{z-1}\cdot\frac{1}{(z-1)-1}=-\frac{1}{z-1}\cdot\frac{1}{1-(z-1)}$$

$$=-\frac{1}{z-1}\sum_{n=0}^{\infty}(z-1)^n=-\sum_{n=0}^{\infty}(z-1)^{n-1}$$

$$=-\frac{1}{z-1}-1-(z-1)-(z-1)^2-\cdots-(z-1)^n-\cdots$$

7.5 留　　数

本节以洛朗级数为工具，在讲解孤立奇点的基础上，着重介绍留数的概念、留数定理和留数计算法。

7.5.1 孤立奇点

1. 孤立奇点的类型

定义 7-19 如果函数 $f(z)$ 在 z_0 处不解析，但在 z_0 的某个去心邻域 $0<|z-z_0|<\delta$ 内解析，则称 z_0 为 $f(z)$ 的**孤立奇点**。

实例 7-1 函数 $f(z)=\dfrac{1}{(z-1)(z-2)}$ 有两个孤立奇点：$z_1=1$ 和 $z_2=2$。函数 $f(z)=\dfrac{1}{\sin\frac{1}{z}}$ 有无穷多个孤立奇点：$z_n=\dfrac{1}{n\pi}(n=\pm1,\pm2,\cdots)$，但 $z=0$ 是奇点而不是孤立奇点，因为在 $z=0$ 的不论多么小的邻域内，总有形如 $z_n=\dfrac{1}{n\pi}$ 的奇点存在。

由于函数 $f(z)$ 的洛朗级数的非负次幂部分（即 $f(z)$ 的解析部分）$\sum\limits_{n=0}^{\infty}c_n(z-z_0)^n$ 在 z_0 的邻域 $|z-z_0|<\delta$ 内是解析的，所以函数 $f(z)$ 在 z_0 的奇异性完全取决于它的洛朗级数的负次幂部分（即 $f(z)$ 的主要部分）$\sum\limits_{n=-1}^{-\infty}c_n(z-z_0)^n$ 。下面根据 $f(z)$ 在孤立奇点的去心邻域内洛朗级数所含负幂项的不同情况对孤立奇点进行分类。

(1) 可去奇点

定义 7-20 如果函数 $f(z)$ 在孤立奇点 z_0 的去心邻域内的洛朗展开式(7-33)中不含负幂项，则称 z_0 为 $f(z)$ 的**可去奇点**。

如果 z_0 为 $f(z)$ 的可去奇点，则 $f(z)$ 在 z_0 的去心邻域内的洛朗展开式为

$$c_0+c_1(z-z_0)+c_2(z-z_0)^2+\cdots+c_n(z-z_0)^n+\cdots$$

这是一个幂函数。这个幂函数的和 $f_1(z)$ 在 z_0 是解析的。当 $z\neq z_0$ 时，$f_1(z)=f(z)$；当 $z=z_0$ 时，$f_1(z_0)=c_0$。另一方面，由于

$$\lim_{z\to z_0}f(z)=\lim_{z\to z_0}f_1(z)=c_0$$

所以，无论 $f(z)$ 原来在 z_0 是否有定义，如果令 $f(z_0)=c_0$，那么在 $|z-z_0|<\delta$ 内就有

$$f(z)=c_0+c_1(z-z_0)+c_2(z-z_0)^2+\cdots+c_n(z-z_0)^n+\cdots$$

从而函数 $f(z)$ 在 z_0 就解析了。由于这个原因，把 z_0 称为可去奇点。

实例 7-2 对函数 $f(z)=\frac{\sin z}{z}$来说，$z=0$ 是它的惟一一个可去奇点，这是因为（参看例7-25）

$$\frac{\sin z}{z}=1-\frac{z^2}{3!}+\frac{z^4}{5!}-\cdots+(-1)^{n-1}\frac{z^{2n-2}}{(2n-1)!}+\cdots \quad (0<|z|<+\infty)$$

（2）极点

定义 7-21 如果函数 $f(z)$ 在孤立奇点 z_0 的去心邻域的洛朗展开式(7-33)中仅有有限多个负幂项，即有正整数 m，$c_{-m}\neq 0$，而当 $n<-m$ 时 $c_n=0$，则称 z_0 为 $f(z)$ 的 ***m* 级极点**。

如果 z_0 为 $f(z)$ 的 m（$m\geqslant 1$）级极点，则 $f(z)$ 在 z_0 的去心邻域内的洛朗展开式为

$$f(z)=c_{-m}(z-z_0)^{-m}+c_{-m+1}(z-z_0)^{-m+1}+\cdots+c_{-1}(z-z_0)^{-1}+c_0+c_1(z-z_0)+\cdots+c_n(z-z_0)^n+\cdots$$

其中 $c_{-m}\neq 0$。于是在 $0<|z-z_0|<\delta$ 内，有

$$\begin{aligned}f(z)&=(z-z_0)^{-m}[c_{-m}+c_{-m+1}(z-z_0)+\cdots+c_0(z-z_0)^m+c_1(z-z_0)^{m+1}+\cdots+c_n(z-z_0)^{m+n}+\cdots]\\&=(z-z_0)^{-m}\varphi(z)\end{aligned}$$

其中 $\varphi(z)$ 是 $|z-z_0|<\delta$ 内的解析函数，且 $\varphi(z)\neq 0$。

反之，如果函数 $f(z)$ 在 $0<|z-z_0|<\delta$ 内可以表示成

$$f(z)=(z-z_0)^{-m}\varphi(z)$$

的形式，其中 $\varphi(z)$ 是 $|z-z_0|<\delta$ 内的解析函数，且 $m\geqslant 1,\varphi(z)\neq 0$。则 z_0 是 $f(z)$的 m 级极点。

实例 7-3 对函数$\frac{z+2}{(z^2+1)(z-3)^2}$来说，$z=3$ 是它的二级极点，$z=\mathrm{i}$ 和 $z=-\mathrm{i}$ 都是它的一级极点。理由见后面的例 7-27。

（3）本性奇点

定义 7-22 如果函数 $f(z)$ 在孤立奇点 z_0 的去心邻域的洛朗展开式(7-33)中仅有无限多个负幂项，则称 z_0 为 $f(z)$ 的**本性奇点**。

实例 7-4 对函数 $f(z)=\mathrm{e}^{\frac{1}{z}}$来说，$z=0$ 是它的本性奇点。这是因为

$$\mathrm{e}^{\frac{1}{z}}=1+\frac{1}{z}+\frac{1}{2!z^2}+\cdots+\frac{1}{n!z^n}+\cdots \quad (0<|z|<+\infty)$$

综上所述，如果 z_0 是 $f(z)$ 的可去极点，那么 $\lim\limits_{z\to z_0}|f(z)|$ 存在且为有限值；如果 z_0 是 $f(z)$ 的极点，那么 $\lim\limits_{z\to z_0}|f(z)|=\infty$（或写作 $\lim\limits_{z\to z_0}f(z)=\infty$）；如果 z_0 是 $f(z)$ 的本性奇点，那么 $\lim\limits_{z\to z_0}|f(z)|$ 不存在。

2. 函数的零点与极点的关系

定义 7-23 如果函数 $f(z)$ 能表示成

$$f(z)=(z-z_0)^m\varphi(z)$$

其中 $\varphi(z)$ 在 z_0 解析，且 $\varphi(z_0)\neq 0$，则称 z_0 为 $f(z)$ 的 ***m* 级零点**。

由 $\varphi(z_0)\neq 0$ 和 $\varphi(z)$ 的连续性可以推知，一个不恒为零的解析函数的零点是孤立的。

定理 7-23 若函数 $f(z)$ 在 z_0 解析，则 z_0 为 $f(z)$ 的 m 级零点的充要条件是

$$f^{(k)}(z_0)=0(k=0,1,2,\cdots,m-1),\qquad f^{(m)}(z_0)\neq 0$$

实例 7-5 对函数 $f(z)=z(z-2)^3$ 来说，$z=0$ 是它的一级零点，$z=2$ 是它的三级零点。

定理 7-24 $z=z_0$ 为函数 $f(z)$ 的 m 级极点的充要条件是 $z=z_0$ 是 $\dfrac{1}{f(z)}$ 的 m 级零点。

例 7-27 求下列函数的极点，并指出它是几级极点：

(1) $\dfrac{z+2}{(z^2+1)(z-3)^2}$ (2) $\dfrac{\sin z}{z^3}$ (3) $\dfrac{1}{\sin z}$

解 (1) 由于

$$\frac{z+2}{(z^2+1)(z-3)^2}=(z-3)^{-2}\frac{z+2}{z^2+1}$$

而 $\dfrac{z+2}{z^2+1}$ 在 $z=3$ 的邻域内是解析的，且在 $z=3$ 处 $\dfrac{z+2}{z^2+1}$ 不等于零，所以 $z=3$ 是 $\dfrac{z+2}{(z^2+1)(z-3)^2}$ 的二级极点。同理可知，$z=\mathrm{i}$ 和 $z=-\mathrm{i}$ 都是 $\dfrac{z+2}{(z^2+1)(z-3)^2}$ 的一级极点。

(2) 因为

$$\begin{aligned}\frac{\sin z}{z^3}&=\frac{1}{z^3}\left[z-\frac{z^3}{3!}+\frac{z^5}{5!}-\cdots+(-1)^{n-1}\frac{z^{2n-1}}{(2n-1)!}+\cdots\right]\\&=\frac{1}{z^2}-\frac{1}{3!}+\frac{z^2}{5!}-\cdots+(-1)^{n-1}\frac{z^{2n-4}}{(2n-1)!}+\cdots\quad(|z|>0)\end{aligned}$$

所以 $z=0$ 是 $\dfrac{\sin z}{z^3}$ 的二级极点。

(3) 因为 $\dfrac{1}{\sin z}$ 的极点就是 $\sin z=0$ 的点。而当 $z=k\pi$ $(k=0,\pm 1,\pm 2,\cdots)$ 时 $\sin z=0$。所以 $z=k\pi(k=0,\pm 1,\pm 2,\cdots)$ 都是 $\dfrac{1}{\sin z}$ 的孤立奇点。

另一方面，由于

$$(\sin z)'|_{z=k\pi}=\cos z|_{z=k\pi}=(-1)^k\neq 0$$

所以 $z=k\pi(k=0,\pm 1,\pm 2,\cdots)$ 都是 $\dfrac{1}{\sin z}$ 的一级极点。

需要强调的是，在判断函数奇点的级数时，要有充分的根据，不能一看函数的表面形式就急于作出结论。像函数 $\dfrac{\sin z}{z^3}$，不能仅凭其分母是 z^3，就误认为 $z=0$ 是它的三级极点，实际上，$z=0$ 是它的二级极点。

7.5.2 留数

1. 留数的概念

当 $f(z)$ 在简单闭曲线 C 上及其内部解析时，由柯西积分定理知

$$\oint_C f(z)\mathrm{d}z=0$$

如果上述 C 的内部存在函数 $f(z)$ 的孤立奇点 z_0，则积分 $\oint_C f(z)\mathrm{d}z$ 一般不等于零。

如果函数 $f(z)$ 在 z_0 处不解析，但在 z_0 的某个去心邻域 $0<|z-z_0|<\delta$ 内解析，则函数 $f(z)$ 在该去心邻域内的洛朗展开式为式(7-33)。对该展开式的两端沿 C 逐项积分，式(7-33) 右端各项的积分值除 $n=-1$ 的一项等于 $2\pi i c_{-1}$ 外，其余各项的积分值都等于零，于是有

$$\oint_C f(z)\mathrm{d}z = 2\pi i c_{-1}$$

这表明，$f(z)$ 在的洛朗展开式中系数 c_{-1} 在研究函数 $f(z)$ 的积分中占有特别重要的位置。因此给出如下定义。

定义 7-24　设 z_0 是解析函数 $f(z)$ 的孤立奇点，即 $f(z)$ 在去心邻域 $0<|z-z_0|<\delta$ 内解析，则把 $f(z)$ 在 z_0 处的洛朗展开式中负一次幂的系数 c_{-1} 称为 $f(z)$ 在 z_0 处的**留数**，记作 $\mathrm{Res}[f(z),z_0]$，即

$$\mathrm{Res}[f(z),z_0]=c_{-1}$$

或

$$\mathrm{Res}[f(z),z_0]=\frac{1}{2\pi i}\oint_C f(z)\mathrm{d}z$$

C 为 $0<|z-z_0|<\delta$ 内围绕 z_0 的任意一条正向简单闭曲线。

按定义求留数需要知道函数 $f(z)$ 的洛朗展开式。如果能预先知道奇点 z_0 的类型，就可能有更简便的方法求留数。例如，如果 z_0 是 $f(z)$ 的可去奇点，那么 $\mathrm{Res}[f(z),z_0]=0$；如果 z_0 是 $f(z)$ 的极点，则可以通过求导和求极限的方法得到留数；如果 z_0 是 $f(z)$ 的本性奇点，往往需要通过 $f(z)$ 的洛朗展开式求 c_{-1}。下面给出几个特殊情况下求 c_{-1} 的规则。

规则Ⅰ　如果 z_0 是 $f(z)$ 的一级极点，则

$$\mathrm{Res}[f(z),z_0]=\lim_{z\to z_0}(z-z_0)f(z) \tag{7-38}$$

规则Ⅱ　如果 z_0 是 $f(z)$的 $m(m\geqslant 2)$级极点，则

$$\mathrm{Res}[f(z),z_0]=\frac{1}{(m-1)!}\lim_{z\to z_0}\frac{\mathrm{d}^{m-1}}{\mathrm{d}z^{m-1}}[(z-z_0)^m f(z)] \tag{7-39}$$

证明　由于

$$f(z)=c_{-m}(z-z_0)^{-m}+\cdots+c_{-2}(z-z_0)^{-2}+c_{-1}(z-z_0)^{-1}+c_0+c_1(z-z_0)+\cdots$$

将上式两端同乘 $(z-z_0)^m$，得

$$(z-z_0)^m f(z)=c_{-m}+\cdots+c_{-2}(z-z_0)^{m-2}+c_{-1}(z-z_0)^{m-1}$$
$$+c_0(z-z_0)^m+c_1(z-z_0)^{m+1}+\cdots$$

将上式两端同求 $m-1$ 阶导数，得

$$\frac{\mathrm{d}^{m-1}}{\mathrm{d}z^{m-1}}[(z-z_0)^m f(z)]=0+(m-1)!\,c_{-1}+m!\,c_0(z-z_0)+\frac{(m+1)!}{2!}c_1(z-z_0)^2+\cdots$$

令 $z\to z_0$，对上式两端同时求极限，右端除 $(m-1)!\,c_{-1}$ 项外，其余各项都是零，即

$$\frac{\mathrm{d}^{m-1}}{\mathrm{d}z^{m-1}}[(z-z_0)^m f(z)]=(m-1)!\,c_{-1}$$

因此，再根据定义 7-24，得

$$\mathrm{Res}[f(z),z_0]=c_{-1}=\frac{1}{(m-1)!}\lim_{z\to z_0}\frac{\mathrm{d}^{m-1}}{\mathrm{d}z^{m-1}}[(z-z_0)^m f(z)]$$

证毕

【说明】　当 $m\geqslant 2$ 时，也可能 $c_{-1}=0$。

规则Ⅰ是规则Ⅱ当 $m=1$ 时的特例。

规则Ⅲ 设 $f(z)=\dfrac{P(z)}{Q(z)}$，$P(z)$与$Q(z)$在 z_0 处都解析，如果 $P(z_0)\neq 0$，$Q(z_0)=0$，$Q'(z_0)\neq 0$，则

$$\mathrm{Res}[f(z),z_0]=\frac{P(z_0)}{Q'(z_0)} \tag{7-40}$$

证明 因为$Q(z_0)=0$，$Q'(z_0)\neq 0$，故 z_0 是 $Q(z)$ 的一级零点；又因为 $P(z_0)\neq 0$，故 z_0 为 $f(z)$ 的一级极点。由规则Ⅰ可知

$$\mathrm{Res}[f(z),z_0]=\lim_{z\to z_0}(z-z_0)f(z)=\lim_{z\to z_0}(z-z_0)\frac{P(z)}{Q(z)}$$

$$=\lim_{z\to z_0}\frac{P(z)}{\dfrac{Q(z)-Q(z_0)}{z-z_0}}=\frac{P(z_0)}{Q'(z_0)}$$

证毕

例 7-28 求函数 $f(z)=\dfrac{1}{z(z-\mathrm{i})}$在点 $z=0$ 和 $z=\mathrm{i}$ 处的留数。

解 因为 $z=0$ 和 $z=\mathrm{i}$ 都是 $f(z)$的一级极点，根据规则Ⅰ有

$$\mathrm{Res}[f(z),0]=\lim_{z\to 0}(z-0)\frac{1}{z(z-\mathrm{i})}=\lim_{z\to 0}\frac{1}{(z-\mathrm{i})}=\mathrm{i}$$

$$\mathrm{Res}[f(z),\mathrm{i}]=\lim_{z\to \mathrm{i}}(z-\mathrm{i})\frac{1}{z(z-\mathrm{i})}=\lim_{z\to \mathrm{i}}\frac{1}{z}=-\mathrm{i}$$

例 7-29 求函数 $f(z)=\dfrac{6\cos z}{(z-2)^3}$在点 $z=2$ 处的留数。

解 因为 $z=2$ 是 $f(z)$ 的三级极点，根据规则Ⅱ有

$$\mathrm{Res}[f(z),2]=\frac{1}{(3-1)!}\lim_{z\to z_0}\frac{\mathrm{d}^2}{\mathrm{d}z^2}\left[(z-2)^3\frac{6\cos z}{(z-2)^3}\right]$$

$$=\frac{1}{2}\lim_{z\to 2}\frac{\mathrm{d}^2(6\cos z)}{\mathrm{d}z^2}=-3\cos z\big|_{z=2}$$

$$=-3\cos 2$$

2. 留数定理

引入留数概念的主要目的是计算某些类型的积分。对此，有下面的定理。

定理 7-25(留数定理) 如果函数 $f(z)$ 在区域 D 内除有限个孤立奇点 $z_1,z_2,\cdots,z_n$ 外处处解析，C 是 D 内包含所有这些奇点的一条正向简单闭曲线，那么

$$\oint_C f(z)\mathrm{d}z=2\pi\mathrm{i}\sum_{k=1}^{n}\mathrm{Res}[f(z),z_k] \tag{7-41}$$

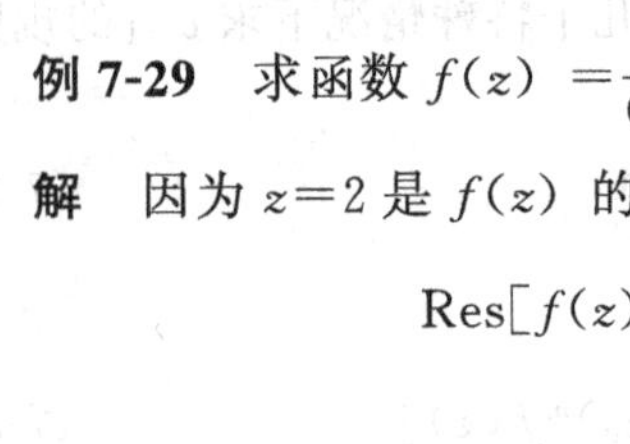

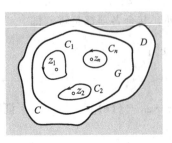

图 7-12

证明 把孤立奇点 $z_1,z_2,\cdots,z_n$ 分别用 C 内既互不包含又互不相交的正向简单闭曲线 $C_1,C_2,\cdots,C_n$ 围绕起来(如图 7-12 所示)。根据复合闭路定理得

$$\oint_C f(z)\mathrm{d}z=\sum_{k=1}^{n}\oint_{C_k}f(z)\mathrm{d}z \tag{a}$$

而由留数的定义得

$$\oint_{C_k}f(z)\mathrm{d}z=2\pi\mathrm{i}\mathrm{Res}[f(z),z_k] \tag{b}$$

将式(b) 代入式(a)，得

$$\oint_C f(z)\mathrm{d}z = 2\pi\mathrm{i}\sum_{k=1}^{n}\mathrm{Res}[f(z),z_k] \qquad \text{证毕}$$

例 7-30　计算积分$\oint_C \frac{2z+3}{z^2(z-1)}$，$C$ 为正向圆周：$|z|=2$。

解　由于 $f(z)=\frac{2z+3}{z^2(z-1)}$在圆周$|z|=2$ 内有一级极点 $z=1$ 和二级极点 $z=0$，根据规则Ⅰ有

$$\mathrm{Res}[f(z),1]=\lim_{z\to1}(z-1)\frac{2z+3}{z^2(z-1)}=5$$

根据规则Ⅱ有

$$\mathrm{Res}[f(z),0]=\lim_{z\to0}\frac{\mathrm{d}}{\mathrm{d}z}\left[z^2\frac{2z+3}{z^2(z-1)}\right]=\lim_{z\to0}\frac{\mathrm{d}}{\mathrm{d}z}\left[\frac{2z+3}{z-1}\right]$$

$$=\lim_{z\to0}\frac{-5}{(z-1)^2}=-5$$

再根据留数定理，得

$$\oint_C f(z)\mathrm{d}z = 2\pi\mathrm{i}\mathrm{Res}[f(z),1]+2\pi\mathrm{i}\mathrm{Res}[f(z),0] = 2\pi\mathrm{i}(5-5)=0$$

7.6 本章小结

本章介绍了复变函数的基本知识。重点是熟练掌握解析函数的概念、柯西—黎曼条件、初等函数的解析性、复变函数积分的柯西积分定理、柯西积分公式、洛朗级数、留数定理。下面是本章知识的要点以及对它们的要求。

◇深刻理解复数、区域、复变函数、复变函数的极限与连续、复变函数的导数、解析函数、初等函数、复变函数的积分、幂级数、收敛圆、收敛半径、泰勒级数、洛朗级数、孤立奇点、留数等概念。

◇知道复数的代数运算和表示方法、关于模与辐角的定理、方根等基本知识，会进行复数的各种代数运算。

◇知道复变函数极限与连续的性质。

◇准确理解解析函数的柯西——黎曼条件，知道初等函数的解析性。

◇知道复变函数积分的存在定理及其计算公式，知道复变函数积分的性质，准确理解柯西积分定理，熟练掌握柯西积分公式。

◇准确理解关于幂级数的阿贝尔定理，会求幂级数的收敛半径和收敛圆，会将函数展开成泰勒级数与洛朗级数。

◇知道函数的零点与极点的关系，会用留数定理计算定积分。

习　题

一、单项选择题

7-1　若 $z=2-7\mathrm{i}$，则与$\bar{z}$相等的是________。

(A) $-2-7\mathrm{i}$　　(B) $-2+7\mathrm{i}$　　(C) $2+7\mathrm{i}$　　(D) $7-2\mathrm{i}$

7-2 在下列各命题中，只有________是错误的。

(A) 一个三角形的内部是单连通域

(B) 圆环 $0<|z-z_0|<R$ 是单连通域

(C) 区域连同它的边界组成的集合称为闭区域

(D) 由不等式 $0<|z-z_0|<\delta$ 所确定的点集称为 z_0 的去心邻域

7-3 函数 $f(z)=u(x,y)+\mathrm{i}v(x,y)$ 在点 $z_0=x_0+\mathrm{i}y_0$ 处连续的充要条件是________。

(A) $u(x,y)$ 在点 (x_0,y_0) 处连续

(B) $v(x,y)$ 在点 (x_0,y_0) 处连续

(C) $u(x,y)$ 和 $v(x,y)$ 在点 (x_0,y_0) 处连续

(D) $u(x,y)+v(x,y)$ 在点 (x_0,y_0) 处连续

7-4 在下列各命题中，只有________是正确的。

(A) 如果复变函数 $f(z)$ 在一点处连续，则 $f(z)$ 必定在该点处可导

(B) 如果复变函数 $f(z)$ 在一点处可导，则 $f(z)$ 必定在该点处解析

(C) 如果复变函数 $f(z)$ 在区域 D 内可导，则 $f(z)$ 必定在区域 D 内解析

(D) 复变函数 $f(z)$ 在它的奇点处不解析

7-5 在下列各数中，只有________是实数。

(A) $(2-\mathrm{i})^2$　　(B) $\ln\mathrm{i}$　　(C) $\sin\mathrm{i}$　　(D) $\mathrm{e}^{\pi\mathrm{i}}$

7-6 在下列各函数中，只有________不是在整个复平面上解析的。

(A) $\sin(2z)$　　(B) $\ln(z^2+1)$　　(C) $\dfrac{1}{\mathrm{e}^z}$　　(D) $x+y\mathrm{i}$

7-7 在下列各积分中，只有________不等于零，其中 C 都是正向圆周 $|z|=1$。

(A) $\oint_C \dfrac{\mathrm{d}z}{z-3}$　　(B) $\oint_C \dfrac{\mathrm{d}z}{2z-1}$　　(C) $\oint_C \dfrac{\mathrm{d}z}{z+2}$　　(D) $\oint_C \dfrac{\mathrm{d}z}{z^2+4}$

7-8 若幂级数 $\sum\limits_{n=0}^{\infty} c_n z^n$ 在 $z=1+2\mathrm{i}$ 处收敛，那么该级数在 $z=2$ 处的敛散性为________。

(A) 条件收敛　　(B) 不能确定　　(C) 发散　　(D) 绝对收敛

二、填空题

7-1 若 $z=5\left[\cos\left(-\dfrac{3}{4}\pi\right)+\mathrm{i}\sin\left(-\dfrac{3}{4}\pi\right)\right]$，则它的指数表示式是 $z=$____。

7-2 若 $z=5-4\mathrm{i}$，则 $\mathrm{Re}(z)=$____，$\mathrm{Im}(z)=$____，$\arg(z)=$____。

7-3 方程 $|z+1-\mathrm{i}|=3$ 表示中心为____，半径为____的圆周。

7-4 $\cos\mathrm{i}=$____。

7-5 幂级数 $\sum\limits_{n=0}^{\infty}(1+\mathrm{i})^n z^n$ 的收敛半径 $R=$____。

7-6 若幂级数 $\sum\limits_{n=0}^{\infty} c_n(z+\mathrm{i})^n$ 在 $z=\mathrm{i}$ 处发散，那么该级数在 $z=2$ 处____。

7-7 若 $z=1$ 是函数 $f(z)$ 的三级极点，函数 $g(z)$ 的二级零点，则 $z=1$ 是函数 $f(z)\ g(z)$ 的____。

7-8 若 $z=1$ 是函数 $f(z)$ 的三级极点，函数 $g(z)$ 的二级极点，则 $z=1$ 是函数 $f(z)g(z)$ 的____。

三、综合题

7-1 设 $z_1=4-3\mathrm{i}$，$z_2=3+4\mathrm{i}$，求 (1) z_1z_2；(2) $\dfrac{z_2}{z_1}$。

7-2 将下列复数化为三角表示式和指数表示式：

(1) $2\mathrm{i}$　　(2) -3　　(3) $-4+4\mathrm{i}$

7-3 求方程 $w^4+81=0$ 的所有根。

7-4　求 ln(−i) 和 Ln(−i) 以及 ln(−3+4i) 和 Ln(−3+4i)。

7-5　求 $e^{1-i\frac{\pi}{2}}$ 和 sini 的值。

7-6　指出下列各函数的解析区域与奇点，并求出导数。

(1) $f(z)=z^3+iz$　　(2) $f(z)=\dfrac{1}{z^2-1}$

(3) $f(z)=\dfrac{z-5}{z^3+8}$　　(4) $f(z)=x^2-2iy$

7-7　设函数 $f(z)=nx^2y+my^3+i(x^3+lxy^2)$。问常数 l、m、n 取何值时，$f(z)$ 在整个复平面上解析？

7-8　计算积分 $\int_C 6z^2\,dz$，其中 C 为

(1) 从点 O 到点 3+i 的直线段；

(2) 从点 O 到点 3 的直线段和从 3 到 3+i 的直线段组成的折线。

7-9　沿指定曲线的正向计算下列各积分：

(1) $\oint_C \dfrac{dz}{z-2}$，C：$|z-2|=1$　　(2) $\oint_C \dfrac{z\,dz}{z-3}$，$C$：$|z|=2$

(3) $\oint_C \dfrac{e^{iz}\,dz}{z^2+1}$，$C$：$|z-2i|=1.5$　　(4) $\oint_C \dfrac{e^z\,dz}{z^5}$，$C$：$|z|=1$

7-10　将下列各函数展开成麦克劳林级数，并指出其收敛区域：

(1) $\dfrac{1}{1-x^2}$　　(2) $\sin^2 z$

7-11　将下列各函数在指定点处展开成泰勒级数：

(1) $\dfrac{z-1}{z+1}$，$z_0=1$　　(2) $\dfrac{z-1}{z+1}$，$z_0=0$

(3) $\dfrac{1}{z}$，$z_0=2$　　(4) $\dfrac{1}{z}$，$z_0=i$

7-12　将函数 $f(z)=\dfrac{1}{1+z^2}$ 分别在下列圆环域内展开成洛朗级数：

(1) $0<|z-i|<2$　　(2) $2<|z-i|<+\infty$　　(3) $1<|z|<+\infty$

7-13　下列各函数有哪些奇点？各属于哪一种类型？如果是极点，指出它的级。

(1) $\dfrac{1}{z(z^2+1)^2}$　　(2) $\dfrac{1}{z^3-z^2-z+1}$　　(3) $\dfrac{\sin z-z}{z^5}$

(4) $e^{\frac{1}{z-1}}$　　(5) $\dfrac{\ln(1+z)}{z}$ $(|z|<1)$　　(6) $\dfrac{1}{z^2(e^z-1)}$

7-14　求下列各函数在复平面内各孤立奇点处的留数。

(1) $\dfrac{e^z-1}{z^5}$　　(2) $z^2\sin\dfrac{1}{z}$　　(3) $\dfrac{z+1}{z^2-2z}$

(4) $\dfrac{1-e^{2z}}{z^4}$　　(5) $\dfrac{1}{\sin z}$　　(6) $\tan z$

7-15　利用留数计算下列积分（全部按正向曲线）：

(1) $\oint_{|z|=2}\dfrac{z^3}{(z-3)(z^2+1)}dz$　　(2) $\oint_{|z|=2}\dfrac{1}{z^3-z^5}dz$

(3) $\oint_{|z|=1}\dfrac{\sin z}{z}dz$　　(4) $\oint_{|z|=1}\dfrac{\cos z}{z^3}dz$

第 8 章　傅里叶变换

本章主要介绍以下内容。

(1) 傅里叶级数、傅里叶积分、傅里叶变换、卷积等概念。

(2) 傅里叶积分的复数形式、傅里叶积分公式、傅氏积分定理。

(3) 指数衰减函数、单位阶跃函数、单位脉冲函数的基本知识。

(4) 傅里叶变换的基本性质，卷积的性质和卷积定理。

(5) 周期函数与离散频谱、非周期函数与连续频谱。

在数学中，常常采用变换的方法将比较复杂的运算转化为比较简单的运算。

在第 2 章介绍过，给定一个 n 阶可逆矩阵 $\boldsymbol{A}$，任意一个 n 维向量 $\boldsymbol{x}$ 左乘矩阵 $\boldsymbol{A}$ 变换成了向量 $\boldsymbol{y}$，即 $\boldsymbol{y}=\boldsymbol{A}\boldsymbol{x}$。向量 $\boldsymbol{y}$ 左乘矩阵 $\boldsymbol{A}$ 的逆矩阵 $\boldsymbol{A}^{-1}$ 又重新变换为向量 $\boldsymbol{x}$，即 $\boldsymbol{x}=\boldsymbol{A}^{-1}\boldsymbol{y}$。上述变换通常称为**线性变换**。线性变换的作用是将一个向量变换为另一个向量。两个直角坐标系间的旋转变换就是一种线性变换。对方阵进行的各种初等行变换都是线性变换。

所谓**积分变换**就是把自变量为 t(或者说数域 t 中) 某函数类 $\mathscr{A}$ 中的函数 $f(t)$ 乘上一个确定的二元函数 $k(t,p)$，经过可逆的积分

$$F(p)=\int_a^b k(t,p)f(t)\mathrm{d}t$$

变为自变量为 p(或者说数域 p 中) 某函数类 $\mathscr{B}$ 中的函数 $F(p)$ 的一种数学过程。这里的二元函数 $k(t,p)$ 通常称为积分变换的**核**，$F(p)$ 称为 $f(t)$ 的**像函数**，相应地，$f(t)$ 称为 $F(p)$ 的**像原函数**。

简单地说，积分变换就是通过积分运算把一个函数变成另一个函数的变换。

选取不同的核函数和积分域就得到不同的积分变换。本章和第 9 章将分别介绍傅里叶变换和拉普拉斯变换。

傅里叶变换在信号处理、电子技术、线性系统、量子物理等工程技术与科学领域都有着广泛的应用。本章将介绍傅里叶变换的概念与性质、卷积以及傅里叶变换的一些简单应用。

傅里叶变换不仅能简化数学运算，如将常微分方程化为代数方程，将复杂的卷积运算化为简单的乘积运算等，而且还具有非常特殊的物理意义。对于信号处理，一个时间信号通常可以表示为一个时间的函数 $f(t)$，时间信号 $f(t)$ 的傅里叶变换 $F(\omega)$ 在整体上刻画了 $f(t)$ 的频率特性，自变量 ω 就是连续变化的角频率。

8.1　傅里叶级数

在介绍傅里叶变换前，有必要先回顾一下高等数学中傅里叶级数的有关内容。

定义 8-1　设 $f(x)$ 是周期为 2π 的函数，则称三角级数

$$f(x)=\frac{a_0}{2}+\sum_{n=1}^{\infty}(a_n\cos nx+b_n\sin nx) \tag{8-1}$$

其中

$$a_n = \frac{1}{\pi}\int_{-\pi}^{\pi} f(x)\cos nx\,\mathrm{d}x\,(n = 0,1,2,\cdots)$$

$$b_n = \frac{1}{\pi}\int_{-\pi}^{\pi} f(x)\sin nx\,\mathrm{d}x\,(n = 1,2,3,\cdots)$$

为 $f(x)$ 的**傅里叶（Fourier）级数**，简称**傅氏级数**，称 a_0，a_n，$b_n(n=1,2,3,\cdots)$ 为 $f(x)$ 的**傅里叶系数**。

在电学中，$f(x)$ 的傅里叶级数中的 $\frac{a_0}{2}$ 又称为 $f(x)$ 的**基波**，而 $(a_n\cos nx+b_n\sin nx)$ 则称为 $f(x)$ 的**第 n 次谐波**。

关于傅里叶级数的收敛性，有如下定理。

定理 8-1　（狄利克雷（Dirighlet）收敛条件） 设 $f(x)$ 是周期为 2π 的函数，若 $f(x)$ 在一个周期内满足条件：

(1) 连续或只有有限个第一类间断点；

(2) 只有有限个极值点。

则 $f(x)$ 的傅里叶级数收敛，且在其连续点 x 处，级数收敛于 $f(x)$；而在其第一类间断点 x_0 处，级数收敛于 $\frac{f(x_0-0)+f(x_0+0)}{2}$。

由定理 8-1 可知，只要周期为 2π 的函数 $f(x)$ 在 $[-\pi,\pi]$ 上连续或只有有限个第一类间断点，它就可以展开为傅里叶级数，并且除间断点外，级数均收敛于 $f(x)$。

例 8-1　设 $f(x)$ 是周期为 2π 的函数，它在 $[-\pi,\pi)$ 上的表达式为

$$f(x)=\begin{cases}0 & (-\pi\leqslant x<0)\\ x & (0\leqslant x<\pi)\end{cases}$$

将 $f(x)$ 展开为傅里叶级数。

解　$f(x)$ 满足收敛定理 8-1 的条件。先计算傅里叶系数

$$a_0 = \frac{1}{\pi}\int_{-\pi}^{\pi} f(x)\mathrm{d}x = \frac{1}{\pi}\int_0^{\pi} x\mathrm{d}x = \frac{1}{\pi}\cdot\frac{x^2}{2}\bigg|_0^{\pi} = \frac{\pi}{2}$$

$$a_n = \frac{1}{\pi}\int_{-\pi}^{\pi} f(x)\cos nx\,\mathrm{d}x = \frac{1}{\pi}\int_0^{\pi} x\cos nx\,\mathrm{d}x = \frac{1}{\pi}\left(\frac{x}{n}\sin nx + \frac{1}{n^2}\cos nx\right)\bigg|_0^{\pi}$$

$$=\frac{1}{n^2\pi}(\cos n\pi-1)=\begin{cases}0 & (\text{当 } n \text{ 为偶数时})\\ -\frac{2}{n^2\pi} & (\text{当 } n \text{ 为奇数时})\end{cases}$$

$$b_n = \frac{1}{\pi}\int_{-\pi}^{\pi} f(x)\sin nx\,\mathrm{d}x = \frac{1}{\pi}\int_0^{\pi} x\sin nx\,\mathrm{d}x = \frac{1}{\pi}\left(-\frac{x}{n}\cos nx + \frac{1}{n^2}\sin nx\right)\bigg|_0^{\pi}$$

$$= \frac{(-1)^{n+1}}{n}\quad (n = 1,2,3,\cdots)$$

这就得到 $f(x)$ 的傅里叶级数

$$f(x)=\frac{\pi}{4}-\frac{2}{\pi}\left[\cos x+\frac{1}{3^2}\cos 3x+\frac{1}{5^2}\cos 5x+\cdots+\frac{1}{(2n-1)^2}\cos(2n-1)x+\cdots\right]$$

$$+\left[\sin x-\frac{1}{2}\sin 2x+\frac{1}{3}\sin 3x-\cdots+(-1)^{n-1}\frac{1}{n}\sin nx+\cdots\right]$$

$$(x\in(-\infty,+\infty),x\neq(2k-1)\pi,k\in\mathbf{Z})$$

当 $x=(2k-1)\pi(k\in\mathbf{Z})$时，该级数收敛于

$$\frac{f(-\pi-0)+f(\pi+0)}{2}=\frac{\pi}{2}$$

图 8-1(a) 和图 8-1(b) 分别是 $f(x)$ 与它的傅里叶级数的图像。

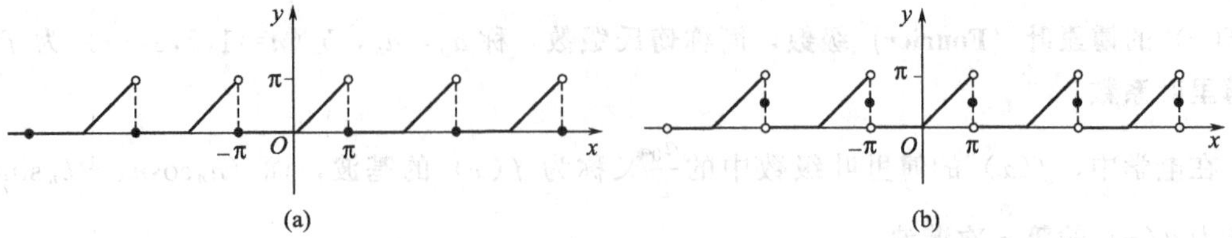

图 8-1

由于在求 $f(x)$ 的傅里叶系数时，只需用到 $f(x)$ 在 $[-\pi,\pi]$ 上的部分，因此即使 $f(x)$只在 $[-\pi,\pi]$ 上有定义，只要它满足收敛定理的条件，仍然可以将它展开为傅里叶级数。具体做法是：在 $[-\pi,\pi)$ 以外补充 $f(x)$ 的定义，使它拓展为成一个周期为 2π 的函数 $f_1(x)$，且当$-\pi\leqslant x<\pi$ 时，$f_1(x)=f(x)$。按这种方式拓展函数定义域的过程称为**周期延拓**。然后将 $f_1(x)$ 展开为傅里叶级数，再将 $f_1(x)$ 的傅里叶级数限制在 $[-\pi,\pi]$ 上，这样就得到 $f(x)$ 的傅里叶级数展开式。根据收敛定理，该级数在区间端点 $x=\pm\pi$ 处收敛于$\dfrac{f(-\pi-0)+f(\pi+0)}{2}$。

例 8-2 将函数 $f(t)=|\sin t|(-\pi\leqslant t\leqslant\pi)$展开为傅里叶级数。

解 $f(t)$ 在 $[-\pi,\pi]$ 上满足收敛定理 8-1 的条件。将 $f(t)$ 在 $[-\pi,\pi)$ 以外拓展成一个周期为 2π 的函数 $f_1(x)$，且当$-\pi\leqslant t<\pi$ 时，$f_1(x)=f(t)$。则 $f_1(x)$ 在 $(-\infty,+\infty)$ 内处处连续。于是$f_1(x)$ 的傅里叶级数在 $[-\pi,\pi]$ 上处处收敛于 $f_1(x)$。图 8-2 为 $f_1(x)$ 及其傅里叶级数的图像，其中实线部分即为 $f(t)$。

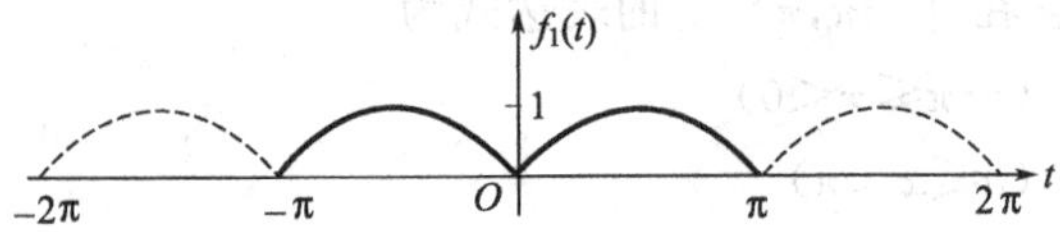

图 8-2

先计算 $f(t)$ 的傅里叶系数

$$a_0=\frac{1}{\pi}\int_{-\pi}^{\pi}f(t)\mathrm{d}t=\frac{1}{\pi}\int_{-\pi}^{\pi}|\sin t|\mathrm{d}t=\frac{2}{\pi}\int_{0}^{\pi}\sin t\mathrm{d}t$$

$$=-\frac{2}{\pi}\cos t\Big|_0^{\pi}=\frac{4}{\pi}$$

$$a_1=\frac{1}{\pi}\int_{-\pi}^{\pi}f(t)\cos t\mathrm{d}t=\frac{1}{\pi}\int_{-\pi}^{\pi}|\sin t|\cos t\mathrm{d}t=\frac{2}{\pi}\int_{0}^{\pi}\sin t\cos t\mathrm{d}t=0$$

$$a_n=\frac{1}{\pi}\int_{-\pi}^{\pi}f(t)\cos nt\,\mathrm{d}t=\frac{1}{\pi}\int_{-\pi}^{\pi}|\sin t|\cos nt\,\mathrm{d}t=\frac{2}{\pi}\int_{0}^{\pi}\sin t\cos nt\,\mathrm{d}t$$

$$=\frac{1}{\pi}\int_{0}^{\pi}[\sin(n+1)t-\sin(n-1)t]\mathrm{d}t=\frac{1}{\pi}\left(-\frac{\cos(n+1)t}{n+1}+\frac{\cos(n-1)t}{n-1}\right)\Big|_0^{\pi}$$

$$=\begin{cases}0 & (n=3,5,7,\cdots)\\ -\dfrac{4}{(n^2-1)\pi} & (n=2,4,6,\cdots)\end{cases}$$

$$b_n=\frac{1}{\pi}\int_{-\pi}^{\pi}f(t)\sin nt\,dt=\frac{1}{\pi}\int_{-\pi}^{\pi}|\sin t|\sin nt\,dx=0\quad(n=1,2,3,\cdots)$$

因此，$f(t)=|\sin t|$ 的傅里叶级数展开式为

$$f(x)=\frac{4}{\pi}\left[\frac{1}{2}-\frac{1}{3}\cos 2t-\frac{1}{15}\cos 4t-\frac{1}{35}\cos 6t-\cdots-\frac{1}{4n^2-1}\cos 2nt-\cdots\right]\quad(-\pi\leqslant t\leqslant\pi)$$

若 $f_T(t)$ 是周期为 T 的函数，且在 $[-T/2,\ T/2]$ 上满足狄利克雷收敛条件，则可以通过变量代换 $x=2\pi t/T$，将其化为以 2π 为周期的函数 $f(x)$，即将式(8-1) 中的 x 以 $2\pi t/T$ 代入，可得到下面的傅里叶级数展开式

$$f_T(t)=\frac{a_0}{2}+\sum_{n=1}^{\infty}\left(a_n\cos\frac{2n\pi}{T}t+b_n\sin\frac{2n\pi}{T}t\right)$$

再引入参数 $\omega_0=2\pi/T$，则上式变为

$$f_T(t)=\frac{a_0}{2}+\sum_{n=1}^{\infty}(a_n\cos n\omega_0 t+b_n\sin n\omega_0 t)\tag{8-2}$$

其中

$$a_n=\frac{2}{T}\int_{-T/2}^{T/2}f_T(t)\cos n\omega_0 t\,dt\quad(n=0,1,2,\cdots),$$

$$b_n=\frac{2}{T}\int_{-T/2}^{T/2}f_T(t)\sin n\omega_0 t\,dt\quad(n=1,2,3,\cdots)。$$

例 8-3　设 $f(x)$ 是周期为 4 的函数，它在 $[-2,2)$ 上的表达式为

$$f(x)=\begin{cases}0 & (-2\leqslant x<0)\\ 2 & (0\leqslant x<2)\end{cases}$$

解　$f(x)$ 在 $[-2,2)$ 上满足收敛定理 8-1 的条件，其图像如图 8-3(a) 所示，其傅里叶系数为

$$a_0=\frac{1}{2}\int_{-2}^{2}f(x)dx=\frac{1}{2}\int_{0}^{2}2dx=2$$

$$a_n=\frac{1}{2}\int_{-2}^{2}f(x)\cos\frac{2n\pi}{4}x\,dx=\frac{1}{2}\int_{0}^{2}2\cos\frac{n\pi}{2}x\,dx=\frac{2}{n\pi}\left(\sin\frac{n\pi}{2}x\right)\Big|_0^2=0\quad(n=1,2,\cdots)$$

$$b_n=\frac{1}{2}\int_{-2}^{2}f(x)\sin\frac{2n\pi}{4}x\,dx=\frac{1}{2}\int_{0}^{2}2\sin\frac{n\pi}{2}x\,dx=-\frac{2}{n\pi}\left(\cos\frac{n\pi}{2}x\right)\Big|_0^2$$

$$=\frac{2}{n\pi}(1-\cos n\pi)=\begin{cases}\dfrac{4}{n\pi} & (n=1,\ 3,\ 5,\ \cdots)\\ 0 & (n=2,\ 4,\ 6,\ \cdots)\end{cases}$$

所以，$f(x)$ 的正弦级数展开式为

$$f(x)=1+\frac{4}{\pi}\left[\sin\frac{\pi}{2}x+\frac{1}{3}\sin\frac{3\pi}{2}x+\frac{1}{5}\sin\frac{5\pi}{2}x+\cdots\right]\quad(-\infty<x<+\infty,x\neq 2k,k\in\mathbf{Z})$$

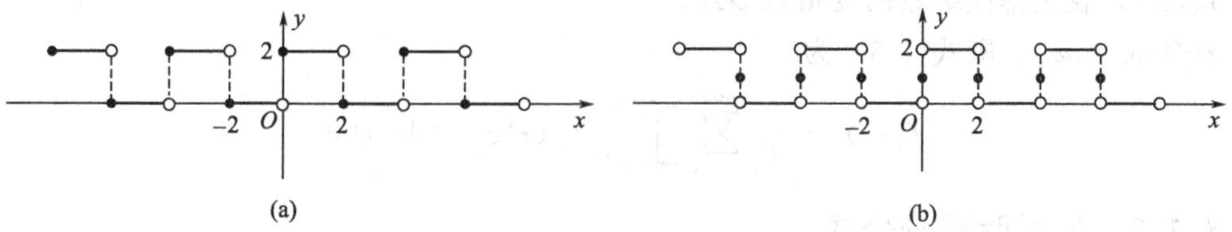

图 8-3

在其间断点处，$f(x)$ 的傅里叶级数收敛于

$$\frac{f(-2-0)+f(2+0)}{2}=\frac{0+2}{2}=1$$

图 8-3(b) 是 $f(x)$ 的傅里叶级数的图像。

8.2 傅里叶积分

8.2.1 傅里叶级数的复指数形式

为了今后方便地讨论傅里叶变换，下面把傅里叶级数的三角形式(8-2) 改写成复指数形式。

由欧拉公式 $e^{i\varphi}=\cos\varphi+i\sin\varphi$ 得

$$\cos n\omega_0 t=\frac{e^{in\omega_0 t}+e^{-in\omega_0 t}}{2},\qquad \sin n\omega_0 t=\frac{e^{in\omega_0 t}-e^{-in\omega_0 t}}{2i}$$

将上述两式代入式(8-2)，得

$$\begin{aligned} f_T(t) &= \frac{a_0}{2}+\sum_{n=1}^{\infty}\left(a_n\,\frac{e^{in\omega_0 t}+e^{-in\omega_0 t}}{2}+b_n\,\frac{e^{in\omega_0 t}-e^{-in\omega_0 t}}{2i}\right) \\ &= \frac{a_0}{2}+\sum_{n=1}^{\infty}\left(\frac{a_n-ib_n}{2}e^{in\omega_0 t}+\frac{a_n+ib_n}{2}e^{-in\omega_0 t}\right) \end{aligned}$$

如果令

$$\begin{aligned} c_0 &= \frac{a_0}{2}=\frac{1}{T}\int_{-T/2}^{T/2} f_T(t)\mathrm{d}t, \\ c_n &= \frac{a_n-ib_n}{2}=\frac{1}{T}\left[\int_{-T/2}^{T/2} f_T(t)\cos n\omega_0 t\mathrm{d}t-i\int_{-T/2}^{T/2} f_T(t)\sin n\omega_0 t\mathrm{d}t\right] \\ &= \frac{1}{T}\int_{-T/2}^{T/2} f_T(t)[\cos n\omega_0 t-i\sin n\omega_0 t]\mathrm{d}t \\ &= \frac{1}{T}\int_{-T/2}^{T/2} f_T(t)e^{-in\omega_0 t}\mathrm{d}t\quad (n=1,2,3,\cdots), \end{aligned}$$

$$c_{-n}=\frac{a_n+ib_n}{2}=\frac{1}{T}\int_{-T/2}^{T/2} f_T(t)e^{in\omega_0 t}\mathrm{d}t\quad (n=1,2,3,\cdots)$$

再将 c_0、c_n 和 c_{-n} 合写成一个统一的表达式

$$c_n=\frac{1}{T}\int_{-T/2}^{T/2} f_T(t)e^{-in\omega_0 t}\mathrm{d}t\quad (n=0,\pm1,\pm2,\pm3,\cdots)$$

这样，式(8-2) 可以写成

$$f_T(t)=\sum_{n=-\infty}^{+\infty} c_n e^{in\omega_0 t}=\frac{1}{T}\sum_{n=-\infty}^{+\infty}\left[\int_{-T/2}^{T/2} f_T(\tau)e^{-in\omega_0\tau}\mathrm{d}\tau\right]e^{in\omega_0 t}\tag{8-3}$$

式(8-3) 就是傅氏级数的复指数形式。

若令 $\omega_n=n\omega_0$，则式(8-3) 为

$$f_T(t)=\frac{1}{T}\sum_{n=-\infty}^{+\infty}\left[\int_{-T/2}^{T/2} f_T(\tau)e^{-i\omega_n\tau}\mathrm{d}\tau\right]e^{i\omega_n t}$$

8.2.2 傅里叶积分公式

下面讨论非周期函数的展开问题。任何一个非周期函数 $f(t)$ 都可以看成是由某个周期

T 函数 $f_T(t)$ 当 $T\to+\infty$时转化而来的。为了说明这一点，作周期为 T 函数 $f_T(t)$，使其在区间 $[-T/2, T/2]$ 内等于 $f(t)$，而在 $[-T/2,T/2]$ 外按周期 T 延拓，如图 8-4 所示。显然，T 越大，$f_T(t)$ 与 $f(t)$ 相等的范围也越大，这表明当 $T\to+\infty$时，周期函数 $f_T(t)$可以转化为 $f(t)$，即有

$$\lim_{T\to+\infty} f_T(t)=f(t)$$

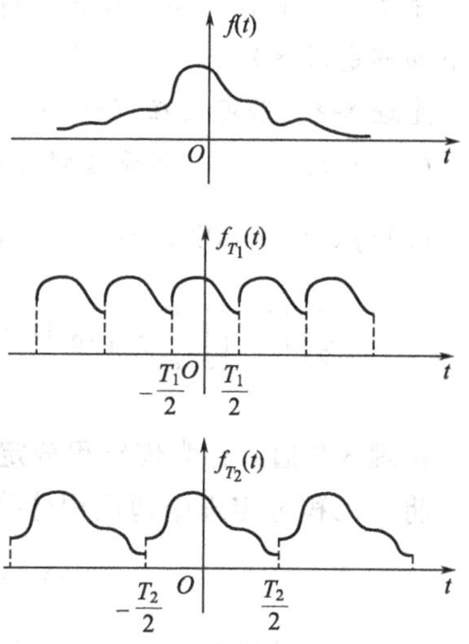

图 8-4

因此，在式(8-3) 中令 $T\to+\infty$，其结果可以看成 $f_T(t)$的展开式，即

$$f(t) = \lim_{T\to+\infty} \frac{1}{T}\sum_{n=-\infty}^{+\infty}\left[\int_{-T/2}^{T/2} f_T(\tau)\mathrm{e}^{-\mathrm{i}\omega_n\tau}\,\mathrm{d}\tau\right]\mathrm{e}^{\mathrm{i}\omega_n t} \quad \text{(a)}$$

当 n 取一切整数时，ω_n 所对应的点便均匀地分布在整个数轴上，如图 8-5 所示。若两个相邻点的距离以 $\Delta\omega$ 表示，即

$$\Delta\omega=\omega_n-\omega_{n-1}=2\pi/T \text{ 或 } T=\frac{2\pi}{\Delta\omega}$$

当 $T\to+\infty$时，有 $\Delta\omega\to 0$，所以式(a) 可以写为

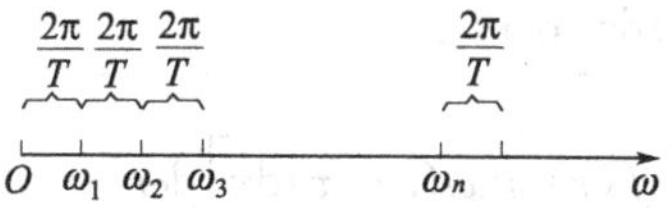

图 8-5

$$f(t) = \lim_{T\to+\infty} \frac{1}{2\pi}\sum_{n=-\infty}^{+\infty}\left[\int_{-T/2}^{T/2} f_T(\tau)\mathrm{e}^{-\mathrm{i}\omega_n\tau}\,\mathrm{d}\tau\right]\mathrm{e}^{\mathrm{i}\omega_n t}\Delta\omega \quad \text{(b)}$$

当 t 固定时，$\frac{1}{2\pi}\left[\int_{-T/2}^{T/2} f_T(\tau)\mathrm{e}^{-\mathrm{i}\omega_n\tau}\,\mathrm{d}\tau\right]\mathrm{e}^{\mathrm{i}\omega_n t}$ 是参数 ω 的函数，记为 $\varphi_T(\omega_n)$，即

$$\varphi_T(\omega_n) = \frac{1}{2\pi}\left[\int_{-T/2}^{T/2} f_T(\tau)\mathrm{e}^{-\mathrm{i}\omega_n\tau}\,\mathrm{d}\tau\right]\mathrm{e}^{\mathrm{i}\omega_n t} \quad \text{(c)}$$

则式(b) 可以写为

$$f(t) = \lim_{T\to+\infty}\sum_{n=-\infty}^{+\infty}\varphi_T(\omega_n)\Delta\omega \quad \text{(d)}$$

在 $T\to+\infty$（即 $\Delta\omega\to 0$）的条件下，积分

$$\int_{-T/2}^{T/2} f_T(\tau)\mathrm{e}^{-\mathrm{i}\omega_n\tau}\,\mathrm{d}\tau$$

的下限与上限分别为$-\infty$与$+\infty$，$f_T(t)$ 亦转化为 $f(t)$。同时，原来是分布在数轴上的离散变量 ω_n 变成了连续变量 ω。这样，式(c) 就成为

$$\varphi(\omega) = \frac{1}{2\pi}\left[\int_{-T/2}^{T/2} f(\tau)\mathrm{e}^{-\mathrm{i}\omega\tau}\,\mathrm{d}\tau\right]\mathrm{e}^{\mathrm{i}\omega t}$$

从而由式(d)可以将 $f(t)$看作是 $\varphi(\omega)$在$(-\infty,+\infty)$上的积分，即

$$\begin{aligned} f(t) &= \int_{-\infty}^{+\infty}\varphi(\omega)\,\mathrm{d}\omega \\ &= \frac{1}{2\pi}\int_{-\infty}^{+\infty}\left[\int_{-\infty}^{+\infty} f(\tau)\mathrm{e}^{-\mathrm{i}\omega\tau}\,\mathrm{d}\tau\right]\mathrm{e}^{\mathrm{i}\omega t}\,\mathrm{d}\omega \end{aligned} \quad \text{(e)}$$

式(e) 就是 $f(t)$ 的展开式，称为 $f(t)$ 的**傅里叶积分公式**（简称**傅氏积分公式**）。

需要指出的是，式(e) 只是由式(a) 形式上推导出的。这样的推导忽略了推导能够进行

的限制条件。那么，满足什么条件的非周期函数 $f(t)$ 才可以用傅氏积分公式表示呢？这就是下面的定理 8-2。

定理 8-2 若定义在 $(-\infty,+\infty)$ 上的函数 $f(t)$ 满足下列条件：

(1) $f(t)$ 在任一有限区间上满足狄氏条件；

(2) $f(t)$ 在无限区间 $(-\infty,+\infty)$ 上绝对可积（即积分 $\int_{-\infty}^{+\infty}|f(t)|\mathrm{d}t$ 收敛），则有

$$\frac{1}{2\pi}\int_{-\infty}^{+\infty}\left[\int_{-\infty}^{+\infty}f(\tau)\mathrm{e}^{-\mathrm{i}\omega\tau}\mathrm{d}\tau\right]\mathrm{e}^{\mathrm{i}\omega t}\mathrm{d}\omega=\begin{cases}f(t) & (\text{在连续点处})\\ \dfrac{f(t+0)+f(t-0)}{2} & (\text{在间断点处})\end{cases}$$

定理 8-2 通常称为**傅氏积分定理**。为了书写方便，通常省略 $f(t)$ 在它的间断点处的表示，将傅氏积分定理中傅氏积分公式记为

$$f(t)=\frac{1}{2\pi}\int_{-\infty}^{+\infty}\left[\int_{-\infty}^{+\infty}f(\tau)\mathrm{e}^{-\mathrm{i}\omega\tau}\mathrm{d}\tau\right]\mathrm{e}^{\mathrm{i}\omega t}\mathrm{d}\omega \tag{8-4}$$

式(8-4) 是傅氏积分公式的复指数形式，利用欧拉公式可将它化为三角形式。因为

$$\begin{aligned}f(t)&=\frac{1}{2\pi}\int_{-\infty}^{+\infty}\left[\int_{-\infty}^{+\infty}f(\tau)\mathrm{e}^{-\mathrm{i}\omega\tau}\mathrm{d}\tau\right]\mathrm{e}^{\mathrm{i}\omega t}\mathrm{d}\omega\\&=\frac{1}{2\pi}\int_{-\infty}^{+\infty}\left[\int_{-\infty}^{+\infty}f(\tau)\mathrm{e}^{\mathrm{i}\omega(t-\tau)}\mathrm{d}\tau\right]\mathrm{d}\omega\\&=\frac{1}{2\pi}\int_{-\infty}^{+\infty}\left[\int_{-\infty}^{+\infty}f(\tau)\cos\omega(t-\tau)\mathrm{d}\tau+\mathrm{i}f(\tau)\sin\omega(t-\tau)\mathrm{d}\tau\right]\mathrm{d}\omega\\&=\frac{1}{2\pi}\int_{-\infty}^{+\infty}\left[\int_{-\infty}^{+\infty}f(\tau)\cos\omega(t-\tau)\mathrm{d}\tau\right]\mathrm{d}\omega+\frac{\mathrm{i}}{2\pi}\int_{-\infty}^{+\infty}\left[\int_{-\infty}^{+\infty}f(\tau)\sin\omega(t-\tau)\mathrm{d}\tau\right]\mathrm{d}\omega\end{aligned}$$

由于 $\int_{-\infty}^{+\infty}f(\tau)\sin\omega(t-\tau)\mathrm{d}\tau$ 是 ω 的奇函数，就有

$$\int_{-\infty}^{+\infty}\left[\int_{-\infty}^{+\infty}f(\tau)\sin\omega(t-\tau)\mathrm{d}\tau\right]\mathrm{d}\omega=0$$

从而

$$f(t)=\frac{1}{2\pi}\int_{-\infty}^{+\infty}\left[\int_{-\infty}^{+\infty}f(\tau)\cos\omega(t-\tau)\mathrm{d}\tau\right]\mathrm{d}\omega$$

又由于 $\int_{-\infty}^{+\infty}f(\tau)\cos\omega(t-\tau)\mathrm{d}\tau$ 是 ω 的偶函数，因而上式可写为

$$f(t)=\frac{1}{\pi}\int_{0}^{+\infty}\left[\int_{-\infty}^{+\infty}f(\tau)\cos\omega(t-\tau)\mathrm{d}\tau\right]\mathrm{d}\omega \tag{8-5}$$

式(8-5) 是傅氏积分公式的一种三角形式。利用三角公式可将它化为另外的三角形式，例如

$$f(t)=\int_{0}^{+\infty}a(\omega)\cos\omega t\,\mathrm{d}\omega+\int_{0}^{+\infty}b(\omega)\sin\omega t\,\mathrm{d}\omega \tag{8-6}$$

其中

$$a(\omega)=\frac{1}{\pi}\int_{-\infty}^{+\infty}f(\tau)\cos\omega\tau\,\mathrm{d}\tau,$$

$$b(\omega)=\frac{1}{\pi}\int_{-\infty}^{+\infty}f(\tau)\sin\omega\tau\,\mathrm{d}\tau。$$

式(8-6) 作为习题留给读者证明。

例 8-4 求函数 $f(t)=\begin{cases}1+t^2 & (|t|\leqslant 1)\\ 0 & (|t|>1)\end{cases}$ 的傅氏积分。

解 本题用式(8-4) 和 (8-6) 都可以解答。下面用式(8-6) 解答，并利用被积函数的奇偶性，得

$$b(\omega)=\frac{1}{\pi}\int_{-\pi}^{\pi}f(\tau)\sin\omega\tau\,\mathrm{d}\tau=\frac{1}{\pi}\int_{-1}^{1}(1+\tau^2)\sin\omega\tau\,\mathrm{d}\tau=0$$

$$\begin{aligned}a(\omega)&=\frac{1}{\pi}\int_{-\pi}^{\pi}f(\tau)\cos\omega\tau\,\mathrm{d}\tau=\frac{2}{\pi}\int_{0}^{1}(1+\tau^2)\cos\omega\tau\,\mathrm{d}\tau\\&=\frac{2}{\pi}\int_0^1\cos\omega\tau\,\mathrm{d}\tau+\frac{2}{\pi}\int_0^1\tau^2\cos\omega\tau\,\mathrm{d}\tau=\frac{2}{\pi\omega}\sin\omega\tau\Big|_0^1+\frac{2}{\pi\omega}\int_0^1\tau^2\,\mathrm{d}\sin\omega\tau\\&=\frac{2\sin\omega}{\pi\omega}+\frac{2}{\pi\omega}\tau^2\sin\omega\tau\Big|_0^1-\frac{2}{\pi\omega}\int_0^1\sin\omega\tau\,\mathrm{d}\tau^2\\&=\frac{2\sin\omega}{\pi\omega}+\frac{2\sin\omega}{\pi\omega}-\frac{4}{\pi\omega}\int_0^1\tau\sin\omega\tau\,\mathrm{d}\tau=\frac{4\sin\omega}{\pi\omega}+\frac{4}{\pi\omega^2}\int_0^1\tau\,\mathrm{d}\cos\omega\tau\\&=\frac{4\sin\omega}{\pi\omega}+\frac{4}{\pi\omega^2}\tau\cos\omega\tau\Big|_0^1-\frac{4}{\pi\omega^2}\int_0^1\cos\omega\tau\,\mathrm{d}\tau\\&=\frac{4\sin\omega}{\pi\omega}+\frac{4\cos\omega}{\pi\omega^2}-\frac{4}{\pi\omega^3}\sin\omega\tau\Big|_0^1=4\,\frac{\omega^2\sin\omega+\omega\cos\omega-\sin\omega}{\pi\omega^3}\end{aligned}$$

最后得

$$f(t)=\frac{4}{\pi}\int_0^{+\infty}\frac{\omega^2\sin\omega+\omega\cos\omega-\sin\omega}{\omega^3}\cos\omega t\,\mathrm{d}t$$

8.3 傅里叶变换的概念

8.3.1 傅里叶变换的定义

定义 8-2 若函数 $f(t)$ 满足傅氏积分定理的条件，从式(8-4) 出发，设

$$F(\omega)=\int_{-\infty}^{+\infty}f(t)\mathrm{e}^{-\mathrm{i}\omega t}\,\mathrm{d}t \tag{8-7}$$

则

$$f(t)=\frac{1}{2\pi}\int_{-\infty}^{+\infty}F(\omega)\mathrm{e}^{\mathrm{i}\omega t}\,\mathrm{d}\omega \tag{8-8}$$

式(8-7) 称为函数 $f(t)$ 的**傅里叶变换**（简称**傅氏变换**），记作 $\mathscr{F}[f(t)]$，即

$$F(\omega)=\mathscr{F}[f(t)]$$

$F(\omega)$ 称为 $f(t)$ 的**像函数**。式(8-8) 称为 $F(\omega)$ 的**傅里叶逆变换**（简称**傅氏逆变换**），记作 $\mathscr{F}^{-1}[F(\omega)]$，即

$$f(t)=\mathscr{F}^{-1}[F(\omega)]$$

$f(t)$ 称为 $F(\omega)$ 的**像原函数**。

式(8-7) 和式(8-8) 表明，$f(t)$ 和 $F(\omega)$ 可以通过恰当的积分相互转换。像函数 $F(\omega)$ 和像原函数 $f(t)$ 构成一个**傅氏变换对**。

在电子技术中，傅氏变换中的像原函数 $f(t)$ 与像函数 $F(\omega)$ 分别称为**时间函数**与**频谱函数**。

指数衰减函数、单位阶跃函数和单位脉冲函数是电子技术中最常见的几种函数。本小节

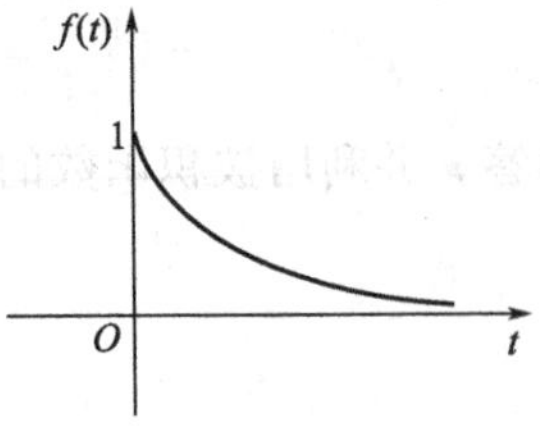

图 8-6

和下一小节将介绍它们的特征和它们的傅氏变换。

指数衰减函数的表达式为 $f(t)=\begin{cases}0 & (t<0)\\ e^{-\beta t} & (t\geqslant 0)\end{cases}$，其中常数 $\beta>0$。它的图像如图 8-6 所示。

单位阶跃函数的表达式为 $u(t)=\begin{cases}0 & (t<0)\\ 1 & (t\geqslant 0)\end{cases}$。它的图像如图 8-7(a) 所示。

单位阶跃函数又称为**单位阶梯函数**。

把 $u(t)$ 分别平移 $|a|$ 和 $|b|$ 个单位，如图 8-7(b) 和 (c) 所示，则有

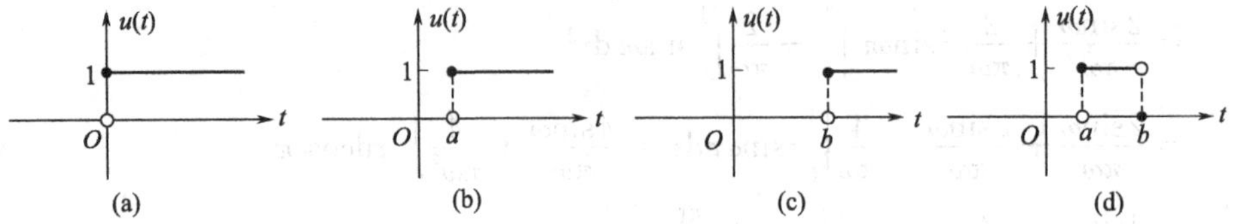

图 8-7

$$u(t-a)=\begin{cases}0 & (t<a)\\ 1 & (t\geqslant a)\end{cases}$$

$$u(t-b)=\begin{cases}0 & (t<b)\\ 1 & (t\geqslant b)\end{cases}$$

当 $a<b$ 时，将以上两式相减，如图 8-7(d) 所示，得

$$u(t-a)-u(t-b)=\begin{cases}1 & (a\leqslant t<b)\\ 0 & (t<a \text{ 或 } t\geqslant b)\end{cases}$$

单位阶跃函数具有以下性质

$$u(at-b)=u\left(t-\frac{b}{a}\right) \quad (a>0,b>0)$$

利用单位阶跃函数可以把分段函数合写成一个式子，这对分段函数进行积分变换很有用。下面是一个典型的例题。

例 8-5 已知分段函数

$$f(t)=\begin{cases}0 & (t<0)\\ c_1 & (0\leqslant t<a)\\ c_2 & (a\leqslant t<b)\\ c_3 & (t\geqslant b)\end{cases}$$

试用单位阶跃函数将 $f(t)$ 合写成一个式子。

解 由于

$$c_1[u(t)-u(t-a)]=\begin{cases}c_1 & (0\leqslant t<a)\\ 0 & (t<0 \text{ 或 } t\geqslant a)\end{cases}$$

$$c_2[u(t-a)-u(t-b)]=\begin{cases}c_2 & (a\leqslant t<b)\\ 0 & (t<a \text{ 或 } t\geqslant b)\end{cases}$$

$$c_3[u(t-b)]=\begin{cases}c_3 & (t\geqslant b)\\ 0 & (t<b)\end{cases}$$

将以上三式相加，即得

$$\begin{aligned}f(t)&=c_1[u(t)-u(t-a)]+c_2[u(t-a)-u(t-b)]+c_3[u(t-b)]\\&=c_1u(t)+(c_2-c_1)u(t-a)+(c_3-c_2)u(t-b)\end{aligned}$$

例 8-6　求指数衰减函数 $f(t)=\begin{cases}0(t<0)\\ e^{-\beta t}(t\geqslant 0)\end{cases}$（其中常数 $\beta>0$）的傅氏变换。

解　根据式(8-7)，有

$$\begin{aligned}F(\omega)=\mathscr{F}[f(t)]&=\int_{-\infty}^{+\infty}f(t)e^{-i\omega t}\,dt\\&=\int_0^{+\infty}e^{-\beta t}e^{-i\omega t}\,dt=\int_0^{+\infty}e^{-(\beta+i\omega)t}\,dt\\&=\frac{1}{\beta+i\omega}=\frac{\beta-i\omega}{\beta^2+\omega^2}\end{aligned}$$

这就是指数衰减函数的傅氏变换。

例 8-7　求单位阶跃函数 $u(t)=\begin{cases}0(t<0)\\ 1(t\geqslant 0)\end{cases}$的傅氏变换。

解　显然，单位阶跃函数不满足傅氏积分定理的绝对可积的条件，因为积分

$$\int_{-\infty}^{+\infty}u(t)e^{-i\omega t}\,dt=\int_0^{+\infty}e^{-i\omega t}\,dt$$

不收敛。这说明单位阶跃函数 $u(t)$ 按式(8-7) 定义的傅氏变换不存在。为了解答本题，这里按下面的办法推广傅氏变换的定义

将单位阶跃函数 $u(t)$ 看成为

$$u(t)=\lim_{\beta\to 0}u(t)e^{-\beta t}\ (\beta>0)$$

而 $u(t)$ 的傅氏变换看成为函数 $u(t)e^{-\beta t}$ 的傅氏变换在 $\beta\to 0$ 时的极限，由例 8-6 知

$$\mathscr{F}[u(t)e^{-\beta t}]=\frac{1}{\beta+i\omega}$$

所以

$$\mathscr{F}[u(t)]=\lim_{\beta\to 0}\frac{1}{\beta+i\omega}=\frac{1}{i\omega}$$

这就定义了单位阶跃函数的傅氏变换

$$F(\omega)=\frac{1}{i\omega}$$

【说明】　单位阶跃函数的傅氏变换的另一定义是 $F(\omega)=\frac{1}{i\omega}+\pi\delta(\omega)$（其中的 $\delta(\omega)$ 是单位脉冲函数，见 8.3.2 小节），读者可根据实际需要选用。

例 8-7 所用的广义意义下的傅氏变换就是允许交换积分运算和极限运算的次序，即

$$\begin{aligned}\mathscr{F}[u(t)]&=\mathscr{F}[\lim_{\beta\to 0}u(t)e^{-\beta t}]\\&=\lim_{\beta\to 0}\mathscr{F}[u(t)e^{-\beta t}]\end{aligned}$$

在古典的傅氏变换意义下，交换积分运算和极限运算不是永远成立的。只有当函数满足一定的条件才允许进行这样的交换，而这些条件大大限制了傅氏变换在工程技术上的应用。

另一方面，按广义意义下傅氏变换所推出的一系列结果又与工程实际吻合，所以近代的傅氏变换的理论都是建立在广义意义下的。因此，后面各节的傅氏变换中，凡是交换积分运算和极限运算都认为是允许的。

8.3.2 单位脉冲函数及其傅里叶变换

在傅氏积分公式(8-4)中，要求函数 $f(x)$ 在 $(-\infty,+\infty)$ 上绝对可积。这是一个非常苛刻的条件，许多函数，即使是简单的函数也不满足这个条件。例如，单位阶跃函数、正弦函数、余弦函数，在 $(-\infty,+\infty)$ 上就不是绝对可积的。因而，拓广傅氏变换的适用范围是非常必要的。这需要首先对普通函数概念加以拓广。

单位脉冲函数是一个广义函数，下面通过工程实际问题引入。

许多物理现象具有脉冲性质。线性电路（即完全由电阻组成的电路）受脉冲性质的电势作用后产生的电流；原来静止的物体上受冲击力后的运动。研究和描述这类问题都需要脉冲函数。

在原来没有电流的线性电路中，某一瞬时（通常设为 $t=0$）输入一单位脉冲电量，如何确定电路上的电流强度 $i(t)$？如果用 $q(t)$ 表示上述电路中的电荷函数，则

$$q(t)=\begin{cases}0(t<0)\\1(t\geqslant 0)\end{cases}$$

由于电流强度 $i(t)$ 是电荷函数 $q(t)$ 对时间的变化率，即

$$i(t)=\frac{\mathrm{d}q(t)}{\mathrm{d}t}=\lim_{\Delta t\to 0}\frac{q(t+\Delta t)-q(t)}{\Delta t}$$

所以，当 $t\neq 0$ 时，$i(t)=0$；当 $t=0$ 时，

$$i(0)=\lim_{\Delta t\to 0}\frac{q(0+\Delta t)-q(0)}{\Delta t}=-\lim_{\Delta t\to 0}\left(-\frac{1}{\Delta t}\right)=\infty$$

上式表明，在通常意义下的函数中没有一个函数能够用来表示上述电路的电流强度。为了表示这种电路上的电流强度，必须引进一个新的函数，这个函数称为**狄拉克（Dirac）函数**，简记为 **$\boldsymbol{\delta}$ 函数**。

δ 函数是一个广义函数，它没有普通意义下的"函数值"，所以它不能用通常意义下"值的对应关系"来定义。工程上通常将它定义为一个函数序列的极限，例如，将 δ 函数定义为

$$\delta_\varepsilon(t)=\begin{cases}0 & (t<0)\\ \dfrac{1}{\varepsilon} & (0\leqslant t\leqslant\varepsilon)\\ 0 & (t>\varepsilon)\end{cases}$$

当 $\varepsilon\to 0$ 时的极限，即

$$\delta(t)=\lim_{\varepsilon\to 0}\delta_\varepsilon(t)$$

$\delta_\varepsilon(t)$ 的图像如图 8-8(a) 所示。对于任何 $\varepsilon>0$，显然有

$$\int_{-\infty}^{+\infty}\delta_\varepsilon(t)\,\mathrm{d}t=\int_0^\varepsilon\frac{1}{\varepsilon}\,\mathrm{d}t=1$$

所以

$$\int_{-\infty}^{+\infty}\delta(t)\,\mathrm{d}t=1$$

工程上，常将 δ 函数称为**单位脉冲函数**。δ 函数 $\delta(t)$的图像通常用一个从原点出发、竖直向上，且长度等于 1 的有向线段表示，如图 8-8(b) 所示。

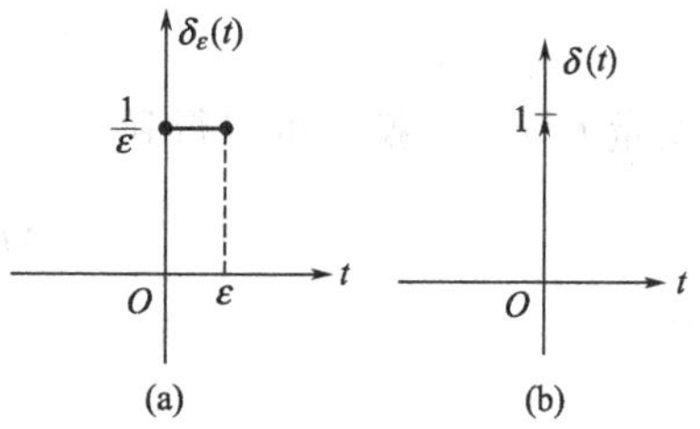

图 8-8

下面不加证明地介绍 δ 函数的一些性质。

(1) $\int_{-\infty}^{+\infty}\delta(t)\mathrm{d}t = 1$ 。

(2) δ 函数是偶函数，即 $\delta(t)=\delta(-t)$。

(3) 对任意的连续函数 $f(t)$，都有

$$\int_{-\infty}^{+\infty}f(t)\delta(t)\mathrm{d}t = f(0) \tag{8-9}$$

(4) 对任意有连续导数的函数 $f(t)$，都有

$$\int_{-\infty}^{+\infty}f(t)\delta(t-t_0)\mathrm{d}t = f(t_0) \tag{8-10}$$

(5) δ 函数与单位阶跃函数有如下关系：

$$\int_{-\infty}^{t}\delta(\tau)\mathrm{d}\tau = u(t) \tag{8-11}$$

$$\frac{\mathrm{d}u(t)}{\mathrm{d}t}=\delta(t) \tag{8-12}$$

根据 δ 函数的性质 (4)，可以很方便地求出它的傅氏变换

$$F(\omega)=\mathscr{F}[\delta(t)] = \int_{-\infty}^{+\infty}\delta(t)\mathrm{e}^{-\mathrm{i}\omega t}\mathrm{d}t$$

$$=\mathrm{e}^{-\mathrm{i}\omega t}\Big|_{t=0}=1$$

可见，单位脉冲函数 $\delta(t)$ 与常数 1 构成了一个傅氏变换对。

8.4　傅里叶变换的性质

本节将介绍傅氏变换的几个基本性质。这些性质对于理解傅氏变换理论以及在工程技术中熟练运用傅氏变换都十分重要。为了叙述方便起见，假定在这些性质中，凡是需要求傅氏变换的函数都满足傅氏积分定理的条件，因而在证明这些性质时，不再重述这些条件。

1. 线性性质

设 $F_1(\omega)=\mathscr{F}[f_1(t)]$，$F_2(\omega)=\mathscr{F}[f_2(t)]$，$\alpha$，$\beta$ 是常数，则

$$\mathscr{F}[\alpha f_1(t)+\beta f_2(t)]=\alpha F_1(\omega)+\beta F_2(\omega) \tag{8-13}$$

这个性质说明：各函数线性组合的傅氏变换等于各函数傅氏变换的线性组合。只需要根据傅氏变换的定义就能证明它。

同样，傅氏逆变换也具有类似的线性性质，即

$$\mathscr{F}^{-1}[\alpha F_1(\omega)+\beta F_2(\omega)]=\alpha f_1(t)+\beta f_2(t) \tag{8-14}$$

2. 对称性质

若 $\mathscr{F}[f(t)]=F(\omega)$，则以 t 为自变量的函数 $F(t)$ 的像函数为 $2\pi f(-\omega)$，即

$$\mathscr{F}[F(t)]=2\pi f(-\omega) \tag{8-15}$$

证明　由 $f(t)=\frac{1}{2\pi}\int_{-\infty}^{+\infty}F(\omega)\ \mathrm{e}^{\mathrm{i}\omega t}\mathrm{d}\omega$ 得

$$f(-t)=\frac{1}{2\pi}\int_{-\infty}^{+\infty}F(\omega)e^{-i\omega t}d\omega$$

将变量 t 与 ω 互换，可以得到

$$2\pi f(-\omega)=\int_{-\infty}^{+\infty}F(t)e^{-i\omega t}dt$$

所以

$$\mathscr{F}[F(t)]=2\pi f(-\omega)$$

这个性质说明：傅氏变换与其对应的傅氏逆变换之间具有某种对称关系。

3. 相似性质

若 $\mathscr{F}[f(t)]=F(\omega)$，$a$ 为非零实常数，则

$$\mathscr{F}[f(at)]=\frac{1}{|a|}F\left(\frac{\omega}{a}\right) \tag{8-16}$$

证明 根据傅氏变换的定义，有

$$\mathscr{F}[f(at)]=\int_{-\infty}^{+\infty}f(at)e^{-i\omega t}dt$$

令 $u=at$，则当 $a>0$ 时有

$$\mathscr{F}[f(at)]=\frac{1}{a}\int_{-\infty}^{+\infty}f(u)e^{-i\omega\frac{u}{a}}du=\frac{1}{a}F\left(\frac{\omega}{a}\right)$$

而当 $a<0$ 时有

$$\mathscr{F}[f(at)]=-\frac{1}{a}\int_{-\infty}^{+\infty}f(u)e^{-i\omega\left|\frac{u}{a}\right|}du=-\frac{1}{a}F\left(\frac{\omega}{a}\right)$$

综合上面两种情况，得

$$\mathscr{F}[f(at)]=\frac{1}{|a|}F\left(\frac{\omega}{a}\right)$$

相似性质又称为**伸缩性质**。

4. 位移性质

$$\mathscr{F}[f(t\pm t_0)]=e^{\pm i\omega t_0}\mathscr{F}[f(t)] \tag{8-17}$$

证明 根据傅氏变换的定义，有

$$\begin{aligned}\mathscr{F}[f(t\pm t_0)]&=\int_{-\infty}^{+\infty}f(t\pm t_0)e^{-i\omega t}dt \quad (令\ u=t\pm t_0)\\&=\int_{-\infty}^{+\infty}f(u)e^{-i\omega(u\mp t_0)}du=e^{\pm i\omega t_0}\int_{-\infty}^{+\infty}f(u)e^{-i\omega u}du\\&=e^{\pm i\omega t_0}\mathscr{F}[f(t)]\end{aligned}$$

式(8-17) 在电子技术中又称为**时移性**。这个性质说明：时间函数 $f(t)$ 沿 t 轴位移 t_0，相当于它的傅氏变换乘以因子 $e^{-i\omega t_0}$。

同样，傅氏逆变换也具有类似的位移性质，即

$$\mathscr{F}^{-1}[F(\omega\pm\omega_0)]=e^{\mp i\omega_0 t}f(t) \tag{8-18}$$

式(8-18) 在电子技术中又称为**频移性**。这个性质说明：频谱函数 $F(\omega)$ 沿 ω 轴位移 ω_0，相当于原来的函数乘以因子 $e^{i\omega_0 t}$。

例 8-8 设 $\mathscr{F}[f(t)]=F(\omega)$，求 $\mathscr{F}[f(t)\sin\omega_0 t]$ 和 $\mathscr{F}[f(t)\cos\omega_0 t]$。

解 由

$$\sin\omega_0 t=\frac{1}{2i}(e^{i\omega_0 t}-e^{-i\omega_0 t}),\ \cos\omega_0 t=\frac{1}{2}(e^{i\omega_0 t}+e^{-i\omega_0 t})$$

得

$$\mathscr{F}[f(t)\sin\omega_0 t]=\frac{1}{2\mathrm{i}}\mathscr{F}[f(t)(\mathrm{e}^{\mathrm{i}\omega_0 t}-\mathrm{e}^{-\mathrm{i}\omega_0 t})]$$

$$=\frac{\mathrm{i}}{2}[F(\omega+\omega_0)-F(\omega-\omega_0)]$$

$$\mathscr{F}[f(t)\cos\omega_0 t]=\frac{1}{2}\mathscr{F}[f(t)(\mathrm{e}^{\mathrm{i}\omega_0 t}+\mathrm{e}^{-\mathrm{i}\omega_0 t})]$$

$$=\frac{1}{2}[F(\omega+\omega_0)+F(\omega-\omega_0)]$$

5. 微分性质

$$\mathscr{F}[f'(t)]=\mathrm{i}\omega\mathscr{F}[f(t)] \tag{8-19}$$

证明　由傅氏变换的定义，可知

$$\mathscr{F}[f'(t)]=\int_{-\infty}^{+\infty} f'(t)\mathrm{e}^{-\mathrm{i}\omega t}\,\mathrm{d}t=\int_{-\infty}^{+\infty}\mathrm{e}^{-\mathrm{i}\omega t}\,\mathrm{d}f(t)$$

$$=\mathrm{e}^{-\mathrm{i}\omega t}f(t)\Big|_{-\infty}^{+\infty}+\mathrm{i}\omega\int_{-\infty}^{+\infty} f(t)\mathrm{d}\mathrm{e}^{-\mathrm{i}\omega t}\,\mathrm{d}t$$

$$\mathscr{F}[f'(t)]=\mathrm{e}^{-\mathrm{i}\omega t}f(t)\Big|_{-\infty}^{+\infty}+\mathrm{i}\omega\mathscr{F}[f(t)] \tag{a}$$

由于本节开始所作的声明知，$\int_{-\infty}^{+\infty}|f'(t)|\,\mathrm{d}t$ 收敛，从而有 $\lim\limits_{|t|\to\infty} f(t)=0$，因此

$$\mathrm{e}^{-\mathrm{i}\omega t}f(t)\Big|_{-\infty}^{+\infty}=0-0=0 \tag{b}$$

将式(b) 代入式(a)，得

$$\mathscr{F}[f'(t)]=\mathrm{i}\omega\mathscr{F}[f(t)]$$ 证毕

该性质表明，一个函数的导数的傅氏变换等于这个函数的傅氏变换乘以因子 iω。

推论

$$\mathscr{F}[f^{(n)}(t)]=(\mathrm{i}\omega)^n\mathscr{F}[f(t)] \tag{8-20}$$

6. 积分性质

$$\mathscr{F}\left[\int_{-\infty}^{t} f(\tau)\mathrm{d}\tau\right]=\frac{1}{\mathrm{i}\omega}\mathscr{F}[f(t)] \tag{8-21}$$

证明　因为

$$\frac{\mathrm{d}}{\mathrm{d}t}\int_{-\infty}^{t} f(\tau)\mathrm{d}\tau=f(t)$$

所以

$$\mathscr{F}\left[\frac{\mathrm{d}}{\mathrm{d}t}\int_{-\infty}^{t} f(\tau)\mathrm{d}\tau\right]=\mathscr{F}[f(t)]$$

又根据上述微分性质，得

$$\mathscr{F}\left[\frac{\mathrm{d}}{\mathrm{d}t}\int_{-\infty}^{t} f(\tau)\mathrm{d}\tau\right]=\mathrm{i}\omega\mathscr{F}\left[\int_{-\infty}^{t} f(\tau)\mathrm{d}\tau\right]$$

故

$$\mathscr{F}\left[\int_{-\infty}^{t} f(\tau)\mathrm{d}\tau\right]=\frac{1}{\mathrm{i}\omega}\mathscr{F}[f(t)]$$ 证毕

该性质表明，一个函数积分后的傅氏变换等于这个函数的傅氏变换除以因子 iω。

例 8-9 求微分方程

$$ax'(t)+bx(t)+c\int x(t)\mathrm{d}t=h(t)$$

的解，其中 a、b、c 均为常数。

解 记 $\mathscr{F}[x(t)]=X(\omega)$，$\mathscr{F}[h(t)]=H(\omega)$。对方程两边取傅氏变换，得

$$a\mathrm{i}\omega X(\omega)+bX(\omega)+\frac{c}{\mathrm{i}\omega}X(\omega)=H(\omega)$$

于是

$$X(\omega)=\frac{H(\omega)}{b+\mathrm{i}\left(a\omega-\frac{c}{\omega}\right)}$$

求上式的傅氏逆变换，得

$$x(t)=\frac{1}{2\pi}\int_{-\infty}^{+\infty}X(\omega)\mathrm{e}^{\mathrm{i}\omega t}\mathrm{d}\omega$$

即

$$x(t)=\frac{1}{2\pi}\int_{-\infty}^{+\infty}\frac{H(\omega)}{b+\mathrm{i}\left(a\omega-\frac{c}{\omega}\right)}\mathrm{e}^{\mathrm{i}\omega t}\mathrm{d}\omega$$

这就是所求的微分方程的积分形式的解。

7. 乘积定理

若 $F_1(\omega)=\mathscr{F}[f_1(t)]$，$F_2(\omega)=\mathscr{F}[f_2(t)]$，则

$$\int_{-\infty}^{+\infty}f_1(t)f_2(t)\mathrm{d}t=\frac{1}{2\pi}\int_{-\infty}^{+\infty}\overline{F_1(\omega)}F_2(\omega)\mathrm{d}\omega=\frac{1}{2\pi}\int_{-\infty}^{+\infty}F_1(\omega)\overline{F_2(\omega)}\mathrm{d}\omega \tag{8-22}$$

其中 $\overline{F_1(\omega)}$、$\overline{F_2(\omega)}$ 分别是 $F_1(\omega)$、$F_2(\omega)$ 的共轭复数。

乘积定理可以引出一个非常重要的结论，这就是下面的帕塞瓦尔等式。

8. 帕塞瓦尔（Parseval）等式

若 $F(\omega)=\mathscr{F}[f(t)]$，则

$$\int_{-\infty}^{+\infty}[f(t)]^2\mathrm{d}t=\frac{1}{2\pi}\int_{-\infty}^{+\infty}|F(\omega)|^2\mathrm{d}\omega=\frac{1}{2\pi}\int_{-\infty}^{+\infty}S(\omega)\mathrm{d}\omega \tag{8-23}$$

其中，$S(\omega)=|F(\omega)|^2$。

在实际应用中，积分 $\int_{-\infty}^{+\infty}[f(t)]^2\mathrm{d}t$ 与积分 $\int_{-\infty}^{+\infty}|F(\omega)|^2\mathrm{d}\omega$ 都可以表示某种能量。因此，帕塞瓦尔等式(8-23) 又称为**能量积分**，而 $S(\omega)=|F(\omega)|^2$ 称为**能量密度函数**（或**能量谱密度**）。

8.5 卷　　积

8.4 节介绍了傅氏变换的一些性质。本节将介绍傅氏变换的另一类重要性质，它们是分析线性系统的重要工具。

定义 8-3 若两个函数 $f_1(t)$，$f_2(t)$ 在 $(-\infty,+\infty)$ 上绝对可积，则积分

$$\int_{-\infty}^{+\infty}f_1(\tau)f_2(t-\tau)\mathrm{d}\tau$$

称为函数 $f_1(t)$ 与 $f_2(t)$ 的**卷积**，记为 $f_1(t)*f_2(t)$，即

$$f_1(t) * f_2(t) = \int_{-\infty}^{+\infty} f_1(\tau) f_2(t-\tau) \mathrm{d}\tau \tag{8-24}$$

根据定义 8-3，可以证明卷积运算满足以下 3 个性质。

(1) **交换律**

$$f_1(t) * f_2(t) = f_2(t) * f_1(t) \tag{8-25}$$

(2) **对加法的分配律**

$$f_1(t) * [f_2(t) + f_3(t)] = f_1(t) * f_2(t) + f_1(t) * f_3(t) \tag{8-26}$$

(3) **结合律**

$$f_1(t) * [f_2(t) * f_3(t)] = [f_1(t) * f_2(t)] * f_3(t) \tag{8-27}$$

下面给出结合律的证明，其他性质的证明留给读者自己完成。

证明　根据卷积的定义，并利用交换律，有

$$\begin{aligned} f_1(t) * [f_2(t) * f_3(t)] &= \int_{-\infty}^{+\infty} f_1(\tau)[f_3(t-\tau) * f_2(t-\tau)] \mathrm{d}\tau \\ &= \int_{-\infty}^{+\infty} f_1(\tau) \left[\int_{-\infty}^{+\infty} f_3(\eta) f_2(t-\tau-\eta) \mathrm{d}\eta\right] \mathrm{d}\tau \\ &= \int_{-\infty}^{+\infty} \int_{-\infty}^{+\infty} f_1(\tau) f_2(t-\tau-\eta) f_3(\eta) \mathrm{d}\eta \mathrm{d}\tau \\ &= \int_{-\infty}^{+\infty} \left[\int_{-\infty}^{+\infty} f_1(\tau) f_2(t-\eta-\tau) \mathrm{d}\tau\right] f_3(\eta) \mathrm{d}\eta \\ &= \int_{-\infty}^{+\infty} [f_1(t-\eta) * f_2(t-\eta)] f_3(\eta) \mathrm{d}\eta \\ &= [f_1(t) * f_2(t)] * f_3(t) \end{aligned}$$

例 8-10　若 $f_1(t) = \begin{cases} 0 & (t<0) \\ 1 & (t \geqslant 0) \end{cases}$，$f_2(t) = \begin{cases} 0 & (t<0) \\ \mathrm{e}^{-t} & (t \geqslant 0) \end{cases}$，求 $f_1(t) * f_2(t)$。

解　显然，只有当 $t \geqslant 0$，且 $0 \leqslant \tau \leqslant t$ 时，乘积 $f_1(t) f_2(t-\tau) \neq 0$。按卷积的定义，有

$$\begin{aligned} f_1(t) * f_2(t) &= \int_{-\infty}^{+\infty} f_1(\tau) f_2(t-\tau) \mathrm{d}\tau = \int_0^t 1 \cdot \mathrm{e}^{\tau-t} \mathrm{d}\tau \\ &= \mathrm{e}^{-t} \int_0^t \mathrm{e}^{\tau} \mathrm{d}\tau = \mathrm{e}^{-t} \cdot \mathrm{e}^{\tau} \Big|_0^t \\ &= \mathrm{e}^{-t}(\mathrm{e}^t - 1) = 1 - \mathrm{e}^{-t} \end{aligned}$$

读者可以通过计算本题的 $f_2(t) * f_1(t)$ 来验证交换律。

卷积在傅氏分析的应用中起着十分重要的作用，这就是下面的卷积定理。

定理 8-3(卷积定理)　如果 $f_1(t)$，$f_2(t)$ 都满足傅氏积分定理的条件，且 $\mathscr{F}[f_1(t)] = F_1(\omega)$，$\mathscr{F}[f_2(t)] = F_2(\omega)$，则

$$\mathscr{F}[f_1(t) * f_2(t)] = F_1(\omega) F_2(\omega) \tag{8-28}$$

和

$$\mathscr{F}^{-1}[F_1(\omega) F_2(\omega)] = f_1(t) * f_2(t) \tag{8-29}$$

下面给出式(8-28) 的证明。式(8-29) 的证明留给读者自己完成。

证明　按傅氏变换的定义，有

$$\begin{aligned} \mathscr{F}[f_1(t) * f_2(t)] &= \int_{-\infty}^{+\infty} [f_1(t) * f_2(t)] \mathrm{e}^{-\mathrm{i}\omega t} \mathrm{d}t \\ &= \int_{-\infty}^{+\infty} \left[\int_{-\infty}^{+\infty} f_1(\tau) f_2(t-\tau) \mathrm{d}\tau\right] \mathrm{e}^{-\mathrm{i}\omega t} \mathrm{d}t \end{aligned}$$

$$=\int_{-\infty}^{+\infty}\int_{-\infty}^{+\infty} f_1(\tau)\mathrm{e}^{-\mathrm{i}\omega\tau} f_2(t-\tau)\mathrm{e}^{-\mathrm{i}\omega(t-\tau)}\mathrm{d}\tau\mathrm{d}t$$

$$=\int_{-\infty}^{+\infty} f_1(\tau)\mathrm{e}^{-\mathrm{i}\omega\tau}\mathrm{d}\tau\int_{-\infty}^{+\infty} f_2(t-\tau)\mathrm{e}^{-\mathrm{i}\omega(t-\tau)}\mathrm{d}t$$

$$=F_1(\omega)F_2(\omega)$$

证毕

卷积定理表明，两个函数卷积的傅氏变换等于这两个函数傅氏变换的乘积；两个函数乘积的傅氏变换等于这两个函数傅氏变换的卷积除以 2π。

从前面的介绍可以看出，一般情况下直接计算卷积比较麻烦。卷积定理提供了计算卷积的简便方法：化卷积运算为乘积运算。

例 8-11 求下列函数的卷积

$$f_1(t)=\frac{\sin\alpha t}{\pi t},\ f_b(t)=\frac{\sin\beta t}{\pi t}$$

其中 $\alpha>0$，$\beta>0$。

解 查附录 B，得

$$\mathscr{F}\left[\frac{\sin\omega_0 t}{\pi t}\right]=F(\omega)=\begin{cases}1 & (|\omega|\leqslant\omega_0)\\ 0 & (\text{其他})\end{cases}$$

设 $F_1(\omega)=\mathscr{F}[f_1(t)]$，$F_2(\omega)=\mathscr{F}[f_2(t)]$，则有

$$F_1(\omega)=\begin{cases}1 & (|\omega|\leqslant\alpha)\\ 0 & (|\omega|>\alpha)\end{cases},\ F_2(\omega)=\begin{cases}1 & (|\omega|\leqslant\beta)\\ 0 & (|\omega|>\beta)\end{cases}$$

因此有

$$F_1(\omega)\cdot F_2(\omega)=\begin{cases}1 & (|\omega|\leqslant\gamma)\\ 0 & (|\omega|>\gamma)\end{cases}$$

其中，$\gamma=\min(\alpha,\beta)$。再由卷积定理得

$$f_1(t)*f_1(t)=\mathscr{F}^{-1}[F_1(\omega)\cdot F_2(\omega)]=\frac{\sin\gamma t}{\pi t}$$

8.6 傅里叶变换的应用

傅里叶变换和频谱概念有着密切的关系。随着电子技术、声学、振动学的蓬勃发展，频谱理论也相应地得到了发展，它的应用也越来越广泛。这里只能简单地介绍一下频谱的基本概念和简单应用。

8.6.1 周期函数与离散频谱

傅里叶级数有非常明确的物理意义。在式(8-2)中，记 $c_0=\frac{a_0}{2}$，令 $A_n=\sqrt{a_n^2+b_n^2}$，$\cos\theta_n=\frac{a_n}{A_n}$，$\sin\theta_n=\frac{-b_n}{A_n}$ $(n=1,2,\cdots)$，则式(8-2) 变为

$$f_T(t)=c_0+\sum_{n=1}^{\infty}A_n(\cos\theta_n\cos n\omega_0 t-\sin\theta_n\sin n\omega_0 t)$$

$$=c_0+\sum_{n=1}^{\infty}A_n\cos(n\omega_0 t+\theta_n) \tag{8-30}$$

式(8-30) 表明，一个周期为 T 的信号 $f_T(t)$ 可以分解为简谐波之和，并且这些谐波的

(角) 频率分别为一个**基频** ω_0 的倍数。第 n 次谐波 $A_n\cos(n\omega_0 t+\theta_n)$ 的**频率**为 $n\omega_0$，**振幅**为 A_n，**相位**是 $n\omega_0+\theta_n$，**初相位**是 θ_n。各次谐波都由各自的频率、振幅和初相位三个参数惟一地确定。

在三角级数 (8-2) 和 (8-30) 中，各次谐波都只有正的频率 $n\omega_0=2n\pi/T(n=1,2,\cdots)$，这些频率只取离散值，称为**离散频率**。而 $c_0=\dfrac{a_0}{2}=\dfrac{1}{T}\int_{-T/2}^{T/2}f_T(t)\mathrm{d}t$ 表示周期信号在一个周期内的**平均值**，也称为**直流分量**。规定 $A_0=|c_0|$ 作为直流分量 c_0 的振幅。

再看傅里叶级数的复指数形式(8-3)，由 8.2 节介绍过的 c_n 与 a_n，b_n 的关系可得

$$\begin{cases}|c_n|=|c_{-n}|=\dfrac{1}{2}\sqrt{a_n^2+b_n^2}=\dfrac{A_n}{2}\\ \arg c_n=-\arg c_{-n}=\theta_n\quad(n=1,2,\cdots)\\ |c_0|=A_0\end{cases}$$

由此不难看出，c_n 作为一个复数，其模与幅角恰好反映了第 n 次谐波 ($n>1$)

$$c_n\mathrm{e}^{\mathrm{i}n\omega_0 t}+c_{-n}\mathrm{e}^{-\mathrm{i}n\omega_0 t}$$

的振幅和初相位，其中振幅 A_n 被平均分配到正负频率 $\pm n\omega_0$ 上，而负频率的出现完全是为了数学表达的方便，它与对应的正频率一起构成一个简谐波。

8.2 节已经推得

$$c_n=\frac{1}{T}\int_{-T/2}^{T/2}f_T(t)\mathrm{e}^{-\mathrm{i}n\omega_0 t}\mathrm{d}t\quad(n=0,\pm1,\pm2,\pm3,\cdots)$$

上式表明，c_n 是离散频率 $n\omega_0$ 的函数，它描述了各次谐波的振幅和初相位随着离散频率变化的分布情况。因此，称 c_n，$|c_n|$ 和 $\arg c_n$ 分别为周期函数 $f_T(t)$ 的**离散频谱**，**离散振幅谱**和**离散相位谱**。

由 $|c_n|=|c_{-n}|$ 知，离散振幅谱是离散频率 $n\omega_0$ 的偶函数；由 $\arg c_n=-\arg c_{-n}$ 知，离散相位谱是离散频率 $n\omega_0$ 的奇函数。

例 8-12　求以 T 为周期的函数

$$f_T(t)=\begin{cases}0 & (-T/2\leqslant t<0)\\ 2 & (0\leqslant t<T/2)\end{cases}$$

的离散频谱和它的傅里叶级数的复指数形式。

解　令 $\omega_0=2\pi/T$，当 $n=0$ 时

$$c_0=\frac{a_0}{2}=\frac{1}{T}\int_{-T/2}^{T/2}f_T(t)\mathrm{d}t=\frac{1}{T}\int_0^{T/2}2\mathrm{d}t=1$$

当 $n\neq0$ 时

$$\begin{aligned}c_n&=\frac{1}{T}\int_{-T/2}^{T/2}f_T(t)\mathrm{e}^{-\mathrm{i}n\omega_0 t}\mathrm{d}t=\frac{2}{T}\int_0^{T/2}\mathrm{e}^{-\mathrm{i}n\omega_0 t}\mathrm{d}t\\&=\frac{2}{\mathrm{i}n\omega_0 T}\mathrm{e}^{-\mathrm{i}n\omega_0 t}\Big|_0^{T/2}=\frac{\mathrm{i}}{n\pi}(\mathrm{e}^{-\mathrm{i}n\pi}-1)\\&=\frac{\mathrm{i}}{n\pi}[(-1)^n-1]=\begin{cases}0 & (\text{当 } n \text{ 为偶数})\\ -\dfrac{2\mathrm{i}}{n\pi} & (\text{当 } n \text{ 为奇数})\end{cases}\end{aligned}$$

$f_T(t)$ 的傅里叶级数的复指数形式为

$$f_T(t)=\sum_{n=-\infty}^{+\infty}c_n\mathrm{e}^{\mathrm{i}n\omega_0 t}=1-2\mathrm{i}\sum_{k=-\infty}^{+\infty}\frac{1}{(2k-1)\pi}\mathrm{e}^{\mathrm{i}(2k-1)\omega_0 t}$$

离散振幅为

$$|c_n|=\begin{cases}1 & (n=0)\\ 0 & (n=\pm 2,\pm 4,\cdots)\\ \dfrac{2}{n\pi} & (n=1,3,5,\cdots)\\ -\dfrac{2}{n\pi} & (n=-1,-3,-5,\cdots)\end{cases}$$

离散相位谱为

$$\arg c_n=\begin{cases}0 & (n=0)\\ \text{不存在} & (n=\pm 2,\pm 4,\cdots)\\ -\dfrac{\pi}{2} & (n=1,3,5,\cdots)\\ \dfrac{\pi}{2} & (n=-1,-3,-5,\cdots)\end{cases}$$

$f_T(t)$、$|c_n|$ 和 $\arg c_n$ 的图形分别如图 8-9(a)、(b) 和 (c) 所示。

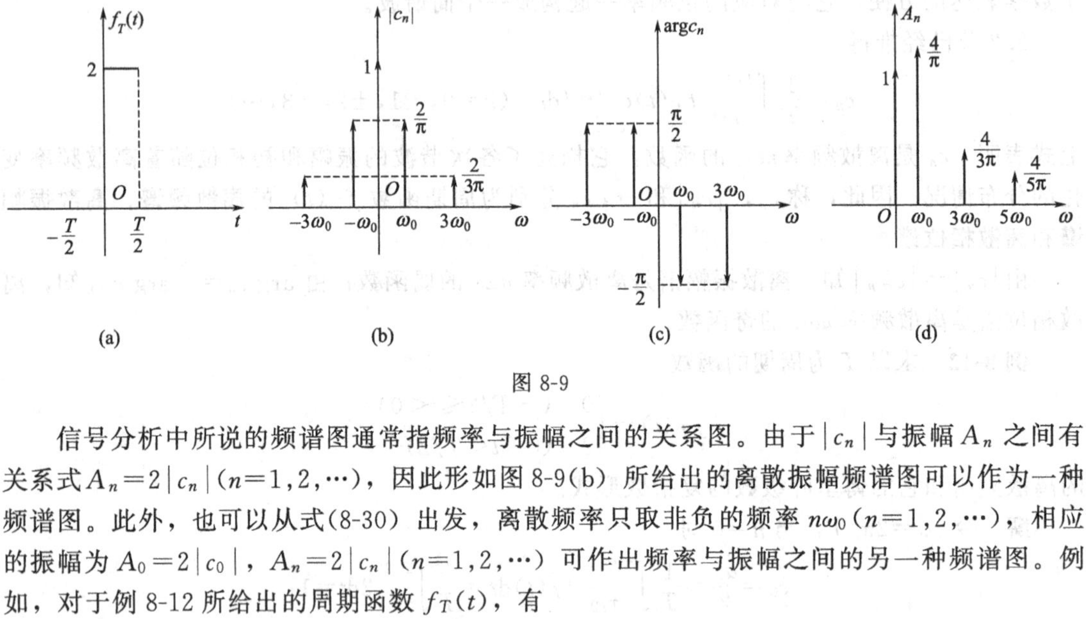

图 8-9

信号分析中所说的频谱图通常指频率与振幅之间的关系图。由于 $|c_n|$ 与振幅 A_n 之间有关系式 $A_n=2|c_n|(n=1,2,\cdots)$，因此形如图 8-9(b) 所给出的离散振幅频谱图可以作为一种频谱图。此外，也可以从式(8-30) 出发，离散频率只取非负的频率 $n\omega_0(n=1,2,\cdots)$，相应的振幅为 $A_0=2|c_0|$，$A_n=2|c_n|(n=1,2,\cdots)$ 可作出频率与振幅之间的另一种频谱图。例如，对于例 8-12 所给出的周期函数 $f_T(t)$，有

$$A_0=|c_0|=1$$

$$A_n=\begin{cases}0 & (n=2,4,\cdots)\\ \dfrac{4}{n\pi} & (n=1,3,5,\cdots)\end{cases}$$

A_n 的频谱图如图 8-9(d) 所示。

图 8-9(d) 也可以看成是图 8-9(b) 中的负频率分量的振幅移到相应的正频率分量上进行叠加所得的结果。

例 8-13 对例 8-12 的周期函数，求它的傅里叶级数的三角形式。

解 根据式(8-2)，得

$$a_0=\frac{2}{T}\int_{-T/2}^{T/2}f_T(t)\mathrm{d}t=\frac{2}{T}\int_0^{T/2}2\mathrm{d}t=2$$

$$
\begin{aligned}
a_n &= \frac{2}{T}\int_{-T/2}^{T/2} f_T(t)\cos n\omega_0 t\,\mathrm{d}t \\
&= \frac{2}{T}\int_0^{T/2} 2\cos\frac{2n\pi}{T}t\,\mathrm{d}t \quad (n=1,2,\cdots)\left(\text{注意到 } \omega_0=\frac{2\pi}{T}\right) \\
&= \frac{4}{T}\cdot\frac{T}{2n\pi}\int_0^{T/2}\mathrm{d}\left(\sin\frac{2n\pi}{T}t\right)=\frac{2}{n\pi}\sin\frac{2n\pi}{T}t\Big|_0^{T/2}=0 \\
b_n &= \frac{2}{T}\int_{-T/2}^{T/2} f_T(t)\sin n\omega_0 t\,\mathrm{d}t=\frac{2}{T}\int_0^{T/2} 2\sin\frac{2n\pi}{T}t\,\mathrm{d}t \quad (n=1,2,\cdots) \\
&= -\frac{4}{T}\cdot\frac{T}{2n\pi}\int_0^{T/2}\mathrm{d}\left(\cos\frac{2n\pi}{T}t\right)=-\frac{2}{n\pi}\cos\frac{2n\pi}{T}t\Big|_0^{T/2} \\
&= \frac{2}{n\pi}[1-(-1)^n]=\begin{cases}0 & (n=2,4,6,\cdots)\\ \dfrac{4}{n\pi} & (n=1,3,5,\cdots)\end{cases}
\end{aligned}
$$

最后得

$$
\begin{aligned}
f_T(t) &= \frac{a_0}{2}+\sum_{n=1}^{\infty}(a_n\cos n\omega_0 t+b_n\sin n\omega_0 t) \\
&= 1+\left(\frac{4}{\pi}\sin\omega_0 t+\frac{4}{3\pi}\sin 3\omega_0 t+\frac{4}{5\pi}\sin 5\omega_0 t+\cdots\right)
\end{aligned}
$$

这个结果与例 8-12 中傅里叶级数的复指数形式是一致的。按这个结果看图 8-9 更好理解。

8.6.2　非周期函数与连续频谱

与傅里叶级数一样，傅里叶变换也有明确的物理意义。式(8-8)表明，任一非周期函数 $f(t)$ 可以分解成(角)频率 ω 连续变化的简谐波 $e^{i\omega t}$ 的叠加，简谐波的系数 $F(\omega)$ 决定了频率为 ω 的谐波 $e^{i\omega t}$ 的振幅与初相位。因此，称 $F(\omega)$ 称为 $f(t)$ 的**连续频谱**（简称**频谱**），称 $|F(\omega)|$ 为 $f(t)$ 的**连续振幅谱**（简称**振幅谱**），称 $\arg F(\omega)$ 为 $f(t)$ 的**连续相位谱**（简称**相位谱**）。而且由傅氏变换定义式(8-7)，不难证明对于为实函数的情形，$|F(\omega)|$ 是 ω 的偶函数，$\arg F(\omega)$ 是 ω 的奇函数。

对一个时间函数 $f(t)$ 作傅里叶变换，就是求 $f(t)$ 的频谱。

例 8-14　作图 8-10 所示的单个矩形脉冲的频谱图。

解　根据上面的讨论，单个矩形脉冲的频谱函数为

$$
\begin{aligned}
F(\omega) &= \int_{-\infty}^{+\infty} f(t)\mathrm{e}^{-\mathrm{i}\omega t}\mathrm{d}t=\int_{-\tau/2}^{\tau/2} E\mathrm{e}^{-\mathrm{i}\omega t}\mathrm{d}t \\
&= \frac{2E}{\omega}\sin\frac{\omega\tau}{2}
\end{aligned}
$$

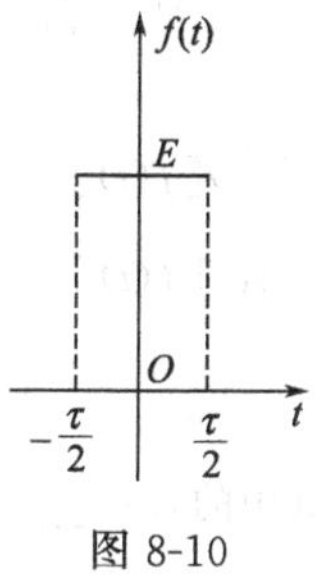

图 8-10

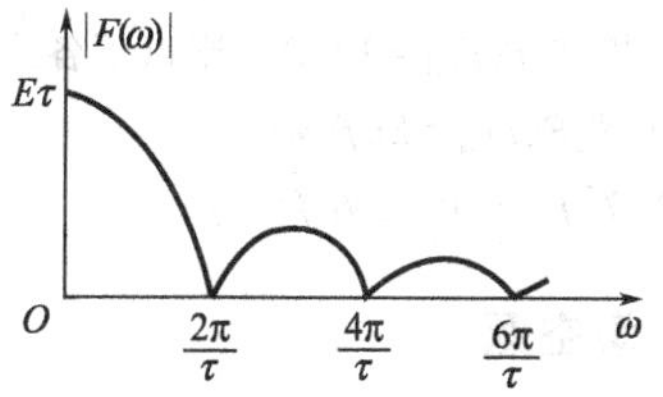

图 8-11

再根据振幅频谱 $|F(\omega)|=2E\left|\dfrac{\sin\dfrac{\omega\tau}{2}}{\omega}\right|$，可作出频谱图，如图 8-11 所示（图中只画出了 $\omega\geqslant 0$ 这一半）。

可以证明，振幅频谱 $|F(\omega)|$ 是频率的偶函数，即

$$|F(\omega)|=|F(-\omega)|$$

8.7 本章小结

本章介绍了傅里叶变换的基本知识。重点是：(1) 傅里叶积分公式、傅氏积分定理；(2) 傅里叶变换的概念；(3) 指数衰减函数、单位阶跃函数、单位脉冲函数的基本知识以及它们的傅氏变换；(4) 傅里叶变换的基本性质。下面是本章知识的要点以及对它们的要求。

◇深刻理解傅里叶级数、傅里叶积分、傅里叶变换等概念。

◇熟练掌握傅里叶积分的复数形式、傅里叶积分公式、傅氏积分定理。

◇掌握指数衰减函数、单位阶跃函数、单位脉冲函数的基本知识。

◇会求简单函数的傅氏变换；记住指数衰减函数、单位阶跃函数、单位脉冲函数的傅氏变换。

◇熟悉傅里叶变换的基本性质；会用查表的方法和傅氏变换的性质求函数的傅氏变换。

◇知道卷积的概念、卷积的性质和卷积定理。

◇了解周期函数与离散频谱、非周期函数与连续频谱。

习　题

一、单项选择题

8-1　若函数 $f(t)$ 满足傅氏积分定理的条件，则下面的________是其傅氏积分公式。

(A) $f(t)=\dfrac{1}{\pi}\int_0^{+\infty}\left[\int_0^{+\infty}f(\tau)e^{-i\omega\tau}d\tau\right]e^{i\omega t}d\omega$　　(B) $f(t)=\dfrac{1}{\pi}\int_{-\infty}^{+\infty}\left[\int_{-\infty}^{+\infty}f(\tau)e^{-i\omega\tau}d\tau\right]e^{i\omega t}d\omega$

(C) $f(t)=\dfrac{1}{2\pi}\int_0^{+\infty}\left[\int_0^{+\infty}f(\tau)e^{-i\omega\tau}d\tau\right]e^{i\omega t}d\omega$　　(D) $f(t)=\dfrac{1}{2\pi}\int_{-\infty}^{+\infty}\left[\int_{-\infty}^{+\infty}f(\tau)e^{-i\omega\tau}d\tau\right]e^{i\omega t}d\omega$

8-2　若函数 $f(t)$ 满足傅氏积分定理的条件，则下面各式只有________是正确的。

(A) $F(\omega)=\dfrac{1}{2\pi}\int_0^{+\infty}f(t)e^{-i\omega t}dt$　　(B) $F(\omega)=\dfrac{1}{2\pi}\int_{-\infty}^{+\infty}f(t)e^{-i\omega t}dt$

(C) $F(\omega)=\int_{-\infty}^{+\infty}f(t)e^{-i\omega t}dt$　　(D) $F(\omega)=\int_0^{+\infty}f(t)e^{-i\omega t}dt$

8-3　下面的________是单位阶跃函数 $u(t-t_0)$ 的傅氏变换。

(A) $\dfrac{1}{s}$　　(B) $\dfrac{1}{i\omega}$　　(C) $\dfrac{1}{s}e^{-st_0}$　　(D) $\dfrac{1}{i\omega}e^{-i\omega t_0}$

8-4　若 $\mathscr{F}[f(t)]=F(\omega)$，则以下各式只有________是正确的。

(A) $\mathscr{F}[F(t)]=2\pi f(\omega)$　　(B) $\mathscr{F}[f(t+t_0)]=e^{-i\omega t_0}\mathscr{F}[f(t)]$

(C) $\mathscr{F}[f'(t)]=i\omega\mathscr{F}[f(t)]$　　(D) $\mathscr{F}\left[\int_{-\infty}^{t}f(\tau)d\tau\right]=i\omega\mathscr{F}[f(t)]$

二、填空题

8-1　对于周期函数的傅氏级数的复指数形式 $f_T(t)=\sum\limits_{n=-\infty}^{+\infty}c_n e^{in\omega_0 t}$，其中的 $c_n=$________________。

8-2　函数 $f(t)$ 的傅氏变换为 $F(\omega)$，即 $f(t)=\frac{1}{2\pi}\int_{-\infty}^{+\infty}F(\omega)e^{i\omega t}d\omega$，则 $f(t)$ 称为 $F(\omega)$ 的____________。

8-3　单位脉冲函数 $\delta(t)$ 的傅氏变换 $\mathscr{F}[\delta(t)]=$____________。

8-4　傅氏变换的线性性质是：$\mathscr{F}[\alpha f_1(t)+\beta f_2(t)]=$____________。

8-5　傅氏变换的位移性质是：$\mathscr{F}[f(t-t_0)]=$____________。

8-6　傅氏变换的微分性质是：若 $\mathscr{F}[f(t)]=F(\omega)$，则 $\mathscr{F}[f'(t)]=$____________。

三、综合题

8-1　若 $f(t)$ 满足傅氏积分定理的条件，试证

$$f(t)=\int_0^{+\infty}a(\omega)\cos\omega t\,d\omega+\int_0^{+\infty}b(\omega)\sin\omega t\,d\omega$$

其中

$$a(\omega)=\frac{1}{\pi}\int_{-\infty}^{+\infty}f(\tau)\cos\omega\tau\,d\tau,a(\omega)=\frac{1}{\pi}\int_{-\infty}^{+\infty}f(\tau)\sin\omega\tau\,d\tau$$

8-2　求函数 $f(t)=\begin{cases}0 & (-\infty<t<-1)\\ -1 & (-1<t<0)\\ 1 & (0<t<1)\\ 0 & (1<t<+\infty)\end{cases}$ 的傅氏积分。

8-3　求矩形脉冲函数 $f(t)=\begin{cases}A & (0\leqslant t\leqslant\tau)\\ 0 & (\text{其他})\end{cases}$ 的傅氏变换。

8-4　求下列函数的傅氏变换。

(1) $f(t)=e^{-\beta|t|}\ (\beta>0)$

(2) $f(t)=e^{-|t|}\cos t$

(3) $f(t)=\begin{cases}A\cos\omega_0 t & (|t|\leqslant T)\\ 0 & (|t|>T)\end{cases}$

8-5　求脉冲函数 $f(t)=\begin{cases}\sin t & (|t|\leqslant\pi)\\ 0 & (|t|>\pi)\end{cases}$ 的傅氏变换，并证明

$$\int_0^{+\infty}\frac{\sin\omega\pi\sin\omega t}{1-\omega^2}d\omega=\begin{cases}\frac{\pi}{2}\sin t & (|t|\leqslant T)\\ 0 & (|t|>T)\end{cases}$$

8-6　设 $\mathscr{F}[f(t)]=F(\omega)$，求 $\mathscr{F}[f(t)e^{-i\pi t}]$。

8-7　求如图 8-12 所示三角形脉冲的傅氏变换。

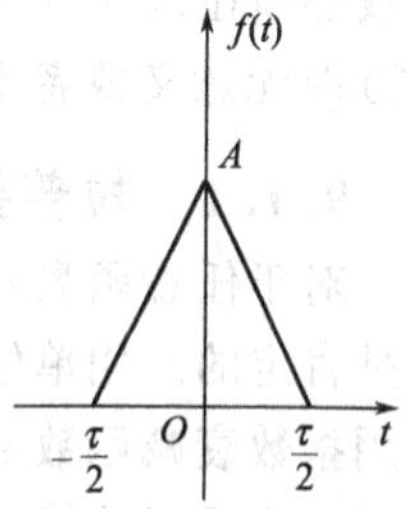

图 8-12

8-8　若 $f_1(t)=\begin{cases}0 & (t<0)\\ e^{-t} & (t\geqslant 0)\end{cases}$，$f_2(t)=\begin{cases}\sin t & (0\leqslant t\leqslant\pi/2)\\ 0 & (\text{其他})\end{cases}$，求 $f_1(t)*f_2(t)$。

8-9　已知以 T 为周期的锯齿波在区间 $(-T/2,T/2)$ 内的表达式为

$$f_T(t)=\frac{E}{T}t\ (-T/2<t<T/2)$$

求它的离散频谱和它的傅里叶级数的复指数形式。

第9章　拉普拉斯变换

本章主要介绍以下内容。

(1) 拉普拉斯变换和拉普拉斯逆变换的概念。

(2) 拉普拉斯变换的存在定理。

(3) 拉普拉斯变换的基本性质，卷积的性质和卷积定理。

(4) 微分方程的拉氏变换解法、线性系统的传递函数。

与傅里叶变换相比，拉普拉斯变换对像原函数的要求比较弱，因此拉普拉斯变换比傅里叶变换适用面广。拉普拉斯变换保留了傅里叶变换的许多性质，而且某些性质（如微分性质、卷积等）比傅里叶变换更实用、更方便。拉普拉斯变换在电学、力学、控制论和电子技术等科学与工程技术领域都有着广泛的应用，并且它还是求解常系数线性微分方程的一种简便方法。本章将介绍拉普拉斯变换和拉普拉斯逆变换的概念与性质、卷积以及拉普拉斯变换的一些简单应用。

9.1　拉普拉斯变换的概念

第8章指出，如果一个函数满足狄氏条件，并且在区间 $(-\infty,+\infty)$ 上绝对可积，就能对它进行古典意义下的傅氏变换。在区间 $(-\infty,+\infty)$ 上绝对可积这一条件很苛刻，许多函数，即使是简单的函数也不满足这个条件。例如，单位阶跃函数、正弦函数、余弦函数以及线性函数等，在区间 $(-\infty,+\infty)$ 上就不是绝对可积的。还有，可以进行傅氏变换的函数必须在区间 $(-\infty,+\infty)$ 上有定义，但是，电子技术等工程领域的许多实际问题对于 $t<0$ 时无意义或者不需要考虑，这样的函数都不能进行古典意义下的傅氏变换。

9.1.1　拉普拉斯变换的定义

对于任意函数 $\varphi(t)$，能否经过适当的改造使得改造后的函数能够进行傅氏变换呢？答案是肯定的。用单位阶跃函数 $u(t)$ 乘 $\varphi(t)$ 就将积分区间由 $(-\infty,+\infty)$ 变为 $(0,+\infty)$；再用指数衰减函数 $e^{-\beta t}(\beta>0)$ 乘 $\varphi(t)u(t)$，就得到函数 $\varphi(t)u(t)e^{-\beta t}(\beta>0)$。一般地说，只要 β 选适当的值，就可以对 $\varphi(t)u(t)e^{-\beta t}$ 进行傅氏变换。

对函数 $\varphi(t)u(t)e^{-\beta t}(\beta>0)$ 进行傅氏变换，可得

$$
\begin{aligned}
G_\beta(\omega) &= \int_{-\infty}^{+\infty} \varphi(t)u(t)e^{-\beta t}e^{-i\omega t}\,dt \\
&= \int_0^{+\infty} f(t)e^{-(\beta+i\omega)t}\,dt = \int_0^{+\infty} f(t)e^{-st}\,dt
\end{aligned}
$$

其中

$$
s=\beta+i\omega,\qquad f(t)=\varphi(t)u(t)
$$

若再设

$$
F(s)=G_\beta\left(\frac{s-\beta}{i}\right)
$$

则得

$$F(s)=\int_0^{+\infty} f(t)e^{-st}dt$$

上式所确定的函数 $F(s)$ 实际上是由 $f(t)$ 通过一种新的变换得来的，这种变换就是下面定义的拉普拉斯变换。

定义 9-1　设 $f(t)$ 是定义于 $t\geqslant 0$ 的实变量函数，若广义积分 $\int_0^{+\infty} f(t)e^{-st}dt$（$s$ 是个复参量）在包含 s 的某个区域内收敛，则由此积分确定的函数

$$F(s)=\int_0^{+\infty} f(t)e^{-st}dt$$

称为函数 $f(t)$ 的**拉普拉斯**（Laplace）**变换**（简称**拉氏变换**）或**像函数**，记作 $\mathscr{L}[f(t)]$，即

$$\mathscr{L}[f(t)]=F(s)=\int_0^{+\infty} f(t)e^{-st}dt \tag{9-1}$$

$f(t)$ 称为 $F(s)$ 的**拉氏逆变换**或 $F(s)$ 的**像原函数**，记作

$$f(t)=\mathscr{L}^{-1}[F(s)] \tag{9-2}$$

由前面的分析可以看出，$f(t)(t\geqslant 0)$的拉氏变换实际上就是 $f(t)e^{-\beta t}(\beta>0)$的傅氏变换。

需要指出，在定义 9-1 中，只要求 $f(t)$ 在 $t\geqslant 0$ 时有定义，为了研究的方便，以后总假定 $t<0$ 时，$f(t)\equiv 0$。对于任一函数，总是将它乘单位阶跃函数后进行拉氏变换。例如，对 $\sin t$ 进行拉氏变换，实际上是对 $u(t)\sin t$ 进行拉氏变换，为了书写方便，常简写为$f(t)=\sin t$。

例 9-1　求单位阶跃函数 $u(t)=\begin{cases}0(t<0)\\1(t\geqslant 0)\end{cases}$的拉氏变换。

解　根据式(9-1)，有

$$\mathscr{L}[u(t)]=\int_0^{+\infty} u(t)e^{-st}dt=\int_0^{+\infty} e^{-st}dt$$

这个积分在 $\mathrm{Re}(s)>0$ 时收敛，而且有

$$\int_0^{+\infty} e^{-st}dt=-\frac{1}{s}e^{-st}\Big|_0^{+\infty}=\frac{1}{s}\quad(\mathrm{Re}(s)>0)$$

所以

$$\mathscr{L}[u(t)]=\frac{1}{s}\quad(\mathrm{Re}(s)>0)$$

例 9-2　求函数 $f(t)=e^{at}$（a 为实常数）的拉氏变换。

解　根据式(9-1)，有

$$\mathscr{L}[f(t)]=\mathscr{L}[e^{at}]=\int_0^{+\infty} e^{at}e^{-st}dt=\int_0^{+\infty} e^{-(s-a)t}dt$$

这个积分在 $\mathrm{Re}(s)>a$ 时收敛，而且有

$$\int_0^{+\infty} e^{-(s-a)t}dt=-\frac{1}{s-a}e^{-(s-a)t}\Big|_0^{+\infty}=\frac{1}{s-a}$$

所以

$$\mathscr{L}[e^{at}]=\frac{1}{s-a}(\mathrm{Re}(s)>a)$$

9.1.2 拉普拉斯变换的存在定理

从例 9-1 和例 9-2 可以看出，拉氏变换存在的条件比傅氏变换存在的条件弱得多。即使如此，能进行拉氏变换的函数还是要具备一定条件的。这就是下面的定理 9-1。

定理 9-1 若函数 $f(t)$ 满足下列条件：

(1) 在 $t\geqslant 0$ 的任何有限区间上分段连续；

(2) 在 $t\to+\infty$ 时，$f(t)$ 增长速度不超过某一指数函数，即当 t 充分大后，存在常数 $M>0$ 及 $c\geqslant 0$，使得

$$|f(t)|\leqslant Me^{ct}$$

成立。则 $f(t)$ 的拉氏变换 $F(s)$ 在半平面 $\mathrm{Re}(s)>c$ 上一定存在，并且在该半平面内，$F(s)$ 为解析函数。

【说明】 通常称满足 $|f(t)|\leqslant Me^{ct}$ 的函数 $f(t)$ 的增大是**指数级**的，称 c 为 $f(t)$ 的**增长指数**。

证明 由条件（2）知，一定存在着某个相当大的正数 T，使得当 $t>T$ 时，不等式 $|f(t)|\leqslant Me^{ct}$ 成立。由于

$$\int_0^{+\infty} f(t)\mathrm{e}^{-st}\mathrm{d}t=\int_0^T f(t)\mathrm{e}^{-st}\mathrm{d}t+\int_T^{+\infty} f(t)\mathrm{e}^{-st}\mathrm{d}t$$

右端第一个积分是定积分，当然收敛。对于第二个积分，由于

$$|f(t)\mathrm{e}^{-st}|=|f(t)|\mathrm{e}^{-\beta t}\leqslant M\mathrm{e}^{-(\beta-c)t}$$

其中 $s=\beta+\mathrm{i}\omega$。可见，它在 $\mathrm{Re}(s)=\beta>c$ 的条件下收敛，即有

$$\int_T^{+\infty} |f(t)\mathrm{e}^{-st}|\mathrm{d}t\leqslant M\int_T^{+\infty} \mathrm{e}^{-(\beta-c)t}\mathrm{d}t=\frac{M}{\beta-c}\mathrm{e}^{-(\beta-c)T}$$

所以

$$\int_T^{+\infty} f(t)\mathrm{e}^{-st}\mathrm{d}t$$

绝对收敛。从而

$$\int_0^{+\infty} f(t)\mathrm{e}^{-st}\mathrm{d}t$$

绝对收敛。

由含参变量广义积分的性质知，在 $\mathrm{Re}(s)\geqslant c_1>c$ 内，式(9-2) 右端的积分一致收敛。不仅如此，采用同样的方法还可以进一步证明，在此积分号内对 s 求导数所得的积分在 $\mathrm{Re}(s)\geqslant c_1>c$ 内也一致收敛，根据复变函数里的解析函数理论，可知 $F(s)$ 在 $\mathrm{Re}(s)>c$ 内是解析的。 证毕

这个定理的条件是个充分条件，工程技术和物理学中的常见函数大都满足这个条件。而有些函数不满足这个条件。例如，函数 e^{t^2} 不满足定理 9-1 的条件。因为无论取多大的 M 与 c，对足够大的 t，总会出现 $\mathrm{e}^{t^2}>Me^{ct}$，因此，e^{t^2} 不存在拉氏变换。

下面再介绍几个常用函数的拉普拉斯变换。

例 9-3 求斜坡函数 $f(t)=at$(a 为实常数）的拉氏变换。

解 根据式(9-1)，有

$$\mathscr{L}[f(t)]=\mathscr{L}[at]=\int_0^{+\infty} at\mathrm{e}^{-st}\mathrm{d}t=-\frac{a}{s}\int_0^{+\infty} t\mathrm{d}\mathrm{e}^{-st}$$

$$=-\frac{a}{s}t\mathrm{e}^{-st}\Big|_0^{+\infty}+\frac{a}{s}\int_0^{+\infty} \mathrm{e}^{-st}\mathrm{d}t$$

$$=-\frac{a}{s^2}e^{-st}\Big|_0^{+\infty}=\frac{a}{s^2}(\mathrm{Re}(s)>0)$$

例 9-4　求正弦函数 $f(t)=\sin at$(a 为实常数）的拉氏变换。

解　根据式(9-1)，有

$$\mathscr{L}[\sin at]=\int_0^{+\infty}e^{-st}\sin at\,dt$$

$$=\left[-\frac{e^{-st}}{s^2+a^2}(s\sin at+a\cos at)\right]\Big|_0^{+\infty}=\frac{a}{s^2+a^2}(\mathrm{Re}(s)>0)$$

同理可得余弦函数的拉氏变换

$$\mathscr{L}[\cos at]=\frac{s}{s^2+a^2}(\mathrm{Re}(s)>0)$$

例 9-5　求单位脉冲函数 $\delta(t)$ 的拉氏变换。

解　根据式(9-1)，并利用 $\delta(t)$ 的性质 $\int_{-\infty}^{+\infty}f(t)\delta(t)dt=f(0)$，有

$$\mathscr{L}[\delta(t)]=\int_0^{+\infty}\delta(t)e^{-st}dt$$

$$=e^{-st}\Big|_{t=0}=1$$

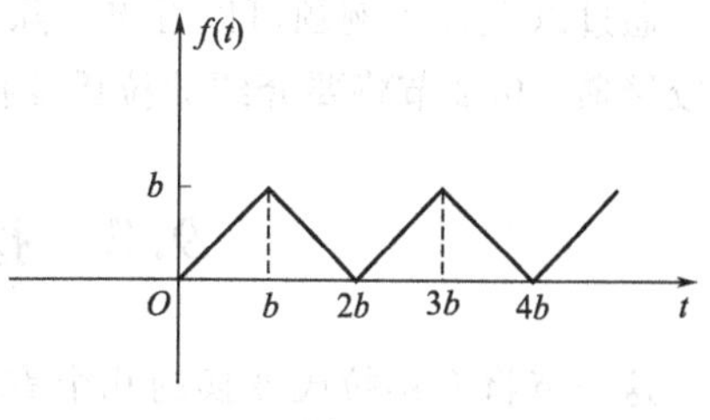

图 9-1

一般地，有

$$\mathscr{L}[\delta(t-t_0)]=e^{-st_0}$$

例 9-6　求周期性三角波 $f(t)=\begin{cases}t & (0\leqslant t<b)\\ 2b-t & (b\leqslant t<2b)\end{cases}$ 且 $f(t+2b)=f(t)$（见图 9-1）的拉氏变换。

解　根据式(9-1)，有

$$\mathscr{L}[f(t)]=\int_0^{+\infty}f(t)e^{-st}dt$$

$$=\int_0^{2b}f(t)e^{-st}dt+\int_{2b}^{4b}f(t)e^{-st}dt+\int_{4b}^{6b}f(t)e^{-st}dt+\cdots+\int_{2bk}^{2b(k+1)}f(t)e^{-st}dt+\cdots$$

$$=\sum_{k=0}^{+\infty}\int_{2bk}^{2b(k+1)}f(t)e^{-st}dt \tag{a}$$

令 $t=\tau+2bk$，则

$$\int_{2bk}^{2b(k+1)}f(t)e^{-st}dt=\int_0^{2b}f(\tau+2bk)e^{-s(\tau+2bk)}d\tau=e^{-2sbk}\int_0^{2b}f(\tau)e^{-s\tau}d\tau \tag{b}$$

将式(b) 代入式(a)，得

$$\mathscr{L}[f(t)]=\left(\sum_{k=0}^{+\infty}e^{-2sbk}\right)\int_0^{2b}f(t)e^{-st}dt \tag{c}$$

由于当 $\mathrm{Re}(s)>0$ 时，

$$|e^{-2bs}|=e^{-2\beta b}<1$$

所以

$$\sum_{k=0}^{+\infty}e^{-2sbk}=\frac{1}{1-e^{-2sb}} \tag{d}$$

又因为

$$\int_0^{2b} f(t)\mathrm{e}^{-st}\mathrm{d}t=\int_0^b t\mathrm{e}^{-st}\mathrm{d}t+\int_b^{2b}(2b-t)\mathrm{e}^{-st}\mathrm{d}t=\frac{1}{s^2}(1-\mathrm{e}^{-bs})^2 \tag{e}$$

将式(e) 和(d) 代入式(c)，得

$$\begin{aligned}\mathscr{L}[f(t)]&=\frac{1}{s^2}(1-\mathrm{e}^{-sb})^2\frac{1}{1-\mathrm{e}^{-2sb}}\\&=\frac{1}{s^2}\cdot\frac{1-\mathrm{e}^{-sb}}{1+\mathrm{e}^{-sb}}=\frac{1}{s^2}\mathrm{th}\,\frac{bs}{2}\end{aligned}$$

一般地，以 T 为周期的函数 $f(t)$，即 $f(t+T)=f(t)(t>0)$，当 $f(t)$ 在一个周期上是分段连续时，则有下列求周期函数的拉氏变换的公式

$$\mathscr{L}[f(t)]=\frac{1}{1-\mathrm{e}^{-sT}}\int_0^T f(t)\mathrm{e}^{-st}\mathrm{d}t \tag{9-3}$$

通过以上几个例题可以看出，除了极少数简单函数外，按定义直接计算函数的拉氏变换比较繁琐。9.2 节将要介绍的拉氏变换的性质，对计算许多函数的拉氏变换很有帮助。

9.2　拉普拉斯变换的性质

这一节将介绍拉氏变换的几个重要性质。利用这些性质不仅可以比较方便地求出一些函数的拉氏变换，而且这些性质在拉氏变换的实际应用中起重要作用。为了叙述方便起见，假定在这些性质中，凡是要求拉氏变换的函数都满足拉氏变换存在的条件，并且把这些函数的增长指数统一取为 c。在证明这些性质时，不再重述这些条件。

1. 线性性质

若 $\mathscr{L}[f_1(t)]=F_1(s)$，$\mathscr{L}[f_2(t)]=F_2(s)$，$a$、$b$ 是常数，则有

$$\mathscr{L}[af_1(t)+bf_2(t)]=aF_1(s)+bF_2(s) \tag{9-4}$$

$$\mathscr{L}^{-1}[aF_1(s)+bF_2(s)]=af_1(t)+bf_2(t) \tag{9-5}$$

该性质表明，各函数线性组合的拉氏变换等于各函数拉氏变换的线性组合。这个性质只须根据定义 9-1，利用积分的性质就能证明，故从略。

例 9-7　求 $\mathscr{L}[4u(t)-3\mathrm{e}^{2t}+5t]$。

解　利用前面有关例题的结果和拉氏变换的线性性质，有

$$\begin{aligned}\mathscr{L}[4u(t)-3\mathrm{e}^{2t}+5t]&=4\mathscr{L}[u(t)]-3\mathscr{L}[\mathrm{e}^{2t}]+5\mathscr{L}[t]\\&=\frac{4}{s}-\frac{3}{s-2}+\frac{5}{s^2}=\frac{s^2-3s-10}{s^2(s-2)}\end{aligned}$$

例 9-8　求 $\mathscr{L}[\sin t\cos t+\delta(t)]$。

解　根据倍角公式、例 9-5 的结果和拉氏变换的线性性质，有

$$\begin{aligned}\mathscr{L}[\sin t\cos t+\delta(t)]&=\frac{1}{2}\mathscr{L}[\sin 2t]+\mathscr{L}[\delta(t)]\\&=\frac{1}{2}\cdot\frac{2}{s^2+2^2}+1=1+\frac{1}{s^2+4}\end{aligned}$$

2. 微分性质

若 $\mathscr{L}[f(t)]=F(s)$，则有

$$\mathscr{L}[f'(t)]=sF(s)-f(0) \tag{9-6}$$

证明

$$\mathscr{L}[f'(t)]=\int_0^{+\infty} f'(t)\mathrm{e}^{-st}\mathrm{d}t=\int_0^{+\infty} \mathrm{e}^{-st}\mathrm{d}f(t)$$

$$=\mathrm{e}^{-st}f(t)\Big|_0^{+\infty}+s\int_0^{+\infty} f(t)\mathrm{e}^{-st}\mathrm{d}t$$

$$=sF(s)-f(0)\quad (\mathrm{Re}(s)>c)$$

证毕

【说明】 当 $f(t)$ 在 $t=0$ 处不连续时，式(9-6) 中的 $f(0)$ 应理解为 $f(+0)$，下面类似处按同样方式理解。

该性质表明，函数 $f(t)$ 求导后的拉氏变换等于 $f(t)$ 的像函数 $F(s)$ 乘以复参量 s，再减去该函数的初值 $f(0)$。

推论 若 $\mathscr{L}[f(t)]=F(s)$，则有

$$\mathscr{L}[f^{(n)}(t)]=s^nF(s)-s^{n-1}f(0)-s^{n-2}f'(0)-\cdots-f^{(n-1)}(0)\quad (\mathrm{Re}(s)>c) \tag{9-7}$$

特别地，当 $f(0)=f'(0)=\cdots=f^{(n-1)}(0)=0$，有

$$\mathscr{L}[f^{(n)}(t)]=s^nF(s)\quad (\mathrm{Re}(s)>c) \tag{9-8}$$

对于像函数，有类似的微分性质：若 $\mathscr{L}[f(t)]=F(s)$，则有

$$\mathscr{L}^{-1}[F'(s)]=-tf(t) \tag{9-9}$$

$$\mathscr{L}^{-1}[F^{(n)}(s)]=(-t)^nf(t) \tag{9-10}$$

例 9-9 已知 $f(t)=t^m$，m 为正整数，求 $\mathscr{L}[f(t)]$。

解 由于 $f(0)=f'(0)=f''(0)=\cdots=f^{(m-1)}(0)=0$，且 $f^{(m)}(t)=m!$，满足式(9-8) 的条件，从而有

$$\mathscr{L}[f^{(m)}(t)]=s^mF(s)$$

最后得

$$\mathscr{L}[f(t)]=F(s)=\frac{1}{s^m}\mathscr{L}[f^{(m)}(t)]=\frac{m!}{s^{m+1}}$$

3. 积分性质

若 $\mathscr{L}[f(t)]=F(s)$，则有

$$\mathscr{L}\left[\int_0^t f(t)\mathrm{d}t\right]=\frac{1}{s}F(s) \tag{9-11}$$

证明 设 $h(t)=\int_0^t f(t)\mathrm{d}t$，则有 $h'(t)=f(t)$，且 $h(0)=0$。根据拉氏变换的微分性质，有

$$\mathscr{L}[h'(t)]=s\mathscr{L}[h(t)]-h(0)=s\mathscr{L}[h(t)]$$

由此得

$$\mathscr{L}\left[\int_0^t f(t)\mathrm{d}t\right]=\frac{1}{s}\mathscr{L}[f(t)]=\frac{1}{s}F(s)$$

证毕

【说明】 该性质中的定积分的上限和下限必须是 t 和 0。

该性质表明，函数 $f(t)$ 积分后的拉氏变换等于 $f(t)$ 的像函数 $F(s)$ 除以复参量 s。

重复运用式(9-11) 可以得到

$$\mathscr{L}\left\{\underbrace{\int_0^t\mathrm{d}t\int_0^t\mathrm{d}t\cdots\int_0^t f(t)\mathrm{d}t}_{n\text{次积分}}\right\}=\frac{1}{s^n}F(s) \tag{9-12}$$

对于像函数，有类似的积分性质：若 $F(s)=\mathscr{L}[f(t)]$且 $\int_0^{+\infty} F(s)\mathrm{d}s$，则有

$$\mathscr{L}^{-1}\left[\int_0^{+\infty} F(s)\mathrm{d}s\right]=\frac{f(t)}{t} \tag{9-13}$$

例 9-10 已知 $f(t)=\int_0^t \sin a\tau\mathrm{d}\tau$，$a$ 为实常数，求 $\mathscr{L}[f(t)]$。

解 根据式(9-11)，得

$$\mathscr{L}[f(t)]=\mathscr{L}\left[\int_0^t \sin a\tau\mathrm{d}\tau\right]=\frac{1}{s}\mathscr{L}[\sin at]$$
$$=\frac{a}{s(s^2+a^2)}$$

4. 位移性质

若 $\mathscr{L}[f(t)]=F(s)$，则有

$$\mathscr{L}[\mathrm{e}^{at}f(t)]=F(s-a) \tag{9-14}$$

证明 根据式(9-1)，有

$$\mathscr{L}[\mathrm{e}^{at}f(t)]=\int_0^{+\infty}\mathrm{e}^{at}f(t)\mathrm{e}^{-st}\mathrm{d}t=\int_0^{+\infty}f(t)\mathrm{e}^{-(s-a)t}\mathrm{d}t$$
$$=F(s-a)\quad(\mathrm{Re}(s-a)>c)$$

证毕

该性质表明，函数 $f(t)$ 乘以指数函数 e^{at} 的拉氏变换等于 $f(t)$ 的像函数 $F(s)$ 作位移 a，即 $F(s-a)$。

例 9-11 已知 $f(t)=t^m\mathrm{e}^{at}$，a 为实数，m 为正整数，求 $\mathscr{L}[f(t)]$。

解 利用例 9-9 的结果 $\mathscr{L}[t^m]=\frac{m!}{s^{m+1}}$和拉氏变换的位移性质，得

$$\mathscr{L}[t^m\mathrm{e}^{at}]=\frac{m!}{(s-a)^{m+1}}$$

例 9-12 求 $\mathscr{L}[\mathrm{e}^{-bt}\sin at]$。

解 利用例 9-4 的结果 $\mathscr{L}[\sin at]=\frac{a}{s^2+a^2}$和拉氏变换的位移性质，得

$$\mathscr{L}[\mathrm{e}^{-bt}\sin at]=\frac{a}{(s+b)^2+a^2}$$

5. 延迟性质

若 $\mathscr{L}[f(t)]=F(s)$，且 $t<0$ 时 $f(t)=0$，则对于任一实数 τ，有

$$\mathscr{L}[f(t-\tau)]=\mathrm{e}^{-s\tau}F(s) \tag{9-15}$$

证明 根据式(9-1)，有

$$\mathscr{L}[f(t-\tau)]=\int_0^{+\infty}f(t-\tau)\mathrm{e}^{-st}\mathrm{d}t$$
$$=\int_0^{\tau}f(t-\tau)\mathrm{e}^{-st}\mathrm{d}t+\int_{\tau}^{+\infty}f(t-\tau)\mathrm{e}^{-st}\mathrm{d}t$$

当 $t<\tau$ 时，$f(t-\tau)=0$，所以上式右端第一个积分为零。对于第二个积分，令 $t-\tau=u$，则有

$$\mathscr{L}[f(t-\tau)]=\int_0^{+\infty}f(u)\mathrm{e}^{-s(u+\tau)}\mathrm{d}u=\mathrm{e}^{-s\tau}\int_0^{+\infty}f(u)\mathrm{e}^{-su}\mathrm{d}u=$$
$$=\mathrm{e}^{-s\tau}F(s)\quad(\mathrm{Re}(s-a)>c)$$

证毕

函数 $f(t-\tau)$ 与 $f(t)$ 相比，$f(t)$ 是从 $t=0$ 开始有非零值，而 $f(t-\tau)$ 是从 $t=\tau$ 开始

有非零值，即延迟了时间 τ。它们的图像有如下关系：将 $f(t)$ 的图像沿轴向右平移距离 τ 就得到 $f(t-\tau)$ 的图像，如图 9-2 所示。

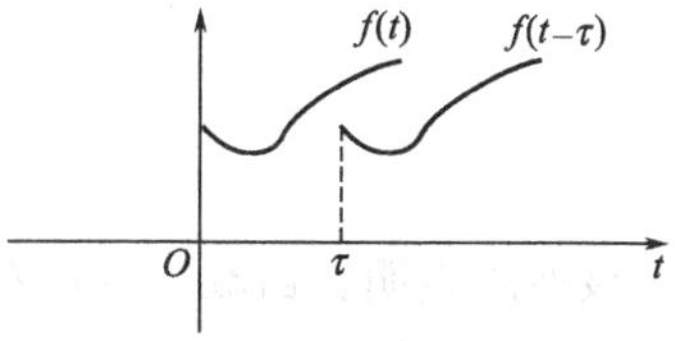

图 9-2

该性质表明，时间函数 $f(t)$ 延迟时间 τ 后的拉氏变换等于 $f(t)$ 的像函数 $F(s)$ 乘以指数因子 $e^{-s\tau}$。

例 9-13　求函数 $u(t-\tau)=\begin{cases}0 & (t<\tau)\\ 1 & (t\geqslant\tau)\end{cases}$ 的拉氏变换。

解　由例 9-1 的结果 $\mathscr{L}[u(t)]=\frac{1}{s}$ 和拉氏变换的延迟性质，有得

$$\mathscr{L}[u(t-\tau)]=\frac{1}{s}e^{-s\tau}$$

6. 相似性质

若 $\mathscr{L}[f(t)]=F(s)$，则对于任一正实数 a，有

$$\mathscr{L}[f(at)]=\frac{1}{a}F\left(\frac{s}{a}\right) \tag{9-16}$$

证明　根据式(9-1)，再令 $at=u$，则有

$$\mathscr{L}[f(at)]=\int_0^{+\infty}f(at)e^{-st}\,dt=\frac{1}{a}\int_0^{+\infty}f(u)e^{-\frac{s}{a}u}\,du$$

$$=\frac{1}{a}F\left(\frac{s}{a}\right)$$　证毕

相似性质亦称**时间尺度性质**。

该性质表明，如果函数 $f(t)$ 的自变量扩展 a 倍，则 $f(at)$ 的像函数等于 $f(t)$ 的像函数 $F(s)$ 在复域 s 上压缩 a 倍，再除以 a，即 $\frac{1}{a}F\left(\frac{s}{a}\right)$。

7. 初值定理

若 $\mathscr{L}[f(t)]=F(s)$，且 $\lim\limits_{s\to\infty}sF(s)$ 存在，则

$$f(0)=\lim_{s\to\infty}sF(s) \tag{9-17}$$

证明　根据拉氏变换的微分性质，有

$$\mathscr{L}[f'(t)]=sF(s)-f(0) \tag{a}$$

由于已假定 $\lim\limits_{s\to\infty}sF(s)$ 存在，故 $\lim\limits_{\mathrm{Re}(s)\to+\infty}sF(s)$ 一定存在，且两者相等，即

$$\lim_{s\to\infty}sF(s)=\lim_{\mathrm{Re}(s)\to+\infty}sF(s)$$

在式(a) 两端取 $\mathrm{Re}(s)\to+\infty$ 时的极限，得

$$\lim_{\mathrm{Re}(s)\to\infty}\mathscr{L}[f'(t)]=\lim_{\mathrm{Re}(s)\to+\infty}[sF(s)-f(0)]$$

$$=\lim_{s\to\infty}sF(s)-f(0)$$

但

$$\lim_{\mathrm{Re}(s)\to\infty}\mathscr{L}[f'(t)]=\lim_{\mathrm{Re}(s)\to+\infty}\int_0^{+\infty}f'(t)e^{-st}\,dt$$

$$=\int_0^{+\infty}\lim_{\mathrm{Re}(s)\to+\infty}f'(t)e^{-st}\,dt=0$$

所以

$$\lim_{s\to\infty} sF(s)-f(0)=0$$

即

$$f(0)=\lim_{s\to\infty} sF(s)$$ 证毕

该性质表明，函数 $f(t)$ 在 $t=0$ 时的函数值可以通过 $f(t)$ 的拉氏变换 $F(s)$ 乘以 s 取 $s\to\infty$ 时的极限值得到；它建立了 $f(t)$ 在坐标原点的值与函数 $sF(s)$ 在无限远点的值之间的关系。

8. 终值定理

若 $\mathscr{L}[f(t)]=F(s)$，且 $\lim\limits_{s\to 0} sF(s)$ 存在，则

$$f(+\infty)=\lim_{s\to 0} sF(s) \tag{9-18}$$

证明 根据拉氏变换的微分性质，有

$$\mathscr{L}[f'(t)]=sF(s)-f(0) \tag{a}$$

在式(a)两端取 $s\to 0$ 时的极限，得

$$\begin{aligned}\lim_{s\to 0}\mathscr{L}[f'(t)]&=\lim_{s\to 0}[sF(s)-f(0)]\\&=\lim_{s\to 0} sF(s)-f(0)\end{aligned}$$

但

$$\begin{aligned}\lim_{s\to 0}\mathscr{L}[f'(t)]&=\lim_{s\to 0}\int_0^{+\infty} f'(t)e^{-st}dt=\int_0^{+\infty}\lim_{s\to 0} f'(t)e^{-st}dt\\&=\int_0^{+\infty} f'(t)dt=f(t)\Big|_0^{+\infty}=f(+\infty)-f(0)\end{aligned}$$

所以

$$\lim_{s\to 0} sF(s)-f(0)==f(+\infty)-f(0)$$

即

$$f(+\infty)=\lim_{s\to 0} sF(s)$$ 证毕

该性质表明，函数 $f(t)$ 在 $t\to+\infty$ 时的函数值（即稳定值）可以通过 $f(t)$ 的拉氏变换 $F(s)$ 乘以 s 取 $s\to 0$ 时的极限值得到；它建立了 $f(t)$ 在无限远点的值与函数 $sF(s)$ 在原点的值之间的关系。

在拉氏变换的实际应用中，往往先得到 $F(s)$ 再去求 $f(t)$，但有时只需要知道 $f(t)$ 在 $t=0$ 或 $t\to+\infty$ 时的值，并不需要知道 $f(t)$ 的表达式。初值定理和终值定理提供了直接由 $F(s)$ 求 $f(0)$ 与 $f(+\infty)$ 的方便。

例 9-14 若 $\mathscr{L}[f(t)]=\dfrac{1}{s+a}$，求 $f(0)$，$f(+\infty)$。

解 根据式(9-17)和式(9-18)，有

$$f(0)=\lim_{s\to\infty} sF(s)=\lim_{s\to\infty}\frac{s}{s+a}=1$$

$$f(+\infty)=\lim_{s\to 0} sF(s)=\lim_{s\to 0}\frac{s}{s+a}=0$$

由例 9-1 知 $\mathscr{L}[e^{-at}]=\dfrac{1}{s+a}$，即 $f(t)=e^{-at}$。显然，上面所得的结果与由 $f(t)$ 所计算的结果相同。

本章前面的例题用拉氏变换的定义和性质求一些函数的拉氏变换。其中 $u(t)$,$\delta(t)$,e^{at},t^m,$\sin at$,$\cos at$ 等函数的拉氏变换要牢记，这是直接求一些函数的拉氏变换的基础。但是，对于工程实际问题，主要是结合拉氏变换的性质（包括公式(9-3)），通过查表求函数的拉氏变换。

本书在附录 C 中列出了工程实际中常遇到的一些函数的拉氏变换，以备读者查用。

为了提高求拉氏变换的综合能力，下面举几个例题。

例 9-15 设分段函数 $f(t)$ 为

$$f(t)=\begin{cases}0 & (t<0)\\ c_1 & (0\leqslant t<a)\\ c_2 & (a\leqslant t<b)\\ c_3 & (t\geqslant b)\end{cases}$$

求 $\mathscr{L}[f(t)]$。

解 由第 8 章例 8-5 的结果知

$$\begin{aligned}f(t)&=c_1[u(t)-u(t-a)]+c_2[u(t-a)-u(t-b)]+c_3[u(t-b)]\\&=c_1u(t)+(c_2-c_1)u(t-a)+(c_3-c_2)u(t-b)\end{aligned}$$

再利用例 9-13 的结果和拉氏变换的线性性质，有

$$\begin{aligned}\mathscr{L}[f(t)]&=\mathscr{L}[c_1u(t)+(c_2-c_1)u(t-a)+(c_3-c_2)u(t-b)]\\&=c_1\mathscr{L}[u(t)]+(c_2-c_1)\mathscr{L}[u(t-a)]+(c_3-c_2)\mathscr{L}[u(t-b)]\\&=\frac{1}{s}[c_1+(c_2-c_1)e^{-as}+(c_3-c_2)e^{-bs}]\end{aligned}$$

例 9-16 求 $\mathscr{L}[(t-1)^2e^t]$。

解 利用拉氏变换的线性性质和位移性质，得

$$\begin{aligned}\mathscr{L}[(t-1)^2e^t]&=\mathscr{L}[(t^2-2t+1)e^t]=\mathscr{L}[t^2e^t]-2\mathscr{L}[te^t]+\mathscr{L}[e^t]\\&=\frac{2}{(s-1)^3}+2\cdot\frac{1}{(s-1)^2}+\frac{1}{s-1}=\frac{s^2+1}{(s-1)^3}\end{aligned}$$

例 9-17 求 $\mathscr{L}\left[\int_0^t e^{-3\tau}\cos\tau d\tau\right]$。

解 利用拉氏变换的积分性质和位移性质，得

$$\begin{aligned}\mathscr{L}\left[\int_0^t e^{-3\tau}\cos\tau d\tau\right]&=\frac{1}{s}\mathscr{L}[e^{-3t}\cos t]\\&=\frac{1}{s}\cdot\frac{s+3}{(s+3)^2+1}=\frac{s+3}{s(s^2+6s+10)}\end{aligned}$$

例 9-18 求 $f(t)=\sin2t\sin3t$ 的拉氏变换。

解 根据附录 C 的第 20 式($a=2$ 和 $b=3$)，有

$$\begin{aligned}\mathscr{L}[f(t)]&=\mathscr{L}[\sin2t\sin3t]\\&=\frac{12s}{(s^2+5^2)(s^2+1^2)}=\frac{12s}{(s^2+25)(s^2+1)}\end{aligned}$$

例 9-19 求如图 9-3 所示的阶梯函数的 $f(t)$ 拉氏变换。

解 利用单位阶跃函数 $u(t)$ 可将这个阶梯函数 $f(t)$ 合写成一个式子，即

$$f(t)=A[u(t)+u(t-\tau)+u(t-2\tau)+u(t-3\tau)+\cdots]$$

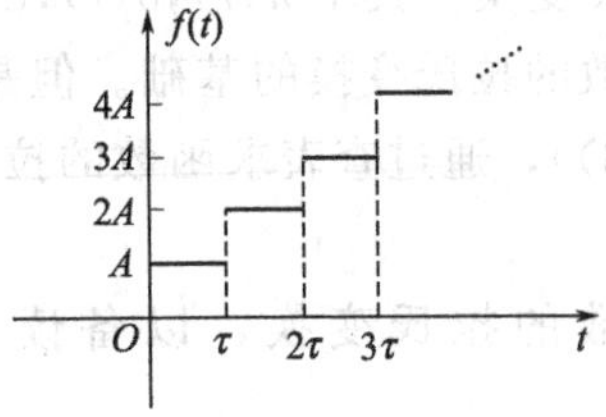

图 9-3

上式两边取拉氏变换，并利用拉氏变换的线性性质，得

$$\mathscr{L}[f(t)]=A\left(\frac{1}{s}+\frac{1}{s}e^{-s\tau}+\frac{1}{s}e^{-2s\tau}+\frac{1}{s}e^{-3s\tau}+\cdots\right)$$

$$=\frac{A}{s}(1+e^{-s\tau}+e^{-2s\tau}+e^{-3s\tau}+\cdots)$$

当 $\mathrm{Re}(s)>0$ 时，有

$$|e^{-s\tau}|<1$$

所以，上式右端括号内为一个公比小于 1 的等比级数，从而

$$\mathscr{L}[f(t)]=\frac{A}{s}\cdot\frac{1}{1-e^{-s\tau}}\quad(\mathrm{Re}(s)>0)$$

9.3 拉普拉斯逆变换

前两节介绍了由已知函数 $f(t)$ 求它的像函数 $F(s)$ 的问题。在实际应用中常常会遇到与此相反的问题，即由已知像函数 $F(s)$ 求它的像原函数 $f(t)$ 的问题，这就是**拉普拉斯逆变换**，简称**拉氏逆变换**。

根据傅氏变换的概念，可以得到由已知像函数 $F(s)$ 求它的像原函数 $f(t)$ 的一般公式（本书省略其推导过程）

$$f(t)=\frac{1}{2\pi i}\int_{\beta-i\infty}^{\beta+i\infty}F(s)e^{st}\,ds\,(t>0)\tag{9-19}$$

式(9-19) 右端是一个复变函数的积分，称为拉氏**反演积分**。通常情况下计算复变函数的积分比较困难。但是，当 $F(s)$ 满足一定条件时，可以用留数方法来计算这个反演积分。下面的定理 9-2 将提供计算这个反演积分的方法。

定理 9-2 若 $s_1,s_2,\cdots,s_n$ 是函数 $F(s)$ 的所有奇点（适当选取 β 使这些奇点都在 $\mathrm{Re}(s)<\beta$ 的范围内），且当 $s\to\infty$ 时，$F(s)\to0$，则有

$$\frac{1}{2\pi i}\int_{\beta-i\infty}^{\beta+i\infty}F(s)e^{st}\,ds=\sum_{k=1}^{n}\mathop{\mathrm{Res}}_{s=s_k}[F(s)e^{st}]$$

即

$$f(t)=\sum_{k=1}^{n}\mathop{\mathrm{Res}}_{s=s_k}[F(s)e^{st}]\tag{9-20}$$

工程实际问题中，绝大多数 $F(s)$ 为有理函数，即

$$F(s)=\frac{A(s)}{B(s)}=\frac{s^m+a_1s^{m-1}+a_2s^{m-2}+\cdots+a_m}{s^n+b_1s^{n-1}+b_2s^{n-2}+\cdots+b_n}\quad(m<n)$$

且 $A(s)$ 与 $B(s)$ 是不可约多项式。显然，这样的 $F(s)$ 满足定理 9-2 的条件，故可用式(9-20) 求它的拉氏逆变换。进而，针对 $F(s)$ 的极点情况，有如下两个具体计算公式。

情况一 若 $B(s)$ 有 n 个单零点 $s_1,s_2,\cdots,s_n$，即这些点都是 $F(s)$ 的单极点，则

$$f(t)=\sum_{k=1}^{n}\frac{A(s_k)}{B'(s_k)}e^{s_kt}\quad(t>0)\tag{9-21}$$

情况二 若 s_1 是 $B(s)$ 的惟一一个 $l(l<n)$ 阶零点，而 $s_{l+1},s_{l+2},\cdots,s_n$ 都是 $B(s)$ 的单零点，即 s_1 是 $F(s)$ 的惟一一个 l 阶极点，而 $s_{l+1},s_{l+2},\cdots,s_n$ 都是 $F(s)$ 的单极点，则

$$f(t)=\sum_{k=l+1}^{n}\frac{A(s_k)}{B'(s_k)}e^{s_k t}+\frac{1}{(l-1)!}\lim_{s\to s_1}\frac{d^{l-1}}{ds^{l-1}}\left[(s-s_1)^l\frac{A(s)}{B(s)}e^{st}\right]\quad(t>0)\qquad(9\text{-}22)$$

公式(9-21) 和公式(9-22) 通常称为**海维塞 (Heaviside) 展开式**。

求拉氏逆变换有多种方法，下面陆续介绍有理函数法、部分分式法和查表法。

1. 有理函数法

有理函数法就是根据公式(9-21) 和公式(9-22) 求像函数 $F(s)$ 的像原函数 $f(t)$。

例 9-20　求下列函数的拉氏逆变换。

(1) $F(s)=\dfrac{s}{s^2+9}$　　(2) $F(s)=\dfrac{16}{s(s-4)^2}$　　(3) $F(s)=\dfrac{1}{s^3(s+2)}$

解　(1) 因为 $B(s)=s^2+9$ 仅有两个单零点 $s_1=3i$，$s_2=-3i$，由公式(9-21) 得

$$\begin{aligned}f(t)&=\mathscr{L}^{-1}\left[\frac{s}{s^2+9}\right]=\sum_{k=1}^{2}\frac{A(s_k)}{B'(s_k)}e^{s_k t}\\&=\frac{s}{2s}e^{st}\Big|_{s=3i}+\frac{s}{2s}e^{st}\Big|_{s=-3i}\\&=\frac{1}{2}(e^{3it}+e^{-3it})=\cos 3t\quad(t>0)\end{aligned}$$

(2) 因为 $B(s)=s(s-4)^2$ 有一个二阶零点 $s_1=4$ 和一个单零点 $s_2=0$，$B'(s)=3s^2-16s+16$，由公式(9-22) 得

$$\begin{aligned}f(t)&=\frac{16}{3s^2-16s+16}e^{st}\Big|_{s=0}+\lim_{s\to4}\frac{d}{ds}\left[(s-4)^2\cdot\frac{16}{s(s-4)^2}e^{st}\right]\\&=1+\lim_{s\to4}\frac{d}{ds}\left(\frac{16e^{st}}{s}\right)=1+16\left(\frac{t}{s}-\frac{1}{s^2}\right)e^{st}\Big|_{s=4}\\&=1+(4t-1)e^{4t}\quad(t>0)\end{aligned}$$

(3) 因为 $B(s)=s^3(s+2)$ 有一个三阶零点 $s_1=0$ 和一个单零点 $s_2=-2$，$B'(s)=4s^3+6s^2$，由公式(9-22) 得

$$\begin{aligned}f(t)&=\frac{e^{st}}{4s^3+6s^2}\Big|_{s=-2}+\frac{1}{2!}\lim_{s\to0}\frac{d^2}{ds^2}\left[s^3\cdot\frac{e^{st}}{s^3(s+2)}\right]\\&=-\frac{e^{-2s}}{8}+\frac{1}{2}\lim_{s\to0}\frac{d^2}{ds^2}\left(\frac{e^{st}}{s+2}\right)=-\frac{e^{-2s}}{8}+\left[\frac{t^2}{s+2}-\frac{2t}{(s+2)^2}+\frac{1}{(s+2)^3}\right]e^{st}\Big|_{s=0}\\&=-\frac{e^{-2s}}{8}+\frac{1}{8}(4t^2-4t+1)=\frac{1}{8}[(2t-1)^2-e^{-2s}]\quad(t>0)\end{aligned}$$

2. 部分分式法

部分分式法是直接求一些有理函数拉氏逆变换的简便方法，但要记住几个基本的分式函数的拉氏逆变换，它们是：

(1) $\mathscr{L}^{-1}\left(\dfrac{1}{s-a}\right)=e^{at}$　　(2) $\mathscr{L}^{-1}\left[\dfrac{m!}{(s-a)^{m+1}}\right]=t^m e^{at}$　(m 为正整数)

(3) $\mathscr{L}^{-1}\left(\dfrac{a}{s^2+a^2}\right)=\sin at$　　(4) $\mathscr{L}^{-1}\left(\dfrac{s}{s^2+a^2}\right)=\cos at$

部分分式法都需要结合线性性质，有时还需要结合其他性质。

例 9-21　求下列函数的拉氏逆变换。

(1) $F(s)=\dfrac{2s-5}{s^2-5s+6}$　　(2) $F(s)=\dfrac{16}{s(s-4)^2}$　　(3) $F(s)=\dfrac{2s+2}{s^3+4s^2+6s+4}$

解 （1）由于

$$F(s)=\frac{2s-5}{s^2-5s+6}=\frac{1}{s-2}+\frac{1}{s-3}$$

所以

$$f(t)=\mathscr{L}^{-1}[F(s)]=\mathscr{L}^{-1}\left[\frac{1}{s-2}\right]+\mathscr{L}^{-1}\left[\frac{1}{s-3}\right]=e^{2t}+e^{3t}$$

（2）由于

$$F(s)=\frac{16}{s(s-4)^2}=\frac{1}{s}-\frac{s-8}{(s-4)^2}=\frac{1}{s}-\frac{1}{s-4}+\frac{4}{(s-4)^2}$$

所以

$$f(t)=\mathscr{L}^{-1}\left[\frac{1}{s}\right]-\mathscr{L}^{-1}\left[\frac{1}{s-4}\right]+\mathscr{L}^{-1}\left[\frac{4}{(s-4)^2}\right]=1-e^{4t}+4te^{4t}$$
$$=1+(4t-1)e^{4t}$$

（3）由于

$$F(s)=\frac{2s+2}{s^3+4s^2+6s+4}=\frac{2s+2}{(s+2)(s^2+2s+2)}$$
$$=\frac{s+2}{(s+1)^2+1}-\frac{1}{s+2}=\frac{s+1}{(s+1)^2+1}+\frac{1}{(s+1)^2+1}-\frac{1}{s+2}$$

所以

$$f(t)=\mathscr{L}^{-1}\left[\frac{s+1}{(s+1)^2+1}\right]+\mathscr{L}^{-1}\left[\frac{1}{(s+1)^2+1}\right]-\mathscr{L}^{-1}\left[\frac{1}{s+2}\right]=e^{-t}\cos t+e^{-t}\sin t-e^{-2t}$$

3. 查表法

既然可以通过查表求拉氏变换，当然也可以通过查表求拉氏逆变换。对一些简单的像函数 $F(s)$，可以通过查附录 C 直接得到它的像原函数 $f(t)$。

例 9-22 求下列各函数的拉氏逆变换。

（1）$F(s)=\frac{1}{s+3}$　　（2）$F(s)=\frac{5}{s(s+5)}$　　（3）$F(s)=\frac{s}{s^2+4}$

解 查附录 C，得

（1）$\mathscr{L}^{-1}[F(s)]=\mathscr{L}^{-1}\left[\frac{1}{s+3}\right]=e^{-3t}$

（2）$\mathscr{L}^{-1}[F(s)]=\mathscr{L}^{-1}\left[\frac{5}{s(s+5)}\right]=1-e^{-5t}$

（3）$\mathscr{L}^{-1}[F(s)]=\mathscr{L}^{-1}\left[\frac{s}{s^2+2^2}\right]=\cos 2t$

在用附录 C 求函数的拉氏逆变换时，有时要结合使用拉氏变换的性质。

例 9-23 求下列各函数的拉氏逆变换。

（1）$F(s)=\frac{s+7}{(s-1)(s+3)}$　（2）$F(s)=\frac{s}{s+3}$　（3）$F(s)=\frac{1}{(s+5)^4}$

（4）$F(s)=\frac{1}{s^2(s+1)}$　（5）$F(s)=\frac{4s-3}{s^2+4}$　（6）$F(s)=\frac{se^{-2s}}{s^2+1}$

解 以下各小题，需要结合使用拉氏变换的性质查附录 C。

（1）$$\mathscr{L}^{-1}[F(s)]=\mathscr{L}^{-1}\left[\frac{s+7}{(s-1)(s+3)}\right]$$

$$=\mathscr{L}^{-1}\left[\frac{2}{s-1}-\frac{1}{s+3}\right]=2e^{t}-e^{-3t}$$

(2)
$$\mathscr{L}^{-1}\left[\frac{s}{s+3}\right]=\mathscr{L}^{-1}\left[1-\frac{3}{s+3}\right]=\mathscr{L}^{-1}[1]-\mathscr{L}^{-1}\left[\frac{3}{s+3}\right]$$
$$=\delta(t)-3e^{-3t}$$

(3) 因为

$$\mathscr{L}^{-1}\left[\frac{1}{s^4}\right]=\frac{1}{3!}\mathscr{L}^{-1}\left[\frac{3!}{s^4}\right]=\frac{1}{6}t^3$$

再由位移性质，得

$$\mathscr{L}^{-1}\left[\frac{1}{(s+5)^4}\right]=\frac{1}{6}t^3e^{-5t}$$

(4)
$$\mathscr{L}^{-1}[F(s)]=\mathscr{L}^{-1}\left[\frac{1}{s^2(s+1)}\right]=\mathscr{L}^{-1}\left[\frac{1}{s^2}-\frac{1}{s}+\frac{1}{s+1}\right]=t-1+e^{-t}$$

(5)
$$\mathscr{L}^{-1}\left[\frac{4s-3}{s^2+4}\right]=4\mathscr{L}^{-1}\left[\frac{s}{s^2+2^2}\right]-\frac{3}{2}\mathscr{L}^{-1}\left[\frac{2}{s^2+2^2}\right]=4\cos 2t-\frac{3}{2}\sin 2t$$

(6)
$$\mathscr{L}^{-1}\left[\frac{se^{-2s}}{s^2+1}\right]=\cos(t-2)u(t-2)=\begin{cases}0 & (t<2)\\ \cos(t-2) & (t\geqslant 2)\end{cases}$$

通过以上几个例题可以看出，有理函数法、部分分式法和查表法都可以用来求有理函数的拉氏逆变换，只不过针对有理函数的具体特点，其中某种方法可能最为简便。

除了上面介绍的 3 种方法外，还有将在 9.4 节介绍的卷积法。这些方法各有优缺点。

9.4　拉普拉斯变换的卷积

9.3 节介绍了拉氏变换的几个性质。本节将介绍拉氏变换的卷积性质。它不仅可以用来求某些函数的逆变换及一些积分值，而且在线性系统的分析中起着重要的作用。

8.5 节介绍的两个函数的卷积是指

$$f_1(t)*f_2(t)=\int_{-\infty}^{+\infty}f_1(\tau)f_2(t-\tau)\mathrm{d}\tau$$

如果 $f_1(t)$ 与 $f_2(t)$ 都满足条件：当 $t<0$ 时 $f_1(t)=f_2(t)=0$，则由上式可推得

$$f_1(t)*f_2(t)=\int_{-\infty}^{0}f_1(\tau)f_2(t-\tau)\mathrm{d}\tau+\int_{0}^{t}f_1(\tau)f_2(t-\tau)\mathrm{d}\tau+\int_{t}^{+\infty}f_1(\tau)f_2(t-\tau)\mathrm{d}\tau$$
$$=\int_{0}^{t}f_1(\tau)f_2(t-\tau)\mathrm{d}\tau$$

这就得到如下的卷积定义。

定义 9-2　若给定两个函数 $f_1(t)$，$f_2(t)$，当 $t<0$ 时 $f_1(t)=f_2(t)=0$，则积分

$$\int_{0}^{t}f_1(\tau)f_2(t-\tau)\mathrm{d}\tau$$

称为函数 $f_1(t)$ 与 $f_2(t)$ 的**卷积**，记为 $f_1(t)*f_2(t)$，即

$$f_1(t)*f_2(t)=\int_{0}^{t}f_1(\tau)f_2(t-\tau)\mathrm{d}\tau \tag{9-23}$$

由于拉氏变换的像原函数只需在 $t\geqslant 0$ 内定义，故只要补充定义这些函数在 $t<0$ 时恒为

零，则它们的卷积都按式(9-23) 计算。

例 9-24 求函数 $f_1(t)=t$ 和 $f_2(t)=\cos t$ 的卷积，即求 $t*\cos t$。

解 根据式(9-23) 有

$$\begin{aligned}f_1(t)*f_2(t)&=\int_0^t \tau\cos(t-\tau)\mathrm{d}\tau\\&=-\tau\sin(t-\tau)\Big|_0^t+\int_0^t\sin(t-\tau)\mathrm{d}\tau\\&=0+\cos(t-\tau)\Big|_0^t=1-\cos t\end{aligned}$$

由式(9-23) 定义的卷积运算同样满足 8.5 节指出的交换律、对加法的分配律和结合律，并且有下面的卷积定理。

定理 9-3 (卷积定理) 假定 $f_1(t)$，$f_2(t)$ 都满足拉氏变换存在定理中的条件，且 $\mathscr{L}[f_1(t)]=F_1(s)$，$\mathscr{L}[f_2(t)]=F_2(s)$，则 $f_1(t)*f_2(t)$ 的拉氏变换一定存在，且

$$\mathscr{L}[f_1(t)*f_2(t)]=F_1(s)F_2(s) \tag{9-24}$$

证明 按拉氏变换的定义，有

$$\begin{aligned}\mathscr{L}[f_1(t)*f_2(t)]&=\int_0^{+\infty}[f_1(t)*f_2(t)]\mathrm{e}^{-st}\mathrm{d}t\\&=\int_0^{+\infty}\left[\int_0^t f_1(\tau)f_2(t-\tau)\mathrm{d}\tau\right]\mathrm{e}^{-st}\mathrm{d}t\end{aligned} \tag{a}$$

式(a) 的积分区域为图 9-4 的阴影部分。由于该二重积分绝对可积，故可以交换积分次序，即

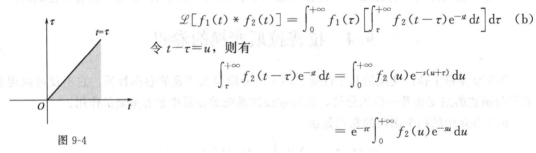

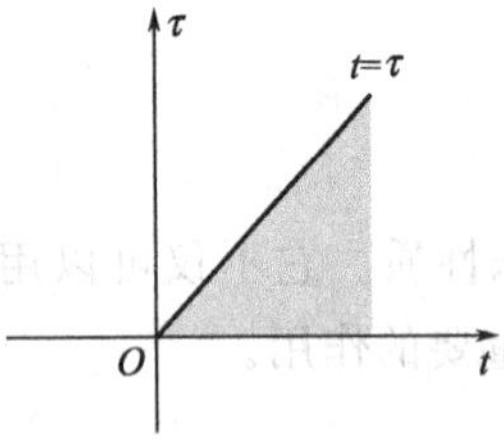

图 9-4

$$\mathscr{L}[f_1(t)*f_2(t)]=\int_0^{+\infty}f_1(\tau)\left[\int_\tau^{+\infty}f_2(t-\tau)\mathrm{e}^{-st}\mathrm{d}t\right]\mathrm{d}\tau \tag{b}$$

令 $t-\tau=u$，则有

$$\begin{aligned}\int_\tau^{+\infty}f_2(t-\tau)\mathrm{e}^{-st}\mathrm{d}t&=\int_0^{+\infty}f_2(u)\mathrm{e}^{-s(u+\tau)}\mathrm{d}u\\&=\mathrm{e}^{-s\tau}\int_0^{+\infty}f_2(u)\mathrm{e}^{-su}\mathrm{d}u\\&=\mathrm{e}^{-s\tau}F_2(s)\end{aligned} \tag{c}$$

将式(c) 代入式(b)，得

$$\begin{aligned}\mathscr{L}[f_1(t)*f_2(t)]&=\int_0^{+\infty}f_1(\tau)\mathrm{e}^{-s\tau}F_2(s)\mathrm{d}\tau=F_2(s)\int_0^{+\infty}f_1(\tau)\mathrm{e}^{-s\tau}\mathrm{d}\tau\\&=F_2(s)F_1(s)=F_1(s)F_2(s)\end{aligned}$$

证毕

该定理表明，两个函数卷积的拉氏变换等于这两个函数拉氏变换的乘积。

下面利用卷积定理求一些函数的拉氏逆变换。

例 9-25 求下列各函数的拉氏逆变换。

(1) $F(s)=\dfrac{1}{s^2(s^2+1)}$ (2) $F(s)=\dfrac{2s}{s^4+10s^2+9}$ (3) $F(s)=\dfrac{1}{(s^2+6s+10)^2}$

解 (1) 因为

$$F(s)=\frac{1}{s^2(s^2+1)}=\frac{1}{s^2}\cdot\frac{1}{(s^2+1)}$$

所以

$$f(t)=\mathscr{L}^{-1}\left[\frac{1}{s^2}\cdot\frac{1}{(s^2+1)}\right]=t*\sin t$$

$$=\int_0^t \tau\sin(t-\tau)\mathrm{d}\tau$$

$$=t-\sin t$$

（2）因为

$$F(s)=\frac{2s}{s^4+10s^2+9}=2\cdot\frac{1}{s^2+3^2}\cdot\frac{s}{s^2+1^2}$$

所以

$$f(t)=\mathscr{L}^{-1}\left[\frac{2}{3}\cdot\frac{3}{s^2+3^2}\cdot\frac{s}{s^2+1^2}\right]=\frac{2}{3}\sin 3t*\cos t$$

$$=\frac{2}{3}\int_0^t \sin 3\tau\cos(t-\tau)\mathrm{d}\tau$$

$$=\frac{1}{3}\int_0^t [\sin(2\tau+t)-\sin(4\tau-t)]\mathrm{d}\tau$$

$$=\frac{1}{12}(\cos t-\cos 3t)$$

（3）因为

$$F(s)=\frac{1}{(s^2+6s+10)^2}=\frac{1}{[(s+3)^2+1]^2}$$

$$=\frac{1}{(s+3)^2+1}\cdot\frac{1}{(s+3)^2+1}$$

根据位移性质，有

$$\mathscr{L}^{-1}\left[\frac{1}{(s+3)^2+1}\right]=\mathrm{e}^{-3t}\sin t$$

所以

$$f(t)=\mathscr{L}^{-1}\left[\frac{1}{(s+3)^2+1}\cdot\frac{1}{(s+3)^2+1}\right]=\mathrm{e}^{-3t}\sin t*\mathrm{e}^{-3t}\sin t$$

$$=\int_0^t \mathrm{e}^{-3\tau}\sin\tau\cdot\mathrm{e}^{-3(t-\tau)}\sin(t-\tau)\mathrm{d}\tau$$

$$=\mathrm{e}^{-3t}\int_0^t \sin\tau\sin(t-\tau)\mathrm{d}\tau$$

$$=\frac{1}{2}\mathrm{e}^{-3t}\int_0^t [\cos(2\tau-t)-\cos t]\mathrm{d}\tau$$

$$=\frac{1}{2}(\sin t-t\cos t)\mathrm{e}^{-3t}$$

9.5　拉普拉斯变换的应用

对一个物理系统进行分析和研究，首先要知道该系统的数学模型，也就是要建立描述该系统特性的数学表达式。如果一个物理系统的数学模型可以用一个线性微分方程来描述，或者说满足叠加原理，则称这样的系统为**线性系统**。在电路理论和自动控制理论的研究中，线性系统都占有很重要的地位。本节将应用拉氏变换来解线性微分方程和建立线性系统的传递函数的概念。

9.5.1 微分方程的拉氏变换解法

和用傅氏变换解微分方程一样，也可以用拉氏变换解微分方程。而且，对于解微分方程，用拉氏变换比用傅氏变换更方便。本书仅限于讨论用拉氏变换解常系数线性微分方程（或方程组，下同）。具体步骤如下：

(1) 根据拉氏变换的微分性质和线性性质，对微分方程的两端取拉氏变换，得到像函数的代数方程；

(2) 解代数方程得到像函数；

(3) 对像函数取拉氏逆变换，求出像原函数，即得到微分方程的解。

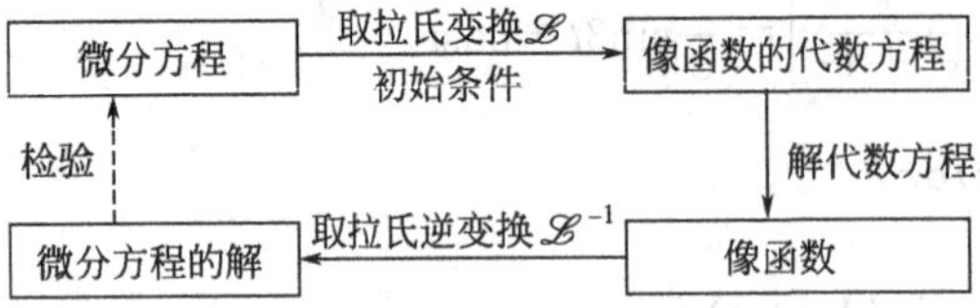

图 9-5

可以将得到的微分方程的解代入微分方程进行检验。图 9-5 是这种解法的示意图。

例 9-26 求微分方程 $x'(t)+2x(t)=0$ 满足初始条件 $x(0)=3$的解。

解 设 $\mathscr{L}[x(t)]=X(s)$，对微分方程两端取拉氏变换，得

$$\mathscr{L}[x'(t)+2x(t)]=\mathscr{L}[0]$$

即

$$sX(s)-x(0)+2X(s)=0$$

将初始条件 $x(0)=3$ 代入上式，得

$$(s+2)X(s)=3$$

解之，得

$$X(s)=\frac{3}{s+2}$$

再将像函数 $X(s)$ 取拉氏逆变换，即得到微分方程满足初始条件的解：

$$x(t)=\mathscr{L}^{-1}[X(s)]=\mathscr{L}^{-1}\left[\frac{3}{s+2}\right]=3\mathrm{e}^{-2t}$$

例 9-27 求微分方程 $y''(t)+2y'(t)-3y(t)=\mathrm{e}^{-t}$满足初始条件 $y(0)=0$，$y'(0)=1$ 的解。

解 设 $\mathscr{L}[y(t)]=Y(s)$，对微分方程两端取拉氏变换，得

$$\mathscr{L}[y''(t)+2y'(t)-3y(t)]=\mathscr{L}[\mathrm{e}^{-t}]$$

即

$$[s^2Y(s)-sy(0)-y'(0)]+2[sY(s)-y(0)]-3Y(s)=\frac{1}{s+1}$$

将初始条件 $y(0)=0$，$y'(0)=1$ 代入上式，化简得

$$(s^2+2s-3)Y(s)=\frac{s+2}{s+1}$$

解之，得

$$Y(s)=\frac{s+2}{(s-1)(s+1)(s+3)}=\frac{3}{8}\times\frac{1}{s-1}-\frac{1}{4}\times\frac{1}{s+1}-\frac{1}{8}\times\frac{1}{s+3}$$

再将像函数 $Y(s)$ 取拉氏逆变换，即得到微分方程满足初始条件的解

$$y(t)=\mathscr{L}^{-1}[Y(s)]=\mathscr{L}^{-1}\left[\frac{3}{8}\times\frac{1}{s-1}-\frac{1}{4}\times\frac{1}{s+1}-\frac{1}{8}\times\frac{1}{s+3}\right]$$

$$=\frac{3}{8}e^{t}-\frac{1}{4}e^{-t}-\frac{1}{8}e^{-3t}$$

例 9-28　求微分方程组 $\begin{cases}y''(t)+x'(t)=e^{t}\\x''(t)+2y'(t)+x(t)=t\end{cases}$ 满足初始条件 $\begin{cases}x(0)=x'(0)=0\\y(0)=y'(0)=0\end{cases}$ 的解。

解　设 $\mathscr{L}[x(t)]=X(s)$，$\mathscr{L}[y(t)]=Y(s)$，对每个微分方程两端取拉氏变换，并代入初始条件，得

$$\begin{cases}s^{2}Y(s)+sX(s)=\dfrac{1}{s-1}\\ s^{2}X(s)+2sY(s)+X(s)=\dfrac{1}{s^{2}}\end{cases}$$

解上述方程组，得

$$\begin{cases}X(s)=-\dfrac{1}{s^{2}(s-1)^{2}}\\ Y(s)=\dfrac{1-s+s^{2}}{s^{3}(s^{2}-1)}\end{cases}$$

再将像函数 $X(s)$ 和 $Y(s)$ 取拉氏逆变换，即得到微分方程组满足初始条件的解

$$\begin{cases}x(t)=-2-t+(t-2)e^{t}\\ y(t)=2+t+\dfrac{t^{2}}{2}-(t-2)e^{t}\end{cases}$$

例 9-29　在如图 9-6 所示的 RC 串联电路中，电阻 $R=2\Omega$，电容 $C=0.1$F，电源电动势 $e(t)=100\sin 5t$V，当开关 K 合上后，电路中有电流通过。求电容两端的电压 $u_C(t)$。

解　根据回路电压定律，有

$$u_R+u_C=e(t)=100\sin 5t \qquad (a)$$

由于 $u_R=Ri(t)$，$i(t)=C\dfrac{du_C}{dt}$，从而式(a) 可变为

$$RC\frac{du_C}{dt}+u_C(t)=100\sin 5t \qquad (b)$$

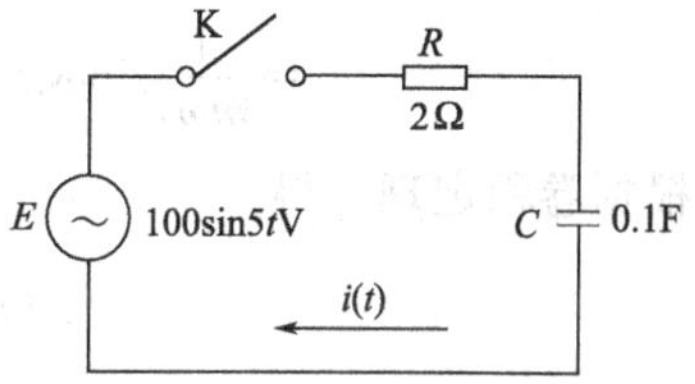

图 9-6

设 $\mathscr{L}[u_C(t)]=U_C(s)$，对上述微分方程（b）两端取拉氏变换并代入已知常数，得

$$2\times 0.1\times[sU_C(s)-U_C(0)]+U_C(s)=100\times\frac{5}{s^{2}+25}$$

将初始条件 $u_C(0)=0$ 代入上式，化简得

$$U_C(s)=\frac{2500}{(s+5)(s^{2}+5^{2})}=50\left(\frac{1}{s+5}-\frac{s}{s^{2}+5^{2}}+\frac{5}{s^{2}+5^{2}}\right)$$

再将像函数 $U_C(s)$ 取拉氏逆变换，得

$$u_C(t)=\mathscr{L}^{-1}[U_C(s)]=\mathscr{L}^{-1}\left[50\left(\frac{1}{s+5}-\frac{s}{s^{2}+5^{2}}+\frac{5}{s^{2}+5^{2}}\right)\right]$$
$$=50(e^{-5t}-\cos 5t+\sin 5t)$$

也可以将式(a) 变为函数 $i(t)$ 的微分方程，即根据

$$Ri(t)+\frac{1}{C}\int_{0}^{t}i(t)dt=100\sin 5t$$

求解。有兴趣的读者可以自己完成。

例 9-30　质量为 m 的物体挂在弹簧的下端（如图 9-7 所示）。该弹簧的弹簧系数为 k。

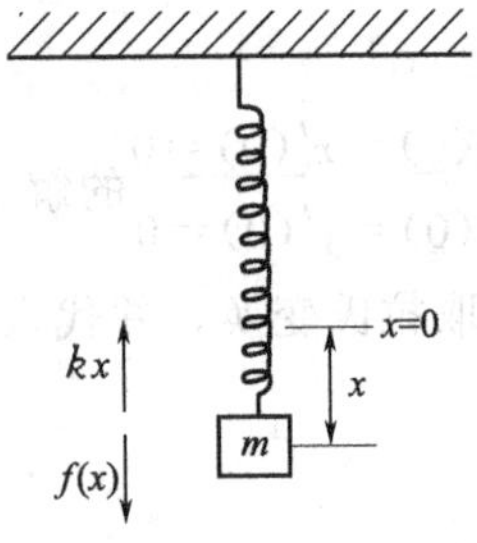

图 9-7

作用在物体上的外力为 $f(t)$。若该物体自静止平衡位置 $x=0$ 开始运动，求该物体的运动规律 $x(t)$。

解 根据力学知识以及题目给出的初始条件，可得描述该物体运动的数学模型为

$$mx''=f(t)-kx, \text{且 } x(0)=0,\ x'(0)=0$$

即

$$\begin{cases} mx''+kx=f(t) \\ x'(0)=x(0)=0 \end{cases}$$

设 $\mathscr{L}[x(t)]=X(s)$，$\mathscr{L}[f(t)]=F(s)$，对上述微分方程两端取拉氏变换并代入初始条件，得

$$ms^2X(s)+kX(s)=F(s)$$

解得

$$X(s)=\frac{1}{m\sqrt{k/m}}\cdot\frac{\sqrt{k/m}}{s^2+(\sqrt{k/m})^2}\cdot F(s)$$

再令 $\omega_0=\sqrt{k/m}$，则上式可化为

$$X(s)=\frac{1}{m\omega_0}\cdot\frac{\omega_0}{s^2+\omega_0^2}\cdot F(s) \tag{a}$$

对式(a) 取拉氏逆变换，得

$$x(t)=\frac{1}{m\omega_0}\mathscr{L}^{-1}\left[\frac{\omega_0}{s^2+\omega_0^2}\cdot F(s)\right]=\mathscr{L}^{-1}\left(\frac{\omega_0}{s^2+\omega_0^2}\right)*\mathscr{L}^{-1}[F(s)]$$

$$=\frac{1}{m\omega_0}\sin\omega_0 t*f(t)$$

再根据卷积定理，得

$$x(t)=\frac{1}{m\omega_0}\int_0^t f(\tau)\sin\omega_0(t-\tau)\mathrm{d}\tau \tag{b}$$

式(b) 就是所求的答案。

如果已知外力 $f(t)$，则可以直接由式(a) 求得物体的运动规律 $x(t)$。例如，在 $x=0$ 时，物体所受外力为 $f(t)=A\delta(t)$，其中 A 为常数，则由式(a) 可得

$$X(s)=\frac{1}{m\omega_0}\cdot\frac{\omega_0}{s^2+\omega_0^2}\cdot\mathscr{L}[A\delta(t)]=\frac{A}{m}\cdot\frac{1}{s^2+\omega_0^2}$$

对上式取拉氏逆变换，得

$$x(t)=\mathscr{L}^{-1}\left[\frac{A}{m}\cdot\frac{1}{s^2+\omega_0^2}\right]=\frac{A}{m\omega_0}\sin\omega_0 t$$

可见，在冲击力 $A\delta(t)$ 作用下物体按正弦规律振动，振幅为 $\frac{A}{m\omega_0}$，角频率为 ω_0，而 $\omega_0=\sqrt{k/m}$ 与所受外力无关，完全由该系统决定，称为系统的**固有频率**。

由前面几个例题可知，由于在取拉氏变换时用到了初始条件，所以用拉氏变换解常系数线性微分方程比高等数学中用的解法简便。

9.5.2 线性系统的传递函数

一个物理系统，如果可以用常系数线性微分方程来描述，那么称这个物理系统为**线性系**

统。通常称线性系统的输入函数为系统的**激励**，而称线性系统的输出函数为系统的**响应**。

在例 9-29 的 RC 串联电路中，电容器 C 两端的电压 $u_C(t)$ 满足下面的微分方程

$$RC\frac{\mathrm{d}u_C}{\mathrm{d}t}+u_C(t)=e(t)$$

这样的 RC 串联闭合回路可以看成是一个有输入端和输出端的线性系统（RC 串联电路），如图 9-8 所示。图中虚线框中的电路结构取决于该系统内的元件参量和连接方式。这样一个线性系统，在电路理论中又称为**线性网络**（简称**网络**）。对于这个线性系统，通常将外加电动势 $e(t)$ 看成随时间 t 变化的输入函数（激励），而把电容器两端的电压 $u_C(t)$ 看成随时间 t 变化的输出函数（响应）。

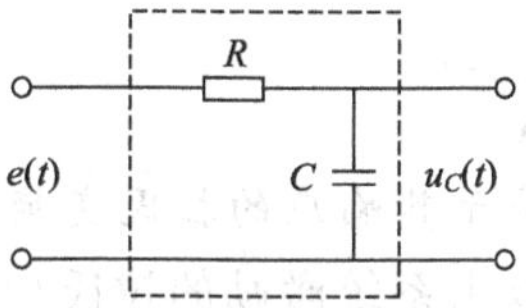

图 9-8

图 9-9

一个系统的响应由激励与系统本身的特性（包括所有元件的参量和连接方式）所决定。显然，如果两个系统的特性相同，则在相同的激励下，它们的响应一定相同；如果两个系统的特性不同，即使在相同的激励下，它们的响应也不相同。

事实上，两个系统的内部结构不同，但它们的特性可能相同。因此，在分析线性系统时，不必关心系统内部的具体结构，而是要研究激励和响应与系统特性之间的联系，可用图 9-9 表示。为了描述这种联系，需要引进传递函数的概念。

一般的线性系统的激励 $x(t)$ 与响应 $y(t)$ 可以用下面的微分方程来表示

$$a_ny^{(n)}+a_{n-1}y^{(n-1)}+\cdots+a_1y'+a_0y=b_mx^{(m)}+b_{m-1}x^{(m-1)}+\cdots+b_1x'+b_0x \quad (9\text{-}25)$$

其中，$a_0,a_1,\cdots,a_{n-1},a_n,b_0,b_1,\cdots,b_{m-1},b_m$ 均为常数，m，n 为正整数，且 $m\leqslant n$。

设 $\mathscr{L}[y(t)]=Y(s),\mathscr{L}[x(t)]=X(s)$，根据拉氏变换的微分性质，有

$$\begin{aligned}\mathscr{L}[a_ky^{(k)}]=a_ks^kY(s)-a_k[s^{k-1}y(0)+s^{k-2}y'(0)+\\ s^{k-3}y''(0)+\cdots+y^{(k-1)}(0)]\quad(k=0,1,2,\cdots,n),\end{aligned}$$

$$\begin{aligned}\mathscr{L}[b_jx^{(j)}]=b_js^jX(s)-b_j[s^{j-1}x(0)+s^{j-2}x'(0)+\\ s^{j-3}x''(0)+\cdots+x^{(j-1)}(0)]\quad(j=0,1,2,\cdots,m)\end{aligned}$$

对式(9-25) 两边取拉氏变换并进行整理，可得

$$V(s)Y(s)-Q(s)=U(s)X(s)-P(s)$$

即

$$Y(s)=\frac{U(s)}{V(s)}X(s)+\frac{Q(s)-P(s)}{V(s)} \quad (9\text{-}26)$$

其中

$$U(s)=b_ms^m+b_{m-1}s^{m-1}+\cdots+b_1s+b_0,$$

$$V(s)=a_ns^n+a_{n-1}s^{n-1}+\cdots+a_1s+a_0,$$

$$\begin{aligned}P(s)=b_my(0)s^{m-1}+[b_my'(0)+b_{m-1}y(0)]s^{m-2}+\cdots\\ +[b_my^{(m-1)}(0)+\cdots+b_2y'(0)+b_1y(0)],\end{aligned}$$

$$Q(s)=a_nx(0)s^{n-1}+[a_nx'(0)+a_{n-1}x(0)]s^{n-2}+\cdots$$

$$+[a_n x^{(n-1)}(0)+\cdots+a_2 x'(0)+a_1 x(0)]$$

若令 $G(s)=\dfrac{U(s)}{V(s)}$，$H(s)=\dfrac{Q(s)-P(s)}{V(s)}$，则式(9-26) 可写成

$$Y(s)=G(s)X(s)+H(s) \tag{9-27}$$

式中

$$G(s)=\frac{b_m s^m+b_{m-1}s^{m-1}+\cdots+b_1 s+b_0}{a_n s^n+a_{n-1}s^{n-1}+\cdots+a_1 s+a_0} \tag{9-28}$$

显然，$G(s)$ 表达了系统本身的特性，而与激励和系统的初始状态无关，称为系统的**传递函数**。$H(s)$ 由激励和系统的初始状态共同决定。若所有初始条件都为零，即 $H(s)=0$ 时，式(9-27) 可写成

$$Y(s)=G(s)X(s) \text{或} G(s)=\frac{Y(s)}{X(s)} \tag{9-29}$$

式(9-29) 表明，在零初始条件下，系统的传递函数等于其响应的拉氏变换与其激励的拉氏变换之比。如果知道了系统的传递函数 $G(s)$，就可以由系统激励的拉氏变换 $X(s)$ 按式(9-27) 或式(9-29) 求出其响应的拉氏变换 $Y(s)$。再通过求拉氏逆变换得到其响应 $y(t)$。$x(t)$ 和 $y(t)$ 之间的关系可用图 9-10 表示。

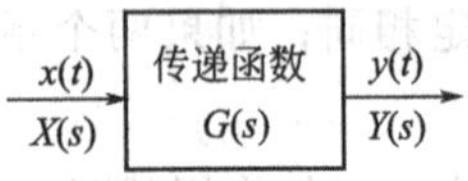

图 9-10

【说明】 传递函数并不体现系统的具体物理性质。许多性质不同的物理系统可以有相同的传递函数。因此，对传递函数的分析研究能统一处理各种物理性质不同的线性系统。

若以 $g(t)$ 表示 $G(s)$ 的拉氏逆变换，即

$$g(t)=\mathscr{L}^{-1}[G(s)]$$

则根据式(9-29) 和拉氏变换的卷积定理可得

$$y(t)=g(t)*x(t)=\int_0^t g(\tau)x(t-\tau)\mathrm{d}\tau \tag{9-30}$$

即系统的响应等于其激励 $x(t)$ 与 $g(t)=\mathscr{L}^{-1}[G(s)]$ 的卷积。

由此可见，一个线性系统除了可以用传递函数 $G(s)$ 来表征外，还可以用传递函数的拉氏逆变换 $g(t)=\mathscr{L}^{-1}[G(s)]$ 来表征。$g(t)$ 称为系统的**脉冲响应函数**。脉冲响应函数 $g(t)$ 就是在零初始条件下，激励为 $\delta(t)$ 时的响应 $y(t)$(如图 9-11 所示)，即

$$g(t)=y(t)$$

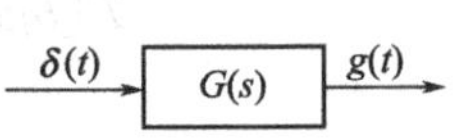

图 9-11

下面对上式进行证明。

当 $x(t)=\delta(t)$时，有

$$X(s)=\mathscr{L}[x(t)]=\mathscr{L}[\delta(t)]=1$$

若所有初始条件都为零，则按式(9-29) 有

$$G(s)=Y(s)$$

进而有

$$g(t)=y(t)$$

证毕

在所有初始条件都为零时，以 $s=\mathrm{i}\omega$ 代入系统的传递函数 $G(s)$ 中，则可得到 $G(\mathrm{i}\omega)$，$G(\mathrm{i}\omega)$称为系统的**频率特征函数**，简称为**频率响应**。

线性系统的传递函数、脉冲响应函数、频率响应是表征线性系统的几个重要特征量。

例 9-31 在如图 9-8 所示的 RC 串联闭合回路中，将外加电动势 $e(t)$看成电路的激励，电容器两端的电压 $u_C(t)$ 看成电路的响应。求该系统的传递函数、脉冲响应函数和频率响应。

解　该系统的激励 $e(t)$ 和响应 $u_C(t)$ 应满足下面的微分方程：

$$RC\frac{\mathrm{d}u_C}{\mathrm{d}t}+u_C(t)=e(t)$$

设 $\mathscr{L}[u_C(t)]=U_C(s)$，$\mathscr{L}[e(t)]=E(s)$，对上述微分方程两端取拉氏变换，得

$$RC[sU_C(s)-U_C(0)]+U_C(s)=E(s)$$

所以

$$U_C(s)=\frac{E(s)}{RCs+1}+\frac{RCu_C(0)}{RCs+1}$$

按传递函数的定义，此电路的传递函数为

$$G(s)=\frac{1}{RCs+1}=\frac{1}{RC\left(s+\frac{1}{RC}\right)}$$

而此电路的脉冲响应函数为

$$g(t)=\mathscr{L}^{-1}[G(s)]=\mathscr{L}^{-1}\left[\frac{1}{RC\left(s+\frac{1}{RC}\right)}\right]$$

$$=\frac{1}{RC}\mathrm{e}^{-\frac{1}{RC}t}$$

以 $s=\mathrm{i}\omega$ 代入系统的传递函数 $G(s)$ 中，则可得频率响应

$$G(\mathrm{i}\omega)=\frac{1}{RC\left(\mathrm{i}\omega+\frac{1}{RC}\right)}=\frac{1}{RC\mathrm{i}\omega+1}$$

9.6 本章小结

本章介绍了拉普拉斯变换的基本知识。重点是：(1) 拉普拉斯变换和拉普拉斯逆变换的概念；(2) 拉普拉斯变换的存在定理；(3) 拉普拉斯变换的基本性质。下面是本章知识的要点以及对它们的要求。

◇深刻理解拉普拉斯变换和拉普拉斯逆变换的概念。

◇懂得拉普拉斯变换的存在定理。

◇会根据定义求简单函数的拉氏变换；记住指数衰减函数、单位阶跃函数、单位脉冲函数等基本函数的拉氏变换。

◇熟悉拉普拉斯变换的基本性质；会用查表法和拉氏变换的性质求函数的拉氏变换。

◇知道卷积的概念、卷积的性质和卷积定理；会用卷积求拉氏逆变换。

◇会用有理函数法、部分分式法和查表法求函数的拉氏逆变换。

◇掌握常系数线性微分方程的拉氏变换解法；了解线性系统的传递函数。

习　题

一、单项选择题

9-1　下面的________是单位阶跃函数 $u(t-t_0)$ 的拉氏变换。

(A) $\frac{1}{s}$　　(B) $\frac{1}{\mathrm{i}\omega}$　　(C) $\frac{1}{s}\mathrm{e}^{-st_0}$　　(D) $\frac{1}{\mathrm{i}\omega}\mathrm{e}^{-\mathrm{i}\omega t_0}$

9-2 若 $\mathscr{L}[f(t)]=F(s)$，则以下各式只有________是正确的。

(A) $\mathscr{L}[f'(t)]=\frac{1}{s}F(s)-f(0)$　(B) $\mathscr{L}\left[\int_0^t f(t)\mathrm{d}t\right]=sF(s)$

(C) $\mathscr{L}[\mathrm{e}^{at}f(t)]=F(s+a)$　(D) $\mathscr{L}[f(t-\tau)]=\mathrm{e}^{-s\tau}F(s)$

9-3 设 $f(t)=\mathrm{e}^{-t}u(t-1)$，则 $\mathscr{L}[f(t)]=$________。

(A) $\frac{\mathrm{e}^{-(s-1)}}{s-1}$　(B) $\frac{\mathrm{e}^{-(s+1)}}{s+1}$　(C) $\frac{\mathrm{e}^{-s}}{s-1}$　(D) $\frac{\mathrm{e}^{-s}}{s+1}$

9-4 下列各式中只有________是正确的拉氏变换。

(A) $\mathscr{L}[t^6e^{3t}]=\frac{7!}{(s+3)^6}$　(B) $\mathscr{L}[\mathrm{e}^{-3t}\cos 2t]=\frac{s+3}{(s+3)^2+2^2}$

(C) $\mathscr{L}[t^6e^{3t}]=\frac{6!}{(s+3)^7}$　(D) $\mathscr{L}[\mathrm{e}^{-3t}\cos 2t]=\frac{s-3}{(s-3)^2+2^2}$

9-5 若 $\mathscr{L}[f(t)]=F(s)$，且 $\lim\limits_{s\to\infty}sF(s)$ 和 $\lim\limits_{s\to 0}sF(s)$ 都存在，则下列各式中正确的是________。

(A) $f(+\infty)=\lim\limits_{s\to\infty}sF(s)$　(B) $f(+\infty)=\lim\limits_{s\to 0}sF(s)$

(C) $f(0)=\lim\limits_{s\to 0}sF(s)$　(D) $f(0)=\lim\limits_{s\to 1}sF(s)$

9-6 $\mathscr{L}^{-1}\left[\frac{1}{s}\right]=$________。

(A) $\delta(t)$　(B) $u(t)$　(C) e^t　(D) $\sin t$

9-7 假定 $f_1(t)$，$f_2(t)$ 都满足拉氏变换存在定理中的条件，且 $\mathscr{L}[f_1(t)]=F_1(s)$，$\mathscr{L}[f_2(t)]=F_2(s)$，则下列各式中错误的是________。

(A) $f_1(t)*f_2(t)=f_2(t)*f_1(t)$　(B) $f_1(t)*f_2(t)=\int_{-\infty}^{+\infty}f_1(\tau)f_2(t-\tau)\mathrm{d}\tau$

(C) $\mathscr{L}[f_1(t)*f_2(t)]=F_1(s)F_2(s)$　(D) $\mathscr{L}[f_1(t)f_2(t)]=F_1(s)*F_2(s)$

9-8 在应用拉氏变换求解常系数线性微分方程时，要将微分方程转化为像函数的代数方程，其中关键是应用了拉氏变换的________。

(A) 线性性质　(B) 平移性质　(C) 延滞性质　(D) 微分性质

二、填空题

9-1 单位脉冲函数 $\delta(t)$ 的拉氏变换 $\mathscr{L}[\delta(t)]=$____。

9-2 $\mathscr{L}[u(t-3)]=$____。

9-3 $\mathscr{L}^{-1}\left[\frac{1}{(s+3)^2}\right]=$____。

9-4 已知 $\mathscr{L}[\sin\omega t]=\frac{\omega}{s^2+\omega^2}$，$\mathscr{L}[\cos\omega t]=\frac{s}{s^2+\omega^2}$，$\omega$、$\varphi$ 为常数，则 $\mathscr{L}[\sin(\omega t+\varphi)]=$____。

9-5 若 $\mathscr{L}[f(t)]=F(s)$，且 $\lim\limits_{s\to\infty}sF(s)$ 存在，则 $f(0)=$____。

9-6 若 $\mathscr{L}[f(t)]=F(s)$，且 $\lim\limits_{s\to 0}sF(s)$ 存在，则 $f(+\infty)=$____。

三、综合题

9-1 按定义求下列函数的拉氏变换：

(1) $f(t)=\mathrm{e}^{-2t}$　(2) $f(t)=\sin t\cos t$

9-2 利用拉氏变换的性质求下列函数的拉氏变换：

(1) $f(t)=t^2+3t+2$　(2) $f(t)=5\sin 2t-\cos 2t$

(3) $f(t)=1-t\mathrm{e}^t$　(4) $f(t)=(t-1)^2\mathrm{e}^t$

(5) $f(t)=\mathrm{e}^{-2t}\sin 6t$　(6) $f(t)=t\cos at$

(7) $f(t)=t\mathrm{e}^{-3t}\sin 2t$　(8) $f(t)=\int_0^t \tau\mathrm{e}^{-3\tau}\sin 2\tau\mathrm{d}\tau$

(9) $f(t)=\frac{\sin kt}{t}$　(10) $f(t)=\int_0^t\frac{\mathrm{e}^{-3\tau}\sin 2\tau}{\tau}\mathrm{d}\tau$

9-3　求下列像函数 $F(s)$ 的拉氏逆变换：

(1) $F(s)=\frac{1}{s^2+9}$　　(2) $F(s)=\frac{1}{s^5}$

(3) $F(s)=\frac{2s+3}{s^2+9}$　　(4) $F(s)=\frac{s+3}{(s+1)(s-3)}$

(5) $F(s)=\frac{s+1}{s^2+s-6}$　　(6) $F(s)=\frac{2s+5}{s^2+4s+13}$

(7) $F(s)=\frac{s}{s+2}$　　(8) $F(s)=\frac{s^2+2s-1}{s(s-1)^2}$

(9) $F(s)=\frac{s^2+2a^2}{(s^2+a^2)^2}$　　(10) $F(s)=\ln\frac{s^2-1}{s^2}$

9-4　求下列函数的卷积：

(1) $\sin t * \sin t$　　(2) $t * e^t$

9-5　利用卷积求下列像函数 $F(s)$ 的拉氏逆变换：

(1) $F(s)=\frac{3}{s(s^2+9)}$　　(2) $F(s)=\frac{s^2}{(s^2+a^2)^2}$

9-6　用拉氏变换解下列微分方程：

(1) $x'(t)+2x(t)=4e^{-3t}, x(0)=1$　　(2) $y''(t)+4y(t)=\sin t, y(0)=y'(0)=0$

9-7　求微分方程组 $\begin{cases}x''(t)+y''(t)+x(t)+y(t)=0\\2x''(t)-y''(t)-x(t)+y(t)=\sin t\end{cases}$ 满足初始条件 $\begin{cases}x(0)=y(0)=0\\x'(0)=y'(0)=-1\end{cases}$ 的解。

9-8　在如图 9-12 所示的 RL 串联电路中，在 $t=0$ 时接通直流电源 E，求电路中的电流强度 $i(t)$。

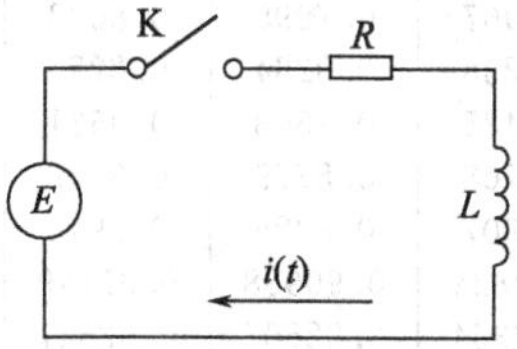

图 9-12

9-9　某系统的传递函数 $G(s)=\frac{K}{1+Ts}$(其中 K、T 都是正常数)，求当激励为 $x(t)=A\sin\omega t$ 时的系统响应 $y(t)$。

附　　录

附录 A：标准正态分布表

$$\Phi(u)=\frac{1}{\sqrt{2\pi}}\int_{-\infty}^{u} e^{-\frac{x^2}{2}}dx \quad (u\geqslant 0)$$

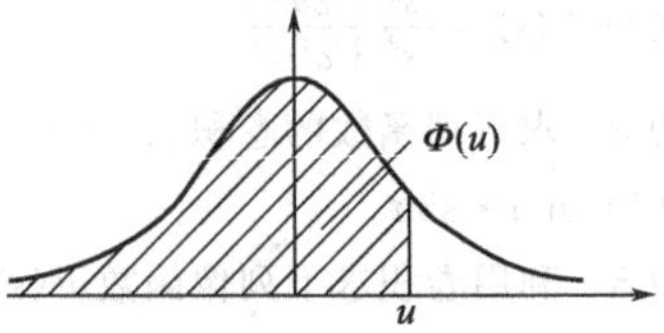

u	0.00	0.01	0.02	0.03	0.04	0.05	0.06	0.07	0.08	0.09
0.0	0.5000	0.5040	0.5080	0.5120	0.5160	0.5199	0.5239	0.5279	0.5319	0.5359
0.1	0.5398	0.5438	0.5478	0.5517	0.5557	0.5596	0.5636	0.5675	0.5714	0.5753
0.2	0.5793	0.5832	0.5871	0.5910	0.5948	0.5987	0.6026	0.6064	0.6103	0.6141
0.3	0.6179	0.6217	0.6255	0.6293	0.6331	0.6368	0.6406	0.6443	0.6480	0.6517
0.4	0.6554	0.6591	0.6628	0.6664	0.6700	0.6736	0.6772	0.6808	0.6844	0.6879
0.5	0.6915	0.6950	0.6985	0.7019	0.7054	0.7088	0.7123	0.7157	0.7190	0.7224
0.6	0.7257	0.7291	0.7324	0.7357	0.7389	0.7422	0.7454	0.7486	0.7517	0.7549
0.7	0.7580	0.7611	0.7642	0.7673	0.7703	0.7734	0.7764	0.7794	0.7823	0.7852
0.8	0.7881	0.7910	0.7939	0.7967	0.7995	0.8023	0.8051	0.8078	0.8106	0.8133
0.9	0.8159	0.8186	0.8212	0.8238	0.8264	0.8289	0.8315	0.8340	0.8365	0.8389
1.0	0.8413	0.8438	0.8461	0.8485	0.8508	0.8531	0.8554	0.8577	0.8599	0.8621
1.1	0.8643	0.8665	0.8686	0.8708	0.8729	0.8749	0.8770	0.8790	0.8810	0.8830
1.2	0.8849	0.8869	0.8888	0.8907	0.8925	0.8944	0.8962	0.8980	0.8997	0.90147
1.3	0.90320	0.90490	0.90658	0.90824	0.90988	0.91149	0.91309	0.91466	0.91621	0.91774
1.4	0.91924	0.92073	0.92220	0.92364	0.92507	0.92647	0.92785	0.92922	0.93056	0.93189
1.5	0.93319	0.93448	0.93574	0.93699	0.93822	0.93943	0.94062	0.94179	0.94295	0.94408
1.6	0.94520	0.94630	0.94738	0.94845	0.94950	0.95053	0.95154	0.95254	0.95352	0.95449
1.7	0.95543	0.95637	0.95728	0.95818	0.95907	0.95994	0.96080	0.96164	0.96246	0.96327
1.8	0.96407	0.96485	0.96562	0.96638	0.96712	0.96784	0.96856	0.96926	0.96995	0.97062
1.9	0.97128	0.97193	0.97257	0.97320	0.97381	0.97441	0.97500	0.97558	0.97615	0.97670
2.0	0.97725	0.97778	0.97831	0.97882	0.97932	0.97982	0.98030	0.98077	0.98124	0.98169
2.1	0.98214	0.98257	0.98300	0.98341	0.98382	0.98422	0.98461	0.98500	0.98537	0.98574
2.2	0.98610	0.98645	0.98679	0.98713	0.98745	0.98778	0.98809	0.98840	0.98870	0.98899
2.3	0.98928	0.98956	0.98983	$0.9^{2}0097$①	$0.9^{2}0358$	$0.9^{2}0613$	$0.9^{2}0863$	$0.9^{2}1106$	$0.9^{2}1344$	$0.9^{2}1576$
2.4	$0.9^{2}1802$	$0.9^{2}2024$	$0.9^{2}2240$	$0.9^{2}2451$	$0.9^{2}2656$	$0.9^{2}2857$	$0.9^{2}3053$	$0.9^{2}3244$	$0.9^{2}3431$	$0.9^{2}3613$
2.5	$0.9^{2}3790$	$0.9^{2}3963$	$0.9^{2}4132$	$0.9^{2}4297$	$0.9^{2}4457$	$0.9^{2}4614$	$0.9^{2}4766$	$0.9^{2}4915$	$0.9^{2}5060$	$0.9^{2}5201$
2.6	$0.9^{2}5339$	$0.9^{2}5473$	$0.9^{2}5604$	$0.9^{2}5731$	$0.9^{2}5855$	$0.9^{2}5975$	$0.9^{2}6093$	$0.9^{2}6207$	$0.9^{2}6319$	$0.9^{2}6427$
2.7	$0.9^{2}6533$	$0.9^{2}6636$	$0.9^{2}6736$	$0.9^{2}6833$	$0.9^{2}6928$	$0.9^{2}7020$	$0.9^{2}7110$	$0.9^{2}7197$	$0.9^{2}7282$	$0.9^{2}7365$
2.8	$0.9^{2}7445$	$0.9^{2}7523$	$0.9^{2}7599$	$0.9^{2}7673$	$0.9^{2}7744$	$0.9^{2}7814$	$0.9^{2}7882$	$0.9^{2}7948$	$0.9^{2}8012$	$0.9^{2}8074$
2.9	$0.9^{2}8134$	$0.9^{2}8193$	$0.9^{2}8250$	$0.9^{2}8305$	$0.9^{2}8359$	$0.9^{2}8411$	$0.9^{2}8462$	$0.9^{2}8511$	$0.9^{2}8559$	$0.9^{2}8605$
3.0	$0.9^{2}8650$	$0.9^{2}8694$	$0.9^{2}8736$	$0.9^{2}8777$	$0.9^{2}8817$	$0.9^{2}8856$	$0.9^{2}8893$	$0.9^{2}8930$	$0.9^{2}8965$	$0.9^{2}8999$
3.1	$0.9^{3}0324$	$0.9^{3}0646$	$0.9^{3}0957$	$0.9^{3}1260$	$0.9^{3}1553$	$0.9^{3}1836$	$0.9^{3}2112$	$0.9^{3}2378$	$0.9^{3}2636$	$0.9^{3}2886$
3.2	$0.9^{3}3129$	$0.9^{3}3363$	$0.9^{3}3590$	$0.9^{3}3810$	$0.9^{3}4024$	$0.9^{3}4230$	$0.9^{3}4429$	$0.9^{3}4623$	$0.9^{3}4810$	$0.9^{3}4991$
3.3	$0.9^{3}5166$	$0.9^{3}5335$	$0.9^{3}5499$	$0.9^{3}5658$	$0.9^{3}5811$	$0.9^{3}5959$	$0.9^{3}6103$	$0.9^{3}6242$	$0.9^{3}6376$	$0.9^{3}6505$
3.4	$0.9^{3}6631$	$0.9^{3}6752$	$0.9^{3}6869$	$0.9^{3}6982$	$0.9^{3}7091$	$0.9^{3}7197$	$0.9^{3}7299$	$0.9^{3}7398$	$0.9^{3}7493$	$0.9^{3}7585$
3.5	$0.9^{3}7674$	$0.9^{3}7759$	$0.9^{3}7842$	$0.9^{3}7922$	$0.9^{3}7999$	$0.9^{3}8074$	$0.9^{3}8146$	$0.9^{3}8215$	$0.9^{3}8282$	$0.9^{3}8347$
3.6	$0.9^{3}8409$	$0.9^{3}8469$	$0.9^{3}8527$	$0.9^{3}8583$	$0.9^{3}8637$	$0.9^{3}8689$	$0.9^{3}8739$	$0.9^{3}8787$	$0.9^{3}8834$	$0.9^{3}8879$
3.7	$0.9^{3}8922$	$0.9^{3}8964$	$0.9^{4}0039$	$0.9^{4}0426$	$0.9^{4}0799$	$0.9^{4}1158$	$0.9^{4}1504$	$0.9^{4}1838$	$0.9^{4}2159$	$0.9^{4}2468$
3.8	$0.9^{4}2765$	$0.9^{4}3052$	$0.9^{4}3327$	$0.9^{4}3593$	$0.9^{4}3848$	$0.9^{4}4094$	$0.9^{4}4331$	$0.9^{4}4558$	$0.9^{4}4777$	$0.9^{4}4988$
3.9	$0.9^{4}5190$	$0.9^{4}5385$	$0.9^{4}5573$	$0.9^{4}5753$	$0.9^{4}5926$	$0.9^{4}6092$	$0.9^{4}6253$	$0.9^{4}6406$	$0.9^{4}6554$	$0.9^{4}6696$

① $0.9^{2}0097=0.990097$，下同。例如，$0.9^{3}0324=0.9990324$，$0.9^{4}0039=0.99990039$。

附录 B：傅里叶变换简表

	$f(t)$	$F(\omega)$
1	$\cos\omega_0 t$	$\pi[\delta(\omega+\omega_0)+\delta(\omega-\omega_0)]$
2	$\sin\omega_0 t$	$\mathrm{i}\pi[\delta(\omega+\omega_0)-\delta(\omega-\omega_0)]$
3	$\dfrac{\sin\omega_0 t}{\pi t}$	$\begin{cases}1, & \lvert\omega\rvert\leqslant\omega_0,\\ 0, & \lvert\omega\rvert>\omega_0\end{cases}$
4	$u(t)$	$\dfrac{1}{\mathrm{i}\omega}+\pi\delta(\omega)$
5	$u(t-c)$	$\dfrac{1}{\mathrm{i}\omega}\mathrm{e}^{-\mathrm{i}\omega c}+\pi\delta(\omega)$
6	$u(t)\cdot t$	$-\dfrac{1}{\omega^2}+\pi\mathrm{i}\delta'(\omega)$
7	$u(t)\cdot t^n$	$\dfrac{n!}{(\mathrm{i}\omega)^{n+1}}+\pi\mathrm{i}^n\delta^{(n)}(\omega)$
8	$u(t)\sin at$	$\dfrac{a}{a^2-\omega^2}+\dfrac{\pi}{2\mathrm{i}}[\delta(\omega-\omega_0)-\delta(\omega+\omega_0)]$
9	$u(t)\cos at$	$\dfrac{\mathrm{i}\omega}{a^2-\omega^2}+\dfrac{\pi}{2}[\delta(\omega-\omega_0)+\delta(\omega+\omega_0)]$
10	$u(t)\mathrm{e}^{-\beta t}\quad(\beta>0)$	$\dfrac{1}{\beta+\mathrm{i}\omega}$
11	$u(t)\mathrm{e}^{\mathrm{i}at}$	$\dfrac{1}{\mathrm{i}(\omega-a)}+\pi\delta(\omega-a)$
12	$u(t-c)\mathrm{e}^{\mathrm{i}at}$	$\dfrac{1}{\mathrm{i}(\omega-a)}\mathrm{e}^{-\mathrm{i}(\omega-a)c}+\pi\delta(\omega-a)$
13	$u(t)\mathrm{e}^{\mathrm{i}at}t^n$	$\dfrac{n!}{[\mathrm{i}(\omega-a)]^{n+1}}+\pi\mathrm{i}^n\delta^{(n)}(\omega-a)$
14	$\mathrm{e}^{a\lvert t\rvert}\quad(\mathrm{Re}(a)<0)$	$\dfrac{-2a}{\omega^2+a^2}$
15	$\delta(t)$	1
16	$\delta(t-c)$	$\mathrm{e}^{-\mathrm{i}\omega c}$
17	$\delta'(t)$	$\mathrm{i}\omega$
18	$\delta^{(n)}(t)$	$(\mathrm{i}\omega)^n$
19	$\delta^{(n)}(t-c)$	$(\mathrm{i}\omega)^n\mathrm{e}^{-\mathrm{i}\omega c}$
20	1	$2\pi\delta(\omega)$
21	t	$2\pi\mathrm{i}\delta'(\omega)$
22	t^n	$2\pi\mathrm{i}^n\delta^{(n)}(\omega)$
23	$\mathrm{e}^{\mathrm{i}at}$	$2\pi\delta(\omega-a)$
24	$t^n\mathrm{e}^{\mathrm{i}at}$	$2\pi\mathrm{i}^n\delta^{(n)}(\omega-a)$
25	$\dfrac{1}{a^2+t^2}\quad(\mathrm{Re}(a)<0)$	$-\dfrac{\pi}{a}\mathrm{e}^{a\lvert\omega\rvert}$
26	$\dfrac{1}{(a^2+t^2)^2}\quad(\mathrm{Re}(a)<0)$	$\dfrac{\mathrm{i}\omega\pi}{2a}\mathrm{e}^{a\lvert\omega\rvert}$
27	$\dfrac{\mathrm{e}^{\mathrm{i}bt}}{a^2+t^2}$ （$\mathrm{Re}(a)<0$，b 为实数）	$-\dfrac{\pi}{a}\mathrm{e}^{a\lvert\omega-b\rvert}$
28	$\dfrac{\cos bt}{a^2+t^2}$ （$\mathrm{Re}(a)<0$，b 为实数）	$-\dfrac{\pi}{2a}[\mathrm{e}^{a\lvert\omega-b\rvert}+\mathrm{e}^{a\lvert\omega+b\rvert}]$

续表

	$f(t)$	$F(\omega)$
29	$\frac{\sin bt}{a^2+t^2}$ （$\mathrm{Re}(a)<0$，b 为实数）	$-\frac{\pi}{2a\mathrm{i}}[\mathrm{e}^{a\|\omega-b\|}+\mathrm{e}^{a\|\omega+b\|}]$
30	$\frac{\mathrm{sh}\, at}{\mathrm{sh}\, \pi t}$ $(-\pi<a<\pi)$	$\frac{\sin a}{\mathrm{ch}\, \omega+\cos a}$
31	$\frac{\mathrm{sh}\, at}{\mathrm{ch}\, \pi t}$ $(-\pi<a<\pi)$	$-2\mathrm{i}\frac{\sin\frac{a}{2}\mathrm{sh}\frac{\omega}{2}}{\mathrm{ch}\, \omega+\cos a}$
32	$\frac{\mathrm{ch}\, at}{\mathrm{ch}\, \pi t}$ $(-\pi<a<\pi)$	$2\frac{\cos\frac{a}{2}\mathrm{ch}\frac{\omega}{2}}{\mathrm{ch}\, \omega+\cos a}$
33	$\frac{1}{\mathrm{ch}\, at}$	$\frac{\pi}{a}\cdot\frac{1}{\mathrm{ch}\frac{\pi\omega}{2a}}$
34	$\sin at^2$ $(a>0)$	$\sqrt{\frac{\pi}{a}}\cos\left(\frac{\omega^2}{4a}+\frac{\pi}{4}\right)$
35	$\cos at^2$ $(a>0)$	$\sqrt{\frac{\pi}{a}}\cos\left(\frac{\omega^2}{4a}-\frac{\pi}{4}\right)$
36	$\frac{1}{t}\sin at$ $(a>0)$	$\begin{cases}\pi & (\|\omega\|\leqslant a)\\ 0 & (\|\omega\|>a)\end{cases}$
37	$\frac{1}{t^2}\sin^2 at$ $(a>0)$	$\begin{cases}\pi\left(a-\frac{\|\omega\|}{2}\right) & (\|\omega\|\leqslant 2a)\\ 0 & (\|\omega\|>2a)\end{cases}$
38	$\frac{\sin at}{\sqrt{\|t\|}}$	$\mathrm{i}\sqrt{\frac{\pi}{2}}\left(\frac{1}{\sqrt{\|\omega+a\|}}-\frac{1}{\sqrt{\|\omega-a\|}}\right)$
39	$\frac{\cos at}{\sqrt{\|t\|}}$	$\sqrt{\frac{\pi}{2}}\left(\frac{1}{\sqrt{\|\omega+a\|}}+\frac{1}{\sqrt{\|\omega-a\|}}\right)$
40	$\frac{1}{\sqrt{\|t\|}}$	$\sqrt{\frac{2\pi}{\omega}}$
41	$\mathrm{sgn}\, t$	$\frac{2}{\mathrm{i}\omega}$
42	e^{-at^2} $(\mathrm{Re}(a)>0)$	$\sqrt{\frac{\pi}{a}}\mathrm{e}^{-\frac{\omega^2}{4a}}$
43	$\|t\|$	$-\frac{2}{\omega^2}$
44	$\frac{1}{\|t\|}$	$\frac{\sqrt{2\pi}}{\|\omega\|}$

附录 C：拉普拉斯变换简表

	$f(t)$	$F(s)$
1	1	$\frac{1}{s}$
2	e^{at}	$\frac{1}{s-a}$
3	t^m $(m>-1)$	$\frac{\Gamma(m+1)}{s^{m+1}}$

续表

	$f(t)$	$F(s)$
4	$t^m e^{at}\quad(m>-1)$	$\frac{\Gamma(m+1)}{(s-a)^{m+1}}$
5	$\sin at$	$\frac{a}{s^2+a^2}$
6	$\cos at$	$\frac{s}{s^2+a^2}$
7	$\mathrm{sh}\, at$	$\frac{a}{s^2-a^2}$
8	$\mathrm{ch}\, at$	$\frac{s}{s^2-a^2}$
9	$t\sin at$	$\frac{2as}{(s^2+a^2)^2}$
10	$t\cos at$	$\frac{s^2-a^2}{(s^2+a^2)^2}$
11	$t\,\mathrm{sh}\, at$	$\frac{2as}{(s^2-a^2)^2}$
12	$t\,\mathrm{ch}\, at$	$\frac{s^2+a^2}{(s^2-a^2)^2}$
13	$t^m \sin at\quad(m>-1)$	$\frac{\Gamma(m+1)}{2\mathrm{i}(s^2+a^2)^{m+1}}\cdot[(s+\mathrm{i}a)^{m+1}-(s-\mathrm{i}a)^{m+1}]$
14	$t^m \cos at\quad(m>-1)$	$\frac{\Gamma(m+1)}{2(s^2+a^2)^{m+1}}\cdot[(s+\mathrm{i}a)^{m+1}+(s-\mathrm{i}a)^{m+1}]$
15	$e^{-bt}\sin at$	$\frac{a}{(s+b)^2+a^2}$
16	$e^{-bt}\cos at$	$\frac{s+b}{(s+b)^2+a^2}$
17	$e^{-bt}\sin(at+c)$	$\frac{(s+b)\sin c+a\cos c}{(s+b)^2+a^2}$
18	$\sin^2 t$	$\frac{1}{2}\left(\frac{1}{s}-\frac{s}{s^2+4}\right)$
19	$\cos^2 t$	$\frac{1}{2}\left(\frac{1}{s}+\frac{s}{s^2+4}\right)$
20	$\sin at\sin bt$	$\frac{2abs}{[s^2+(a+b)^2][s^2+(a-b)^2]}$
21	$e^{at}-e^{bt}$	$\frac{a-b}{(s-a)(s-b)}$
22	$ae^{at}-be^{bt}$	$\frac{(a-b)s}{(s-a)(s-b)}$
23	$\frac{1}{a}\sin at-\frac{1}{b}\sin bt$	$\frac{b^2-a^2}{(s^2+a^2)(s^2+b^2)}$
24	$\cos at-\cos bt$	$\frac{(b^2-a^2)s}{(s^2+a^2)(s^2+b^2)}$
25	$\frac{1}{a^2}(1-\cos at)$	$\frac{1}{s(s^2+a^2)}$
26	$\frac{1}{a^3}(at-\sin at)$	$\frac{1}{s^2(s^2+a^2)}$
27	$\frac{1}{a^4}(\cos at-1)+\frac{1}{2a^2}t^2$	$\frac{1}{s^3(s^2+a^2)}$
28	$\frac{1}{a^4}(\mathrm{ch}\, at-1)-\frac{1}{2a^2}t^2$	$\frac{1}{s^3(s^2-a^2)}$

续表

	$f(t)$	$F(s)$
29	$\frac{1}{2a^3}(\sin at-at\cos at)$	$\frac{1}{(s^2+a^2)^2}$
30	$\frac{1}{2a}(\sin at+at\cos at)$	$\frac{s^2}{(s^2+a^2)^2}$
31	$\frac{1}{a^4}(1-\cos at)-\frac{1}{2a^3}t\sin at$	$\frac{1}{s(s^2+a^2)^2}$
32	$(1-at)\mathrm{e}^{-at}$	$\frac{s}{(s+a)^2}$
33	$t\left(1-\frac{a}{2}t\right)\mathrm{e}^{-at}$	$\frac{s}{(s+a)^3}$
34	$\frac{1}{a}(1-\mathrm{e}^{-at})$	$\frac{1}{s(s+a)}$
35	$\frac{1}{ab}+\frac{1}{b-a}\left(\frac{\mathrm{e}^{-bt}}{b}-\frac{\mathrm{e}^{-at}}{a}\right)$	$\frac{1}{s(s+a)(s+b)}$
36	$\mathrm{e}^{-at}-\mathrm{e}^{\frac{at}{2}}\left(\cos\frac{\sqrt{3}at}{2}-\sqrt{3}\sin\frac{\sqrt{3}at}{2}\right)$	$\frac{3a^2}{s^3+a^3}$
37	$\sin at\,\mathrm{ch}\,at-\cos at\,\mathrm{sh}\,at$	$\frac{4a^3}{s^4+4a^4}$
38	$\frac{1}{2a^2}\sin at\,\mathrm{sh}\,at$	$\frac{s}{s^4+4a^4}$
39	$\frac{1}{2a^3}(\mathrm{sh}\,at-\sin at)$	$\frac{1}{s^4-a^4}$
40	$\frac{1}{2a^2}(\mathrm{ch}\,at-\cos at)$	$\frac{s}{s^4-a^4}$
41	$\frac{1}{\sqrt{\pi t}}$	$\frac{1}{\sqrt{s}}$
42	$2\sqrt{\frac{t}{\pi}}$	$\frac{1}{s\sqrt{s}}$
43	$\frac{1}{\sqrt{\pi t}}\mathrm{e}^{at}(1+2at)$	$\frac{s}{(s-a)\sqrt{s-a}}$
44	$\frac{1}{2\sqrt{\pi t^3}}(\mathrm{e}^{bt}-\mathrm{e}^{at})$	$\sqrt{s-a}-\sqrt{s-b}$
45	$\frac{1}{\sqrt{\pi t}}\cos 2\sqrt{at}$	$\frac{1}{\sqrt{s}}\mathrm{e}^{-\frac{a}{s}}$
46	$\frac{1}{\sqrt{\pi t}}\mathrm{ch}2\sqrt{at}$	$\frac{1}{\sqrt{s}}\mathrm{e}^{\frac{a}{s}}$
47	$\frac{1}{\sqrt{\pi t}}\sin 2\sqrt{at}$	$\frac{1}{s\sqrt{s}}\mathrm{e}^{-\frac{a}{s}}$
48	$\frac{1}{\sqrt{\pi t}}\mathrm{sh}2\sqrt{at}$	$\frac{1}{s\sqrt{s}}\mathrm{e}^{\frac{a}{s}}$
49	$\frac{1}{t}(\mathrm{e}^{bt}-\mathrm{e}^{at})$	$\ln\frac{s-a}{s-b}$
50	$\frac{2}{t}\mathrm{sh}\,at$	$\ln\frac{s-a}{s-a}=2\mathrm{Arth}\,\frac{a}{s}$
51	$\frac{2}{t}(1-\cos at)$	$\ln\frac{s^2+a^2}{s^2}$
52	$\frac{2}{t}(1-\mathrm{ch}\,at)$	$\ln\frac{s^2-a^2}{s^2}$
53	$\frac{1}{t}\sin at$	$\arctan\frac{a}{s}$

续表

	$f(t)$	$F(s)$
54	$\frac{1}{t}(\mathrm{ch}\,at-\cos bt)$	$\ln\sqrt{\frac{s^2+b^2}{s^2-a^2}}$
55①	$\frac{1}{\pi t}\sin(2a\sqrt{t})$	$\mathrm{erf}\left(\frac{a}{\sqrt{s}}\right)$
56①	$\frac{1}{\pi t}\mathrm{e}^{-2a\sqrt{t}}$	$\frac{1}{\sqrt{s}}\mathrm{e}^{\frac{a^2}{s}}\mathrm{erfc}\left(\frac{a}{\sqrt{s}}\right)$
57	$\mathrm{erfc}\left(\frac{a}{2\sqrt{t}}\right)$	$\frac{1}{s}\mathrm{e}^{-a\sqrt{s}}$
58	$\mathrm{erf}\left(\frac{t}{2a}\right)$	$\frac{1}{s}\mathrm{e}^{a^2s^2}\mathrm{erfc}(as)$
59	$\frac{1}{\sqrt{\pi t}}\mathrm{e}^{-2\sqrt{at}}$	$\frac{1}{\sqrt{s}}\mathrm{e}^{\frac{a}{s}}\mathrm{erfc}\left(\sqrt{\frac{a}{s}}\right)$
60	$\frac{1}{\sqrt{\pi(t+a)}}$	$\frac{1}{\sqrt{s}}\mathrm{e}^{as}\mathrm{erfc}(\sqrt{as})$
61	$\frac{1}{\sqrt{a}}\mathrm{erf}(\sqrt{at})$	$\frac{1}{s\sqrt{s+a}}$
62	$\frac{1}{\sqrt{a}}\mathrm{e}^{at}\mathrm{erf}(\sqrt{at})$	$\frac{1}{\sqrt{s}(s-a)}$
63	$u(t)$	$\frac{1}{s}$
64	$tu(t)$	$\frac{1}{s^2}$
65	$t^m u(t)(m>-1)$	$\frac{1}{s^{m+1}}\Gamma(m+1)$
66	$\delta(t)$	1
67	$\delta^{(n)}(t)$	s^n
68	$\mathrm{sgn}\,t$	$\frac{1}{s}$
69②	$J_0(at)$	$\frac{1}{\sqrt{s^2+a^2}}$
70②	$I_0(at)$	$\frac{1}{\sqrt{s^2-a^2}}$
71	$J_0(2\sqrt{at})$	$\frac{1}{s}\mathrm{e}^{-\frac{a}{s}}$
72	$\mathrm{e}^{-bt}I_0(at)$	$\frac{1}{\sqrt{(s+b)^2-a^2}}$
73	$tJ_0(at)$	$\frac{s}{(s^2+a^2)^{3/2}}$
74	$tI_0(at)$	$\frac{s}{(s^2-a^2)^{3/2}}$
75	$J_0(a\sqrt{t(t+2b)})$	$\frac{1}{\sqrt{s^2+a^2}}\mathrm{e}^{b(s-\sqrt{s^2+a^2})}$

① $\mathrm{erf}(x)=\frac{2}{\sqrt{\pi}}\int_0^x \mathrm{e}^{-t^2}\mathrm{d}t$，称为误差函数；$\mathrm{erfc}(x)=1-\mathrm{erf}(x)=\frac{2}{\sqrt{\pi}}\int_x^{+\infty}\mathrm{e}^{-t^2}\mathrm{d}t$，称为余误差函数。

② $I_n(x)=\mathrm{i}^{-n}J_n(\mathrm{i}x)$ · J_n 称为第一类贝塞尔（Bessel）函数；I_n 称为第一类 n 阶变形的贝塞尔函数，或称为虚宗量的贝塞尔函数。

附录 D：习题综合题答案与提示

第 1 章

1-1 (1) -48 (2) 160

1-2 $x_1=1$，$x_2=1$，$x_3=2$

1-3 $x=0$ 和 $x=2$

1-4 (1) 6 (2) 21

1-5 (1) 正号 (2) 负号

1-6 (1) -21 (2) 11 (3) 0 (4) 160

1-7 (1) $b^2(b^2-4a^2)$ (2) $(a-b)(a-c)(a-d)$

(3) $2(x^3+y^3)$ (4) $[x^2-(y+z)^2][x^2-(y-z)^2]$

(5) x^2y^2 (6) $\prod_{i=1}^{4}(x_i-a_i)\left[1+\sum_{i=1}^{4}\frac{a_i}{x_i-a_i}\right]$

1-8 (1) $-2(n-2)!$ (2) $a^n+(-1)^{n+1}b^n$

1-9 (1) 提示：利用性质 1-5 证明。 (2) 提示：利用性质 1-4 证明。

1-10 (略)

1-11 $x_1=1$，$x_2=-2$，$x_3=0$，$x_4=1$

1-12 当 $a\neq0$，且 $a\neq\pm1$ 时有惟一解。

1-13 当 $k=2$ 或 $k=-7$ 时有非零解。

第 2 章

2-1 $\boldsymbol{A}+\boldsymbol{B}=\begin{pmatrix}1&4&4&7\\4&0&5&4\\2&0&3&5\end{pmatrix}$，$2\boldsymbol{A}+3\boldsymbol{B}=\begin{pmatrix}2&10&9&17\\12&1&10&10\\4&-3&8&15\end{pmatrix}$

2-2 $\boldsymbol{AB}=\begin{pmatrix}-10&11\\32&24\end{pmatrix}$，$\boldsymbol{BA}=\begin{pmatrix}9&-7&14\\-7&-22&25\\21&-12&27\end{pmatrix}$

2-3 $\boldsymbol{AB}=(-2)$，$\boldsymbol{BA}=\begin{pmatrix}3&-3&6\\1&-1&2\\-2&2&-4\end{pmatrix}$

2-4 (1) $\boldsymbol{AB}-3\boldsymbol{B}=\begin{pmatrix}-10&12\\10&-5\end{pmatrix}$ (2) $\boldsymbol{A}^2-\boldsymbol{B}^2=\begin{pmatrix}0&15\\41&-9\end{pmatrix}$

(3) $(\boldsymbol{A}+\boldsymbol{B})(\boldsymbol{A}-\boldsymbol{B})=\begin{pmatrix}5&7\\62&10\end{pmatrix}$ (4) $\boldsymbol{AB}-\boldsymbol{BA}=\begin{pmatrix}-1&8\\21&1\end{pmatrix}$

2-5 (略)

2-6 $\boldsymbol{A}^2=\begin{pmatrix}0&0\\0&0\end{pmatrix}$，$\boldsymbol{B}^{\mathrm{T}}\boldsymbol{A}=\begin{pmatrix}2&1\\-10&-5\end{pmatrix}$

2-7 $\boldsymbol{A}^2=\begin{pmatrix}0&0&1&0\\0&0&0&1\\0&0&0&0\\0&0&0&0\end{pmatrix}$，$\boldsymbol{A}^3=\begin{pmatrix}0&0&0&1\\0&0&0&0\\0&0&0&0\\0&0&0&0\end{pmatrix}$，$\boldsymbol{A}^k=\boldsymbol{O}\quad(k>3)$

2-8 （略）

2-9 $\begin{pmatrix} 1 & 2 \\ 0 & -1 \end{pmatrix}$

2-10 （略）

2-11 （略）

2-12 （1）$\boldsymbol{A}^{-1}=\begin{pmatrix} 2 & -1 & -1 \\ 3 & -1 & -2 \\ -1 & 1 & 1 \end{pmatrix}$　（2）$\boldsymbol{B}^{-1}=\begin{pmatrix} -6 & 1 & 4 \\ -3 & 1 & 2 \\ 5 & -1 & -3 \end{pmatrix}$

2-13 $\boldsymbol{A}^{-1}=\dfrac{1}{12}\begin{pmatrix} 12 & 0 & 0 & 0 \\ -6 & 6 & 0 & 0 \\ 0 & -8 & 4 & 0 \\ -6 & 15 & -6 & 3 \end{pmatrix}$

2-14 （略）

2-15 （1）$\boldsymbol{X}=\begin{pmatrix} 1 & 0 \\ -1 & 2 \end{pmatrix}$　（2）$\boldsymbol{X}=\begin{pmatrix} -2 & -6 & -5 \\ 6 & 6 & 7 \\ 6 & 9 & 8 \end{pmatrix}$

2-16 $\boldsymbol{A}^{-1}=\begin{pmatrix} 3 & -5 & 0 & 0 & 0 \\ -1 & 2 & 0 & 0 & 0 \\ 0 & 0 & -1 & 0 & 0 \\ 0 & 0 & 0 & -2 & -1 \\ 0 & 0 & 0 & 3 & 2 \end{pmatrix}$

2-17 （1）$r(\boldsymbol{A})=2$；（2）$r(\boldsymbol{B})=3$；（3）$r(\boldsymbol{C})=3$；（4）$r(\boldsymbol{D})=2$。

2-18 （略）

第3章

3-1 （1）$\begin{cases} x_1=1+x_3-x_4 \\ x_2=2x_3+x_4 \end{cases}$　（2）$\begin{cases} x_1=2+x_3 \\ x_2=1-2x_4 \end{cases}$

（3）$\begin{cases} x_1=0 \\ x_2=0 \\ x_3=0 \end{cases}$　（4）$\begin{cases} -1 \\ -1 \\ 0 \\ 1 \end{cases}$

3-2 （1）有惟一一组解　（2）有无穷多组解　（3）无解

3-3 （1）$k\neq5$ 时只有零解，$k=5$ 时有非零解；

（2）$k\neq3$ 时只有零解，$k=3$ 时有非零解。

3-4 （1）当 $a-4\neq0$，即 $a\neq4$ 时，$r(\boldsymbol{A})=r(\bar{\boldsymbol{A}})=3$，方程组有惟一一组解；

（2）当 $a-4=0$，且 $b-7\neq0$，即 $a=4$，且 $b\neq7$ 时，$r(\boldsymbol{A})=2<r(\bar{\boldsymbol{A}})=3$，方程组无解；

（3）当 $a-4=0$，且 $b-7=0$，即 $a=4$，且 $b=7$ 时，$r(\boldsymbol{A})=r(\bar{\boldsymbol{A}})=2<3$，方程组有无穷多组解。

3-5 （1）$\boldsymbol{\beta}$ 可以由向量组 $\boldsymbol{\alpha}_1$，$\boldsymbol{\alpha}_2$，$\boldsymbol{\alpha}_3$ 线性表出；

(2) 有多种方式表示，其中的一个表示式是：$\boldsymbol{\beta}=2\boldsymbol{\alpha}_1+\boldsymbol{\alpha}_2-\boldsymbol{\alpha}_3$。

3-6 (略)

3-7 (略)

3-8 (1) $r(\boldsymbol{\alpha}_1,\boldsymbol{\alpha}_2,\boldsymbol{\alpha}_3,\boldsymbol{\alpha}_4)=2$，$\boldsymbol{\alpha}_1,\boldsymbol{\alpha}_2$是它的一个极大无关组；

(2) $r(\boldsymbol{\alpha}_1,\boldsymbol{\alpha}_2,\boldsymbol{\alpha}_3,\boldsymbol{\alpha}_4)=4$，$\boldsymbol{\alpha}_1,\boldsymbol{\alpha}_2,\boldsymbol{\alpha}_3,\boldsymbol{\alpha}_4$是它惟一的一个极大无关组。

3-9 (1) $\begin{cases}x_1=-4x_3-3x_4\\x_2=-2x_3-x_4\end{cases}$，$\boldsymbol{X}_0=k_1\begin{pmatrix}-4\\-2\\1\\0\end{pmatrix}+k_2\begin{pmatrix}-3\\-1\\0\\1\end{pmatrix}$

(2) $\begin{cases}x_1=-3x_4\\x_2=x_4\\x_3=-x_4\end{cases}$，$\boldsymbol{X}_0=k\begin{pmatrix}-3\\1\\-1\\1\end{pmatrix}$

3-10 (1) $\bar{\boldsymbol{X}}=\begin{pmatrix}1\\0\\0\\0\end{pmatrix}+k_1\begin{pmatrix}1\\2\\1\\0\end{pmatrix}+k_2\begin{pmatrix}-1\\1\\0\\1\end{pmatrix}$；(2) $\bar{\boldsymbol{X}}=\begin{pmatrix}2\\1\\0\\0\end{pmatrix}+k_1\begin{pmatrix}1\\0\\1\\0\end{pmatrix}+k_2\begin{pmatrix}0\\-2\\0\\1\end{pmatrix}$

3-11 (1) $\bar{\boldsymbol{X}}=\begin{pmatrix}-1\\1\\0\\0\end{pmatrix}+k_1\begin{pmatrix}8\\-6\\1\\0\end{pmatrix}+k_2\begin{pmatrix}-7\\5\\0\\1\end{pmatrix}$；(2) $\bar{\boldsymbol{X}}=\begin{pmatrix}8\\0\\0\\-10\end{pmatrix}+k\begin{pmatrix}4\\0\\1\\-5\end{pmatrix}$

第4章

4-1 (1) $\Omega=\{1,2,3,4,5,6,7,8,9,10,11,12,13\}$

(2) $\Omega=\{0,1,2,3,4,5\}$　　(3) $\Omega=\{t\,|\,0<t<50\}$

4-2 (1) $A+C=\{1,2,3,5\}$　　(2) $AB=\{1\}$

(3) $CD=\{2,4,6\}$　　(4) $D-C=\varnothing$

4-3 (1) $AB\bar{C}+A\bar{B}C+\bar{A}BC$　　(2) $1-\overline{ABC}$

(3) $A\bar{B}C+\bar{A}B$

4-4 (1) $1-ABC-\overline{A}\overline{B}\overline{C}$　　(2) $A\overline{B}\overline{C}+\overline{A}B\overline{C}+\overline{A}\overline{B}C$

(3) $\overline{A}\overline{B}$ (或 $1-\overline{\overline{A}\overline{B}}$)

4-5 大约是 200 头

4-6 $\dfrac{1}{4}$，$\dfrac{1}{8}$

4-7 (1) 0.1　　(2) 0.6　　(3) 0.9

4-8 0.6

4-9 $\dfrac{8}{15}$

4-10 $\dfrac{17}{33}$

4-11　$\frac{3}{4}$

4-12　(1) 0.36　　(2) 0.48

4-13　(1) 0.3　　(2) 0.6

4-14　(1) $\frac{1}{2}$　　(2) $\frac{11}{12}$

4-15　$\frac{1}{3}$

4-16　$\frac{2}{3}$

4-17　$p=p_1p_2$

4-18　(1) 0.72675　　(2) 0.27325

4-19　0.017

4-20　0.2572

4-21　(1) $\frac{5}{9}$　　(2) $\frac{1}{3}$

4-22　(1) $1-(1-r^2)(1-r)$　　(2) $r[1-(1-r)^2]$

4-23　0.0729

4-24　0.857

第 5 章

5-1　(1) $F(x)=\begin{cases}0 & (x<0)\\ 0.25 & (0\leqslant x<1)\\ 0.75 & (1\leqslant x<2)\\ 1 & (x>2)\end{cases}$　　(2) $P\{0<X\leqslant 2\}=0.75$

5-2

X	0	1	2	3
P	$\frac{1}{35}$	$\frac{12}{35}$	$\frac{18}{35}$	$\frac{4}{35}$

5-3　(1)

X	1	2	3	…
P	0.9	0.09	0.009	…

(2) $P(A)=0.999$

5-4　$\frac{13}{256}$或≈5%

5-5　0.7373

5-6　≈0.175

5-7　(1) $k=\frac{1}{\pi}$　　(2) $P(0<X\leqslant 1)=\frac{1}{4}$

5-8　(1) $\varphi(x)=\begin{cases}1 & (0<x<1)\\ 0 & (\text{其他})\end{cases}$

(2) 0.8　　(3) 0.5904

5-9　0.5

5-10　(1) 0.6147　　(2) 0.9544

5-11　0.8185

5-12

$Y(=l)$	0	4	6
$P\{Y=l\}$	0.2401	0.4197	0.3402

第 6 章

6-1　$E(X)=\frac{7}{2}$，$D(X)=\frac{35}{12}$

6-2　7.5 元

6-3　由于 $E(X)=E(Y)=1000$，而 $D(X)=2000>D(Y)=1500$，所以乙厂生产的灯泡质量较好。

6-4　$E(X)=15$，$D(X)=3.4$

6-5　$E(X)=2$，$D(X)=\frac{4}{3}$

6-6　$E(X)=\frac{2}{\pi}\ln 2$，$D(X)=\frac{4}{\pi}-1$

6-7　$E(X)=1.4$，$E(3X-1)=3.2$，$E(X^2+1)=5.6$

6-8　$E(X)=\frac{1}{k}$，$D(X)=\frac{1}{k^2}$

6-9　0.8759

6-10　0.9525

第 7 章

7-1　(1) $24+7\mathrm{i}$　　(2) i

7-2　(1) $2\mathrm{i}=2\left(\cos\frac{\pi}{2}+\mathrm{i}\sin\frac{\pi}{2}\right)=2\mathrm{e}^{\frac{\pi}{2}}$

(2) $-3=3(\cos\pi+\mathrm{i}\sin\pi)=3\mathrm{e}^{\pi}$

(3) $-4+4\mathrm{i}=4\sqrt{2}\left(\cos\frac{3\pi}{4}+\mathrm{i}\sin\frac{3\pi}{4}\right)=4\sqrt{2}\mathrm{e}^{\frac{3\pi}{4}}$

7-3　$w_0=3\left(\cos\frac{\pi}{4}+\mathrm{i}\sin\frac{\pi}{4}\right)$，$w_1=3\left(\cos\frac{3\pi}{4}+\mathrm{i}\sin\frac{3\pi}{4}\right)$

$w_2=3\left(\cos\frac{5\pi}{4}+\mathrm{i}\sin\frac{5\pi}{4}\right)$，$w_3=3\left(\cos\frac{7\pi}{4}+\mathrm{i}\sin\frac{7\pi}{4}\right)$

7-4　$\ln(-\mathrm{i})=-\frac{\pi}{2}\mathrm{i}$，$\mathrm{Ln}(-\mathrm{i})=(2k-1)\pi\mathrm{i}$

$\ln(-3+4\mathrm{i})=\ln 5+\left(\pi-\arctan\frac{4}{3}\right)\mathrm{i}$，$\mathrm{Ln}(-3+4\mathrm{i})=\ln 5-\mathrm{i}\arctan\frac{4}{3}+(2k+1)\pi\mathrm{i}$

7-5　$\mathrm{e}^{1-\mathrm{i}\frac{\pi}{2}}=-\mathrm{i}\mathrm{e}$，$\sin\mathrm{i}=\frac{\mathrm{e}^2-1}{2\mathrm{e}}\mathrm{i}$

7-6　(1) 解析区域是整个复平面，无奇点，$f'(z)=3z^2+\mathrm{i}$

（2）解析区域是除 $z=\pm 1$ 外的多连通域，奇点是 $z=\pm 1$，在解析区域 $f'(z)=\dfrac{-2z}{(z^2-1)^2}$

（3）解析区域是除 $z=-2$ 和 $z=1\pm \mathrm{i}\sqrt{3}$ 外的多连通域，奇点是 $z=-2$ 和 $z=1\pm \mathrm{i}\sqrt{3}$，在解析区域 $f'(z)=\dfrac{-2z^3+15z^2+8}{(z^3+8)^2}$

（4）在整个复平面上不解析，无奇点，在直线 $x=-1$ 上可导，且 $f'(z)=-2\mathrm{i}$

7-7　$l=-3$，$m=1$，$n=-3$

7-8　（1）$2(3+\mathrm{i})^3$　　（2）$2(3+\mathrm{i})^3$

7-9　（1）$2\pi \mathrm{i}$　　（2）0　　（3）$\dfrac{\pi}{\mathrm{e}}$　　（4）$\dfrac{\pi \mathrm{i}}{12}$

7-10　（1）$1+z^2+z^4+\cdots+z^{2n}+\cdots$，$|z|<1$

（2）$\dfrac{1}{2}\sum\limits_{n=0}^{\infty}(-1)^{n+1}\dfrac{(2z)^n}{(2n)!}$，$|z|<+\infty$

7-11　（1）$\sum\limits_{n=1}^{\infty}(-1)^{n+1}\dfrac{(z-1)^n}{2^n}$，$|z-1|<2$

（2）$-1+2\sum\limits_{n=1}^{\infty}(-1)^{n+1}z^n, |z|<1$

（3）$\sum\limits_{n=0}^{\infty}(-1)^n\dfrac{(z-2)^n}{2^{n+1}}, |z-2|<2$

（4）$\mathrm{i}\sum\limits_{n=0}^{\infty}(\mathrm{i}z+1)^n, |z-\mathrm{i}|<1$

7-12　（1）$\sum\limits_{n=0}^{\infty}(-1)^n\dfrac{(z-\mathrm{i})^n}{(2\mathrm{i})^{n+1}}$　　（2）$\sum\limits_{n=0}^{\infty}(-1)^n\dfrac{(2\mathrm{i})^n}{(z-\mathrm{i})^{n+2}}$　　（3）$\sum\limits_{n=0}^{\infty}\dfrac{(-1)^n}{z^{2n+2}}$

7-13　（1）$z=0$，一级极点；$z=\pm \mathrm{i}$，二级极点

（2）$z=-1$，一级极点；$z=1$，二级极点

（3）$z=0$，二级极点

（4）$z=1$，本性奇点

（5）$z=0$，可去奇点

（6）$z=0$，三级极点；$z_k=2k\pi \mathrm{i}(k=\pm1,\pm2,\cdots)$，一级极点

7-14　（1）$\mathrm{Res}[f(z),0]=\dfrac{1}{24}$

（2）$\mathrm{Res}[f(z),0]=-\dfrac{1}{6}$

（3）$\mathrm{Res}[f(z),0]=-\dfrac{1}{2}$，$\mathrm{Res}[f(z),2]=-\dfrac{3}{2}$

（4）$\mathrm{Res}[f(z),0]=-\dfrac{4}{3}$

（5）$\mathrm{Res}[f(z),k\pi]=(-1)^k$，$k=0,\pm1,\pm2,\cdots$

（6）$\mathrm{Res}\left[f(z),\left(k+\dfrac{1}{2}\right)\pi\right]=-1, k=0,\pm1,\pm2,\cdots$

7-15 （1）$\frac{3}{5}\pi i$ （2）0 （3）0 （4）$-\pi i$

第 8 章

8-1 （略）

8-2 $f(t)=\frac{4}{\pi}\int_{0}^{+\infty}\frac{\omega^{2}\sin\omega+\omega\cos\omega-\sin\omega}{\pi\omega^{3}}\cos\omega t\,dt$

8-3 $F(\omega)=\frac{A(1-e^{-i\omega\tau})}{i\omega}$

8-4 （1）$F(\omega)=\frac{2\beta}{\beta^{2}+\omega^{2}}$

（2）$F(\omega)=\frac{\omega^{2}+4}{\omega^{4}+4}$

（3）$F(\omega)=\frac{2A\omega}{\omega^{2}-\omega_{0}^{2}}\sin\omega T$

8-5 $F(\omega)=\frac{2i\sin\omega\pi}{1-\omega^{2}}$，证明略

8-6 $F[f(t)e^{-\pi t}]=F(\omega+\pi)$

8-7 $F(\omega)=\frac{4A}{\tau\omega^{2}}\left(1-\cos\frac{\omega\tau}{2}\right)$

8-8 $f_1(t)*f_2(t)=\begin{cases}0 & (t\leqslant 0)\\ \frac{1}{2}(\sin t-\cos t+e^{-t}) & \left(0<t\leqslant\frac{\pi}{2}\right)\\ \frac{1}{2}e^{-t}(1+e^{\pi/2}) & \left(t>\frac{\pi}{2}\right)\end{cases}$

8-9 （略）

第 9 章

9-1 （1）$F(s)=\frac{1}{s+2}$ （2）$F(s)=\frac{1}{s^{2}+4}$

9-2 （1）$F(s)=\frac{1}{s^{3}}(2s^{2}+3s+2)$ （2）$F(s)=\frac{10-3s}{s^{2}+4}$

（3）$F(s)=\frac{1}{s}-\frac{1}{(s-1)^{2}}$ （4）$F(s)=\frac{s^{2}-4s+5}{(s-1)^{3}}$

（5）$F(s)=\frac{6}{(s+2)^{2}+36}$ （6）$F(s)=\frac{s^{2}-a^{2}}{(s^{2}+a^{2})^{2}}$

（7）$F(s)=\frac{4(s+3)}{[(s+3)^{2}+4]^{2}}$ （8）$F(s)=\frac{4(s+3)}{s[(s+3)^{2}+4]^{2}}$

（9）$F(s)=\arctan\frac{k}{s}$ （10）$F(s)=\frac{1}{s}\arctan\frac{2}{s+3}$

9-3 （1）$f(t)=\frac{1}{3}\sin 3t$ （2）$f(t)=\frac{1}{24}t^{4}$

（3）$f(t)=2\cos 3t+\sin 3t$ （4）$f(t)=\frac{1}{2}(3e^{3t}-e^{-t})$

（5）$f(t)=\frac{1}{5}(3e^{2t}+2e^{-3t})$ （6）$f(t)=2e^{-2t}\cos 3t+\frac{1}{3}e^{-2t}\sin 3t$

(7) $f(t)=\delta(t)-2e^{-2t}$

(8) $f(t)=2te^{t}+2e^{t}-1$

(9) $f(t)=\frac{3}{2a}\sin at-\frac{1}{2}t\cos at$

(10) $f(t)=\frac{2-e^{t}-e^{-t}}{t}$

9-4 (1) $\frac{1}{2}\sin t+\frac{1}{3}e^{-2t}\sin 3t$

(2) $e^{t}-t-1$

9-5 (1) $\frac{1}{3}(1-\sin 3t)$

(2) $\frac{1}{2a}(at\cos at+\sin at)$

9-6 (1) $x(t)=5e^{-2t}-4e^{-3t}$

(2) $y(t)=\frac{1}{3}\sin t-\frac{1}{6}\sin 2t$

9-7 $\begin{cases} x(t)=-\sin t \\ y(t)=-\sin t \end{cases}$

9-8 $i(t)=\frac{E}{R}\left[1-e^{-\frac{R}{L}t}\right]$

9-9 $y(t)=\frac{AK}{\sqrt{1+\omega^2 T^2}}\sin(\omega t-\arctan\omega T)$

参 考 文 献

[1] 同济大学数学系．工程数学：线性代数．第5版．北京：高等教育出版社，2007.

[2] 上海交通大学数学系．工程数学：线性代数．第4版．北京：高等教育出版社，2005.

[3] 同济大学数学教研室．工程数学：概率论．北京：高等教育出版社，2005.

[4] 周誓达．概率论与数理统计（经济类与管理类）．北京：中国人民大学出版社，2005.

[5] 孟晗．概率论与数理统计．上海：同济大学出版社，2006.

[6] 西安交通大学高等数学教研室．工程数学：复变函数．第4版．北京：高等教育出版社，2004.

[7] 张元林．工程数学：积分变换．第3版．北京：高等教育出版社，2003.

[8] 侯风波．工程数学．北京：高等教育出版社，2004.

[9] 李颖，侯谦民．新编工程数学．第2版．大连：大连理工大学出版社，2002.

[10] 王忠仁，张静．复变函数与积分变换．北京：高等教育出版社，2006.

[11] [美] James Ward Brown，Ruel V. Churchill．复变函数及应用．邓冠铁译．北京：机械工业出版社，2005.

[12] [美] 罗纳德·N. 布雷斯韦尔著．傅里叶变换及其应用．第3版．殷勤业，张建国译．西安：西安交通大学出版社，2005.